전파법연구

계경문 · 고환경 · 김　남 · 김영수 · 류동근 · 박종수 · 오병철
유현용 · 윤영중 · 이상직 · 이숙연 · 이희정 · 정필운

法 文 社

발간사

정보사회를 넘어 스마트시대의 개막이 가져온 가장 큰 변화 중 하나는 WiFi와 같은 무선 네트워크의 확산이라고 할 수 있다. 시간과 장소의 제약을 벗어나 이동 중 언제 어디서나 네트워크에 접속된 상태를 유지하기 위해서는 반드시 전파의 힘을 빌어야 한다. 유한한 자원인 전파에 대한 수요의 폭증은 자원배분의 문제를 야기하고 이는 결국 규범적 해결 방법을 필요로 하게 된다. 따라서 전파자원의 효율적 관리 및 배분에 관한 법적 규율인 전파법의 존재 가치가 급격하게 상승하고 있다.

이 책은 높아진 존재 가치에도 불구하고 법학의 연구대상에서 소외되어 있던 전파법에 대한 본격적인 연구서로서, '사단법인 전파통신과 법 포럼' 회원들 간에 "전파법에 관한 단순축조 해설서가 아닌 학술적으로나 이론적으로나 심도 있는 연구서를 출간하자"는 공감대의 산물이다. 본래 연구서란 학자 1인의 오랜 연구와 천착 끝에 수미일관한 학문적 체계를 갖춘 이론서가 본 모습이겠지만, 전파법의 특성상 공학적 지식을 바탕으로 하여 스마트시대로의 급격한 발전에 따른 법적 문제 제기에 부응하기 위해 공동의 노력으로 집필하여 출간하게 되었다. 이 책의 가장 큰 특징은 공학전공 및 법학전공 대학교수, 판사와 변호사 등 법조인, 관련 연구기관 전문가들의 학제간 융합 연구를 통해 이루어졌다는 것이다. 집필자 각자의 특화된 전문분야에 부합되도록 최상의 질적 수준을 확보하면서도, 집필진 상호간의 진지한 리뷰를 거쳐 체계적 일관성을 유지한 최고 수준의 연구서가 될 수 있도록 노력하였다.

2011년 설립된 '사단법인 전파통신과 법 포럼'은 본격적인 공학과 법학의 학제간 연구뿐만 아니라 관산학연의 협력을 통해 올바른 전파통신에 대한 법적 규율을 모색하기 위한 특별한 단체이다. 매월 1회 정기적인 연구모임을 통해 전파통신 기술과 전파법을 연구하고 토론하며 상호 비판하면서 정책대안을 제시하였다. 또한 다수의 연구용역을 수행하고 법학전문대학원 학생을 대상으로 정보통신법에 관한 전국 논문경연대회를 개최하는 등 우리 포럼은 명실상부한 전파법에 관한 최고의 학술단체로 자리 잡게 되었다.

우리 포럼이 '전파법연구' 출간을 기획한 후에 집필자들의 바쁜 일정과 수차례에 걸친 독회로 예상보다 많은 시간이 걸렸으나, 드디어 전파법에 관한 우리나라 최초의 본격적 연구서를 출간하는 기쁨을 누리게 되었다. 공동 저술의 취지에 따라 다수의 집필자가 참여하다보니 많은 독회에도 불구하고 그 논리적, 체계적 일관성이 다소 부족하고 저자간의 견해 차이를 발견할 수 있어 좀 더 보완이 필요하다고 본다. 앞으로 학계와 정책 입안자 또는 관련 전문가들이 제기할 비판을 기대하면서 장차 국제전파법까지로 연구의 지평을 넓히고자 하며, 다시 후일을 기약하고자 한다. 본 연구서 출판위원장으로 다양한 의견들을 조율해주신 계경문 교수, 포럼과 출판위원회의 총무로서 정열을 가지고 끊임없는 재촉을 해 주신 오병철 교수, 그리고 모든 궂은 일을 마다하지 않고 원고 수집과 편집을 도와준 정필운 교수와 유현용 박사의 노고를 치하드린다. 끝으로 머리 속의 생각을 한 권의 책으로 세상의 빛을 볼 수 있도록 애써주신 법문사 사장님과 장지훈 차장에게 감사를 드린다.

2013. 2

사단법인 전파통신과 법 포럼 의장 김 남

차 례

제1장 전파법 이해의 기초

김 남 · 오병철 · 윤영중 · 이숙연 · 정필운

제3장 전파의 이용법제

계경문 · 고환경 · 김영수 · 류동근 · 박종수 · 오병철 · 유현용 · 이희정

제4장 전파법의 실효성 확보

김영수 · 이상직

제5장 전파와 관련된 새로운 쟁점

김 남 · 김영수 · 오병철 · 윤영중

제1장

전파법 이해의 기초

제1장 전파법 이해의 기초

Ⅰ. 전파의 정의 및 전파통신의 개념

1. 전파의 정의

전파는 시간에 따라 변하는 전기장과 자기장의 상호작용에 의해 빛의 속도로 퍼져나가는 파동에너지로 일반적으로 정의하고 있다. ITU-R(International Telecommunication Union-Radiocommunication Sector)의 무선규칙(Radio Regulation, RR)에서는 전파를 인공적인 매개체 없이 공간을 전파(propagation)하는 3,000 GHz(0.1mm의 파장)보다 낮은 주파수의 전자기파로 정의하고 있으며, 국내 전파법 제2조에서는 전파를 인공적인 유도 없이 공간으로 퍼져나가는 전자파로서 국제전기통신연합(ITU)이 정한 범위의 주파수를 가진 것으로 정의 하고 있다. 이러한 전파의 명칭이나 분류 등은 1953년 런던에서 개최된 국제무선통신자문위원회(International Radio Consultative Committee)에서 확정하였으며, 주파수 범위로 구분하여 명칭을 제시하였고, 파장 및 이용분야에 대해서도 제시하였다.

현재 전파는 밀리미터파 대역 이상의 영역을 발굴하기 위해 연구하고 있지만, 아직까지 사용되는 주파수 대역이 한정적이다. 이렇게 유한한 자원을 세계 각국에서 사용하기 때문에, 근접한 국가에서 동일한 주파수 대역을 공동으로 사용할 경우 전파간섭이 발생할 수 있으며, 이는 통신 불능이나 혼신을 유발한다. 따라서 ITU에서는 전파를 효율적으로 사용하고 전파 자원을 보호하여 깨끗한 전파 사회를 구현하기 위하여 전파사용에 관한 규칙을 국제법으로 제정하고 있으며, 각 국가에서는 제정된 전파법을 따르도록 규정하였다. 현재 ITU에서는

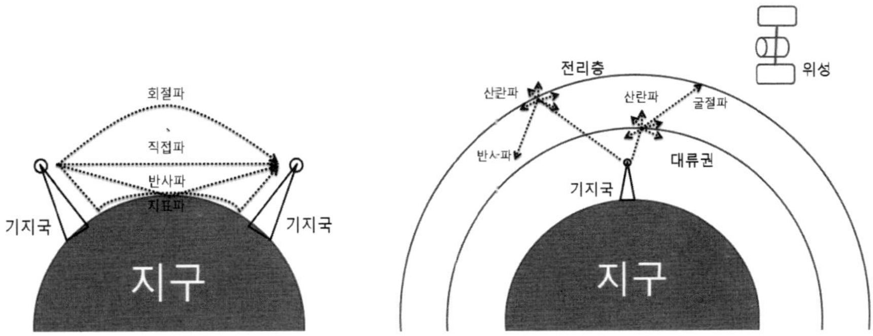

그림 1-1 전파의 전달 방식(지상파 및 공간파)

각각의 주파수에 대한 통신서비스를 지정하여 분배하고 있으며, 각국은 사용 중 일어날 수 있는 혼신을 사전에 방지하고, 사용 주파수에 대해 국제적으로 보호받기 위하여 관련 주파수를 국제등록 하여 사용하고 있다.

이러한 전파를 전달방식에 따라 구분하게 되면 지상파와 공간파로 나눌 수 있는데, 지상파의 종류로는 직접파, 반사파, 지표파, 회절파가 있으며, 공간파는 대류권파(굴절파, 산란파), 전리층파(반사파, 산란파)가 있다. 또한, 전파의 성질로는 직진성, 간섭성, 반사, 굴절, 회절, 산란, 편파, 감쇠 등의 성질을 갖고 있다. 다음의 [그림 1-1]에서는 상기에서 언급한 전파의 전달방식을 보여준다.

가. 반사(Reflection)

전자기파는 금속을 만나면 빛과 같이 완전반사를 한다. 이러한 성질을 이용하여 금속을 통해 전자파를 차폐하거나, 반사판을 이용하여 전자기파를 특정 방향으로 보내는 것이 가능하다. 또한, 전파가 진행 중인 매질과 성분이 다른 매질을 만났을 때에는 일정량이 반사된다. 엘리베이터에서 휴대전화 사용이 어려운 이유는 외부 전파는 엘리베이터 내부로 들어오기 어렵고, 휴대전화로 발생되는 전파는 내부에서 전반사되어 외부로 나가기 어렵기 때문이다. 하지만, 최근에는 엘리베이터 내에서 사용이 가능하도록 내부에 중계기를 설치하여 통신을 가능하게 한다.

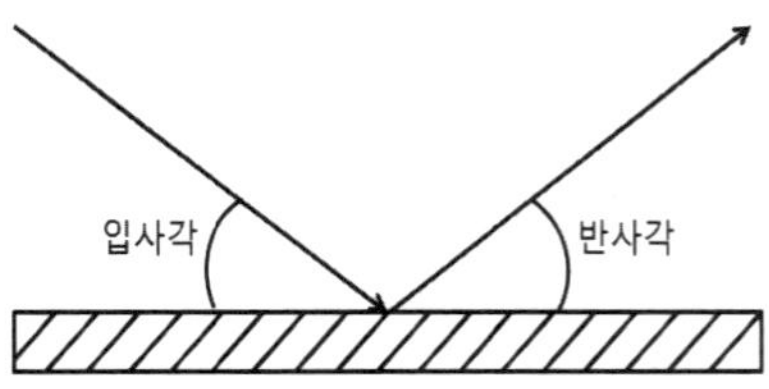

그림 1-2 전파의 반사

나. 산란(Scattering)

산란이란 전자기파가 진행하다가 만난 물체의 표면 구조의 특성에 따라, 입사된 하나의 전자기파가 사방으로 흩어지는 현상을 의미한다. 즉, [그림 1-3]과 같이 거친 표면에 전파가 입사하게 되면 반사뿐만 아니라 여러 방향으로 난반사가 발생하게 되는데, 이를 전파의 산란이라고 한다. 산란은 주파수에 따라 많은 변화가 있는데, 주파수가 높을수록 파장은 짧아져 더 많은 산란이 발생한다. 특히, 환경(건물, 나무 등)이 복잡할수록 산란현상이 심해져 통신환경이 급격히 변한다.

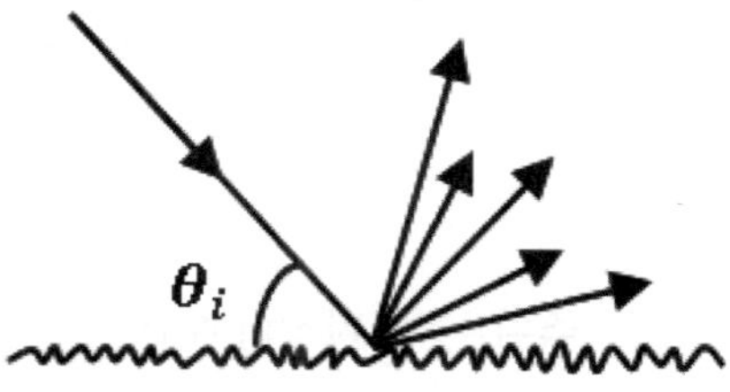

그림 1-3 전파의 산란

다. 회절(Diffraction)

회절이란 전파가 파장보다 작은 틈이나 모서리, 꼭지점 등을 만났을 때 옆으로 돌아서 진행하는 현상이다. [그림 1-4(a)]에서 빗금친 부분은 전파가 도달할 수 없는 음영 영역인데, 직진하던 전파가 블록의 모서리에 부딪치게 되면 꺾여 [그림 1-4(b)]에서처럼 해당 영역까지 전파가 도달하게 되는데, 이를 회절현상이라 한다. 만약 이 현상이 없다면 건물 뒤편, 지하, 전파가 수신되기 어려운 장소 등으로 전파가 전파되지 않는다. 고주파가 될수록 전파는 직진성이 강해지는데, 이로 인하여 품질 저하를 가져오고, 이를 해결하기 위해서는 더 많은 무선국 설치가 필요하다.

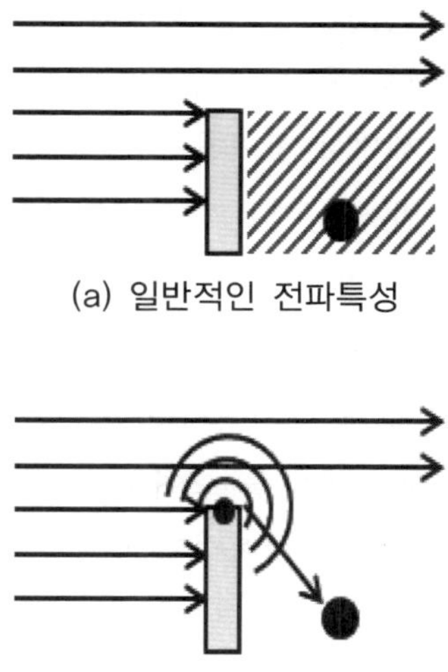

(a) 일반적인 전파특성

(b) 전파의 회절 현상

그림 1-4 전파의 회절

라. 굴절(Refraction)

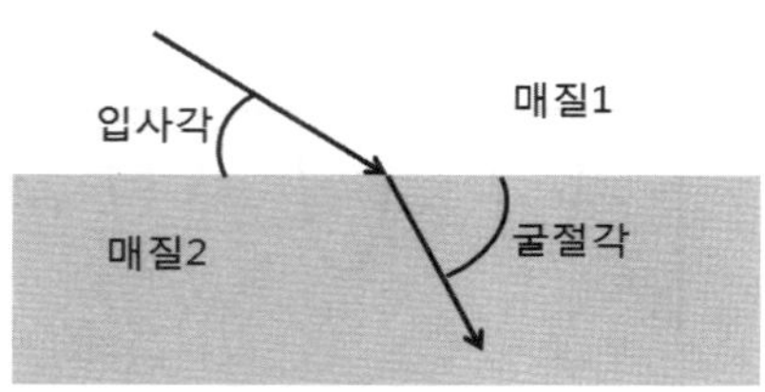

그림 1-5 전파의 굴절

전파가 물리적으로 성분이 다른 매질에

입사할 경우 그 매질의 성분 차이로 인하여 전파의 진행방향이 변화하는 것을 의미한다. 물속에 젓가락을 넣었을 때 휘어져 보이는 것과 같은 원리이다. 지상국(지구에 있는 무선국)과 위성 간의 통신을 할 경우, 대기권에서 전파의 굴절 현상이 발생한다.

2. 주파수와 파장(Frequency and Wavelength)

주파수란 진동전류나 전파 또는 음파 등이 반사 및 굴절하여 파상으로 방향을 바꾸는 주기적 현상으로 주기적으로 1초 동안에 반복되는 횟수를 말하며, 기호는 *f*, 단위는 Hz(hertz)를 사용한다. 주파수의 단위인 헤르츠는 독일의 물리학자 하인리히 루돌프 헤르츠(Heinrich Rudolf Hertz)의 이름에서 가져왔다. 그는 전기진동의 실험에 의해 전자파의 존재를 확인하고, 이것이 반사·굴절 등의 현상에서 완전히 광파와 같은 성질을 가졌음을 증명하였다. 주파수에 대해 조금 더 자세히 정의하자면, 주기적으로 일정한 속도로 반복하는 상태가 1초 동안에 몇 번 발생하는가를 나타내는 수치를 말하며, 진동수라고도 하는데, 1초 동안의 진동수가 1인 경우에는 1헤르츠(Hz) 또는 1사이클(c/s), 1초 동안 천회인 경우엔 1킬로헤르츠(kHz), 백만회를 메가헤르츠(MHz)라고 부른다. 주파수에 대한 개념을 [그림 1-6]에서 보여주는데, 그림에서는 1초당 8회 진동하였으므로, 8 Hz에 대한 주파수를 보여준다.

전파는 주파수가 낮을수록 파장이 길기 때문에 장파라고 하며, 반대로 주파수가 높을수록 단파라고 한다. 주파수에 따른 파의 구분은 다음의 <표 1-1>에

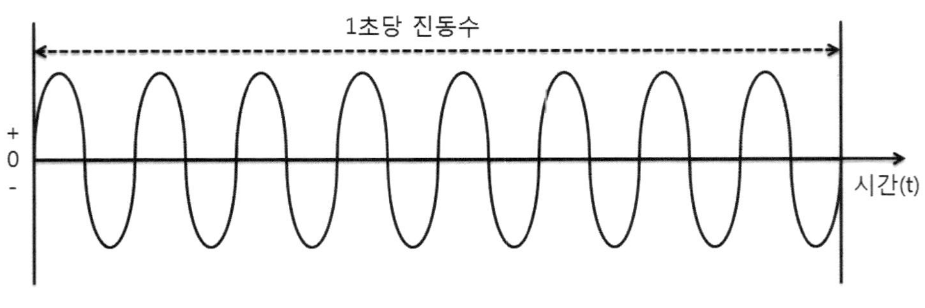

그림 1-6 주파수의 개념도

표 1-1 전파의 분류 및 명칭

주파수 구분	파장 범위	주파수 범위	파장 구분	이용분야
VLF	10,000~100,000(m)	3~30(kHz)	초장파	해상통신
LF	1,000~10,000(m)	30~300(kHz)	장파	무선전화국
MF	100~1,000(m)	300~3,000(kHz)	중파	국제단파통신
HF	10~100(m)	3~30(MHz)	단파	아마추어 무선통신
VHF	1~10(m)	30~300(MHz)	초단파	FM, TV, 무선호출
UHF	0.1~1(m)	300~3,000(MHz)	데시미터파	이동전화, PCS
SHF	1~10(cm)	3~30(GHz)	센티미터파	인공위성
EHF	1~10(mm)	30~300(GHz)	밀리미터파	우주통신
	0.1~1(mm)	300~3,000(GHz)	데시밀리미터파	전파천문학

서 나타내었다.

파장이란 전파가 한번 진동할 때 진행하는 거리를 말하며 기호는 λ(lambda)를 사용하며, 단위는 미터(meter)를 사용한다. 전파의 진행속도는 다음과 같은 식으로 나타낼 수 있다.

$$Vp = \text{주파수}(f) \times \text{파장}(\lambda)$$

자유공간 내에서 전파의 이동속도는 빛의 속도와 거의 같기 때문에 주파수와 파장을 곱하는 전파속도는 다음과 같은 식으로 성립될 수 있다.

$$Vp = f \times \lambda = C(\text{광속}) = 3 \times 10^8\ m/\mathrm{sec}$$

이러한 파장에 대한 개념도를 [그림 1-7]에서 보여준다. 주기적인 진동이 연속으로 존재할 경우, 마루와 마루 사이의 간격 또는 골과 골 사이의 간격을 파장이라고 하며, 진동의 중심에서 마루 또는 골까지의 최대 변위량을 진폭이라고 한다.

주파수와 파장의 개념이 중요한 이유는 모든 통신은 주파수를 중심으로 이루어지기 때문이다. 앞서 언급하였듯이 ITU에서는 모든 주파수 대역을 분류하

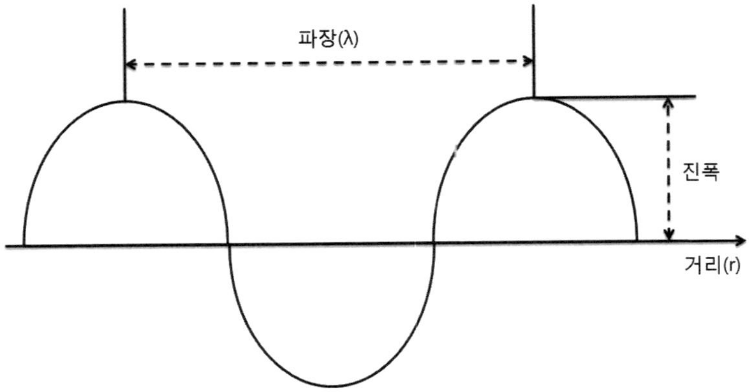

그림 1-7 파장의 개념도

여, 주파수 간의 혼선이나 간섭이 발생하지 않도록 특정 주파수 대역에서는 특정 서비스만을 이용하도록 규정하고 있다. 따라서 각 나라에서는 이를 수용하여, 국가별로 주파수를 분배 및 할당하여 사용하고 있다. 이동통신서비스를 위하여 현재 700MHz~3GHz 대역을 사용하고 있으며, 주요 주파수 대역을 할당받기 위해서는 천문학적인 금액이 소요된다.

주파수를 대역에 따라 비이온화(Non-ionizing)와 이온화(Ionizing)으로 분류하는데, X-ray 등이 이온화 방사선에 속하며, 일반적인 통신에 사용되는 주파수 대역은 비이온화 방사선에 속한다. [그림 1-8]에서는 주파수의 대역 분류와 사용

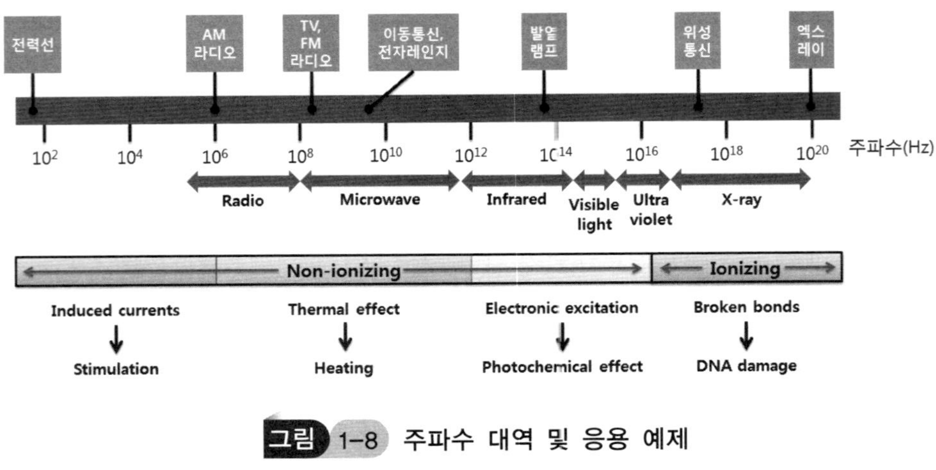

그림 1-8 주파수 대역 및 응용 예제

예, 비이온화 및 이온화 대역, 그리고 대역별 영향에 대해 보여주고 있다.

3. 전기장(Electric field)

전파 또는 전자기파의 기본은 전기장과 자기장이다. 두 성분은 항상 상호 공존하여 발생하기 때문에 전기장에서 자기장을 또는 자기장에서 전기장을 계산할 수 있으며, 이러한 두 성분이 함께 발생하기 때문에 전자기장(또는 전장이나 전계)이라고 부른다. 전기장이라는 물리량을 처음 소개한 사람은 마이클 패러데이(Michael Faraday)이다. 전기장은 보통 기호 E로 표시하며, 크기와 방향을 갖는 벡터량이다. 국제표준단위계의 단위로 N/C(Newton per Coulomb), 혹은 V/m(Volt per meter)를 사용한다.

전기장의 방향은 고전위인 양극에서 저전위인 음극으로 향한다. 주어진 지점에서의 전기장의 세기나 크기는 그 지점에서의 시험용 양전하(+1 C)가 받는 힘(전기력)으로 정의한다. 전기장은 전기장의 진폭의 제곱에 비례하는 에너지밀도를 지닌 전기에너지를 지니고 있다. 정전기에서는 단위 전하에 작용하는 전기적인 힘을 전기장으로 정의한다. 전기장의 방향은 양전하에서 나가서 음전하로 들어오는 방향이며, 이것이 곧 힘의 방향이기도 하다. 전기장의 크기는 전하의 크기에 대한 전기력으로 정의할 수 있는데, 곧 전기장은 힘과 전하량 사이의 비례상수가 된다. 이것이 쿨롱의 법칙이며, 수식은 다음과 같이 표현한다.

$$F = \frac{1}{4\pi\epsilon_0}\frac{q_1 q_2}{r^2}\ [N]$$

여기에서, $\epsilon_0 = 8.854 \times 10^{-12}[F/m]$로 정의되며, q_1과 q_2는 각각 전하(charge)를 나타낸다. r은 두 전하 사이의 거리이다. 쿨롱의 법칙에 따르면, 여러 개의 전하가 분포되어 있을 경우, 전기장은 전하들의 상대적인 위치와 크기에 따라서 결정되며, 각각의 전하에 의한 전기장의 벡터합과 같다. 또한 전기장 내의 한 위치에서의 전기장의 크기는 전하로부터 거리의 제곱에 반비례한다. 즉, 위의 식은 전기력을 받는 정전하가 특정하게 위치한 곳에서의 전기장으로 정의한다.

전기를 띤 전하나 시간에 따라 변하는 자기장 주위의 공간에는 전기장이 형

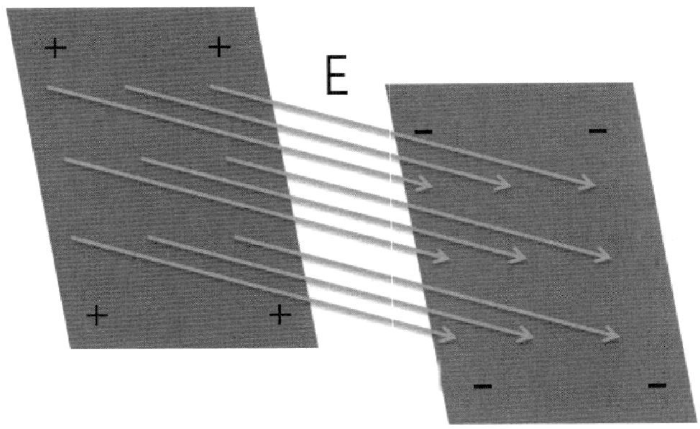

그림 1-9 두 평판 전극 사이에서의 전기장 형성

성되는데, 이 전기장 안에서 대전된 물체는 전기력을 받게 되는 원리이다. 즉, 도체 또는 도선에 주기적인 진동 전류가 흐르게 되면, 도체 주위 공간에는 전류로 인한 장(field)이 형성이 되는데, 이것이 전기장인 것이다. 일반적으로 전기장은 건물, 나무, 사람 등 주변 환경성분에 의해 쉽게 차폐되거나, 강도(strength)를 약하게 만들 수 있다. 또한, 발생원으로부터 거리가 멀어질수록 전기장의 강도는 급격히 감소하게 된다. [그림 1-9]에서는 두 개의 평판 전극 사이에 전기장이 형성되는 것을 보여준다.

4. 자기장(Magnetic field)

자석이나 전류 또는 시간에 따라 변화하는 전기장에 의해 그 주위에 자기력이 작용하는 공간을 자기장이라고 한다. 주위에 다른 영향을 주는 자기력이 없는 경우 나침반의 N극은 자기북극을 가리키며, 이와 동일하게 막대자석의 중심에 실을 묶고 공중에 매달아 놓으면 N극이 북쪽을 향하게 되는데, 이러한 현상이 자기장으로 기인하는 것이다. 이를 통해 지구는 하나의 커다란 자석이라고 생각할 수 있으며, 지구의 남북극 간에 자기장이 형성되어 있다는 것을 알 수 있다. 이러한 지구자기에 의해 형성된 자기장을 지구자기장이라고 하며, 1600년경 영국 엘리자베스 1세 여왕의 궁중 의사였던 길버트(William Gilbert)에 의해 발견되었다. 자기장은 운동하는 전하에 영향을 미치며, 마찬가지로 운동하는 전하는 자기장을 발생시킬 수 있다. 자기장은 크기와 방향을 갖는 벡터량으로 표기하는데, 자계강도 H 또는 자속밀도 B로 나타낸다. 자계강도 H는 자기장이 있는 공간의 자기적 특성을 생각하지 않는 양이며, 자속밀도 B는 자기적 특성을 생각한 양으로 자기력을 계산할 때 직접 사용되는 양이다. 자기투자율 μ는 자기장이 놓인 공간의 자기적 특성이며, 각각의 기호는 다음의 관계에 있다.

$$B = \mu H$$

자기장의 방향은 자기장 내에 있는 나침반 자침의 N극이 받는 힘의 방향이다. 자기장은 자기력선으로 표현할 수 있는데, 자기장 내의 나침반 자침의 N극이 가리키는 방향을 따라 이동하면 하나의 곡선이 그려진다. 이 선을 자기력선이라고 하며, 자기력선의 방향은 N극에서 나와 S극을 향하고, 닫힌곡선(closed loop)이다. 자기력선은 도중에 끊어지거나 서로 엇갈리지 않으며, 자기력선 위의 한 점에서의 접선의 방향이 그 점에서의 자기장의 방향이 된다. [그림 1-10]은 막대자석의 자기장의 방향을 보여주고 있다.

자기력선의 밀도는 자기장의 세기를 나타내는데, 자기력선의 간격이 촘촘할수록 자기장의 세기가 세다. 자석의 양쪽 자극에서 자기력선의 밀도가 높은 반면, 자극으로부터 점차 멀어지면 자기력선의 밀도가 낮아진다. 단위 면적을 지

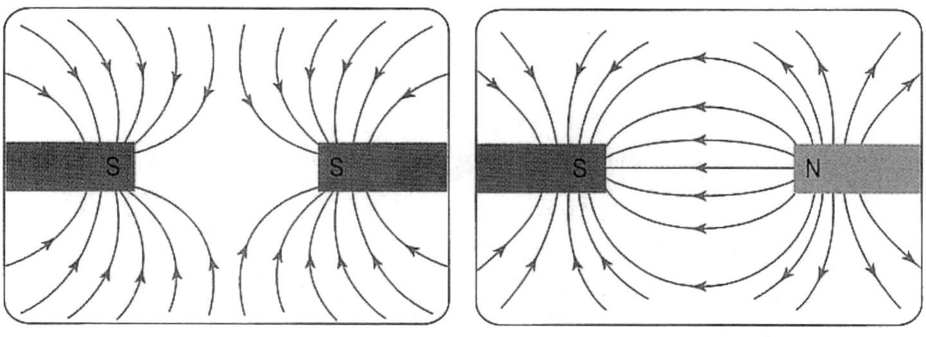

그림 출처: http://doopedia.co.kr

그림 1-10 막대자석 주위의 자기장과 자기력선

표 1-2 전기장과 자기장의 특성

구분	전기장(Electric Fields)	자기장(Magnetic Fields)
발생원	• 전압(Voltage)에 의해 발생	• 전류(Current)에 의해 발생
측정 단위	• 단위 길이당 전압 : V/m, kV/m	• 테슬라(T) • 단위 길이당 전류 : mA/m ※ 1T = 10,000G=800A/m
정의	• 전기장 1kV/m는 10cm떨어진 두 개의 평행금속판에 100V가 인가될 때로 정의	• 자기장 1G는 500A가 흐르는 전선으로부터 1m떨어진 지점에 형성된 자기장으로 정의
차폐 물질	• 나무나 건물 같은 물체에 의해 쉽게 차폐되거나 약해짐	• 어떤 물체라도 쉽게 차폐시키거나 약화시키기 어려움
거리 감쇠	• 발생원으로부터 거리가 멀어질수록 급격히 감소	• 발생원으로부터 거리가 멀어질수록 급격히 감소
도식화	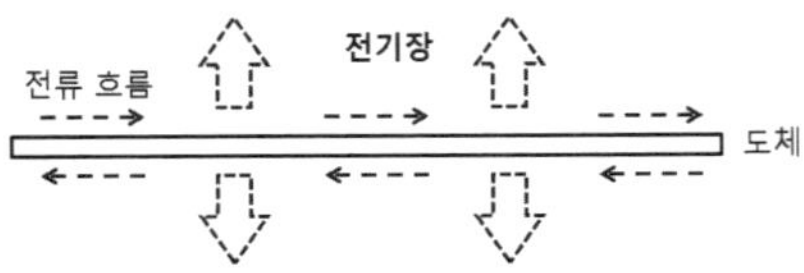	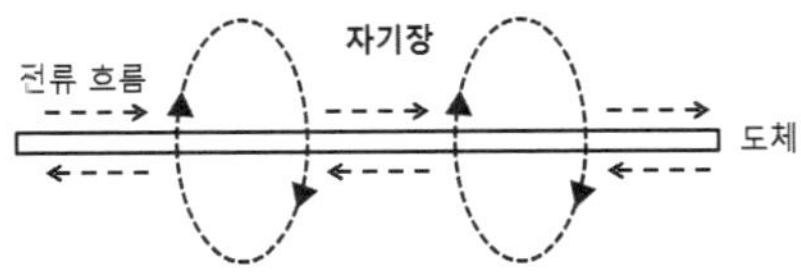

나는 자기력선의 수(자속, 자기선속)가 자기장 B로 표시하며, 단위는 T(tesla, 테슬라)이다. 자기선속은 Φ(파이)로 표시하며, 그 단위는 웨버(Wb)이다.

일정한 전류가 흐르는 도선 주위에는 항상 동일한 주기로 자기장이 형성되는데, 이는 전류가 흐르는 도선 위에 나침반을 가져다 놓았을 때, 자침이 움직이는 것을 보고 알 수 있다. 이와 같이 전기장과 자기장은 상호작용하며, 이 원리는 발전기, 전동기 등에 널리 이용된다. 또한 강한 자기장은 분해능과 안전성에 있어 X선(X-ray)보다 우수하기 때문에 자기공명 영상장치(MRI)에 이용되어 인체를 조사하는데 사용되기도 한다. 다음의 <표 1-2>에서는 앞서 언급된 전기장과 자기장의 특성을 비교하였다.

5. 전자기장

지금까지 수차례 언급하였듯이 전기장과 자기장은 각각 정전하와 자기의 극 주위에 발생하는 것으로 독립적인 물리 대상이지만, 두 성분은 상호 공존하게 되어 있다. 전기장이든 자기장이든 하나의 성분이 시간에 따라 변하게 되면, 전기장은 자기장을 만들어내고, 자기장은 전기장을 만들어내어 전·자기장 성분이 연속적으로 반복하여 발생하게 된다. 즉, 전기장이 발생하게 되면, 자기장이 전기장에 수직으로 발생하며, 발생된 자기장에서는 새로운 2차 전기장이 발생하게 된다. 마찬가지로 2차 전기장으로부터 새로운 2차 자기장도 발생하게 되는데, 두 물리 성분이 동시에 발생하게 되므로 이를 전자기장이라고 한다. 특히 회로에서 주기적인 진동 전류가 흐르게 되면, 주위의 공간에서 동일한 주기로 변동하는 자기장이 발생하게 되고, 변동하는 전기장과 자기장이 서로 유기되어 파동의 형태로 공간상으로 퍼져나가는데, 이렇게 전기장과 자기장이 서로 반복적으로 발생하며 공간상으로 퍼져나가는 것을 전파(propagation)라고 하며, 이것이 전자기파(전자파)이다. 전파는 광속($3 \times 10^8 m/s$)과 거의 일치하며, 전파의 원리로 무선통신이 가능한 것이다. 발생원에서 강한 전자기장이 형성되면, 더욱 멀리까지 전파가 가능하며, 이는 통신 가능 범위가 증가하는 것을 의미한다.

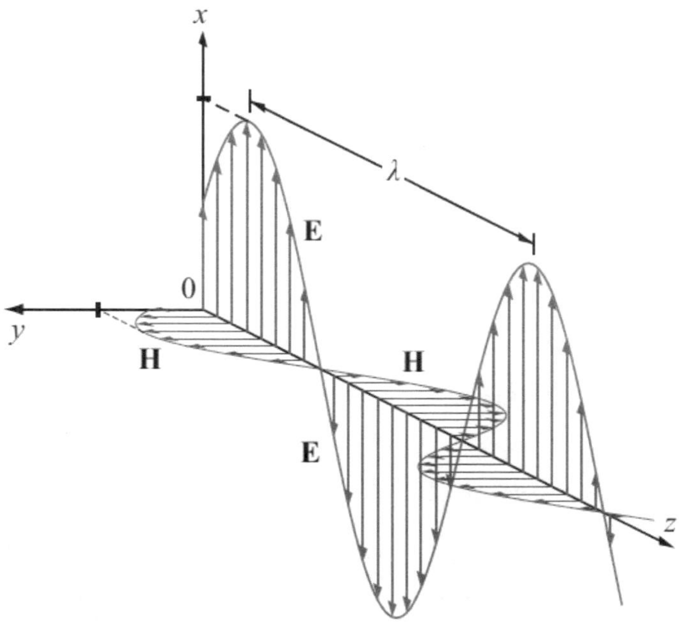

그림 출처: Fundamentals of Applied Electromagnetics by F. T. Ulaby et al.

그림 1-11 전기장과 자기장의 관계

한편 움직이는 전하는 전기장과 함께 자기장도 만들어내는데, 자기장이 시간에 따라 변할 경우 전기장을 만들어낸다. 이것을 이차전기장(secondary electric field)이라고 하며, 패러데이의 유도법칙을 사용하여 계산할 수 있다. 일반적으로 전기장과 자기장은 완전히 분리되지 않기 때문에 전자기장이라고 한다. 따라서 전기장과 자기장은 독립적인 현상이 아닌, 혼합된 현상으로 설명될 수 있다. 전기장과 자기장의 관계를 [그림 1-11]에서 나타내고 있으며, 앞에서 설명한 전기장과 자기장의 상호적인 관계로 인하여 전파의 진행방향이 결정된다.

전자기장은 전하 또는 자기의 운동에 의해 발생되는 공간상의 상태이지만, 맥스웰(J.C. Maxwell)은 이러한 특수한 공간의 장(fields)을 발생원(전하 또는 자기)에서 분리된 독립적인 물리 성분으로 정의하고, 전기장과 자기장의 상호관계를 조사하여 전자기장의 이론을 정립하였다. 그렇게 이론을 정립하여 놓은 것이 맥스웰 방정식이다. 맥스웰 방정식은 총 4개의 법칙으로 구성되어 있는데, 쿨롱의 법칙, 가우스 법칙, 패러데이의 법칙, 앙페르의 법칙(맥스웰이 수정)이며, 4개의 법칙을 이용하여 전자기 현상이 완전히 설명될 수 있음을 증명하였다. 따라서 전자기장과 관련된 어느 방정식이라도 상기의 방정식들로부터 정확히 유도 및 증명될 수 있으며, 현재 전자기 이론의 기초가 된다. 이러한 전자기장의 이론을 바탕으로 중력상호작용(만유인력)에도 중력장의 개념을 도입할 수 있었는데, 장을 물질 사이에 상호 작용하는 힘으로 해석한 것이다.

Ⅱ. 전파통신 개념

무선 전파는 레이더, 인공위성, 이동 통신 등 다양한 분야에서 사용되고 있으며 그 중에서도 통신 기술은 정보의 전달, 공유, 확산에 큰 영향을 줌으로써 현대인의 생활을 편리하게 할 뿐 아니라 국가 안보 및 안전 등에 큰 향상을 가져다주었다. 이러한 통신 기술은 무선 전파를 사용하기 때문에 운용 환경에 따라 앞서 살펴본 반사, 산란, 회절, 굴절의 영향을 받을 뿐 아니라 변조 기법, 전송 속도 등과 같은 통신 기법의 영향을 받게 된다. 따라서 전파 통신 기술의 이해를 위해 변조 방식, 전송 속도 등 통신 기법에 대해 먼저 소개하고 무선 전파와 관련하여 주파수 및 대역폭과의 연관성에 대해 알아본다. 또한 무선 전파 자원 이용 시 나타나는 백색 잡음과 여러 무선 통신 시스템간의 간섭으로 인해 발생하는 혼신에 대해 알아본다. 그리고 이러한 현상에 대한 설명과 함께 무선 전파 자원의 부족 현상에 대한 원인과 그 효율적 관리가 필요한 이유에 대해 알아본다.

1. 변조 방식

전기 통신 분야에서 정보를 담은 전기적 신호, 즉 정보 신호를 전송하고자 할 때 이러한 정보 신호를 sine 함수로 변화하는 고주파인 정현파에 실어 보내게 되는데, 이러한 정현파를 반송파라고 하고 반송파에 정보 신호를 실어 보내는 것을 변조라고 한다. 이 때 정보 신호를 반송파에 담아 보내기 위해 정보 신호와 반송파를 곱하게 되며, 그 결과 [그림 1-12]와 같이 변조 신호는 그 크기는 정보 신호와 동일하지만 그 안에서 반송파의 주파수에 맞춰 진동하게 된다. 이렇게 반송파에 정보 신호를 담아 보내는 이유는 정보 신호를 원하는 주파수 대

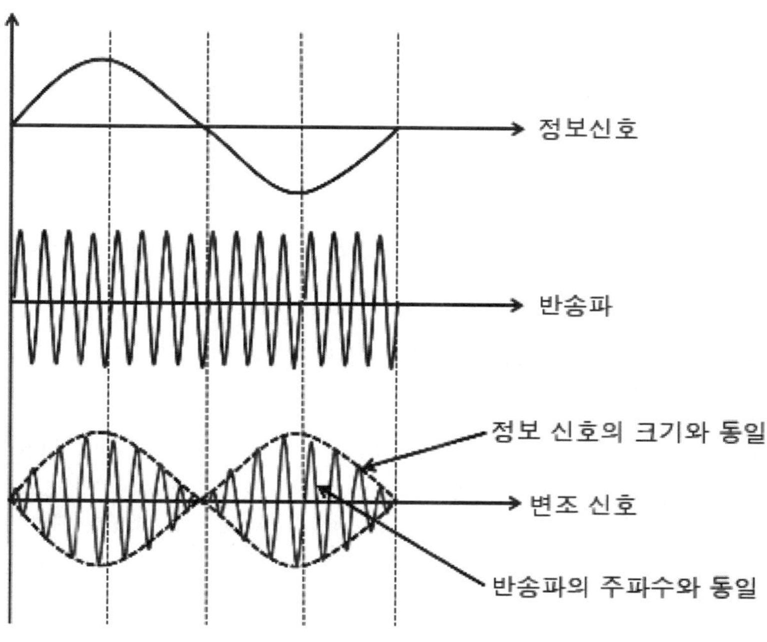

그림 1-12 반송파와 변조 신호와의 관계

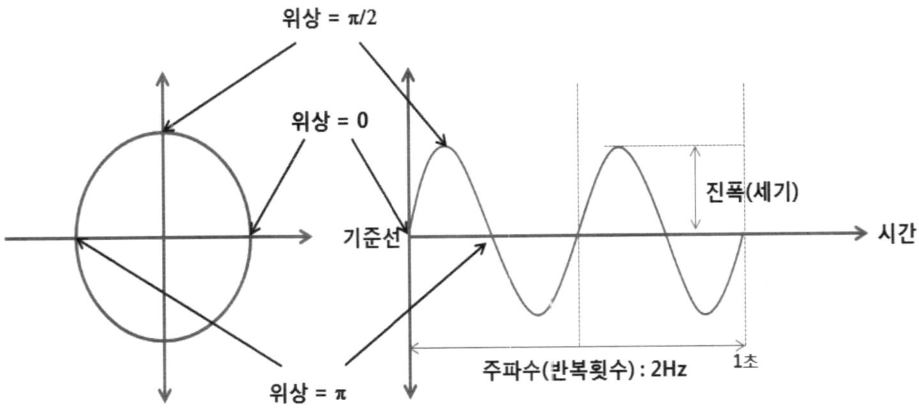

그림 1-13 반송파의 구성

역에서 송수신하기 위함으로 실제 전송하고자 하는 주파수로 진동하는 반송파를 곱해줌으로써 정보 신호를 원하는 주파수 대역에서 송수신할 수 있게 된다. 이렇게 전송된 신호는 수신기에서 수신되어 다시 반송파를 곱하고 저주파 필터링을 통해 원래 정보 신호를 얻을 수 있게 되며 이를 복조라고 한다.

한편 통신 분야에서 변조는 [그림 1-13]과 같이 반송파의 구성 성분인 진폭, 주파수, 위상 등에 변형을 주는 것을 의미하며, 이는 수신기에서 수신되는 여러 신호를 변조 방식에 따라 서로 구분함으로써 원하는 정보 신호만을 얻기 위함이다. 이러한 변조는 정보 신호의 형태가 아날로그 신호인지 디지털 신호인지에 따라 크게 아날로그 변조와 디지털 변조로 나뉘며, 반송파의 구성 성분 중 어떠

표 1-3 아날로그 변조와 디지털 변조에서 변조 방식에 따른 표기명

반송파의 구성 성분	아날로그 변조 (Analog Modulation)	디지털 변조 (Digital Modulation)
진폭	진폭 변조 (AM : Amplitude Modulation)	진폭 편이 변조 (ASK : Amplitude Shift Keying)
주파수	주파수 변조 (FM : Frequency Modulation)	주파수 편이 변조 (FSK : Frequency Shift Keying)
위상	위상 변조 (PM : Phase Modulation)	위상 편이 변조 (PSK : Phase Shift Keying)

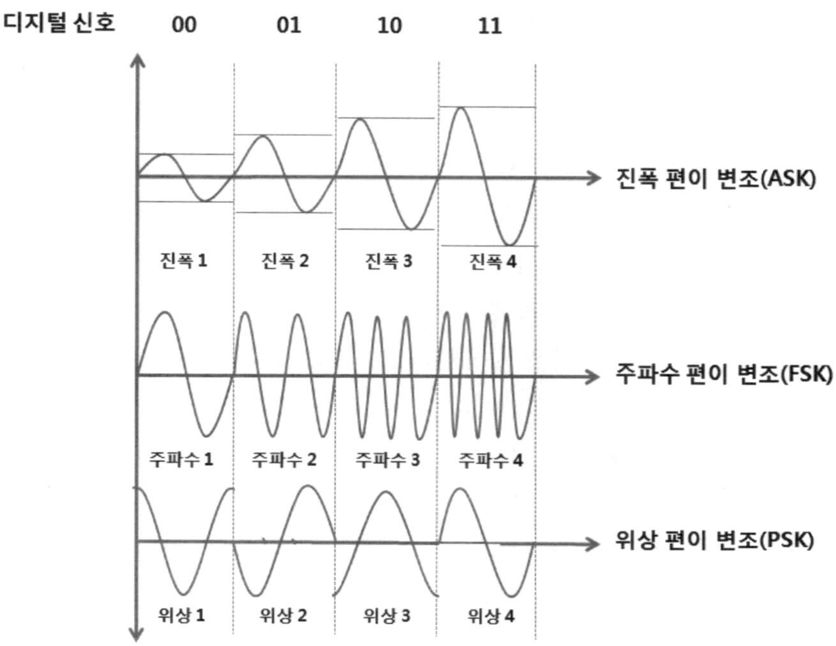

그림 1-14 디지털 변조 방식

한 성분에 변형을 주었는지에 따라 변조 방식이 나뉘게 된다. <표 1-3>에서는 아날로그 변조와 디지털 변조에서 변조 방식에 따른 표기명을 정리하였다.

통신 기술의 초기에는 통신 시스템이 보다 간단한 아날로그 변조 방식이 주로 사용되었으나 외부 잡음의 영향을 많이 받는 등 제약이 많아 현재에는 주로 디지털 신호로 변환한 후 디지털 변조를 사용하고 있다. [그림 1-14]는 2비트 디지털 신호에 대한 각 변조 방식에 따른 신호 형태를 나타내었다. 예를 들어 2비트 디지털 신호는 00, 01, 10, 11의 4가지 신호로 만들어지며, 각 변조 방식에 따라 각각 서로 다른 진폭, 주파수, 또는 위상을 적용함으로서 해당 신호를 구분하여 변조하게 된다.

2. 대역폭, 전송속도 및 정보량

전송 속도는 단위 시간(초) 당 보낼 수 있는 정보량(또는 데이터 전송량)을 말한다. 단위는 주로 bps(bits per second)로 나타내며, 이는 단위 초당 전송할 수 있는 비트 수를 나타낸다. 예를 들어 5Mbytes(1byte=8bit이므로 5M×8=40Mbits) 크기의 정보량을 갖는 MP3 파일을 1Mbps의 전송 속도로 전송할 경우, 파일을 전송하는데 40초의 시간이 소요된다. 전송 속도가 10Mbps면 4초, 100Mbps면 0.4초, 1Gbps면 0.04초가 소요된다. 따라서 전송 속도가 높을수록 동일 시간에 많은 정보량을 전송할 수 있게 된다.

대역폭은 신호가 주파수 축에서 차지하는 주파수 폭을 나타낸다. 만약 신호가 2GHz에서 3GHz의 대역을 사용한다고 하면, 중심 주파수는 2.5GHz가 되고 대역폭은 1GHz가 된다. 일반적으로 대역폭이 넓을수록 보다 많은 정보를 보낼 수 있으며 전송 속도가 같을 경우 대역폭과 정보량은 정비례하게 된다. 즉 대역폭이 2배가 되면 동일 시간 내에 보낼 수 있는 정보량 또한 2배가 된다.

대역폭, 전송 속도와 정보량의 관계를 이해하기 쉽게 설명하면 도로의 폭과 자동차의 속도, 통과한 자동차 수를 가지고 설명할 수 있다. 고속도로를 달리는 자동차는 마치 무선전파채널(고속도로)을 통해 전달되는 정보(자동차)와 같다. 이때 4차선, 8차선 등 고속도로의 폭은 대역폭을 나타내며, 이를 지나가는 자동차의 속도는 전송 속도가 된다. 그리고 이 고속도로를 통과한 자동차의 수는 정보량이 된다. 따라서 동일 시간 내에 도로 폭이 넓을수록, 자동차의 속도가 빠를수록 이 도로를 통과한 자동차의 수는 많아지는 것과 마찬가지로, 대역폭이 넓을수록, 전송 속도가 빠를수록 무선전파채널을 통해 통신에서 전달되는 정보량은 증가하게 된다.

통신 기술의 개발 초기에는 정보 신호가 주로 음성으로 정보량이 많지 않아 이용하는 주파수 대역이 넓지 않았을 뿐 아니라 응용 분야가 다양하지 않아 주파수 자원의 점유 빈도가 낮았기 때문에 주파수 자원에 대한 인식 없이 사용되어 왔다. 그러나 최근 음성 신호 뿐 아니라 HD 영상, 영화 등 대용량 데이터 통신 서비스에 대한 요구가 증가하고 있어 보다 많은 대역폭을 요구하고 있을 뿐 아니라 생활의 편리를 위해 무선랜, UWB(Ultra Wide Band), 블루투스 등 다양한 통신 기술들이 개발되고 또 개발 중에 있어 주파수 대역은 점점 포화되고 있는 실정이다. 이러한 현실에 따라 주파수를 하나의 자원으로 인식하고 이를 효율적으로 관리하고 이용하기 위한 노력이 국가적/세계적 차원에서 필요하게 되었다. 이에 따라 국제전기통신연합에서는 세계적인 주파수 자원 사용 제한에 관

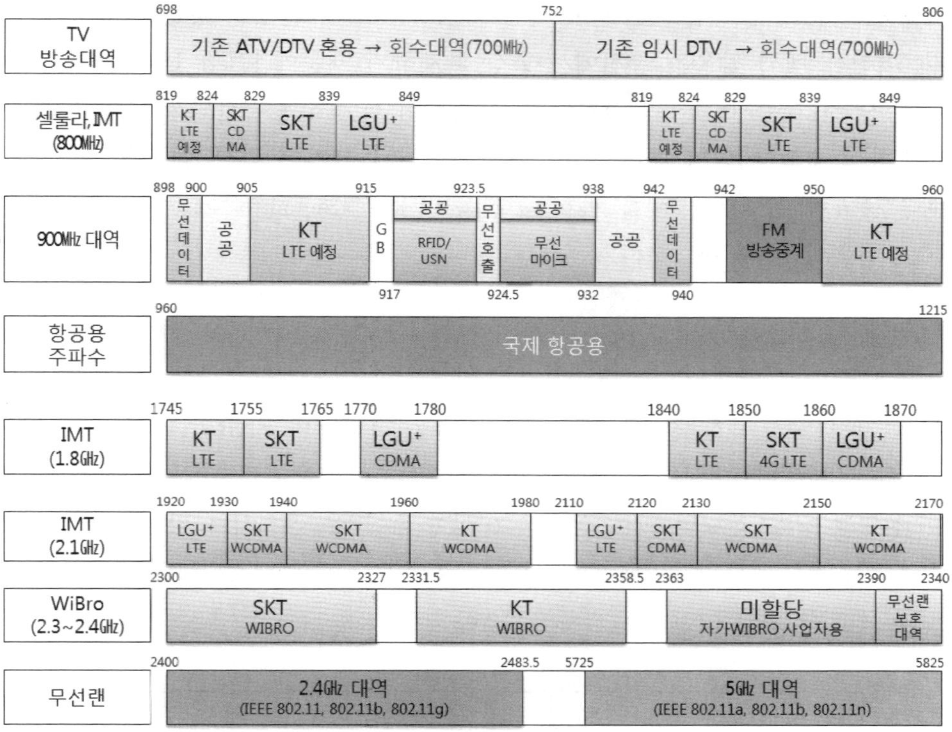

[2012년 12월 기준]

그림 1-15 국내 주파수 사용 현황

해 관리하고 유무선 통신과 관련된 모든 이슈에 대하여 세계적인 협의와 표준을 이끌고 있으며 국내에서는 방송통신위원회를 통해 주파수의 분배 및 판매 등을 관리하고 있다. [그림 1-15]는 국내 주파수 사용 현황 중 일부를 나타내는 예시 그림으로 주파수 대역에 따라 다양한 통신 서비스가 이루어지고 있다.

3. 신호 대 잡음

공기 중에는 수많은 종류의 잡음이 존재하며, 통신에서 신호를 전송할 때 전송하는 신호의 모든 주파수 영역에 걸쳐서 발생하는 잡음을 백색 잡음(white noise)라고 한다. 주파수가 높은 전자파의 일종인 가시광선이 주파수에 따라 색상이 다르지만 여러 색광이 겹치면 하얀색이 되듯이 여러 주파수의 잡음이 합쳐졌기 때문에 붙여진 이름으로 시간 축에서는 임의의 값을 갖는 특성을 갖는다. 이러한 백색 잡음은 통신에서 항상 존재하기 때문에 [그림 1-16]에서 보듯이 수신 신호는 전송한 원 신호와 백색 잡음이 합쳐져서 수신되게 된다. 따라서 전송한 신호의 에너지 대비 백색 잡음의 에너지 크기는 통신 성능을 결정하는 매우 중요한 척도로써, 이를 신호 대 잡음비(SNR : Signal to Noise Ratio)로 나타내고 다음과 같이 정의한다.[1)]

$$SNR = 10\log_{10}(S/N)\ [dB]$$

여기서 S는 신호 전력, N은 잡음 전력을 나타내며 SNR의 단위는 데시벨(dB)로 표현한다. 데시벨은 상대적인 크기를 나타내는 단위로 위 식과 같이 신호 전력과 잡음 전력의 비를 상용로그 취한 후 10을 곱해서 나타낸다. 만약 신호 대 잡음의 전력비가 2배라면 SNR은 3dB가 되며 10배라면 10dB가 된다.

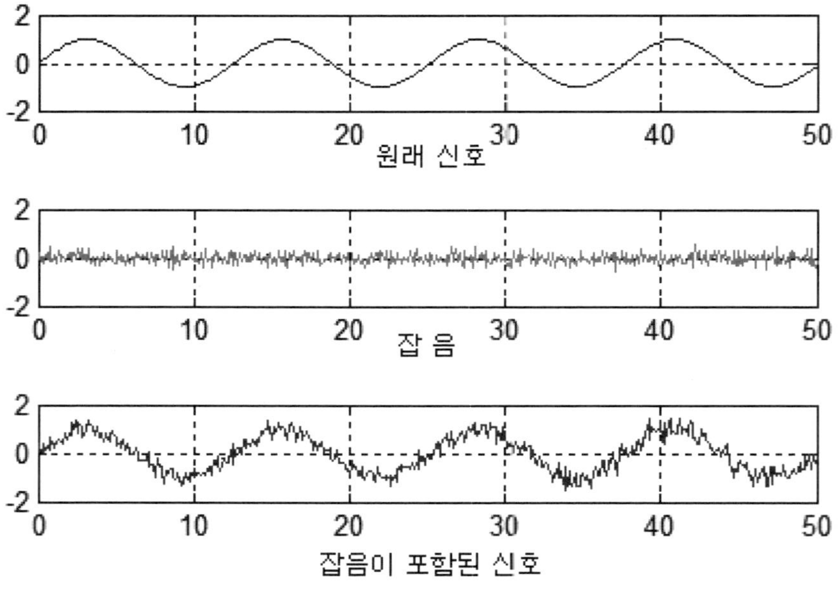

그림 1-16 원 신호와 백색 잡음

---

1) http://en.wikipedia.org/wiki/Signal-to-noise_ratio (2012년 11월 26일 방문)

4. 혼 신

통신에서 혼신은 내가 전송하고자 하는 희망 신호 이외의 동일 주파수 대역을 사용하는 외부의 신호가 방해파로써 신호에 중첩되어 나타나는 교란 현상을 의미하며, 이러한 방해파를 간섭 신호라고 하고 간섭 신호를 내보내는 통신 시스템을 간섭원이라고 한다. 이러한 혼신은 백색 잡음과 비슷하게 전송한 신호의 에너지 대비 간섭 신호의 에너지 크기로 나타내게 되며 백색 잡음을 포함하여 신호 대 간섭 잡음비(SINR : Signal to Interference Plus Noise Ratio)로 나타내고 다음과 같이 정의된다.

$$\mathrm{SINR} = 10\log_{10}(S/(N+I))\ [\mathrm{dB}]$$

여기서 S는 신호 전력, N은 잡음 전력, I는 간섭 신호 전력을 나타내며 단위는 데시벨(dB)로 표현한다.

이에 대해 예를 들어 설명하면, [그림 1-17]과 같이 어떤 공간에서 두 사람이 대화(통신)을 하고 있을 때, 두 사람의 대화는 희망 신호가 되고 주변에서 들려오는 원치 않는 소리들은 잡음과 간섭 신호가 된다. 이 때 자연에서 들려오는 소리를 잡음에 비유한다면, 주변 사람들의 대화 소리는 간섭 신호에 비유할 수 있다. 이 때 만약 주변 소리가 대화 소리보다 충분히 작다면 대화에 문제가 없지만 주변 소리가 매우 크면 대화가 잘 되지 않듯이, 통신에서도 희망 신호와 백색 잡음 및 간섭 신호의 에너지 비는 통신 성능(음성의 경우 통화 품질)에 큰 영향을 미치게 된다.

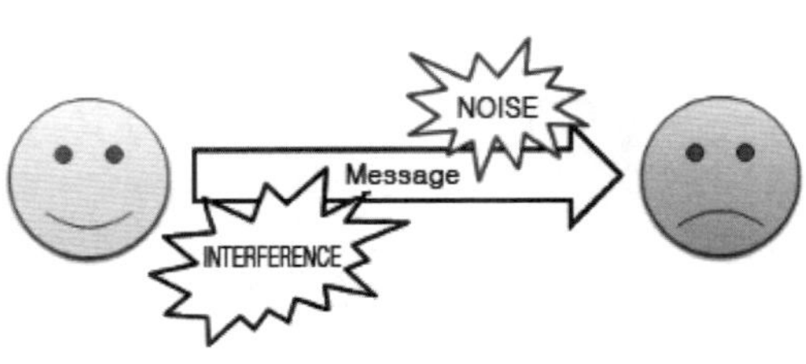

그림 1-17 신호 대 간섭 잡음비에 대한 예시

[데시벨(decibel)]

데시벨은 전압, 전류, 전력, 음량 등의 양(quantity)의 크기를 비교하기 위하여 로그(log)로 나타낸 비율의 단위로, 기호는 dB를 사용한다. 데시벨을 표현하는 수식은 다음과 같다.

$$dB = 10\log(\frac{P_2}{P_1}) = 20\log(\frac{V_2}{V_1})$$

여기에서, P_1은 입력전력, P_2는 출력전력이며, V_1은 입력전압, V_2는 출력전압이다. 수식을 통하여 알 수 있듯이 입력에 대한 출력의 비, 즉 기준값에 대해 상대적으로 얼마의 크기로 표현할 수 있는지를 나타내는 것이다. 전압 또는 전류의 경우 전력과의 관계에서 제곱의 비례($P = I^2R = V^2/R$)하기 때문에 로그함수에서 제곱을 2배로 계산할 수 있다. 따라서 전압은 전력에 비해 2배의 크기를 갖는다.

앞서 설명했듯이, 혼신은 동일한 주파수 대역을 사용하는 서로 다른 신호 간의 중첩을 의미하고 전 주파수 대역에서 발생하는 백색잡음과 달리 각 통신 서비스들은 서로 다른 주파수 대역을 사용하고 있기 때문에 일반적으로는 통신 서비스 간에 간섭은 크게 발생하지 않는다. 그러나 다음과 같은 경우 간섭에 의한 혼신이 발생할 수 있다.

전파 간섭의 영향이 두드러지는 대표적인 예로, 국제전기통신연합에서 통신 용도가 아닌 산업, 과학, 의료 분야를 위해 예약이나 사전 허가 없이 사용 가능하도록 할당한 ISM(Industrial, Scientific, and Medical) 공용 주파수 대역이 있다. 이 주파수 대역은 공용 주파수 대역이므로 전자레인지, 아마추어 무선(HAM) 등 다양한 목적의 RF 에너지 송출 기기들이 이 대역을 사용하고 있을 뿐 아니라, 최근에는 블루투스, 무선 랜 등 소출력 무선 통신 기기까지도 사용을 허가하고 있어 ISM 대역에서 서로 간의 전파 간섭 영향에 대한 영향이 다각도로 연구되고 있다.

또 하나의 예로 셀룰러 방식의 이동 통신을 들 수 있다. 이동 통신에서 [그림 1-18]과 같이 A 지역과 B 지역에 각각 기지국을 두고 통신 서비스를 하고자 할 때 서로 동일한 주파수 대역을 사용하게 되면 주파수 간섭 지역이 발생하게

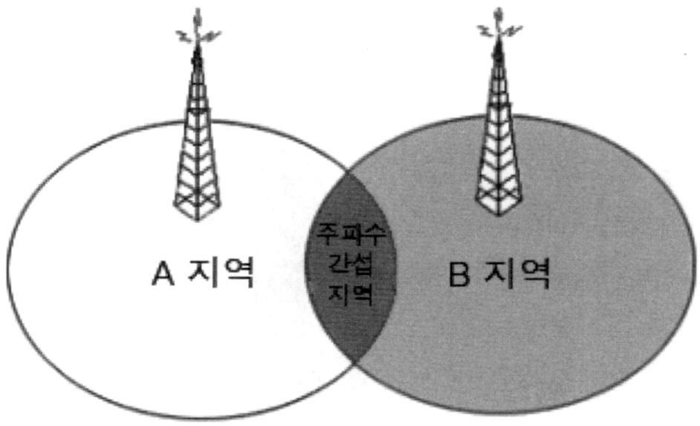

그림 1-18 이동 통신에서의 전파 간섭

되고 이 지역에 위치할 경우 A 기지국과 B 기지국으로부터 동시에 동일 주파수 대역의 신호를 받게 되어 혼신이 발생한다. 이를 막기 위해 [그림 1-19]와 같이 하나의 서비스 지역을 동일한 형태의 '셀(Cell)'로 나누고 전체 주파수 대역을 셀 개수만큼 나누어 각 셀마다 서로 다른 주파수 대역을 할당함으로써 각 셀에 주파수 대역을 분배하고 재사용하도록 하였다. 결국, 동일 주파수 대역을 사용하는 셀 간의 간섭을 최소화하였고, 이를 '셀룰러 방식'이라고 한다.

이렇듯 한정된 주파수를 늘어가는 수요에 맞추기 위해서는 주파수 분배에 있어 철저한 관리가 필요하다. 전 세계적으로 전파자원에 대한 수요가 민간 및 공공 전 분야에 걸쳐 확산됨에 따라 전파자원 확보 경쟁이 심화되고 있으며, 향후 유비쿼터스 환경이 도래하면 주파수 부족 현상은 더욱 심화될 것으로 예상된다. 세계 각국은 정부의 광범위한 규제와 계획에 의존하는 기존 주파수 관리 정책으로는 기술과 시장의 급격한 변화에 적절히 대응하기 어렵고, 이는 주파수 부족의 심화 현상을 불러오기 때문에 주요 선진국을 중심으로 시장 기반 주파수 관리 제도를 도입하거나 강화하려는 추세이다. 또한 기존 주파수와 간섭을 최소화 할 수 있는 기술의 발전과 지역성을 고려한 주파수 공유기술을 적극적으로 연구하고 있다. 최근에는 SDR(Software Defined Radio), UWB와 같은 새로운 기술의 개발을 추진하면서 주파수 공유를 매우 중요한 주파수 부족 해결방안으로 제시하고 있는 상태이다.

우리나라도 주파수의 효율적 이용이 국가경제 및 산업발전의 핵심 정책 과

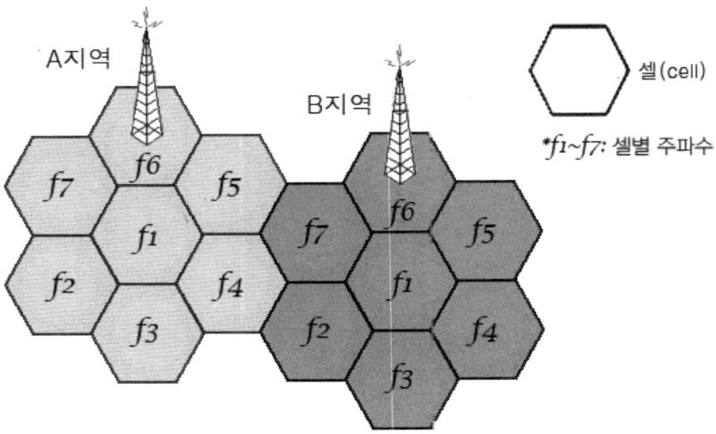

그림 1-19 이동 통신에서 전파 간섭 최소화를 위한 셀룰러 방식

제이므로 중장기적 스펙트럼 이용 계획의 수립, 희소한 주파수의 이용 효율 증대, 새로운 대역 및 기술 개발 노력을 강화하여 주파수 이용수요에 대처하고 효율성을 높이는 정책의 개발이 필요하다고 보고되었다.[2)]

일반적으로 데시벨을 음(소리)의 크기로 알고 있는데, 사람은 음량의 차이를 배수로써 인식할 수 있으며, 대수로 표시하는 것이 사람의 감각에 가깝게 표현할 수 있는 방법이다. 디지털의 경우 비율로써 나타내는데, 두 값에 대해 비교할 때 몇 배수가 되는지 쉽게 계산할 수 있다. 특히 대표적인 dB 값을 알면, 쉽게 가감산이 가능하다. 예를 들어, 1배는 0dB이며, 2배는 6dB, 3배는 10dB, 5배는 14dB, 10배는 20dB이다. 또한, 15배는 3배와 5배의 곱이므로 10dB와 14dB를 더하면 24dB가 된다. 여기서 잘 알아두어야 할 것은 한 배 이하의 배율에 대해서는 dB가 음의 값(-)이 된다. 0.5배는 1/2이기 때문에 2배에 음수(-)를 붙여 -6dB가 된다. 즉, 디지털에서는 직접적인 수치로 표현하기 보다는 기준값에 대해 비교되는 절대적인 수치를 나타내는 것이다.

2) 주종옥, "유비쿼터스 시대를 대비한 선진국의 주파수 관리정책", 융합사회의커뮤니케이션 리더 통권 제125호, 2005, 73면.

Ⅲ. 전파 기술의 역사

오늘날 우리의 삶에 있어서 전파가 활용되는 분야는 실로 다양하다. 가장 큰 활용분야라 할 수 있는 방송과 통신에서부터, 기상관측 및 천체물리분야, 탐지 레이다와 같은 군용 및 의료분야에 이르기까지, 그 활용분야는 일일이 세기 어려울 정도다. 이처럼 전파가 우리의 생활에 밀접하게 이용되기까지는 다양한

표 1-4 전파 기술 역사의 주요 사건

연도		사건
1800년대	1864년	맥스웰 방정식을 통해 전자기학의 기초를 마련 (제임스 맥스웰)
	1888년	스파크 갭과 링 안테나를 이용하여 맥스웰의 가정을 실험으로 증명 (하인리히 헤르츠)
1900년대	1901년	모스 부호를 이용한 최초의 대륙간 무선통신 성공 (굴리엘모 마르코니)
	1906년	최초의 무선 육성 전파 방송
	1920년	웨스팅하우스 사, 진폭 변조 방식 전파방송을 하는 세계 최초의 방송국 설립
	1933년	에드윈 암스트롱, 주파수 변조 방식 발명
	1939년	2차 세계대전 발발: 레이다 기술의 비약적 발전이 이루어 짐
	1940년	고출력 마이크로파 생성을 위한 마그네트론 개발 (존 렌달, 해리 부트)
	1957년	최초의 기상 레이다 개발 (미국)
	1981년	워싱턴 D.C.와 볼티모어 사이에서 최초의 셀룰러 무선통신시험 테스트
	1983년	최초의 상용 휴대폰 다이나택 발매 (모토로라)
	1984년	국내이동통신(1세대): AMPS 셀룰러 시스템 도입
	1996년	국내이동통신(2세대): 세계 최초로 CDMA방식 디지털 이동전화 서비스 시작
2000년대	2003년	국내이동통신(3세대): WCDMA방식 서비스 시작
	2005년	우리나라에서 세계 최초로 DMB 서비스 시작
	2011년	국내이동통신(4세대): LTE방식 서비스 시작

학계 및 산업계를 중심으로 한 이론 및 응용연구, 개발이 뒷받침 되어야 했다. 여기에서는 전자기학의 뉴턴이라 불리는 맥스웰에 의한 전파분야의 이론 정립에서부터 마르코니의 최초의 대륙간 무선통신 실험, 그리고 2차 세계대전을 거치면서 이루어진 비약적인 전파 레이다 기술의 발전과 무선전력전송 기술과 같은 다양한 전파 응용 분야에 이르기까지, 전반적인 전파 기술의 발전사를 돌아보고자 한다.

1. 전파 이론의 정립 및 실험적 증명

알렉산더 그레이엄 벨(Alexander Graham Bell)의 전화회선을 이용한 음성통신이 태동하여 발전을 이루고 있던 1800년대, 전파를 이용해 무선으로 통신을 하는 새로운 통신방식을 가능케 할 이론적 연구가 스코틀랜드 출신의 한 물리학자에 의해 이루어졌다.

1864년 제임스 맥스웰(James Clerk Maxwell, 1831-1879)은 별개의 것으로 여겨져 왔던 전기와 자기, 그리고 광학의 이론, 실험을 하나의 일관성 있는 이론으로 통합하는 놀라운 업적을 발표했다. 그의 이론에 따르면 전기와 자기, 빛이 모두 전자기장의 현상으로 이해될 수 있다. 그는 그의 이론을 바탕으로 전자기 에너지가 파동의 형태로 공간 상으로 전파될 수 있을 것이라 가정했다. 이러한 가정이 실험적으로 증명된 것은 맥스웰 사후 10여년이 지난 이후였다. 1888년 함부르크 출신의 독일 물리학자 하인리히 헤르츠(Heinrich Rudolf Hertz, 1857-1894)는 스파크 갭(Spark gap)을 이용해 발진을 일으켜 생성시킨 전자기파를 링 형태의 안테나로 수신하는 실험을 수행했다. 약 7.6m 떨어진 지점에서 검출한 전자기파를 통해 그는 전자기파가 빛과 동일한 속도로 공간상으로 전파해 나갔음을 확인하였다.

2. 최초의 장거리 무선통신의 성공 : 마르코니의 대륙간 무선통신

이탈리아의 발명가이자 사업가인 굴리엘모 마르코니(Guglielmo Marconi, 1874-1937)는 1894년 헤르츠의 사망 이후 20세의 젊은 나이로 무선전신 실험을 시작한다. 2년 후 그는 무선전신에 대한 영국 특허를 취득하였으며, 이듬해 런던 마르코니 무선전신사(The British Marconi Company)를 설립한다.

이후 마르코니는 최초의 대륙 간 무선통신에 성공한다. 1901년 영국과 캐나다 사이의 대서양을 넘어 약 2700km에 달하는 거리에서 모스 부호를 무선으로 전송하는데 성공한 것이다. 마르코니의 대륙간 무선통신이 성공할 당시에만 해도, 과학자들은 이러한 통신이 어떻게 가능하는가에 대한 의견일치를 보지 못하고 있었다. 당시에는 대부분 과학자들은 전파가 빛처럼 직진하는 성질만을 가진다고 생각했다. 대륙 간의 통신과 같이 가시범위를 넘어서는 장거리통신은 오직 빛이 건물 옆면 등을 지날 때 휘어지는 회절 현상 등에 의해서만 가능하다고 생각했다. 그러나 영국의 물리학자 헤비사이드(Oliver Heaviside, 1850-1925)와 미국의 전기기술자 커넬리(Arthur Kennelly, 1861-1939)는 대기 상공에 전자기파를 반사하는 이온화된 층, 즉 전리층의 존재 가능성을 주장했으며, 이러한 전리층에 관한 연구는 후에 전파를 이용한 장거리 무선통신에 많은 기여를 했다.[3)]

3. 최초의 음성 전파 방송

그 이후 2차 세계대전이 발발하기까지, 전파 기술은 지속적인 발전을 이루어 갔다. 특히 전파를 발생시키는 전원부에 관한 다양한 연구가 이루어졌다. 초기 스파크 갭을 이용한 전파의 발생 및 전송 이후, 니콜라 테슬라(Nikola Tesla, 1856-1943)가 기계식으로 회전하는 교류발전기를 고안했으나 이를 전파 전송용으로 활용하는데는 실패하였다. 이후 1906년 제네럴 일렉트릭 사에서 개발한 80kHz 발전기를 이용해 캐나다의 발명가 레지널드 페센든(Reginald Aubrey Fessenden, 1866-1932)이 최초의 육성 전파 방송을 했다. 1906년 12월 24일 크리스마스 이브, 페센든은 메사추세츠주 브랜트 록 실험국에서 <헨델의 라르고>와 자신이 직접 바이올린으로 연주한 <오 거룩한 밤>을 내보낸 후 마지막으로 성경구절을 읽음으로써 방송을 마쳤다. 페센든은 청취자들에게 자신의 방송 품질에 대한 평가를 요청했는데, 비록 잡음이 들어있기는 했으나 그의 방송은 수백 마일 떨어진 곳에서도 수신이 가능했던 것으로 밝혀졌다. 잡음의 원인은 방송에 사용되었던 스파크 갭 전원부의 고르지 못한 품질 때문이었던 것으로 밝

---

3) Harold Sobol, "Microwave Communications-An Historical Perspective," IEEE Trans. Micro. Theory Tech., Vol. MTT-32, No. 9, Sep. 1984.

혀졌다.

4. 삼극 진공관의 발명과 진폭 변조, 주파수 변조 라디오 기술

최초의 전파발생기라 할 수 있는 스파크 갭 이후 교류발전기가 발전되면서 주요한 고출력 전원부로 사용 되었으나, 진공관이 발명되면서 이러한 역할을 대체하게 되었다. 1883년 토머스 에디슨(Thomas Edison, 1847-1931)이 최초로 가열된 필라멘트에서 전자들이 방출되는 현상을 관찰하였다. 에디슨 효과라 불린 이 현상에 관심을 가진, 당시 에디슨 조명회사에서 근무하던 영국의 전기공학자 존 엠브로우즈 플레밍(John Ambrose Fleming, 1849-1945)은 1904년 이 현상을 이용해 최초로 이극 진공관을 발명한다. 이 기기는 플레밍 밸브라는 명칭으로 불리게 된다. 이 플레밍 밸브는 수신감도가 높은 라디오 수신기로 활용되었다. 1906년 리 드 포레스트(Lee de Forest, 1873-1961)는 플레밍의 이극 진공관보다 발전된 삼극 진공관을 발명한다. 포레스트의 삼극진공관은 처음에는 오디온이라는 이름으로 불렸는데, 초기에 오디온은 플레밍 밸브와 너무 유사하다는 지적을 받았다. 이에 포레스트는 그리드라고 불리는 세 번째 전극을 추가하였고, 이로써 플레밍 밸브와 구별된 형태를 가지게 되었다. 뿐만 아니라 그리드가 추가됨으로써 수신된 신호를 크게 증폭시키는 새로운 기능까지 갖추게 되었다.

삼극 진공관의 발명은 무선 음성 통신에 큰 기여를 하게 되었다. 처음에는 수신기로써 사용되었던 이러한 진공관 기기들은 후에 전파를 생성하는 전원부에도 그 기술이 적용되었다. 삼극 진공관의 발명은 20세기 초 전파 방송의 상용화를 가능하게 한 기술이다. 1920년 진폭변조(Amplitude modulation, AM) 방식으로 전파 방송을 하는 세계 최초의 방송국이 설립되었다. 미국의 웨스팅하우스사가 피츠버그에 설립한 이 방송국의 최초 방송내용은 제 29대 미국 대통령 선거의 투표결과였다.

주파수 변조(Frequency modulation, FM) 방식은 슈퍼헤테로다인(Superheterodyne) 회로 방식을 발명한 미국의 전기기술자이자 발명가인 에드윈 암스트롱(Edwin Howard Armstrong, 1890-1954)에 의해 1933년에 발명되었으며, 이로 인해 혼신이나 잡음 등의 문제를 개선함으로써 전파 방송의 품질이 획기적으로 개선될 수 있었다. 암스트롱이 주파수 변조 방식에 대한 특허를 신청한 것은 1935년이었으나, 주파수 변조 방식의 보급을 위해서는 진폭 변조 방식을 채택하는 기존의 방송설비, 진폭 변조 수신기 등을 교체해야 한다는 문제가 있었다. 결국 관련 대기업들이 기존 진폭 변조 방송 시장에 미칠 부정적 영향을 우려하여 주파수 변조의 보급을 지연시켰다. 이에 암스트롱은 직접 주파수 변조 방송을 위한 120m 높이의 방송탑을 설치하고 시험방송을 시작했다. 그는 기존 진폭 변조 방송과 차별화되는 고품질의 방송이 주파수 변조 방식으로 가능함을 증명하였으며, 이후 제네럴 일렉트로닉스 같은 대기업들이 주파수 변조 방송 사업에 뛰어들게 되었다.

5. 2차 세계대전과 전파 기술의 발전 : 레이다

1939년 독일군의 폴란드 침공으로 인해 2차 세계대전이 발발한다. 아이러니하게도 전쟁이란 비극을 통해 과학 기술이 비약적인 발전을 하는 것은 역사 가운데 쉽게 목격되는 현상이다. 전파 기술 역시 2차 세계대전을 전후로 하여 한 단계 도약을 하게 되었다. 그 중에서도 가장 눈에 띄게 발전한 전파 기술 분야는 단연 레이다 기술이다. 레이다(RADAR)라는 말은 원래 RAdio Detection And Ranging의 줄임말로, 전파를 통해 표적을 탐지하거나 표적까지의 거리 등을 파악하는 기술을 뜻한다. 처음에는 모두 대문자로 표기되었으나 후에 일반명사화 되면서 대문자를 사용하지 않고 표기하게 되었다.

레이다 기술이 2차 세계대전을 전후로 비약적인 발전을 한 것은 사실이지만, 그 역사는 보다 이전으로 거슬러 올라간다. 레이다 기술이 가능할 수 있는 이유는 전파가 물체에 부딪혀 반사되는 성질을 가지기 때문인데, 이러한 현상을 최초로 관찰한 것은 맥스웰의 정리를 실험적으로 증명한 헤르츠다. 1904년 독일의 기술자 크리스티안 휠스마이어(Christian Hülsmeyer, 1881-1957)는 헤르츠의 실험 결과를 바탕으로 항해에 사용할 수 있는 무선반향도구를 개발하였다. 그는 전파가 배에 부딪혀 돌아오는 반향을 이용해 충돌을 예방하는데 활용하여 최초의 원시적 레이다를 발명하였다.

1922년 미 해군 Aircraft Radio 연구소의 알버트 테일러(Albert Hoyt Taylor, 1876-1961)와 레오 영(Leo C. Young, 1891-1981)은 통신실험 중, 포토맥 강에 있던 배에 의해 신호가 교란됨을 발견하였다. 이러한 현상으로부터 그들은 최초의 다중상태 레이다(다수의 송/수신 안테나를 사용하여 신호의 변화를 통해 목표물을 탐지하는 레이다 방식)를 고안한다. 1930년 그들은 동일한 방식으로 지나가는 비행체를 탐지하는데 성공하며, 이후 이 기술을 적군의 배나 비행체를 탐지하는데 활용하는 것을 제안하게 된다.

이때까지의 레이다는 연속파를 이용하는 방식이었으며, 이로써는 목표물의 존재유무만 확인할 수 있을 뿐, 목표물의 위치나 속도까지 알아낼 수는 없었다. 레오 영은 연속파 대신에 펄스를 사용하는 방식을 제안했다. 1934년 미 해군연구소(Naval Research Laboratory, NRL)의 로버트 페이지(Robert Morris Page, 1903-1992)는 펄스 시스템을 이용한 진정한 의미의 최초 레이다 시스템을 구현하였다. 2차 세계대전 이전, 레이다에 관한 연구는 미국 뿐만 아니라 영국, 독일, 프랑스, 이탈리아를 포함한 다양한 국가에서 이루어졌는데, 펄스 레이다 시스템은 이후 1935년 독일과 영국에서 각각 개발되었다.

6. 전후의 레이다 기술 발전 및 응용분야의 다양화

1939년 2차 세계대전이 발발하면서 영국군과 독일군은 각자의 레이다 시스템을 전선에 배치하여 활용하기 시작했다. 전쟁 당시 마이크로파 대역의 주파수를 이용한 레이다 시스템의 이점이 알려져 있었으나, 충분한 전력의 마이크로파 대역의 신호를 생성할 수 있는 전원부의 부재로 인해 마이크로파 보다 낮은 대역의 주파수를 활용하는 레이다 시스템만이 사용되고 있었다. 그러다가 1940년 영국의 물리학자 존 렌달(John Turton Randall, 1905-1984)과 해리 부트(Harry Boot, 1917-1983)는 수 킬로와트급의 마이크로파를 생성할 수 있는 마그네트론(Magnetron)을 개발해냄으로써 마이크로파 레이다 시스템의 구현을 가능하게 하였다.

2차 세계대전이 끝난 후에도 레이다 기술은 지속적인 발전을 이루었다. 1940년대 말부터 1950년대 초기에는 4가지 중요한 레이다 기술의 발명이 이루어졌는데, 신호의 도플러 천이현상을 이용한 펄스 도플러 레이다(Pulse-Doppler radar), 보다 추적 정확도를 향상시킨 모노펄스 레이다(Monopulse radar), 대형 안테나의 각 부분을 조절하여 빔을 조향시킬 수 있는 위상 배열 레이다(Phased array radar), 비행체에 안테나를 탑재하여 비행체가 이동하면서 수집한 신호를 통해 고해상도 영상을 추출해내는 합성 개구 레이다(Synthetic Aperture Radar, SAR)가 그것이다.

합성 개구 레이다는 1960년대부터 주로 군용 정찰장비로 개발되기 시작한 레이다로서 지상 및 해양에 대해 공중에서 레이다파를 순차적으로 쏜 이후 레이다파가 굴곡면에 반사되어 돌아오는 미세한 시간차를 선착순으로 합성해 지상지형도를 만들어내는 레이다 시스템이다. 빛 대신 전파를 이용하여 지상을 관찰하기 때문에 주간 및 야간, 그리고 악천후를 가리지 않고 사용 가능하다. 합성 개구 레이다는 땅 위의 물체를 3차원 사진으로 볼 수 있으며 얕은 바다를 운항중인 잠수함까지 파악이 가능하다. 뿐만 아니라 지하자원을 찾거나 재난 현장을 파악하는 데도 사용될 수 있다. 물체의 모양 뿐만 아니라 토양의 성질을 분석하고 지하수가 얼마나 많이 흐르는지도 파악할 수 있기 때문이다. 특히 금속은 매우 전파를 잘 반사시키기 때문에 금속 자원을 찾는데도 유리하다.

군용으로 개발된 레이다 기술은 후에 기상관측 분야에도 활용된다. 기상관측을 위한 최초의 레이다는 WSR-1(Weather Surveillance Radar-1)로써, 미 기상청이 미해군으로부터 지원을 받아 사용하였다. WSR 시리즈는 지속적으로 발전하게 되는데, 기상관측을 통한 국가적인 경보 네트워크를 목적으로 개발된 최초의 기상 레이다는 1957년에 미국에서 개발한 WSR-57이다. 이로부터 세계적으로 기상 레이다의 개발과 제작이 활발하게 이루어지게 되었으며, 1990년대에는 미국 전역에 128개의 WSR-57과 WSR-74 레이다가 설치되었다.

이 외에도 레이다는 지형표시 레이다, 오늘날 흔히 스피드 건이라 불리는 레이다 건에서부터 천문학 분야에 이르기까지 다양한 분야에 활용되게 된다.

7. 무선 전파 기술의 발전

제 2차 세계대전 등의 사건을 거치면서 비약적으로 발전한 무선 전파 기술은 다양한 분야에서 우리의 실생활과 밀접하게 사용되고 있다. 이동 통신 분야는 물론이고 전파를 이용해 정보를 인식하는 기술인 무선주파수인식(Radio Frequency Identificaion, RFID) 기술, PC와 휴대폰 및 각종 디지털 기기등을 케이블 없이도 정보를 연결해주는 블루투스 기술, 언제 어디서나 방송을 통해 정보를 얻을 수 있는 디지털 멀티미디어 방송(Digital Multimedia Broadcasting, DMB)

기술 등 여러 분야에서 전파 기술이 사용되고 있다.

흔히 휴대폰 기술로 알려져 있는 이동 통신의 원천 기술은 벨 연구소에서 가지고 있었으며, 1946년 개발한 셀룰러 무선통신 서비스를 카폰(Car phone)과 비슷한 형태로 경찰에 제공하였다. 1973년에 마틴 쿠퍼 박사가 개발한 기술은 셀룰러방식의 무선통신 서비스를 차 밖으로 끌어냈으며 10여년간의 노력 끝에 모토로라에서 1983년 최초의 상용 휴대폰 다이나택을 발매한다. 최초로 셀룰러 무선통신 시스템이 설치된 것은 1979년 일본 도쿄였으며, 미국에서는 1981년에 최초로 워싱턴 D.C.와 볼티모어 사이에서의 시험 테스트가 이루어졌다. 그 후 1982년 미국 연방통신위원회가 마침내 상용 셀룰러 무선통신 서비스를 인증하였으며 1년 후 1983년 AT&T사에 의해 시카고에서 미국 최초의 아날로그 셀룰러 서비스(AMPS : Advenced Mobile Phone Service)가 개통되었다.

1세대(1 Generation : 1G) 이동 통신은 음성을 디지털 변환처리 과정 없이 아날로그로 전송하는 방식을 사용하였다. 우리나라에 1984년 5월에 도입된 AMPS 셀룰러 시스템은 1978년에 등장한 기술로서, 1983년 AT&T에 의해 시카고에서 최초로 상용서비스가 개시된 기술이다. 아날로그 통신방식을 사용하여 통신을 구현하는 방법이 비교적 간단하다는 장점을 지녔지만 증가하는 가입자를 수용할 수 없는 용량의 문제와 낮은 음성품질, 그리고 멀티미디어 서비스 등의 요구가 증가함에 따라 디지털 셀룰러 방식의 필요성이 대두되었다.

2세대 이동 통신은 1992년에 등장한 기술로 1세대 이동 통신의 단점을 보완하기 위하여 아날로그 음성 신호를 디지털화하여 통신을 하는 방식이다. 2세대 이동 통신 기술은 아날로그 음성 신호를 0과 1인 디지털 신호로 압축하여 보내기 때문에 용량이 작고 주파수를 효율적으로 쓸 수 있게 해주며, 전송속도가 kbps 단위까지 빨라졌기 때문에 문자와 텍스트 수준의 인터넷이 가능하게 되었다. 2세대 이동통신의 표준 기술은 코드분할다중접속(Code Division Multiple Access, CDMA)와 GSM(Global System for Mobile communications)으로 구분된다. CDMA는 사용자가 시간과 주파수를 공유하면서 신호를 송수신하는 방식으로 기존 아날로그 방식 보다 수용용량이 10배가 넘고 통화품질도 우수한 특징을 가지며, GSM은 종합정보통신망과 연결되어 모뎀을 사용하지 않고도 휴대전화 등에 직접 접속하여 이동데이터 서비스를 받을 수 있는 유럽식 디지털 이동 통신 방식이다. 우리나라의 경우 1993년 코드분할다중접속 방식을 표준으로 채택한 후 1996년 1월 세계 최초로 코드분할다중접속 방식 디지털 이동전화 서비스를 시작하게 된다.

2세대 이동 통신의 진화형인 2.5세대, 2.75세대를 거치면서 음성 및 데이터 전송속도를 향상시키는 노력이 계속됨에 따라 2000년에 이르러서는 음성 데이터는 물론이고 멀티미디어 콘텐츠 다운로드, 영상 통화, 메일 및 메시지 등의 비음성 데이터가 전송 가능한 3세대 이동 통신이 등장하게 된다. 3세대를 대표하는 표준 기술은 광대역 CDMA(Wideband CDMA, WCDMA)와 CDMA-EVO가 있다. 3세대 이동통신은 주파수 대역폭이 5MHz로 2세대보다 4배 이상 넓고 데이터 처리 속도 역시 최대 2Mbps에 달해 동영상 등 고품질의 멀티미디어 정보를 처리할 수 있다. 또한 3세대 이동통신에서는 IMT-2000(International Mobile Telecommunications-2000) 국제 표준을 제정함으로서 기존의 2세대 이동 통신 규격이 나라별로 상이한 방식을 취함에 따른 로밍의 한계를 극복하였다. 국내에서는 2003년부터 3세대 WCDMA 서비스가 상용화되었다.

3세대 역시 진화형인 3.5세대, 3.9세대를 거치면서 4세대 이동통신이 상용화되기에 이른다. 4세대 이동 통신은 크게 LTE(Long Term Evolution) 기술과 Wibro로 대표되며 3G에 비해 이론상 다운로드/업로드 속도가 5배 이상 빠르다. 4세대 이동통신은 현재 저속의 음성 및 패킷 데이터 통신 위주에서 고속 이동 중에 최대 100Mbps, 정지 및 저속 이동 중에 155Mbps~1Gbps까지의 데이터 전송 속도를 기반으로 하여 유무선 통합에 의한 진정한 멀티미디어 통신이 가능하다. <표 1-5>는 각 세대별 이동 통신의 특징을 정리한 것이다. LTE는

표 1-5 각 세대별 이동 통신의 특징

	1 세대(1G)	2 세대(2G)	3 세대(3G)	4 세대(4G)
도입 시기	1984년	1992년	2000년	2010년
통신 방식	아날로그	디지털	디지털	디지털
통신 기술	AMPS	CDMA / GSM	WCDMA / CDMA-EVO	LTE / WIBRO
지원되는 서비스	음성	음성, 문자, 텍스트 수준의 데이터 통신	음성, 텍스트, 영상 통화, 메일, 멀티미디어 콘텐츠	3G의 통신에서 지원되는 모든 서비스를 5배 이상의 속도로 지원

2009년 유럽 이동통신사 텔리아소네라(TeliaScnera)가 세계 최초로 상용화하였으며, 국내 도입시기는 2011년 7월이다.

RFID 기술이란 RFID 태그, 판독기로 구성되며 전파를 이용해 먼 거리에서 정보를 인식하는 기술을 말한다. RFID 태그는 안테나와 집적 회로로 이루지며, 집적 회로 안에 정보를 기록하고 안테나를 통해 판독기에게 정보를 송신한다. RFID 기술은 1939년, 영국에서 비슷한 기술을 이용한 IFF(Identification, Friend or Foe) 자동응답기로부터 시작되었다. 이 기계는 제2차 세계대전 당시 비행기에 부착해 적과 아군을 식별하는데 이용되었고, 1946년에 소비에트 연방의 레온 테레민은 첩보전을 위한 장비를 만들었다. 이 장비는 공기 중의 전파를 변조하여 정보를 송신하는 장치로, 음파가 진동판을 진동시키면 그 떨림이 공명기를 변화시켜 전파를 변조한다. 비록 정보 인식 및 저장 기능은 없지만, 전파 변조를 통한 정보 전달을 할 수 있다는 점에서 이 장비가 RFID의 시초라고 할 수 있다.

블루투스는 1994년 세계적인 통신기기 제조회사인 스웨덴의 에릭슨이 휴대폰과 그 주변장치를 케이블이 없는 무선 솔루션을 개발하기 위해 연구된 기술이다. 휴대폰 및 주변 전자기기 간에 소비전력은 적으면서 값싼 무선 인터페이스를 확보하는 것이 그 목적이었다. 블루투스라는 명칭은 10세기 덴마크와 노르웨이를 통일한 바이킹 헤럴드 블루투스(Harald Bluetooth; 910~985)의 이름에서 유래된 것으로 블루투스가 스칸디나비아 반도를 통일한 것처럼 PC와 휴대폰 및 각종 디지털기기 등을 하나의 무선통신 규격으로 통일한다는 상징적 의미가 담겨 있다. 현재 블루투스는 전 세계적인 표준 규격으로 자리 잡았으며, 이 기술을 이용해 휴대폰을 호주머니나 가방에 넣어둔 상태에서 전화를 걸거나 받을 수 있고 음악 감상은 물론 휴대폰과 휴대폰 또는 휴대폰과 PC간에 사진이나 벨소리 등을 전송하는 무선 파일 전송이 가능하게 되었다.

DMB는 영상이나 음성을 디지털로 변환하는 기술 및 이를 휴대용 IT기기에서 방송하는 서비스를 말한다. 이동 중인 개인 단말기에서도 영상과 음성을 전송 받을 수 있어 휴대폰과 차량용 수신기(내비게이션)에 많이 탑재된다. DMB는 아날로그 라디오를 대체하기 위해 유럽에서 만든 디지털 오디오 방송인 DAB(Digital Audio Broadcasting)에 바탕을 두고 있다. 아날로그 방식인 주파수 변조/진폭 변조 라디오는 애초에 고정된 장소에서 수신하기 위해 개발됐기 때문에, 이동 중에 수신할 경우 음질이 떨어지고 넓은 주파수 대역이 필요하다는 단점이 있었다. 반면 DAB는 빠르게 움직이는 차량에도 고품질의 음성을 제공하며 문자, 이미지 등의 부가 정보를 함께 전송할 수 있다. 우리나라에서 DAB를 도입하면서 동영상 서비스라는 새로운 가능성을 발견하게 됐고, 방송통신위원회는 DAB에 '멀티미디어 방송'의 의미를 추가한 DMB라는 용어를 만들어냈다. 이후 우리나라는 2005년 세계 최초로 DMB 방송을 시작하며 DMB 종주국의 자리를 확고히 하고 있다. DMB는 전송 수단에 따라 위성 DMB와 지상파 DMB로 나뉜다. 위성 DMB는 2004년 SK텔레콤과 일본 MBCo가 공동 제작해 발사한 DMB 위성 '한별'을 이용하며, 지상파 DMB는 지상에 있는 기지국과 중계기를 통해 송출된다.

이렇게 점차 발전하는 무선 전파 기술이 지향하는 궁극적인 목표는 유비쿼터스 서비스 제공을 위한 플랫폼의 실현에 있다. 21세기는 급속히 진전하는 IT에 의해 디지털 정보의 유통이 사람들의 모든 사회 활동 및 생활과 연관되어지는 시대이다. 특히, 인터넷은 수도물처럼 거의 모든 국민이 필요로 할 때 자유롭게 이용할 수 있는 인프라가 되고 있으며, 이동통신의 이용 또한 국민들 사이에 깊이 침투하여 사람들의 생활에 있어서 "당연"하고 "없어서는 안 될" 공기와 같은 생활의 기본 요소가 되어가고 있다. 이처럼 우리 사회는 정보통신이 공기나 물처럼 어디서든 이용이 가능하여 모든 사람들의 경제, 사회, 문화 등 모든 활동의 기반이 되는 유비쿼터스 사회로 진화하고 있다.

Ⅳ. 전파법의 기초이론

1. 공법이론적 기초 : 전파에 대한 국가 규율의 정당화 및 헌법적 근거[4)]

가. 전파 이용의 자유와 그 제한

우리 일상생활에서 전파는 다양한 용도로 이용되고 있다. 음성이나 영상을 전자적 신호(signal)로 변환하여 전파에 실어 나르게 하여 라디오방송이나 텔레

4) 이 부분은 정필운, "전파의 국가 규제에 대한 공법이론적 연구: 규제의 정당화근거 및 할당제도의 설계를 중심으로", 『공법연구』(제38집 제3호), 한국공법학회, 2010. 2, 197-227면의 일부를 수정하고 보완하여 서술하였다.

비전방송을 하고, 무선이동통신 서비스를 제공한다. 전자기 에너지는 공간을 매질로 사물에 전달되어 열에너지로 변환되어 전력을 전송하는 서비스를 제공한다. 전파를 목적물에 쏘아 그 목적물에서 반사되는 반사파나 재발사된 전파를 분석하여 목적물의 위치를 파악하는 서비스를 제공하기도 한다. 국민 개개인은 이와 같이 정보의 전송, 에너지 전달, 탐지 등을 위하여 전파를 사용할 수 있는 자유와 권리가 있다. 우선 우리 헌법은 제18조에서 “모든 국민은 통신의 비밀을 침해받지 아니한다”고 규정하고 있다. 문언상으로는 통신의 비밀을 보장하도록 규정되어 있지만, 국민이 자유롭게 통신할 수 있는 통신의 자유의 보장은 이러한 통신의 비밀의 전제가 되므로, 통신의 자유 또한 제18조에서 보호되는 것으로 해석하는 것이 타당하다.[5] 이 규정에서 통신이란 “우편, 전신, 전화, 이메일 등의 방법으로 정보와 의사를 전달하는 행위”를 의미하므로,[6] 전파를 통하여 각종의 정보와 의사를 전달하는 행위도 이러한 통신의 자유에 포섭된다. 따라서 전파를 통하여 각종의 정보와 의사를 전달하는 행위를 할 때, 전파를 이용할 수 있는 자유는 헌법 제18조에 의하여 보호된다.[7]

그리고 우리 헌법은 제21조 제1항에서 “모든 국민은 언론·출판의 자유와 집회·결사의 자유를 가진다”고 규정하여 표현의 자유를 보호하고 있다. 따라서 자신의 생각 또는 의견을 언어·문자 등으르 불특정 다수인에게 표현하거나 전달하는 행위를 할 때, 전파를 이용할 수 있는 자유는 헌법 제21조 제1항에 의하여 보호된다.

한편 우리 헌법은 제15조에서 “모든 국민은 직업선택의 자유를 가진다”고 규정하여 직업의 자유를 보호하고 있다. 따라서 전파를 이용하여 병을 진단하거나 치료하여 계속적인 소득활동을 하는 행위를 할 때, 전파를 이용할 수 있는 자유는 헌법 제15조에 의하여 보호된다.

그 밖에 전파를 이용하여 목적물의 위치를 파악하는 탐지 행위를 하는 경우와 같이 위에서 나열한 기본권에서 보장하는 헝위가 아닌 행위를 할 때 전파를 이용할 수 있는 자유는 헌법 제10조와 헌법 제37조 제1항에 근거하여 인정되는

---

5) 전광석, 『한국헌법론』, 집현재, 2011, 295면; 정종섭, 『헌법학원론』, 박영사, 2011, 631면.

6) 정종섭, 앞의 책, 632면.

7) 계경문, “전파통신의 특성에 따른 전파통신법제의 성격”, 『외법논집』(제6집), 한국외국어대학교 법학연구원, 1999, 52면 참조.

"일반적 행동자유권(allgemeine Handlungsfreiheit)"[8]에 의하여 보호되는 것으로 해석하는 것이 타당하다.

그러나 이와 같은 통신의 자유, 표현의 자유, 직업의 자유 등은 절대적으로 보장되는 것이 아니다. 이러한 기본권의 행사가 공익이나 타인의 기본권을 침해하는 경우 이를 제한할 필요가 있다. 우리 헌법은 제37조 제2항에서 "국민의 모든 자유와 권리는 국가안전보장 · 질서유지 또는 공공복리를 위하여 필요한 경우에 한하여 법률로써 제한할 수 있으며, 제한하는 경우에도 자유와 권리의 본질적인 내용을 침해할 수 없다"고 규정하여, 필요한 경우 국회가 일정한 요건과 절차에 따라 기본권을 제한할 수 있도록 허용하고 있다. 그리고 이에 따라 현행 우리 「전파법」 등은 전파를 자유롭게 이용할 수 있는 자유와 권리를 제한하고 있다.

따라서 이러한 전파를 자유롭게 이용할 수 있는 자유와 권리에 대하여 국가가 제한을 하여야 하는가, 한다면 어느 범위에서 어떠한 방법으로 하는 것이 정당화될 수 있는지 판단하기 위해서는 전파에 대한 국가 규율의 구체적 근거와 이에 기반한 헌법적 근거에 대한 논의가 필요하다.

나. 기존 견해의 정리

이제까지 전파에 대한 국가 규율을 정당화하는 근거에 관한 적극적인 규명은 거의 없었다. 이에 관해서 전통적으로는, 국가가 전파를 규율하는 근거가 무엇이냐에 대하여 직접적으로 묻고 답하는 양상으로 발전된 것이 아니라, 전파를 사용하는 방송을 국가가 규율할 수 있는 근거가 무엇이냐 라는 논거를 제시하는 양상으로 발전하여 왔다.[9] 한편 국내에서는 전파에 대한 정부 규율의 타당

8) 헌재결 1991.6.3. 89헌마204, 판례집 3, 268, 275면; 헌재결 2003.10.30, 2002헌마518, 판례집 15-2(하), 185, 199면.

9) 이에 관한 국내의 논의는 지성우, "방송허가제도의 헌법적 근거와 문제점에 대한 연구", 『토지공법연구』, 제20집, 한국토지공법학회, 2003, 253-258면; 고민수, 『방송의 개념과 본질』, 한국학술정보, 2006, 130-149면; 이윤호, "방송의 개념 및 공익적 기능에 관한 헌법적 고찰", 『세계헌법연구』, 제15권 제1호, 국제헌법학회 한국학회, 2009, 239-244면 참고. 미국의 논의는 Matthew L. Spitzer, The Constitutionality of Licensing Broadcasters, 64 N. Y. U. L. 990 (1989), pp.1007-1028; Charles W. Logan, Jr., Getting Beyond Scarcity: A New Paradigm for Assessing the Constitutionality of Broadcast Regulation, 85 Cal. L. Rev. 1687 (1997), pp.1696-1742; Stuart Minor Benjamin, The Logic of Scarcity: Idle Spectrum As a First Amendment Violation, 52 Duke L. J. 1 (2002-2003), pp.38-54.

성 근거에 관하여 주파수 자원의 희소성, 주파수 분배와 할당의 효율성, 배타적 이용 등의 주장을 소개하고 논의하는 견해가 있어 주목된다.[10]

국가의 방송 규율을 정당화하는 논거는 크게 방송의 전제로서 전파의 자연적 성질 또는 법적 성질에 주목하여 정당화하는 논거인 희소성이론, 국유재산이론과, 방송 자체의 매체로서의 특성에 주목하여 정당화하는 논거인 접근성이론, 수용성이론 등이 있다.[11] 여기서 후자의 논의는 전파의 국가 규율의 정당화근거와는 관련이 없으므로, 전자인 희소성이론, 국유재산이론만을 논의의 대상으로 삼는다. 그리고 희소성이론을 반박하며, 경제적 효율성을 주장하는 이론을 독립하여 논의의 대상으로 삼고자 한다. 이하 차례대로 그 주장 내용을 살펴보고, 비판적으로 검토한다.

(1) 희소성이론

전파를 국가에서 규율하는 정당화근거에 관하여 가장 전통적인 이론은 '희소성이론(scarcity rationale)'이다.[12] 이 이론에 따르면, 전파자원은 희소하기 때문에 이용을 원하는 모든 사람이 이용할 수 없고 허가를 받은 자만이 이용할 수 있으므로 국가가 규율하는 것이 정당화된다. 일찍이 1943년 미국 연방대법원은 National Broadcasting Co. v. United States 사건[13]에서 다음과 같은 견해를 표명하였다.

> 의사소통의 수단으로서 전파는 다음과 같은 기본적 사실이 있다. 그 시설이 제한적이다. 그것을 이용하고자 원하는 모든 사람이 그것을 이용할 수 없다. 주파수대역은 모든 사람을 수용할 수 있을 정도로 충분치 않다. 서로 혼신 없이 기능할 수 있는 무선국의 수는 정해진 자연적 제한이 있다. 그러므로 자동차의 발전에 있어서 교통 규제와 같이, 전파의 규제는 그 발전에 있어 반드시 필요하다. 1927년 전파법(the Radio Act of 1927)을 입법하면서, 의회는 전파의 잠재성을 낭비하지 않기 위해서는 규제가 반드시 필요하다는 사실을 인식하고 있었다.[14]

---

10) 나종갑, "주파수자원의 법적본질 및 주파수정책에 대한 의미 -비교법적 검토-", 『저스티스』, 통권 제91호, 한국법학원, 2006, 31-32면.

11) 이에 관한 국내외의 논의는 각주 9의 문헌을 참고.

12) Matthew L. Spitzer, op. cit., p.1007; Charles W. Logan, Jr., op. cit., pp.1696-1697; Stuart Minor Benjamin, op. cit., p.38.

13) 319 U.S. 190 (1943).

이러한 논리는 1969년 Red Lion Broadcasting Co. v. FCC 사건[15]에서 다시 한 번 만장일치로 지지되었고, 이후 전파를 사용하는 방송을 국가가 규율할 수 있는 근거가 무엇이냐 라는 질문에 대한 사법적·입법적 논거로 가장 오랫동안 유력하게 주장되던 논거이다.[16]

(2) 경제적 효율성이론

미국의 유명한 법경제학자 로널드 코스(Ronald Coase)는 일찍이 1959년 유명한 논문을 통하여, 위와 같은 희소성 이론에 근거한 국가 규율(government control)에 대하여 반박한다.[17] 그에 따르면, 경제시스템에서 사용하는 거의 모든 자원이 총량이 정해져 있고 희소하므로, 유독 전파만을 희소성을 근거로 국가가 규율하는 것은 설득력이 부족하다.[18] 전파에 대한 국가 규율의 가장 중요한 기능은 희소한 생산 요소인 주파수대역의 할당이고, 이러한 할당을 하는 연방통신위원회(Federal Communications Commission: FCC)의 결정은 정책적 결정이 아닌 경제적 결정이다. 무선통신의 발전을 위해서는 '공익(public interest)' 기준에 입각한 정부의 심사할당이 아니라, 명확한 내용의 대역이용권을 부여하는 것이다.[19] 이와 같은 대역이용권은 다른 재화와 마찬가지로 시장에서 잘 분배될 것이다.[20] 요컨대, 혼신의 문제를 가장 잘 해결할 수 있는 것은 정부의 규율이 아니라, 시장시스템(a pricing mechanism)과 재산권(property right)에 의한 해결이다.[21] 그렇다고 코스가 모든 규율이 필요없다고 한 것은 아니다. 어떤 특별한 규율은 반드시 필요하다고 한다. 예를 들어 일정한 종류의 의료용 장비는 많은 대역에 걸쳐 원거리까지 혼신을 유발하면서 작동할 수 있다. 이러한 경우에 설비의 출력을 낮추고 차폐를 하도록 규율되어야 한다. 특정한 목적을 위하여

---

14) 319 U.S. at 213.
15) 395 U.S. 367 (1969).
16) Matthew L. Spitzer, op. cit., p.1019; Charles W. Logan, Jr., op. cit., pp.1696-1697; Stuart Minor Benjamin, op. cit., p.41. 그 이후 이를 지지한 판례로는 예를 들어 FCC v. League of Women Voters, 468 U.S. 364 (1984).
17) Ronald Coase, The Federal Communications Commission, 2 J. Law & Econ. 1, 14 (1959). 특히 p. 14, 15, 30 등 참고.
18) Ronald Coase, op. cit., p.15.
19) Ronald Coase, op. cit., pp.20-21.
20) Ronald Coase, op. cit., p.14.
21) Ronald Coase, op. cit., p.30

넓은 대역을 수용하여야 하는 경우도 있다.[22]

그 후 이러한 주장은 해즐럿(Thomas W. Hazlett) 등의 법경제학자와 실무가에 의하여 지지되고 있다.[23]

(3) 국유재산이론

전파를 정부에서 규율하는 정당화근거에 관하여 최근 유력하게 주장되고 있는 이론은 '국유재산이론(government property rationale)'이다.[24] 이 이론에 따르면, 전파는 공중의 '신탁'에 의하여 국가가 보유하고 있는 재산이며, U. S. Code 제47편[25]에 국가가 대역을 보유하도록 선언되어 있으므로,[26] 이를 적절하게 사용하기 위하여 규율하는 것이 정당화된다.

이 이론의 주장자들은 대부분 이러한 주장을 미국 연방대법원에서 판례이론으로 정립된 공적 포럼(public forum) 이론과 연결하여, 이와 같이 전파가 국유재산이라면, 전파는 공적 포럼에 속하므로, 이에 관련된 언론의 자유의 제한은 좀 더 강화된 심사기준을 적용하여야 한다고 주장한다.[27]

이러한 논리는 1969년 Red Lion Broadcasting Co. v. FCC 사건[28]에서 언급되었고, 이후 전파를 사용하는 방송을 국가가 규율할 수 있는 근거가 무엇이냐라는 질문에 대한 사법적 논거로 유력하게 주장되고 있는 논거이다.[29] 이렇게

---

22) Ronald Coase, op. cit., p.30.

23) Thomas W. Hazlett, The Rationality of U.S. Regulation of the Broadcast Spectrum, 33 J. L. & Econ. 133, 138 (1990)(이하 'Thomas W. Hazlett, 1990'으로 인용한다); Thomas W. Hazlett, Assigning Property Rights to Radio Spectrum Users: Why Did FCC Licence Auctions Take 67 Years?, 41 J. L. & Econ. 529 (1998); Thomas W. Hazlett, Spectrum Tragedies, 22 Yal J. on Reg. 243 (2005); Mark S. Fowler, Daniel L. Brenner, A Marketplace Approach to Broadcast Regulation, 60 Tex. L. Rev. 207 (1982)

24) Matthew L. Spitzer, op. cit., p.1029; Thomas G. Krattenmaker, Lucas A. Powe, Jr., Regulating Broadcast Programming, The AEI Press, 1994, pp.225-229.

25) 47 U.S.C. § 301 (1982).

26) Red Lion Broadcasting Co. v. FCC, 395 U.S. 367, 389 (1969). Quoted in Matthew L. Spitzer, op. cit., p.1028.

27) Matthew L. Spitzer, op. cit., p.1030; Charles W. Logan, Jr., op. cit., pp.1705-1714. 전파를 이용하는 방송이 공적 포럼이론에서 구체적으로 어디에 속하는지는 차이가 있을 수 있지만, 대체로 지정된 공적 포럼(designated public forum) 중에서 제한된 공적 포럼(limited designated public forum)에 속하는 것으로 판단된다. Charles W. Logan, Jr., op. cit., pp.1709-1710.

28) 395 U.S. 367 (1969).

29) Charles W. Logan, Jr., op. cit., pp.1696-1697; Stuart Minor Benjamin, op. cit., p.41.

이 이론이 유력해지는 이유는 국가가 방송을 규율할 수 있는 근거로서 희소성 이론이 갖고 있는 문제점[30]이 너무 많이 드러났고, 오랫동안 방송을 규율하여 왔고 앞으로도 규율할 필요가 있는데 이를 정당화할 논거가 마땅치 않은 상황에서 등장하였으며, 연방대법원이 수정헌법 제1조를 적용하는데 유력하게 사용하고 있는 도구인 공적 포럼 이론과 연결되어 있다는 것도 한 몫을 하는 것으로 분석된다.[31]

다. 기존 견해에 대한 비판적 검토

주파수대역을 분배하고 할당하고 지정하는 주파수관리를 하는 이유는 무엇일까? 이미 설명했던 것처럼, 이에 대해서는 희소성이론이나 경제적 효율성이론, 국유재산이론 등이 제시되었다.

(1) 희소성이론에 대한 검토

희소성이론에 따르면, 전파자원은 희소하기 때문에 정부가 규율하는 것이 정당화된다. 그러나 이에 대한 고전적 비판과 같이 경제시스템에서 사용하는 거의 모든 자원이 총량이 정해져 있고 희소하므로, 유독 전파만을 희소성을 근거로 국가가 규율하는 것은 설득력이 부족하다.[32]

(2) 경제적 효율성이론에 대한 검토

한편 이른바 경제적 효율성이론에 따르면, 전파에 대한 국가 규율의 가장 중요한 기능인 희소한 생산 요소인 주파수대역의 할당은 경제적 결정이므로, 시장시스템과 재산권에 의하여 해결하여야 한다. 이러한 견해는 그 내용에서 알 수 있는 것처럼, 근본적으로는 국가의 규율이 정당하지 않다는 믿음에서 출발한 것이므로, 엄격한 의미에서는 전파에 대한 국가 규율의 정당화근거라고 하기는 힘

30) 이에 관해서는 Matthew L. Spitzer, op. cit., pp.1018-1020 참고.

31) Matthew L. Spitzer, op. cit., p.1029.

32) Ronald Coase, op. cit.; Mark S. Fowler, Daniel L. Brenner, op. cit., p.221 (1982); Thomas W. Hazlett, 1990, p.138; 나종갑, 앞의 글, 31면. 그러나 코스 또는 나종갑 교수의 주장과 같이 "토지, 노동, 자본(코스의 나열), 노동, 지하자원, 토지(나종갑 교수의 나열) 등의 자원도 희소하지만 주파수와 같이 정부규제를 받지 않는다"는 서술은 우리 헌법질서에서는 엄격한 의미에서 타당하지 않다. 우리 헌법은 지하자원을 사회화하는 것을 예정하고 있고, 토지 및 노동 또한 다른 일반적인 자원보다 강한 규제를 예정하고 있다. 헌법 제120조, 제33조 참고.

든 측면이 있다. 나아가 결국 이러한 견해가 주장하는 것은 대역할당을 국가의 심사할당이 아니라, 경매할당제를 통하여 하는 것이 바람직하다는 것이므로 국가 규율의 정당화근거와는 상이한 측면이 있는 것이 사실이다. 그럼에도 이를 재해석하면, 희소성이론과는 다른 측면에서 국가 규율을 정당화하는 측면이 내포되어 있다. 왜냐하면 대역할당만이 국가 규율의 전부가 아니라, 심사할당을 하든 경매제를 하든 전파에 대하여 국가가 규율을 하여야 한다는 그 자체는 긍정하는 것으로 독해할 수도 있기 때문이다. 이러한 주장을 하는 견해 스스로 주장하듯, 전파의 간섭문제를 해결하기 위해서는 대역이용에 대한 재산권을 국가가 부여해 주어야 하는 것이고, 이것은 누구에게 그러한 대역을 이용할 권리를 할당할 것인가라는 문제와는 다른 것이고, 따라서 그러한 문제를 심사할당을 통하여 결정하든 경매할당제를 통하여 결정하든 그것은 국가 규율과는 다른 차원의 문제이기 때문이다.[33] 요컨대 이러한 이론을 전파에 대한 국가 규율의 정당화근거라는 측면에서 보면, 이들은 전파에 대한 국가 규율을 부정한 것이 아니며, 이들이 비판하고 극복하고자 하였던 것은 시장에 기반하지 않고, 정부에서 대역할당을 하는 것이었다고 정리할 수 있다.

이러한 측면에서 보면, 미국에서 1927년 이전에 대역의 할당은 전적으로 사적 영역에 맡겨져 있었는데, 그 결과는 혼란(chaos)이었다는 역사론적 시각에서의 비판[34]은 이와 같은 주장을 오해하거나 오독한 결과이다. 오히려 이에 대해서는 희소한 생산 요소인 주파수대역의 할당은 경제적 결정인 동시에 정책적 결정이어야 하므로, 이러한 주장 스스로 인정하듯 그것이 시장시스템과 재산권에 의하여 해결하는 것만이 만능열쇠가 아니라는 비판이 가능하다.

(3) 국유재산이론에 대한 검토

한편 국유재산이론에 따르면, 전파는 국유재산이므로 이를 적절하게 사용하기 위하여 규율하는 것이 정당화된다. 그렇다면 이 이론을 적용하기 위한 전제는 전파가 국유재산으로 해석되어야 하는데, 우리 현행법상 전파를 국유재산으로 해석할 수 있는가?

이에 관해서 국내에서는 “자원으로서 전파는 『국유재산법』 제4조 제3항에

---

33) Thomas W. Hazlett, 1990, p.138.

34) 395 U.S. at 380 (1969).

따라 법령의 규정에 의하여 국가가 보존하는 재산, 즉 '보존재산'이 되는 것으로, 동법 제24조에 따라 전파는 보존목적의 수행에 필요한 범위 안에서 그 사용 또는 수익이 허가되어 질 수 있게 된다"[35]는 유력한 주장이 있다.[36] 그러나 그 전후맥락을 보아, 전파가 국유재산이라고 할 수 있는 근거, 즉 '국유재산'이 되기 위해서는 국가의 부담, 기부채납이나 법령 또는 조약에 따라 국가 소유로 되어야 하는데(현행 국유재산법 제2조 제1호, 당시 국유재산법 제3조 제1항에 상응),[37] 이러한 근거가 제시되어 있지 않다.

필자는 전파를 국유재산으로 볼 현행법상의 근거는 없다고 생각한다. 헌법 제120조 제1항이나 제2항이 전파를 국가소유로 인정하는 직접적 근거가 된다고 판단하기는 어렵다. 그리고 전파법에서도 전파가 국가소유라고 명시적으로 규정하고 있지 않다. 이렇게 보았을 때, 현행법상 전파는 퍼블릭 도메인(public domain), 즉 만인의 공유상태에 있는 무체물로 보는 것이 타당하다.[38]

좀 더 근본적으로는 이와 같이 전파를 국유재산으로 인정하는 입법이나 해석은 다음과 같은 이유에서 위헌적이다. 첫째, 국가가 전파를 소유하도록 허용하는 것은 국가의 재산권한의 실시를 통하여 국민의 통신의 자유나 표현의 자유를 과도하게 제한할 수 있다. 통신의 자유나 표현의 자유는 국민 개개인의 의사표현에 대하여 국가의 영향력의 한계를 의미한다. 그런데 통신 및 방송의 가장 유력한 수단 중 하나인 전파에 대하여 국가 소유를 인정하는 것은, 실정법률을 통하여 이와 같은 헌법상 한계를 넘어서는 것이다. 요컨대 헌법상 통신의 자유와 표현의 자유 규정은 국가가 전파를 소유하는 것을 금지하는 것을 그 내용으로 하고 있다.[39] 둘째, 미국에서 방송에 대한 국가 규율의 역사를 살펴보면,

---

35) 고민수, 앞의 책, 141면.

36) 그 후 국유재산법의 개정으로, 위 제4조 제3항은 현행 제6조 제3항에 상응하는 조문이 되었으며, 국유재산은 행정재산과 보존재산, 잡종재산으로 삼분되다, 행정재산과 일반재산으로 이분되는 체계로 변하였다.

37) 국유재산법 제2조 1. "국유재산"이란 국가의 부담, 기부채납이나 법령 또는 조약에 따라 국가 소유로 된 제5조제1항 각 호의 재산을 말한다.

38) 이와 같은 필자의 주장에 대해서는, 미국의 47 U.S.C. § 301도 명시적으로 전파를 국유재산이라고 선언하고 있지 않지만, 미국에서 국유재산이론을 전개하는 대부분의 견해는 이에 대한 해석론으로 전파를 국유재산으로 인정하고 있으므로, 우리도 전파법의 해석론을 근거로 전파를 국유재산이라고 인정하는 것이 가능하다는 반론이 있을 수도 있다. 그러나 미국에서도 이와 같은 해석론에 반대하는 견해도 유력하며(Stuart Minor Benjamin, op. cit., p.51), 무엇보다 이와 같은 해석론은 본문 아래와 같은 이유로 헌법이론적으로 받아들여질 수 없는 해석론이다.

희소성은 국가의 규율를 정당화하기 위한 명목상의 주장일 뿐이고, 전파에 대한 국가 소유와 표현의 자유와 재산권을 수용하기 위하여 잘 짜여진 극본이었다는 것이 증명된다.40) 요컨대 전파의 국가 소유의 역사는 이것이 통신의 자유 및 언론의 자유를 제한할 계기가 될 수 있다는 것을 보여준다.41)

요컨대 국유재산이론이 우리 현행법하에서 전파에 대하여 국가의 규율을 정당화할 수 있는 논거로 제시되는 것은 한계가 있다.

(4) 전파에 대한 국가 규율의 정당화근거 : 다원설

결국 위에서 살펴본 희소성이론, 경제적 효율성이론, 국유재산이론 등은 주파수대역을 분배하고 할당하고 지정하는 주파수대역관리를 하는 근거를 만족스럽게 설명하는데 실패했다고 결론지을 수 있다. 그러나 이에 대한 검토가 무용한 것만은 아니다. 필자는 이와 같은 정당화근거를 탐색하고 정리하며 비판하는 과정에서 그 해결의 실마리를 찾을 수 있었다. 우선 전파에 대한 국가 규율의 역사를 되짚어보면, 그 원인은 전파를 자유이용하다보니 혼신(interference)으로 인하여 그 효율성이 저하된다는 것이었다. 전파의 초기 규율은 이 혼신방지에 집중되어 있다. 이것은 위 정당화근거의 주장에서도 엿볼 수 있다. 희소성이론의 근저에서도, 경제적 효율성이론의 근저에서도 시종일관 혼신방지라는 것을 공통적으로 염두에 두고 논리를 전개하고 있었다. 희소성이론의 시원으로 받아들여지는 National Broadcasting Co. v. United States 사건42)에서의 위에서 인용한 판시에서도 이를 엿볼 수 있다. 그리고 희소한 전파자원을 효율적으로 분배하기 위하여 국가 규율이 정당화된다고 하였던, 로널드 코스(Ronald Coase)도 시종일관 혼신의 문제를 그 중심에 놓고, 그 혼신을 해결하기 위하여 시장시스템과 재산권의 부여가 가장 합리적이라고 주장하고 있다.43)

요컨대, 대역을 분배하고 할당하고 지정하는 주파수관리를 하는 근본적인 이유는 혼신의 방지를 위한 것이라고 보는 것이 타당하다. 우리 「전파법」이 제29조에서 “무선국은 다른 무선국의 운용을 저해할 혼신이나 그 밖의 방해를 하

39) Matthew L. Spitzer, op. cit., pp.1041-1043 참고.
40) 이에 대해서는 Thomas W. Hazlett, 1990 참고.
41) Matthew L. Spitzer, op. cit., pp.1043-1058.
42) National Broadcasting Co. v. U.S. 319 U.S. 190 (1943).
43) Ronald Coase, op. cit. 특히 p.25ff 참고.

지 아니하도록 운용하여야 한다"고 명시적으로 선언하고 있고, 무선국 개설에 방송통신위원회의 허가를 요하면서도, 국가간·지역간 전파혼신 방지 등을 위하여 주파수 또는 공중선전력을 제한할 필요가 없다고 인정되는 무선국은 신고만으로 개설이 가능하도록 규정한 것이나(제19조 제1항), "방송국을 개설하려는 자는 다른 방송의 수신에 혼신을 일으키지 아니하도록 설치하"도록 하고, "혼신을 방지하기 위한 방송국의 설치장소, 송신공중선(送信空中線)의 높이·출력 및 지향특성 등 방송국의 개설조건에 필요한 사항은 대통령령으로 정"하도록 한 것(제35조) 등은 모두 이러한 이유에 기인한 것이라고 이해할 수 있다.

그러나 이러한 혼신방지는 전파의 기술적 특징에 주목한 것이고, 이를 기능적인 관점에서 보면 좀 더 근본적으로는 혼신방지를 통하여 전파를 좀 더 효율적으로 사용하고자 하는 것이다. 그러나 이러한 효율성이 코스의 주장에서와 같이 시장시스템과 재산권에 의해서만 달성할 수 있는 것은 아니다. 이러한 측면에서 여기서 말하는 효율성은 경제학적 의미의 효율성이 아니다. 비슷한 맥락에서 이러한 효율성이 현재와 같이 혼신을 방지하기 위하여 국가가 전파를 대역별로 분할하고, 이러한 대역을 사용할 수 있는 이용권을 특정인에게 배타적으로 할당하는 방식으로만 달성될 수 있는 것은 아니다. 이와 같은 배타적 할당 방식은 혼신의 방지를 위한 여러 방법 중 하나일 뿐이다. 이러한 의미에서 여기서 말하는 효율성은 유한한 주파수대역을 사회적 관점에서 최적으로 사용하는 것을 의미하며, 이를 달성하기 위한 구체적인 방법은 '열려 있다'.[44]

요컨대, 주파수대역을 관리하는 근본적인 이유는 전파가 희소하기 때문이나, 경제적 효율성을 추구하는 방식으로 분배하기 위해서나, 전파가 국유재산이기 때문이 아니라, 혼신의 방지를 통하여 전파를 좀 더 효율적으로 사용하기 위한 것이다.

한편 위에서 서술한 논거가 전파를 이용한 방송의 국가 규율을 정당화하기 위한 논거 또는 전파에 대한 경매제를 정당화하기 위한 논거라는 원론적인 사실을 상기할 필요가 있다. 따라서 전파를 국가가 규율하는 정당화근거에 대한

---

44) 이 책의 제3장에서 서술하고 있는 것처럼, 심사할당제와 가격경쟁에 의한 할당제, 주파수대역 공유제 등은 각각 독자적 체계를 갖춘 주파수관리제도의 하나가 아니라, 입법자가 어떤 방법으로 주파수대역의 이용관계를 설정할 것인지에 관한 다양한 방법 중 하나로 이해되어야 한다. 이에 관해서 자세한 것은 정필운, 앞의 글, 218-221면 참고.

필요충분한 논거는 되지 못한다. 국가의 전파 규율을 정당화하기 위한 올바른 논거를 찾기 위해서는 현실에서 전파를 어떠한 용도로 이용하고 있는지, 그러한 이용에 장애가 되는 점은 무엇인지, 이러한 장애를 해소하기 위하여 전파법은 어떠한 규율을 하고 있는지, 기술의 발전에 따른 전파의 용도 확대와 이에 따라 현행 전파법의 규율이 어떠한 한계를 가지는지 등 규범현실과 규범내용에 대한 면밀한 분석을 하였을 때 비로소 올바른 답을 얻을 수 있다.

이러한 규범현실과 규범내용에 대한 면밀한 분석을 하였을 때, 현행 전파법상 전파에 대한 국가 규율은 다음 세 가지로 분류해 볼 수 있다.

첫째, 전파를 좀 더 효율적으로 사용하고자 하는 목적을 가진 주파수대역관리가 있다. 현행 전파법상 특정한 주파수의 용도를 정하는 주파수분배, 특정한 주파수를 이용할 수 있는 권리를 특정인에게 주는 주파수할당(법 제9조), 허가나 신고로 개설하는 무선국에서 이용할 특정한 주파수를 지정하는 주파수지정,[45] 이러한 주파수할당(제10조 이하), 주파수지정의 전부나 일부를 철회하는 주파수회수, 이러한 주파수회수를 하고 이를 대체하여 주파수할당, 주파수지정을 하는 주파수재배치(이상 제6조의2), 무선국 개설을 할 때 허가・신고・주파수사용승인 등을 얻도록 하는 것(제19조 이하), 전파의 효율적 이용을 촉진하고 혼신의 신속한 제거 등 전파이용 질서를 유지하고 보호하기 위하여 전파감시 업무(제49조) 등이 이러한 목적을 달성하기 위한 국가의 행위이다.

둘째, 국민의 생명이나 안전, 재산 등을 보호하기 위한 국가의 규제 활동이 있다. 전파는 자연에 존재하는 힘이다. 자신의 목적을 달성하고자 강력한 전파를 자유롭게 사용하도록 둔다면, 뜻하지 않은 각종 사고로 인하여 사회적 혼란이 초래될 것이다. 무선설비의 기기를 제작하거나 수입하려는 자에게 방송통신위원회가 수행하는 형식검정을 받거나 형식등록을 하도록 하는 것(제46조), 무선설비가 인체에 위해를 주거나 물건에 손상을 주지 아니하도록 방송통신위원회가 고시하는 안전시설기준을 따르도록 하는 것(제47조), 무선설비 등에서 발생하는 전자파가 인체에 미치는 영향을 고려하여 전자파 인체보호기준, 전자파 강도 측정기준, 전자파 흡수율 측정기준 및 측정대상 기기와 측정방법 등을 정하여 고시하고 이를 따르도록 하는 것(제47조의2), 전자파장해기기 또는 전자파

45) 현행 전파법에는 국가의 주파수지정의 명시적인 근거가 없다. 이에 대한 명시적인 근거를 두는 것이 바람직하다.

로부터 영향을 받는 기기를 제작하거나 수입하는 경우에 기기에 대하여 방송통신위원회에 전자파적합등록을 하여야 하는 것(제57조) 등이 그것이다.[46]

셋째, 국가안전보장, 질서유지, 공공복리를 보호하기 위한 국가의 규제 활동이 있다. 무선통신망은 정보 전달의 유력한 수단이 되는 반면 자칫 국가기밀이나 산업정보, 개인정보의 유출의 주요수단이 될 수 있다. 이에 따라 전파법은 이러한 정보유출의 개연성이 높은 자에게는 무선국 개설을 배제하도록 규정하고 있다(제20조). 또한 도청 등으로 인한 정보유출은 국가안전보장이나 사회질서유지에 저해될 수 있다. 따라서 최소출력을 유지하고 전파차단대책을 강구하고, 보안장비 또는 보안자재를 사용하는 등의 노력이 필요하다. 이에 따라 전파법은 시설자, 무선통신 업무에 종사하는 자 및 무선설비를 이용하는 자는 통신보안책임자의 지정, 통신보안 교육의 이수 등 방송통신위원회 고시로 정하는 통신보안에 관한 사항을 지키도록 하고 있다(제30조).[47]

요컨대 국가는 전파가 희소하기 때문이나, 경제적 효율성을 추구하는 방식으로 분배하기 위해서나, 전파가 국유재산이기 때문에 전파를 규율하는 것만은 아니다. 기존에 전파에 대한 국가 규율의 정당화근거는 방송의 규율을 전제로 한 국가 규율의 정당화근거일 뿐이었다. 이것은 전파에 대한 국가 규율의 입장에서 보면 '부분적인' 정당화근거일 뿐이다. 위에서 살펴본 것처럼, 전파에 대한 국가 규율의 정당화근거는 일원적으로 설명되지 않는다. 전파에 대한 국가의 규율은 혼신의 방지를 통한 효율적인 이용, 국민의 생명 또는 안전, 재산의 보호, 국가안전보장, 질서유지, 공공복리의 보호 등 여러 차원에서 정당화된다(다원설). 우리 전파법이 제1조에서 "이 법은 전파의 효율적인 이용 및 관리에 관한 사항을 정하여 전파이용과 전파에 관한 기술의 개발을 촉진함으로써 전파 관련

---

46) 이 밖에 전파를 정보 전송에 이용하는 경우 개인정보의 보호가 필요하며, 탐지 기능에 이용하는 경우 사생활의 비밀과 자유에 대한 보호가 필요하다.

47) 한편 전파법은 통신의 내용이 국가안전보장에 반하는 경우를 제재하는 규정을 두고 있다. 제80조 제1항 "무선설비나 전선로에 주파수가 9킬로헤르츠 이상인 전류가 흐르는 통신설비(케이블반송설비 및 평형2선식 나선반송설비를 제외한 통신설비를 말한다)를 이용하여 「대한민국헌법」 또는 「대한민국헌법」에 따라 설치된 국가기관을 폭력으로 파괴할 것을 주장하는 통신을 한 자는 3년 이상의 유기징역 또는 금고에 처한다"는 규정이 그것이다. 이러한 통신의 내용에 근거한 제한은 전파법 이외에도, 통신비밀보호법, 국가보안법, 형법 등에서 규율하고 있다. 이와 같이 통신이나 표현의 내용을 근거로 이를 제한하는 것은 위에서 나열한 전파의 제한과는 상대적으로 구분되는 것이다.

분야의 진흥과 공공복리의 증진에 이바지함을 목적으로 한다"고 규정하고 있는 것도 이러한 측면에서 이해할 수 있다.

라. 전파에 대한 국가 규율의 헌법적 근거

전파에 대한 국가 규율의 윤곽을 파악하고자, 전파에 대한 국가 규율의 정당화근거를 바탕으로 전파에 대한 국가 규율의 헌법적 근거를 규명하면 다음과 같다.

첫 번째 유형인 전파를 좀 더 효율적으로 사용하고자 하는 목적을 가진 주파수대역관리, 두 번째 유형인 국민의 생명이나 안전, 재산 등을 보호하기 위한 국가의 규제 활동, 세 번째 유형인 국가안전보장, 질서유지, 공공복리를 위한 국가 규제 중 국민의 기본권을 제한하는 국가의 행위의 헌법적 근거는 제37조 제2항이다. 우리 헌법 제37조 제2항은 "국민의 모든 자유와 권리는 국가안전보장·질서유지 또는 공공복리를 위하여 필요한 경우에 한하여 법률로써 제한할 수 있으며, 제한하는 경우에도 자유와 권리의 본질적인 내용을 침해할 수 없다"고 규정하고 있다. 따라서 입법자는 무선국 개설을 할 때 허가·신고·주파수사용승인 등을 얻도록 하거나, 전파를 이용하고자 하는 자의 행위가 타인의 생명권, 인신을 훼손당하지 않을 권리, 재산권 등을 위해를 가하거나 가할 염려가 있을 때 이를 막기 위하여, 또는 전파를 이용하고자 하는 자의 행위가 국가안전보장, 질서유지, 공공복리를 위하여 제한할 필요가 있다고 판단하는 경우 법률로써 이를 제한할 수 있다.

특히 두 번째 유형이나 세 번째 유형 중 국민의 생명이나 안전, 재산 등을 보호하기 위한 국가의 규제는, 우리 헌법 제10조에 근거하여 인정되고 있는, 국민의 기본권적 법익을 기본권 주체인 사인에 의한 위법한 침해 또는 침해의 위험으로부터 보호하여야 하는 국가의 의무인 기본권 보호의무[48]에 근거한다. 따라서 국민은 전파를 이용하고자 하는 타인의 행위가 자신의 생명권, 인신을 훼손당하지 않을 권리, 재산권 등에 위해를 가하거나 가할 염려가 있음에도, 입법자가 자신의 법익을 보호하기 위하여 아무런 보호조치를 취하지 않거나 해당 조치가 당해 법익을 보호하기에 명백하게 부적합 또는 불충분할 때에는 기본권

48) 헌재결 2009. 2. 26. 2005헌마764, 판례집 21-1(상), 156, 177면.

보호를 주장할 수 있다.[49]

한편 우리 헌법은 제120조에서 "광물 기타 중요한 지하자원·수산자원·수력과 경제상 이용할 수 있는 자연력은 법률이 정하는 바에 의하여 일정한 기간 그 채취·개발 또는 이용을 특허할 수 있다(제1항). 국토와 자원은 국가의 보호를 받으며, 국가는 그 균형있는 개발과 이용을 위하여 필요한 계획을 수립한다(제2항)"고 규정하고 있다.

여기서 제1항은 자연자원의 일부를 사회화하는 전제로 한 특허제도를 규정한 것으로 이해된다.[50] 그리고 제2항은 국가경제상 필요한 자원에 대한 보호 및 균형있는 개발과 이용을 규정한 것이라고 이해된다.[51]

일단 전파가 제120조 제1항에서 나열하고 있는 광물 기타 중요한 지하자원·수산자원·수력에 포섭될 수 없음은 명확하다. 문제는 '경제상 이용할 수 있는 자연력'에 포섭될 수 있느냐이다. 자연에 존재하는 힘(power)은 크게 세 가지로 나눌 수 있다. (ⅰ) 중력, (ⅱ) 행력, (ⅲ) 전자기력이 그것이다.[52] 따라서 전자기력을 이용하는 전파는 경제상 이용할 수 있는 자연력의 범위에 포섭될 수 있다. 그리고 주파수대역도 여기에 포섭될 수 있다.

이렇게 보았을 때, 전파와 주파수대역을 국가가 일정한 기간 이용을 특허할 수 있는 헌법상 직접적 근거는 헌법 제120조 제1항이라고 할 수 있다.

한편 전파법 제8조 "전파이용의 촉진과 전파와 관련된 새로운 기술의 개발과 전파방송기기 산업의 발전 등을 위하여" 방송통신위원회가 5년마다 전파진흥기본계획을 세우는 행위의 헌법상 직접적 헌법적 근거는 제120조 제2항이라고 할 수 있다.

요컨대, 우리 입법권자가 전파와 관련하여 국민의 기본권을 제한하는 입법을 하고자 하는 경우 그 궁극적인 헌법적 근거는 제37조 제2항이며, 전파와 주파수대역을 국가가 일정한 기간 이용을 특허할 수 있는 헌법상 직접적 근거는 헌법 제120조 제1항, 방송통신위원회가 전파진흥기본계획을 세우는 행위의 헌법상 직접적 근거는 제120조 제2항이라고 할 수 있다. 따라서 전파의 국가 규율

---

49) 정종섭, 앞의 책, 390면은 사적영역에서 기본권보호의무의 예로 "전자파의 위험으로부터의 보호의무"를 명시하고 있어 주목된다.

50) 권영성, 『헌법학원론』, 법문사, 2006, 171면.

51) 허영, 『한국헌법론』, 박영사, 2006. 163면.

52) 행력은 다시 강한 행력, 약한 행력으로 나눌 수 있다.

의 가능성 및 그 범위와 방법의 정당성 및 한계는 이에 따라 판단되어야 한다.[53)]

2. 전파의 사법적 기초이론

가. 논의의 필요성

우리 사회가 고도화된 정보사회로 발전할수록 무선의 방송통신의 전제가 되는 전파의 이용은 모든 경제주체에게 필수적인 생존요소로 인정받게 된다. 이에 전파에 대한 국민들의 관심과 사회적 수요도 크게 증가하고 있으므로 유한한 자원으로서의 전파의 재산적 가치의 중요성도 크게 부각되었다. 그러므로 전파의 이용관계를 규율하는 가장 기본적인 법률인 전파법의 내용도 전파자원의 확보(제2장)와 이용(제4장)에 대한 규율이 핵심을 이루고 있다. 전파법에서는 전파를 자원으로 전제하고 있으므로, 전파법은 재산적 가치 있는 전파의 특정한 주파수의 이용용도를 결정하는 주파수분배와 이 특정 주파수 대역을 특정한 주체가 이용할 수 있도록 법적으로 '인정'해주는 주파수할당에 관한 규정들이 매우 중요한 의미를 갖는다. 주파수할당에 대해 전파법은 제2조 제3호에서 "특정한 주파수를 이용할 수 있는 권리를 특정인에게 주는 것"이라고 표현하고 있어서 마치 할당을 하는 경우에만 특정한 주파수 대역을 이용할 권리를 주는 것처럼 규정하고 있다. 그러나 특정 주파수 대역을 이용할 권리의 인정과 구체적인 내용에 대해서는 상당히 복잡한 논란의 여지가 있다는 점을 잊지 않아야 한다.

사회전반에 걸쳐 전파라는 자원이 희소성 있는 것이라는 경제적인 인식은 널리 확산되고 있지만, 전파가 재산적 가치라는 측면에서는 전통적인 법체계에서 어떠한 체계적 지위를 갖는 것인지는 거의 다루어지지 않고 있었다. 전파법의 가장 중요한 규율대상인 전파의 법적 가치 그 자체에 대한 심도 있는 논의 없이 전파의 이용관계를 다루는 것은 법이론적으로는 전도본말의 지적을 피하기 어렵다.

전파법과 관련한 법적 의문 특히 가장 기초적인 사법상의 의문점은 수없이 많다. 즉 '전파는 과연 물건인가?', '물건이라면 그 소유권은 누구에게 있는가?',

---

53) 필자는 정필운, 앞의 글에서 이상의 서술과는 다른 해석을 시도하였다. 그러나 과거의 해석이 지나치게 작위적이라고 판단하여 이와 같이 견해를 변경한다.

'국가에게 전파에 대한 소유권을 인정하여야 하는가?', '법적인 의미에서 전파와 주파수는 어떻게 개념상으로 구별되어야 하는가?', '국가로부터 주파수 대가할당을 통해 특정주파수대역의 이용권을 부여받은 자는 사법상으로 어떠한 권리를 갖는가?', '전파 설비를 갖추어 특정주파수 대역에서 특정한 신호를 전파하는 자는 그 신호에 대해 어떠한 권리를 갖는 것인가?' 등등 그 논의의 무게도 하나하나가 결코 가볍게 볼 수 없다. 또한 이러한 의문들은 일관된 논리적 연장선상에 놓여 있는 것이어서 가장 기초적인 법적 토대로부터 발전하여 핵심적인 법이론에 이르기 까지 정교한 법적 체계화가 요구되는 것이다.

나. 전파의 물성

(1) 전파의 과학적 개념

전파법 제2조 제1호는 "전파란 인공적인 유도없이 공간에 퍼져 나가는 전자파로서 국제전기통신연합이 정한 범위의 주파수를 가진 것"이라고 개념정의하고 있다. 국제전기통신연합(ITU)의 전파규칙(Radio Regulation; RR)에서는 "3,000GHz 보다 낮은 주파수의 전자기파"라고 정의하고 있으므로,[54] 전파법상의 전파는 3,000GHz 보다 낮은 주파수를 가진 전자파라고 할 수 있다. 그러나 ITU의 RR에서는 3kHz이하의 주파수에 대해서는 전혀 규정이 없이 3kHz이상의 대역부터 전파로 다루고 있다. RR이 3kHz 이하의 대역을 전파에 관한 규율에서 전혀 다루지 않는 이유는 이러한 대역의 전파가 존재할 수는 있으나 물리적 특성상 이 대역의 전파에 어떠한 콘텐츠를 실어 보낼 수 없어서 인간이 유용하게 활용하는 것이 불가능하기 때문이다. 따라서 전파의 물리적 특성을 고려하면 3kHz이하의 전자파는 전파법이 개념정의하는 전파에서 배제되어야 할 것이다. 결국 전파법상의 전파라 함은 "인공적인 유도 없이 공간에 퍼져 나가는 전자파로서 3kHz이상 3,000GHz이하의 주파수를 가진 것"이라고 개념정의할 수 있다.

전파는 특정한 주파수를 갖는 전자파이므로, 전자파가 구체적으로 무엇인가를 살피는 것은 규범적인 판단을 위해서는 매우 중요하다. 전자파란 전기장(전계)과 자기장(자계)의 파동(Surge)이다. 맥스웰의 이론대로 전기장의 변화는 자기장을 형성하고, 전자유도의 원리대로 자기장의 변화는 전기장을 형성하므로

54) 김기문, 『기초 전파통신이론 및 응용』, 도서출판 미래컴, 2008, 21면.

전기장-자기장-전기장-자기장의 지속적인 상호변화를 유도하는 파동의 진행이 발생되고 이것이 곧 전자파이다. 결국 전기장과 자기장의 변환 주기를 갖는 전기의 파동이 전파라고 표현할 수 있으며, 즉 공간을 달리는 전기적 에너지가 전파이다.[55]

(2) 전파와 주파수의 구별

전파와 주파수의 개념을 혼용하여 구별하지 아니하고 사용하는 견해[56]도 찾아볼 수 있다. 그러나 전파와 주파수는 과학기술적으로나 법적으로나 엄격히 구분되어야 하는 개념이라고 생각된다. 왜냐하면 주파수는 전파가 갖는 과학적 특성의 하나에 불과하기 때문이다. 즉 주파수는 전파가 공간을 이동할 때 1초 동안에 진동하는 횟수를 말하는 것에 불과하다. 전파는 주파수 외에도 다양한 특성을 갖는데 예를 들어 전파의 세기나 파형과 같은 특성에 따라서도 구별할 수 있다. 그러므로 주파수는 전파가 갖는 다양한 특성 중에 하나일 뿐이므로, 전파가 곧 주파수라는 등식은 적절한 것이 아니다.

그럼에도 불구하고 전파자원의 활용을 위해 전파를 세분화하여 별개의 범주화를 하기 위해서 일정한 주파수 대역으로 구분하여 전파의 이용을 규율하여 왔다. 즉 전파의 여러 가지 특성 중 주파수를 구별기준으로 하여 국가가 전파의 활용범위를 정하기 위해 '주파수분배' 그리고 '주파수할당'을 하였으므로, 전파와 주파수를 개념적으로 혼용하는 현상을 초래한 것으로 생각된다. 그러나 엄격하게 살펴보면, '주파수분배'라는 것은 '주파수(를 기준으로 일정한 대역의 전파의 용도를) 분배'한 것이고, '주파수할당'이라는 것은 '주파수(를 기준으로 일정한 대역의 전파이용을 특정 주체에게) 할당'한 것이지 주파수 자체를 누구에게 준다는 의미는 결코 아니다. 따라서 전파와 주파수를 과학기술적으로나 법적으로 동일한 개념인 동의어로 사용하는 것은 지양되어야 할 것이다.

(3) 민법상 물건의 개념

민법 제98조는 물건에 대하여 "유체물 및 전기 기타 관리할 수 있는 자연력"이라고 개념정의하고 있다. 따라서 전파가 법적인 의미에서 물건으로서의 성격

---

55) 김기문, 앞의 책, 24면.

56) 나종갑, "주파수자원의 법적 본질 및 주파수정책에 대한 의미 -비교법적 검토-", 『저스티스』(제91호), 2006.

을 갖고 있는가의 여부는 일단 이 개념정의의 문리적인 해석에 의한 판단이 우선되어야 할 것이다. 전통적인 민법 이론으로서는 물건성의 판단의 기준으로 다음과 같은 몇 가지 요소를 제기하고 있다.

먼저 물건이 되기 위해서는 유체물이거나 자연력이어야 한다. 즉 공간에서 일정한 부피를 갖는 유형적인 물체이거나 또는 자연상태에 존재하는 힘 즉 에너지이어야 한다. 따라서 컴퓨터 프로그램이나 디지털콘텐츠와 같은 인간의 지적인 산물인 디지털 정보는 자연상태에 존재하는 에너지가 아니므로 물건으로서의 물성을 인정하기 어렵다.[57)]

그리고 자연력 또는 유체물이 관리가능하여야 한다. 여기에서 관리할 수 있다고 하는 의미는 배타적 지배가 가능하다는 의미로 이해된다. 따라서 자연상태에서의 공기와 같이 배타적으로 지배할 수 없는 유체물은 민법상의 물건이 되지 못하며, 전기나 열 , 빛, 음향과 같이 무체물이지만 배타적으로 지배할 수 있는 경우는 물건에 해당된다.[58)]

또한 물건이 되기 위해서는 비인격적이어야 한다. 인간이나 인체의 일부는 물건이 될 수 없다. 이러한 요소는 기존의 유체물에서는 모르겠지만, 전파의 물성에 대한 논의에서는 아무런 의미가 없을 것이다.

끝으로 물건은 독립성이 인정되어야 한다. 물건의 일부나 구성부분은 원칙적으로 물건이라 할 수 없다. 그러나 물건의 독립성 판단은 사회관념에 따라 판단되어야 하는 것이지, 선험적으로 자연법적으로 구분가능한 것은 아니다.

(4) 전파의 물성에 대한 기존 논의

(가) 물성 긍정설

전파가 물건인가에 대해 심도있게 논의한 문헌이 많지는 않지만, 몇몇 논문에서 전파의 물성을 다룬 바 있다. 기존의 학설들은 전파의 물성을 긍정하는 것이 일반적이다. "전파는 무선설비를 이용하여 일정한 주파수를 보내거나 받을 수 있는 고유한 물리적 특성을 가지고 또한 이러한 점에서 인위적인 생산이 가능하다고 볼 수 있으므로 결국 실질적인 관리가 가능한 물건으로 보아야 한다"[59)]거나, "통신설비를 이용하여 일정한 주파수와 강도를 가지는 고유한 물리

57) 오병철, "컴퓨터 프로그램의 물성에 관한 재검토", 『재산법연구』(제26권 제3호), 2010 참조.

58) 지원림, 『민법강의』(제7판), 홍문사, 2008, 153면.

적 특성을 가진 전파를 인위적으로 생산하는 것이 가능하여 실질적 관리가 가능하므로 물건으로 보아야 한다"[60]는 것이 긍정설로 분류될 수 있을 것이다. 이러한 긍정설은 전파의 관리가능성에 대해 긍정적인 입장을 가지고 있으며, 특히 관리가능성은 상대적인 시대적 개념이므로 고전적인 관점으로 판단하는 것을 지양하는 태도라고 정리 할 수 있다.

(나) 물성 부정설

반면에 "전파를 일정 주파수로 발생시켜 방사시키는 것은 가능하지만, 전기의 경우처럼 발생된 양을 측정하거나 일정한 곳에 저장하는 것이 불가능하고 그 받는 쪽에서도 양을 조절하는 것이 불가능하기 때문에 관리가능성을 인정하기 어렵다"[61]는 견해도 제기되고 있다. 이와 같은 전파의 물성에 대한 부정론을 취하는 경우에도 "설사 민법상 물건개념에 해당하지 않는다 하여도 행정법상 공물로 다루어지는 것"을 긍정하고 있음은 주목할 만하다. 즉 민법상 물건은 아니지만 행정법적으로는 공물이라는 언명이 과연 법교의학적으로 수용될 수 있는 논리인가는 의문이지만, 결과적으로 국가적 통제의 대상이 된다면 민법상의 전통적인 물건의 도그마에 얽매일 이유가 없다는 공법 특유의 실용적인 태도로 이해된다.

(다) 절충설

순수한 민사법적인 관점에서도 전파의 물성을 검토하는 견해에 따르면, 전파의 물성에 대해 이를 일률적으로 말할 수는 없으며 관리가능한 범위 내에서 주파수의 대역은 물건이지만, 자연적으로 발생하는 전파 그 자체를 민법상 물건에 해당된다고 보기는 어렵다고 주장한다. 즉 의도하지 않게 생성되는 전자파와 같은 전파는 물건으로 볼 수 없지만, 통신설비를 이용하여 일정한 주파수와 강도를 가지는 고유한 물리적 특성을 가진 전파는 물건으로 파악한다.[62]

그러나 이러한 절충설은 실질적으로 물성긍정설로 분류될 수 있다. 왜냐하

59) 유현용, "전파관리제도에 관한 공법적 연구", 한국외국어대학교 법학박사 학위논문, 2010, 54-55면.

60) 최호용, "주파수 이용에 관한 연구", 성균관대학교 법학박사 학위논문, 2006, 20면.

61) 박종수, "주파수이용의 효율성 제고를 위한 전파법제의 개선방안", 『공법연구』(제36집 제3호), 2006, 42면.

62) 장재옥/김용섭, "전파법상의 전파의 개념과 법적성질", 『중앙법학』(제13집 제3호), 2011, 98-100면.

면 전자파 인체유해성을 다루는 논의라면 이러한 절충설이 고유한 의미를 갖겠지만, 우리가 여기에서 다루고자 하는 물성의 여부는 통신설비를 이용하여 일정한 주파수와 강도를 갖는 전파만을 대상으로 논의하는 것이기 때문이다.

(5) 전파의 물성에 대한 검토

전파가 물건인가를 사법적인 관점에서 살펴보기 위해서는 위의 물건으로 특징지을 수 있는 요소를 개별적으로 검토하여야 한다. 먼저 전파가 유체물이라면 물성을 인정하는 것이 매우 용이하겠지만, 유체물이 아니라는 것은 상식이므로 이를 전제로 살펴본다.

먼저 전파가 자연력인가를 판단하면, 전파는 과학기술적 관점에서는 공간에 전파되는 전기에너지이므로 그것이 자연력임을 부정할 수 없다. 일상생활에서 사용되는 전파는 인공적으로 생성시키는 것이 보통이지만, 자연상태에서 생성하여 방출되는 우주선과 같은 전파가 존재하므로 '자연'력임에 틀림이 없다. 컴퓨터 프로그램과 같은 디지털은 전기적 신호로 구성된다고 하더라도, 그 자체가 에너지가 아니고 자연상태로 존재하지 않으므로 자연력에 해당되지 않아 물성이 부정되는 것과는 차별성이 존재한다.

전파가 자연력이라면, 관리가 가능한 것인가의 판단이 전파의 물성을 판단하는데 가장 결정적인 요소라 생각된다. 이에 대해 공중에 전파되는 전파의 경우 배타적 지배가능성의 한계를 벗어난 무체의 자연력이라고 보는 견해[63]나 전술한 바와 같이 발생된 양을 측정하거나 저장하는 것이 불가능하고 수신량을 조절하는 것이 불가능하므로 관리가능성을 부정하기도 한다.[64] 그러나 "관리가능성은 배타적 지배가능성을 의미하는데 특정 주파수 대역의 이용권자는 시간적·장소적으로 그 주파수 대역의 전파를 배타적으로 지배한다고 보아야 할 것"[65]이라는 견해와 "통신 설비를 이용하여 일정한 주파수와 강도를 가지는 고유한 물리적 특성을 가진 전파를 인위적으로 생산하는 것이 가능하여 실질적인 관리가 가능"[66]하다는 견해는 관리가능성을 인정하고 있다.

생각해보건대, 민법상 물건의 개념에 요구되는 관리가능성은 배타적 지배가

63) 곽윤직, 『민법총칙』(제7판), 박영사, 2007, 168면.
64) 박종수, 앞의 글, 424면.
65) 유현용, 앞의 글, 55면.
66) 최호용, 앞의 글, 20면.

능성이라는데 이설이 없다. 배타적 지배'가능성'이라 함은 배타적으로 지배할 수 있는 방법이 존재하는 것으로 충분한 것이지, 항시 배타적으로 지배되는 상태로 유지되고 있을 것을 요하는 것은 아니다. 전통적인 민법 이론에서 물건이라는데 이론이 없는 빛이나 음향, 향기의 경우에도 그것을 배타적으로 지배할 수 있는 가능성이 있는 것에 불과하지, 항시 배타적으로 지배되는 상태로 존재하는 본질을 가지고 있는 것은 아니다. 즉 음향도 공기와 같은 매질을 통해 전파되는 '파동'이라는 본질에서는 전기적 에너지의 '파동'인 전파와 매우 유사한 것이다. 향기도 또한 공중으로 산포되는 눈에 보이지 않는 입자이므로 전파와 규범적으로 달리 다룰 이유가 없다. 전통적으로 물건으로 다루어져 온 음향이나 향기들도 항상 배타적인 지배가 이루어지는 것이 아니라 인간이 의도적으로 배타적으로 관리하고자 하면 그러한 관리방법이 열려져 있을 뿐이다. 전파도 마찬가지로 항시 배타적인 지배가 이루어지지 않는다 하더라도 송신안테나에 고주파전원을 걸면 특정한 주파수의 전파가 발생되고 이를 적절한 수신안테나를 통해서만 수신할 수 있다는 점에서는 충분히 배타적인 관리가능성이 열려있다고 평가할 수 있다. 특히 전파에 암호화 등의 기술적인 통제수단을 가하여 특정인이 생성한 전파가 특정인에게만 전달될 수 있기 때문에 음향이나 향기보다는 더욱 물성을 인정하기에는 충분한 배타적 관리가능성이라고 이해할 수 있을 것이다.

전파의 물성 판단을 위해 또 요구되는 요건은 독립성이다. 독립성의 유무는 물리적으로 결정되는 것이 아니라 사회통념에 의해 결정되는 것이므로, 전파의 독립성도 사회통념에 의해 인정되는 것으로 족하다. 다행이도 전파의 경우에는 주파수라는 대역을 구분하여 보다 세분화하고 있어서 물성을 판단하기 위한 독립성은 이미 확보될 수 있다고 생각된다. 즉 전파가 다른 자연력과 구분되는 것은 물리적으로 가능한 것이고, 전파 사이에서의 독립성도 주파수나 또는 발생주체에 의해서 충분히 구별가능한데다 암호화된 전파의 경우에는 복호화 할 수 있는 주체만이 수신하도록 관리할 수 있으므로 다른 무형의 에너지에 비해 훨씬 높은 독립성을 인정할 수 있다.

이상에서 살펴본 바와 같이 전파는 관리 가능한 자연력으로서 물건으로서의 성질을 갖고 있다고 인정할 수 있다. 따라서 일부의 견해처럼 물건은 아니지만 공물에는 해당된다는 주장은, 공법적인 논리기교로는 일응 수긍할 수도 있는 것이고 실용적인 관점에서는 이해할 수 있다 하더라도, 결코 민사법적인 관점에서는 자연스러운 법리라고 보기는 어렵다. 물건이라고 하지 않음으로써 얻을 수 있는 실익이 특별히 있지 않음에도 불구하고, 어느 정도 수준의 배타적 지배가능성을 가볍게 다루어서 전파를 물건이 아니라고 하는 것이 오히려 법교의학적인 도그마에 매몰되는 것처럼 생각된다.

그리고 전통적인 학설에서 음향의 물성은 인정하면서도, 파동이라는 본질에서는 별다른 차이가 없음에도 불구하고, 전파의 물성을 부정하는 것은 균형에 맞지 아니한다. 특히 소리는 전파와 달리 공기나 암반 또는 물과 같은 매질에 가해지는 압력에 의해 매질에 발생되는 파동이므로 전파와 달리 매질 이외의 어떠한 별도의 실체가 있는 것은 아니다. 따라서 소리는 매질이 존재하지 않는 진공상태의 우주공간에서는 존재할 수도 또한 전달될 수도 없다. 반면에 전파는 전기적 에너지의 파동이므로 우주공간에서도 당연히 존재하고 잘 전달되며, 전기적 에너지라는 매질과 구분되는 독자적인 실체가 자연과학적으로 존재한다고 볼 수 있다. 또 공중으로 전달되는 음향을 특정 주체만 들을 수 있도록 통제하는 것보다 공중으로 송신되는 전파를 특정 주체만 수신하도록 통제하는 것이 기술적으로 훨씬 용이한 것은 자명하므로, 배타적 지배가능성도 전파보다 음향의 경우가 더욱 구현하기 어려운 것이 일반적이다. 그러므로 전파의 지배가능성을 부정하는 것이 전통적인 규범판단과 일치된다고 할 수 없다. 결론적으로 전파는 민법 제98조의 물건에 해당될 수 있는 성질을 원칙적으로 갖고 있다.

다. 추상적 전파와 구체적 전파의 구별 필요성

(1) 과학적 용어로서의 추상적 전파

전파가 물건에 해당될 수 있다는 물성을 원칙적으로 갖는다고 해서, 자연과학적 의미의 추상적 전파가 모두 법적 의미에서 재산적 가치를 갖는 물건으로 곧바로 되는 것은 아니다. 그러므로 아직 생성되지 않은 전파는 아직 실체가 없어서 물건이 되지 못하므로 소유권의 대상도 되지 못한다. 따라서 '모든 전파는 국유이다'라는 선언적 명제는 적어도 민사법적인 관점에서는 성립될 수 없다. 여기서 전파는 추상적인 전파이므로 물성의 전제만 인정될 수 있을 뿐 현실적으로 실존하는가는 완전히 별개이다. 따라서 전파가 현실적으로 실존하기 전에 국가 뿐만 아니라 그 누구일지라도 그에 대해 구체적인 소유권을 갖는다는 주장은 권리객체 없는 소유권이 존재한다는 주장과 마찬가지로 성립될 수 없는 논리이다.

전파라는 용어는 자연과학적인 개념으로 어떠한 과학적 현상을 규정하는 과학적 용어이므로, 그것이 구체적으로 발생하여 현존하는가는 별개의 문제이다. 과학적 이론과 원리로 설명되는 추상적인 전파는 자연과학적 현상을 설명하기 위한 도구에 불과한 것이고 그것이 바로 재산권의 객체로 되는 것은 아니다. 현실적으로 추상적 전파를 현실생활에서 구체적으로 생성시키기 위해서는 송신안테나에 고주파전원을 걸어야하며, 이러한 인간의 의도적인 생산활동을 통해서 발생된 특정한 주파수 특성을 갖는 구체적 전파가 발생되었을 때에 비로소 그 '생성된 전파'를 법적 의미에서의 물건이라 할 수 있는 것이다. 즉 관념 속에서 존재하는 추상적 전파는 물건이 될 수 없으며 따라서 권리의 객체가 될 수 없지만, 구체적으로 생성된 전파는 비로소 물건이 될 수 있으며 권리의 객체가 될 수 있는 것이다. 예를 들어 이동통신회사가 특정 주파수 대역의 전파를 발생시킬 수 있는 허가를 국가로부터 얻어, 필요한 인적, 물적 설비를 갖추어 가입자들이 사용할 수 있는 이동통신 전파를 구체적으로 발생시켜야만 그 구체적 전파가 물건이 되는 것이며, 그 이후에야 비로소 '전파가 물건인가', '물건이라면 소유권을 인정할 수 있는가', 나아가 '그 물건의 소유권자가 누구인가'를 논할 수 있는 것이다.

민법 제98조가 명시적으로 규정하는 바와 같이 전기에 물성을 인정할 수 있지만, 자연 상태에서 존재하는 번개는 자연과학적으로는 전기의 일종임에도 불구하고 법적으로는 물건이 될 수 없다. 전기는 물질적 특성으로는 일반적으로 관리가 가능한 것이므로 발전소에서 생성한 관리가능한 전기는 법적인 물건이 되지만, 자연상태에서 생성된 번개는 구체적으로 관리되는 것이 아니므로 법적인 물건이 되지 못한다. 즉 물성이 인정되는가와 물건이 존재하는가는 완전히 다른 관점의 판단 문제임을 잊어서는 아니 된다. 따라서 누군가가 관리가능하게 발생시켜 현존하는 구체적인 전파는 법적인 물건이 되지만, 자연과학적으로 규정하고 있는 개념으로서의 추상적 전파는 물건이 될 수 있는 일반적인 성질은 인정된다고 하더라도 아직 존재가 실존하지 않으므로 결코 법적으로 물건이 될 수는 없다. 이러한 구분은 후술하는 바와 같이 마치 전파가 갖는 고유한 자연적 성질인 주파수를 전파와 혼용하여 마치 물건인 것처럼 오해하는 것을 방지하기 위해서 반드시 엄격하게 재확인 될 필요가 있다.

(2) 법적 개념으로서의 구체적 전파

지금까지의 전파는 물건인가에 대한 논의는 현실적으로 생성된 구체적 전파를 대상으로 한 것이 아니라 전술한 바와 같은 자연과학적 개념으로서의 추상적인 전파를 대상으로 한 것이다. 즉 모든 주파수 대역의 존재 가능한 추상적 전파를 대상으로 그것이 물건인가 또 물건이라면 그것은 누구에게 귀속되는 것인가를 일견 공허하게 논의해 왔다. 그러나 전술한 바와 같이 총체적 의미의 추상적 전파란 오직 자연과학적인 관념에 불과할 뿐이고, 법적으로 물건인가를 판단하여야 할 것은 구체적으로 '생성되어 있는' 구체적 전파를 대상으로 하여야 하는 것이다.

따라서 앞으로 물건인가를 논의하는 대상은 추상적 전파가 아닌 인위적으로 생성되어 있는 구체적 전파이다. 즉 법적 개념으로서의 전파는 전기적 에너지의 파동을 총칭하는 추상적이고 관념적인 전파와는 달리 의도적으로 생성된 특정한 주파수를 갖는 구체적 전파를 말하는 것이다. 예를 들어 일정한 주파수 대역의 전파를 3G이동통신에 분배하여 특정 사업자에게 할당한다는 의미에서의 전파는 현재 발생되어 존재하는 구체적 전파를 말하는 것이 아니라, 공학적인 관점에서 일정한 특성을 갖는 추상적 전파를 관념적으로 구분지어 말하는 것뿐이다. 이러한 주파수 대역의 전파가 특정사업자에게 할당된 후 그 사업자가 사업을 개시하여 실제로 3G무선통신에 사용되는 전파를 기지국 안테나를 통해 쏘아 보낼 때의 전파의 의미는 구체적 전파로서 의도적으로 생성된 특정한 주파수를 갖는 법적 의미의 전파이고 이것이 바로 물건인가, 물건이라면 누구의 소유권에 속하는가를 판단하는 대상이 된다.

(3) 양자의 구별 필요성

추상적 전파와 구체적 전파의 개념을 구별하고자 하는 가장 큰 현실적인 이유는 바로 "전파는 희소한 중요자원으로 국가가 소유권을 갖는 물건이다"라는 선언적 전제에 대한 법리적인 의문을 제기하기 위함이다. 후술하는 바와 같이 추상적인 권리를 구체적인 구체적 전파와 구별하지 아니하고 전파는 법적인 관점에서 물건이 될 수 있는가의 검토를 통해 이를 긍정함으로써, 희소한 자원으로 모든 국민이 효율적으로 활용하기 위해 그 소유권은 국가에 귀속된다는 논리까지 비약하고 있다.

그러나 자연과학적인 추상적 전파는 소중한 희소자원이라는 점은 누구도 부정하기 어렵지만, 반대로 구체적으로 생성한 모든 구체적 전파가 국가의 소유라는 점은 누구도 수긍하기 어렵다. 예를 들어 특정인이 무선공유기를 구입하여 전원을 연결함으로써 ISM(Industrial Scientific and Medical Equipment)대역의 구체적 전파를 생성시킨 경우에 그 구체적 전파가 국가의 소유가 된다는 것은 법적 관점에서 인정하기 어렵다.

그러므로 유한한 희소자원으로서의 자연과학적인 추상적 전파와 구분하기 위해서 구체적으로 인위적인 생성과정을 거친 특정한 주파수대역의 전파를 '구체적 전파'라는 용어를 통해 규범적으로 정리하여야 할 필요가 있다. 그리고 이 '구체적 전파'는 '전파는 희소한 자원으로서 국유이다'라는 선언적 명제로부터 법리상 자유롭기 위해서 부득이 차용할 수밖에 없는 법률용어로 이해되어야 할 것이다.

라. 동산으로서의 구체적 전파

추상적 전파가 관리할 수 있는 자연력에 해당되므로 법적으로 물성이 인정되는 점은 이미 살펴본 바와 같다. 물성이 있는 전파가 구체적으로 생성되어 현실세계에서 실존하게 되면 비로소 법적인 의미에서의 물건이 된다. 즉 생성된 전파는 예를 들어 출력의 크기를 정하거나 전파되는 지향성을 결정하는 등의 관리가 가능하며, 또 암호화 등을 통해 특정 주체만이 수신할 수 있도록 통제하여 배타적 지배가능성과 독립성을 확보하는 것이 가능하며 또한 전기적 파동으로서 자연력에 속하므로 민법 제98조의 물건에 해당된다고 할 수 있다.

민법상의 물건은 다시 크게 동산과 부동산으로 나눌 수 있다. 민법은 제99조 제1항에서 '토지 및 그 정착물'만을 부동산으로 하고 있고, 동조 제2항에서 '부동산이 아닌 물건'은 동산으로 분류하고 있다. 따라서 '토지 및 그 정착물'에 해당되지 않는 것이 자명한 구체적 전파는 민법 제99조 제2항에 따라 동산에 해당된다고 할 것이다.

마. 전파의 권리주체

(1) 전파의 권리에 관한 기존 논의

전파가 물건으로 인정될 수 있다면, 전파의 권리 주체는 누구인가에 대한 논의로 진전되어 왔다. 만약 전파의 물성을 부정하면 사법적 의미에서의 소유권의 논의는 논리적으로 불가능하게 되고, 민법상 물건의 개념과 결별한 공법상의 독립적인 개념으로서 공물로서의 논의는 가능할 수 있을 것이다. 이러한 기존의 논의는 전술한 바와 같이 모두 발생하여 현존하는 구체적 전파가 아닌 관념적인 추상적 전파에 대해 법적인 권리를 설정하는 문제점을 공통적으로 안고 있는 것이지만, 그간의 논의의 진행경과를 살펴보는 점에서는 의의를 찾을 수 있다.

(가) 국유설

전파 또는 주파수의 국유를 인정하는 견해가 매우 유력하게 제기되어 왔다. 그 논거로는 전파전달이 신속하고 광범위하기 때문에 국가가 이를 관리하지 않을 경우 혼신에 의하여 전파사용자간에 엄청난 혼란을 야기할 것이고 그로 인하여 특정국가는 물론 국제사회에도 정치, 경제, 국방, 과학 등 각 분야에도 막대한 피해를 입힐 것이기 때문이라고 한다.[67]

(나) 공유설(公有說)

전파를 국가의 소유가 아니라 공공(公共)의 소유로 공물(公物) 또는 공공용물(公共用物)로 이해하는 견해도 존재한다. 그 논거로는 우리 헌법은 물론 전파법령 어디에서도 전파를 국유로 선언하는 규정을 찾아볼 수 없다는 점을 들면서, 더 이상 공물의 경우에는 소유권이 누구에게 있느냐 보다 관리주체가 갖는 공법상의 물적 지배권이 어떻게 생겨나고 어떤 내용을 가지는 지가 중요하다고 주장하고 있다. 특히 전파는 대기와 마찬가지로 특별한 형태적 요소를 가지고 있지는 않지만 공물성이 인정되는 특별한 경우에 해당한다고 주장하면서, 공물로서의 의사적 요소로서 공용개시 또는 공용지정의 행위가 존재하므로 공물이 된다고 밝히고 있다.[68]

---

67) 계경문, “정보통신의 매개수단 및 자원으로서의 전파-전파법 전면개정과 관련하여”, 『정보와 법연구』(제2호), 145면.

68) 박종수, 앞의 글, 425면; 유현용, “전파의 법적 성질에 관한 고찰”, 『공법연구』(제38집 제4

또 다른 견해는 전파는 주파수라는 물리적 특성과 혼신이나 간섭 등의 외부효과로 인해 공급의 측면에서 볼 때 상당히 희소한 자원이므로 이의 효율적이고 공평한 이용을 위해서는 국가의 관리가 필요한 공물로 보아야 하며, 행정주체뿐만 아니라 직접 일반 공중에 사용을 제공하는 것으로서 하천과 같은 공공용물의 성격을 갖는다고 주장한다.69)

(다) 검 토

먼저 전파의 국유설을 살펴보면, 전파가 국가의 소유라고 밝히는 법적 근거가 명확하지 않은 상태에서 국가의 소유권을 인정하는 것은 근거부족이라는 비판을 면하기 어렵다. 사법적인 관점에서는 물건을 동산과 부동산으로 구분하여. 민법 제99조 제1항에서 토지 및 그 정착물만을 부동산으로 규정하고 있고, 동조 2항에서 부동산이 아닌 물건은 동산으로 간주하고 있으므로 무체물인 전파는 당연히 동산이 되어야 한다. 민법 제252조 제2항은 무주의 부동산은 국유로 한다고 규정하고 있어서 논리적으로 부동산은 무주물이 될 수 없지만, 민법 제252조 제1항은 동산에 대해서는 소유권자가 없으면 무주의 상태가 되고 이는 선점을 통해 소유권이 취득된다고 규정하고 있다. 그러므로 민법 제252조도 동산인 전파의 국유설을 뒷받침할 근거가 되지 못한다.

또한 전파가 국가의 소유권이 인정되는 경우라면 국유재산법이 적용되어야 하지만, 국유재산법은 제5조에서 국유재산의 범위를 제한적으로 열거하고 있으며, 이에 따르면 국유재산은 ① 부동산과 그 종물, ② 선박, 부표, 부잔표, 부선거 및 항공기와 그들의 종물, ③ 정부기업예산법 제2조에 따른 정부기업이나 정부시설에서 사용하는 기계와 기구 중 대통령령으로 정하는 것, ④ 지상권, 지역권, 전세권, 광업권, 그 밖에 이에 준하는 권리, ⑤ 자본시장과 금융투자업에 관한 법률 제4조에 따른 증권, ⑥ 특허권, 저작권, 상표권, 디자인권, 실용신안권, 그 밖에 이에 준하는 권리로 한정하고 있다. 이러한 예시 중 어디에도 전파가 해당될 여지는 없으므로, 전파의 국유설은 타당하지 않다.

전파의 공유설(公有說)을 살펴보면, 민사법상으로 소유권의 귀속주체로는 자연인과 법인의 사람만이 가능하므로 국가나 공법인 또는 사법인과 개인(자연인)

호), 2010, 223면.

69) 최호용, 앞의 글, 22면.

의 소유형태만이 인정될 뿐이다. 그러므로 사법상의 소유권 귀속 주체로 법인이 아닌 국민 전체로서의 공공이 될 수는 없다는 점에서 특별히 논할 여지조차 없다.

생각해보면, 다음과 같은 세 가지 관점에서 기존의 논의는 의미를 부여하기 어렵다. 첫째로 지금까지 논의해 왔던 전파는 자연과학적인 개념이지 권리의 귀속을 논할 구체적인 법적 개념이 아니다. 전파는 과학적인 자연현상을 지칭하는 총체적인 개념일 뿐이고, 비규범적인 일반용어로서 마치 유개념(類概念; generic concept)과 같은 것으로 이해되어야 한다. 그러므로 이에 대해 포괄적으로 누구에게 귀속되는 소유권을 논한다는 것 자체가 적절하지 않다. 따라서 소유권의 귀속을 논해야 할 대상은 구체적으로 특정한 주체가 생성시킨 인위적인 전파이며, 이를 구체적 전파라는 용어를 이용하여 구분한 바 있다.

둘째로 전파가 매우 중요한 국가적 자원으로서 그 유한한 자원을 국민이 어떻게 효율적으로 활용할 것인가에 대해 국가의 역할이 중요하다는 점은 자명한 것으로 누구도 부정할 수 없다. 그러나 이러한 논리가 소유권을 귀속시키는 법리상의 결정적인 논거가 될 수 없다. 또 현실적으로도 모든 유한한 중요자원이 전부 국유인 것도 아니다. 따라서 모든 전파는 그것을 누가 생성시키던 불문하고 모두가 국가의 소유여야 한다는 논리는 수긍할 수 없다.

셋째로 전파는 유한한 중요자원이므로 헌법 제120조가 밝히듯 국가가 법률이 정하는 바에 의하여 일정한 기간 그 채취·개발 또는 이용을 특허할 수 있다. 그러나 이러한 헌법 제120조 1항으로부터 모든 전파에 대한 국가의 소유권 귀속이 당연히 민사법적으로 도출되는 것은 아니다. 유형의 지하자원과 같이 이미 존재하고 있는 자원이라면 채취·개발·이용을 시키는 근거가 그 자원의 소유권이 국가에 있기 때문이라는 법논리를 설정하는 것도 가능할 수 있겠지만, 전파는 이미 존재하고 있는 자원이 아니라 누군가가 비용을 들여 생성해야만 존재하는 자원이므로 그것의 이용을 특허할 수 있다고 해서 전파가 국가소유라고 설정할 수는 없을 것이다. 왜냐하면 '만들어야만 있을 수 있는 것'을 만들게 해줬다고 해서 그 허가에 의해'만들어 진 것'의 소유권을 원래 가지고 있었다는 논리는 어색하기 그지없기 때문이다.

(2) 추상적 전파에 대한 국가의 역할

전파는 매우 중요한 자원이면서 동시에 사용할 수 있는 주파수 대역이 제한되어 있어서 희소한 유한자원이므로 모든 국민이 가장 효율적으로 사용할 수 있도록 국가가 그 이용에 대해 적극적으로 개입할 필요가 있다. 유한한 중요자원 중 하나인 토지에 대해 사적 소유권을 인정하면서도 국가가 매우 강력한 규제를 하고 있는 것과 마찬가지 이유이다. 또 헌법 제120조 1항에서 국가가 중요한 자원의 이용에 대해 특허를 할 수 있도록 법적 근거가 마련되어 있다. 이와 같이 국가는 전파와 관련하여 전파의 이용에 관한 규율을 하지만, 이는 국가가 사법상의 소유자로서 행사하는 소유권의 내용이 아니라, 공법적인 차원에서 희소한 국가자원의 이용에 대한 관리와 통제를 행하는 것일 뿐이다.

이와 같이 국가가 특정한 주체에 소유권과 관계없이 물건의 이용이나 확보 등에 대해 관리·통제권을 행사하는 경우를 찾아보는 것은 어렵지 않다. 예를 들어 특정한 종류의 광물은 유체물로서 확실히 민법상의 물건이지만, 토지의 일부가 아닌 별개의 물건이면서도 특정한 주체에게 원천적으로 귀속되어 있는 물건은 아니다. 광물은 광업권의 객체라는 것이 민법의 일반적인 이론[70]이므로 광물을 채취하기 위해서는 광업권을 취득해야 하며, 광업권을 부여하는 주체는 국가이다. 광업법 제15조 제1항에서는 광업권의 설정을 받으려는 자는 광업권의 종류를 정하여 대통령령으로 정하는 바에 따라 지식경제부 장관에게 출원하고 그 허가를 받아야 한다고 규정하여 허가주체를 국가로 명시하고 있다.

국가가 광업권을 부여하는 광물에 대해서도 그것이 누구의 소유인가에 대해서 학설이 대립하고 있어서, 국유에 속하는 부동산으로 보는 견해와 토지의 일부로서 토지소유권의 범위에 드는 것이나 광업법의 한도에서는 그 행사가 제한되는 것으로 보는 견해가 대립되고 있다. 어느 견해나 결과에서는 큰 차이가 없지만 광물은 기본적으로 토지의 일부로 보아야 하고, 또 국가가 허가권을 가지고 있다고 하여 그 소유권을 가져야 하는 것이 전제가 되어야 하는 것은 아니기 때문에 후자의 견해가 타당하다는 지적[71]은 매우 의미 깊다. 즉 이미 존재하는 광물에 대해 국가가 광업권을 부여하는 경우에도 원래 그 광물이 국가의 소유일 필요가 없는데, 하물며 이미 존재하는 것이 아니라 특정주체가 인위적으로

---

70) 김준호, 『민법강의』(신정4판), 법문사, 2003, 192면.

71) 위의 책, 193면.

생성시켜야 하는 전파의 경우에는 더욱이 원래부터 그 전파가 국가의 소유라고 볼 하등의 이유가 없다.

결국 국가는 희소한 자원인 전파의 효율적 이용을 고려해 특정한 주파수 대역의 전파의 이용을 허가할 권능을 보유하고 있다고 이론구성하는 것이 가장 매끄러운 논리라 생각된다. 국가가 행사하는 전파에 대한 관리・통제권의 기초는 주파수분배이다. 국가는 유한한 자원인 전파를 주파수에 따라서 적절하게 대역을 나누고 각각의 주파수 대역을 어떠한 용도로 이용하게 할 것인지를 설계한다. 이는 전파의 소유자로서 행하는 것이 아니라 자원의 효율적 배분을 위한 행정행위의 일종으로 보아야 할 것이다. 이와 같이 세분화된 주파수대역을 구체적으로 누구에게 이용하도록 할 것인지도 국가의 전파에 대한 관리・통제권의 내용이라고 할 것이다. 그러나 경우에 따라서는 ISM대역과 같이 국가가 적극적인 통제권을 행사하지 아니하면, 누구든지 자유롭게 이용할 수 있도록 개방된 상태로 존재하게 된다.

(3) 구체적 전파의 사법상 권리 주체

구체적 전파는 특정주체가 의도적으로 생성한 전파이므로 추상적이고 관념적인 개념인 전파와는 달리 인간의 의도적인 구체적 행위에 의한 결과이다. 그러므로 구체적 전파는 전파를 생성한 주체에게 사법적 권리를 인정하는 것이 바람직하다고 생각한다. 총체적 의미의 추상적 전파는 논리적으로 권리주체를 논하는 것이 불가능하지만, 특정주체가 인위적으로 안테나에 고주파 전원을 걸어 생성한 구체적 전파는 그것을 생성한 주체에게 권리를 인정하는 것이 타당하다. 인간에 의해 생성된 동산은 원칙적으로 그에게 소유권이 귀속되어야 함이 가장 기본적인 법원리이므로, 구체적으로 구체적 전파를 생성시킨 자에게 그 구체적 전파에 대한 권리를 원천적으로 귀속시켜야 한다.

그러나 구체적 전파를 생성시킨 자에게 현실적으로 어떠한 권리를 인정하여야 하는가는 쉽게 결정짓기 어렵다. 왜냐하면 유체물인 동산의 경우에는 민법상의 전통적인 소유권을 인정하는 것이 지당하지만, 구체적 전파는 무체물로서 매우 독특한 특성을 가지고 있기 때문이다. 따라서 구체적 전파에 대하여 '소유권'을 인정한다고 하더라도 기존의 유체물과는 상당히 다른 관점에서 소유권의 '구체적 내용'이 설정되어야 할 것이다.

전통적인 유체물은 점유라는 방법을 통해 현실적으로 배타적으로 지배할 수 있는 길이 열려져 있으나, 무체물에 대한 점유를 통한 배타적 지배는 그 소유자가 어떠한 현실적인 노력을 기울이는가에 따라 그 강도가 결정될 수밖에 없다. 예를 들어 전기, 열, 음성, 향기 등의 무체물은 소유자가 별도의 조치 없이 그 무체물을 자연적으로 점유하게 되면 현실적으로 배타적 지배가능성은 그리 높지 않다. 전기나 열을 설비를 통해 저장하거나, 원하는 방향으로만 이동하도록 별도의 장치를 두지 아니하면 공중으로 자연적으로 확산될 수밖에 없을 것이다. 구체적 전파도 마찬가지로 그것을 생성한 자가 별도의 설비나 조치를 취하지 아니하면, 그냥 모든 방향의 공중으로 전파될 것이고 누구나 이 전파를 수신하는 것은 자연적인 현상이다. 이를 막기 위해서는 구체적 전파가 특정인만이 수신할 수 있도록 암호화하거나 혹은 ID와 패스워드 등을 통한 인증을 거친 경우에만 가능하도록 조치를 취하거나 지향성 안테나를 통해 특정 방향으로 송출하도록 해야 할 것이다. 이렇게 현실적으로 배타적으로 지배하고 있는 구체적 전파는 원칙적으로 그 구체적 전파를 창출한 자의 소유에 해당된다고 이론구성하는 것이 가능할 것이다.

특히 ISM대역처럼 국가의 허가를 필요로 하지 않는 비면허대역의 경우에는 특정인에게 배타적인 전파이용권이 인정될 수 없지만, 그 구체적 전파를 생성시킨 자에게 그 구체적 전파의 소유권을 인정함으로써 주파수 대역을 선점한 자에게 그 구체적 전파의 지배권을 귀속시키는 민법상의 법원리의 관철이 가능하다는데 큰 의미가 있을 것이다.

(4) 구체적 전파의 물권적 보호

구체적 전파에 대해 관리가능한 자연력으로 물성을 인정하여 동산이라 파악하고 나아가 구체적 전파를 생성한 자에게 그 소유권을 귀속시킨다면, 구체적 전파는 물권에 의해 보호되어야 할 것이다. 물권의 특질로서 배타적 지배가 가능하고, 이에 대한 침해는 물권적 청구권에 의해 보호되어야 하며 나아가 제3자에 의한 침해행위에 대해 위법성이 긍정되어 불법행위가 성립될 수 있다.

타인의 구체적 전파를 침해하는 행위는 다양한 형태로 이루어진다. 예를 들어 타인이 WEP(Wired Equivalent Privacy)방식으로 패스워드를 설정하여 아무나 접속하지 못하도록 한 WiFi의 구체적 전파를 제3자가 정당한 권원없이 침해하여 접속한 경우가 여기에 해당될 수 있다. 또 특정한 사람만이 수신할 수 있도록 암호화한 구체적 전파를 불법하게 해독하는 경우에도 타인의 구체적 전파를 침해한 것으로 다룰 수 있을 것이다.

이와 같이 구체적 전파를 물권적으로 보호하는 방법은 유한한 자원인 전파의 활용을 실질적으로 진흥하는 중요한 역할을 할 수 있을 것이다. 구체적으로 보면 면허대역의 전파의 경우에는 국가로부터 주파수할당을 받은 자만이 그 주파수대역의 구체적 전파를 생성할 수 있으므로 물권적 보호와 잘 어울리는 배타적 지배가 형성된다. 특히 대가할당을 통해 주파수이용권을 획득한 주체가 그 대역의 구체적 전파를 발생시키는 경우 주파수대역에 대해서는 전파이용권을 인정하고, 실제로 생성된 구체적 전파에 대해서는 소유권으로서의 보호를 하는 것은 체계적으로 무리없이 형성될 수 있을 것이다.

다만 구체적 전파의 특성을 고려하면 그 소유권의 내용과 물권적 보호의 정도는 전통적인 유체물에 비해서는 약한 것이 될 수밖에 없으며, 특히 희소한 중요자원으로서 국가권력에 의한 소유권제한의 여지가 높고, 면허대역에서 구체적 전파에 대한 제3자 침해에 대응하는 물권적 보호가 절대적이라고 볼 수 없으며, 비면허대역의 구체적 전파에 대해서는 보다 넓은 범위에서 상린관계에 의한 제한 가능성이 높다고 할 것이다.

V. 해외 전파법제 개관[72)]

1. 해외 주요국 전파법제의 개요

통신 분야의 선진 각국은 일찍이 주파수의 배분, 이용, 관리 등에 대한 제도를 발달시켜 왔으며, 통신기술이나 통신서비스의 발전정도, 행정규제의 연혁과 태양에 따라 전파나 주파수 이용권에 대한 접근방식을 비롯하여 그 규율체계에 이르기까지 다양한 스펙트럼을 보여주었다. 최근의 폭발적인 주파수 수요 증대

72) 한국전파진흥협회 이슈리포트, “해외 주요국 전파관련 법제도 비교”, 2009. 10. 이하 특별한 경우를 제외하고는 위 자료에 관하여 구체적인 인용을 생략한다. 전파자원의 국제적 관리에 관하여는 제2장 Ⅱ 이하에서 다룬다.

와 통신기술의 발달로 인하여, 각국의 전파법제는 시장적 메카니즘의 도입과 방송통신융합이라는 측면으로 수렴해가고 있다. 또한 전파자원의 효율적 관리 및 이용의 중요성이 부각되어 효율적이고 선진화된 전파관리 체계 확립의 필요성이 더욱 중시되고 있다.

각국의 전파법제를 개괄하여 보면, 먼저 미국의 통신법 체계는 전파자원의 효율성을 극대화하고 공공의 이익을 실현하기 위하여 통신법(Telecommunications Act of 1996)과 그 시행령의 성격을 띄는 연방구정집(Code of Federal Regulations) 및 고시 성격의 R&O(Reprot & Order)로 세분화, 다양화된 것이 특징이며, 주파수 경매제도 등 시장기반 접근방식을 선도해나가고 있다. 영국은 무선전신법(Wireless Telegraphy Act 2006)과 행정명령인 무선전신규칙이 법체계의 근간을 이루며, 경매제를 도입함으로써 시장 기반의 정책을 도입하고 있다.

연혁적인 이유로 전파 관련 단일 법령이 다련되지 아니하였던 프랑스와 독일에서는 최근 빈번한 법개정을 통하여 시장 기반 및 방송·통신 융합에 따른 법체계의 정비가 추진되고 있다. 일본의 전파법 체계는 전파법을 기반으로 전파법시행령과 시행규칙 등으로 구성되어 있고, 법체계 선진화에 있어 그간의 상대적 부진을 딛고 나름의 발전을 도모하고 있다.

2. 해외 주요국의 전파관련 법체계

가. 미 국

(1) 개 관[73)]

(가) 전파 및 주파수에 대한 권리에 관한 학설과 판례

전파는 미국 연방규정집(Code of Federal Regulations, CFR)이 규정하는 '천연자원(natural resources)'[74)]으로 간주되며, 주파수 정책과 법규는 공공의 이익 극대화를 위하여 천연자원인 전파를 관리하는 것을 그 목적으로 한다.[75)] 전파는

73) 윤혜선, "미국 전파관리제도의 법적 쟁점과 시사점", 경제규제와 법, 2009. 11. 제2권 제2호, p.5-27.

74) 15 CFR 990.30은 천연자원을 "토지, 어류, 야생생물, 생물군(biota), 공기, 물, 지하수, 음용급수 및 기타 유사한 자원으로서 국가의 소유이거나 국가에 의해 관리 또는 신탁되거나 국가에 속하거나 또는 기타 방식으로 국가에 의해 통제되는 것"으로 정의하고 있다.

75) Spectrum Policy in the Age of Broadband: Issues for Congress, Linda K. Moore,

'한정적이며 재사용이 가능하고 기술의존적이며 국제적인 규칙과 규정에 구속을 받는 국가의 재산(asset)이자 행정의 대상'으로 다른 천연자원들과 구별되기도 한다.[76)]

미국 제2연방항소법원은 In re Next Wave Personal Communications, Inc. 사건(이하 'Next Wave사건'이라 한다)[77)]에서 "주파수(radio or electromagnetic spectrum)는 누구의 소유이거나, 연방 정부가 매매할 수 있는 재산(property)이 아니며, 미국 시민이 비행기로 날 수 있는 영공(air)이나 그들의 배로 항해할 수 있는 영해(territorial waters)와 같이 정부가 소유한 것도 아니다."라고 판시하였다. 그러면서도 주파수는 연방정부에 의하여 엄격히 규제되는 대상이라는 점을 밝히고 있다. 위 판례는 그 논거로 1927년 전에 주파수 분배가 전적으로 민간 부문에 맡겨짐으로써 극도로 혼란스러운 결과를 가져왔던 점과 주파수는 희소자원이이어서 그 이용이 정부에 의하여 규제되지 아니하면 혼선에 의하여 결국 통신의 목적을 달성할 수 없다는 점을 들고 있다. 미국의 법률과 판례를 종합하여 보면, 전파는 무주물이자 소유가 불가능한 것이되 정부의 관리 대상인 천연자원이라 볼 수 있을 것이다.

미국에서 주파수에 대한 권리(spectrum right)에 대한 취급과 전파법체계의 변천과정을 살펴보면 다음과 같다. 최초의 전파법(Radio Act of 1912)은 주파수에 대한 권리를 이용자의 사적 권리로 보았고, 이에 따라 동법 시행 이래 1927년 개정되기까지의 판례들은 주파수에 대한 권리를 재산권의 일종으로 파악하였다. 1923년의 Hoover v. Intercity Radio Co.사건[78)]에서 DC지구 연방항소법원은 전파법(1912년)에 기하여 "전파법에 규정된 요건을 충족하는 개인이나 기업에 대하여 주파수 면허를 부여하는 것은 의무적이며 여기에 상무부장관[79)]의 재

August 29, 2012.

76) Linda K. Moore, Spectrum Management: Auctions, 955 PLI/Pat 393, p.402. 윤혜선, 전게논문에서 재인용.

77) In re NextWave Personal Communications, Inc, Debtor. FCC v. NextWave Personal Communications, Inc., 200 F.3d 43, 50. 주파수 경매를 통해 특정 주파수 대역에 대한 면허를 취득한 회사가 도산절차에 이르게 되자, 경매대금을 적시에 지불하지 못했음을 이유로 FCC가 그 회사의 면허를 취소하는 것이 연방 파산법 제525조[1)]에 의하여 금지되는지 여부가 다퉈진 사전임.

78) HOOVER, Secretary of Commerce, v. INTERCITY RADIO CO., Inc. No. 3766. (1923) 286 F. 1003 (D.C. Cir. 1923)

79) FCC 설립 전에는 상무부가 주파수 허가권한을 행사하였다. Hoover는 당시 상무부장관이

량의 여지가 없다."고 판시하였다. 주(州)법원인 시카고 쿡 카운티 1심 법원은, Chicago Tribune v. Oak Leaves Broadcasting Station사건(1926)[80]에서, "원고인 시카고 트리뷴사는 자신의 방송국(WGN사)을 설립하고 청취자를 확보하기 위하여 많은 자본과 노력을 투자하였기 때문에 보통법(Common Law)에 의하여 일반적으로 재산권으로 인식될 수 있는 권리를 취득한 것"이라고 판단하였다.[81]

이에 대한 반작용으로 전파법은 1927년 주파수에 대한 권리를 연방정부로 귀속시키는 내용으로 개정되었다(Radio Act of 1927). 1927년 전파법 개정과 1934년 연방 통신법(Communications Act of 1934) 제정 이후의 판례들은, "통신법 하에서는 그 누구도 (주파수) 면허 발급에 의하여 재산권(property right)의 성질을 가진 그 어떠한 것도 부여받지 않는다."는 입장을 유지하였다.[82]

주파수 경매제도가 도입된 이후의 판례도 여전히 동일한 입장을 취하고 있다. Next Wave사건에서 제2연방항소법원은 주파수 면허는 재산권을 부여하지 않으며 단지 면허와 관련된 주파수 대역을 면허의 조건(term)에 따라 면허권자가 이용하는 것을 허용할 뿐이라고 판시하였다. 2007년도의 In re Magnacom Wireless LLC사건[83]에서도, 제2연방항소법원은 FCC는 주파수 사용을 위한 면허를 부여하고, 면허는 면허권자에게 다양한 지역의 주파수 대역을 일정한 기간 동안 규정에 따라 사용할 수 있는 권리를 부여하며, 주파수 권리의 법적 성질을 '이용권(the right to use segments)'이라고 판시하였다.

위와 같이 1934년 통신법과 판례가 전파에 대한 사적인 권리를 인정하지 않고 있음에도 불구하고, 주파수 수요가 급증함에 따라 주파수 이용의 효율성을 제고하기 위하여 도입한 수단-예를 들면, 새로운 할당 방식의 도입, 주파수 면허 갱신 요건의 완화, 주파수 이전 및 임대제, 주파수 이용의 유연화 및 주파수 수신 배제권 등은 주파수 이용권의 재산권적 성격을 강화시키고 있다.

었다.

80) Circuit Court of Cook County Ill., Decision reprinted in CONG. REC. Dec.10, 1926, 215-219, 이 사건의 쟁점은 피고 등이 운영하는 WGES 방송국이 WGN사가 사용하는 주파수와 인접한 대역을 사용함에 따라 청취자 약탈행위가 있었는지 여부였다.

81) 윤혜선, 전게 논문.

82) FCC v. Sanders Bros. Radio Station, 309 U.S. 470,475 (1940)

83) In re MAGNACOM WIRELESS, LLC, (Debtor), Donald A. Thacker, Appellant, v. Federal Communications Commission; United States of America, Appellees503 F. 3d 984 (9th Cir. 2007)

(나) 주요 법체계 및 규제기관

미국은 방송통신 융합의 측면에서 선도적인 입법례를 가지고 있다. 현재 미국의 전파통신에 관한 가장 상위법령은 1996년 개정(1934년 통신법에 대한 amendment)된 연방 통신법(Telecommunications Act of 1996, 이하 '통신법'이라 하고 개정 전의 통신법은 '1934년 통신법'이라 한다)이며, 위 법률은 1934년 통신법 이래 60여년만에 미국 통신 관련 법률을 망라하여 개정한 것으로서, 통신산업의 규제를 풀어 누구든지 시장에 자유롭게 진입할 수 있도록 함을 목적으로 한다.[84] 미국의 법령을 통합한 법령집에서는 Title 47로 분류되어, 'U.S.C TITLE 47'로 통칭된다.

미국은 1934년 통신법에 기하여 연방통신위원회(FCC : Federal Communications Commission)를 설립하였다. FCC는 준사법권과 준입법권을 행사하는 독립적인 규제위원회로서, 미국의 50개 주 및 미국령에서의 텔레비전, 라디오, 무선, 위성 및 케이블 등의 규제를 담당하고 있다.

통신법에 대한 세부적인 내용은 FCC 규칙(FCC Regulation)을 따르며 특히 47 CFR(Code of Federal Regulation)은 통신법에 대한 시행령의 역할을 하고 있다. FCC는 시장 및 기술의 변화에 대응하기 위하여 필요할 때마다 고시의 성격을 띠는 R&O(Report & Order)를 발표하고 있다.

(2) 전파 자원의 확보

(가) 주파수 회수 또는 주파수 재배치

미국에서의 주파수 재배치의 법적 근거는 FCC의 판단에 따른 경우 및 의회의 입법에 의한 경우 등 다양하며, 구체적인 절차는 FCC 규칙에 의한다. 통신법 제303조에 따르면 FCC는 공익성증대와 공공의 필요에 의해서 주파수 변경 등의 조치를 승인할 수 있다. 상업용 주파수 회수 및 재배치에 대해서는 FCC가 NPRM(Notice of Proposed Rule Making)을 통해 재배치 및 회수의 일정을 공고하고, 이해 당사자들의 합의를 담아 법적 강제성이 있는 R&O를 발표하여 실행한다.

상업용 주파수간 전환절차는 기존사용자에게 일정기간 동안 주파수를 사용할 수 있는 권리(Right to stay)를, 신규사용자에게는 일정기간 후에 주파수를 사

84) FCC 웹사이트(http://transiton.fcc.gov/telecom.html)

용할 수 있는 권리(Right to move)를 부여한 후에 양자간 협상에 의하여 재배치를 진행한다. 협상은 FCC의 재배치 공지, 자발적 협상 기간, 의무적 협상 기간, 그 이후에는 비자발적 재배치의 순으로 진행된다. 비자발적 재배치의 경우에는 신규 사업자는 재배치비용의 지불을 보장하고, FCC는 통신법 제312조에 따라 기존 사용자에게 해당 주파수의 사용금지를 경할 수 있다.

(나) 손실 보상 등

정부용 주파수의 상업용 이전에 관해서는 2003년 8월에 미 의회를 통과한 H.R 1320에 절차가 명시되어 있다. 주파수 회수 재배치에 따른 보상의 범위는 기존 시설자에게 이전과 동일한 수준의 시스템의 설치에 따른 모든 비용으로 규정되어 있으며, 이러한 보상의 범위는 상업용 및 정부용 주파수 재배치에 모두 적용된다.

(3) 전파자원의 분배 및 할당

(가) 주파수 할당

미국은 1912년 이후 지금까지 4가지 방식의 주파수 할당방식을 사용하였는

표 1-6

기간	면허 할당 방법	규제기관	근거법령
1912년~1927년	우선사용권	상무부: 일반법	무선법(Radio Act of 1912)
1927년~1984년	비교청문	Federal Radio Commission (1927-34) FCC(1934-84)	무선법(Radio Act of 1927) 통신법(Communications Act of 1934)
1984년~1994년	비교청문(방송면허) 추첨(그 외)	FCC	통신법(Communications Act of 1934) 1981 예산조정법(Budget Reconciliation Bill)
1994년~1997년	비교청문(방송면허 경매(그 외)	FCC	통신법(Communications Act of 1934) 1981 예산조정법 1993 포괄예산조정법 통신법(Telecommunications Act of 1996)
1997년~현재	경매(예외[85]) 제외)	FCC	1997 균형예산법 통신법(Telecommunications Act of 1996)

데, 그 변천과정은 아래의 <표 1-6>과 같다.

주파수 경매제도는 1993년 미국 의회가 포괄예산조정법(Omnibus Budget Reconciliation Act of 1993)을 통해 방송 이외의 면허에 대해 경매실시를 승인하여, 1994년 6월 25일 PCS 면허 경매를 처음 실시하여 10개의 면허에 대해 6억 1700만 달러의 수익을 창출하였다. 1996 통신법 Section 309(j)(1)의 개정으로 FCC의 경매제 실시에 관한 권한이 확대되었다.

한편, 1997년 균형예산법(Balanced Budget Act of 1997)이 FCC에 대하여 라디오와 TV 면허에 경쟁적 입찰을 통해 할당할 수 있는 권한을 부여함으로써 방송주파수에도 경매제가 도입되어, 그 해 있었던 DARS(Digital Radio Audio Service) 면허 할당에 경매제가 실시되기에 이르렀다.

(나) 재할당 및 주파수 거래

통신법 제301조에 의하여 주파수에 대한 재산권은 원칙적으로 인정되지 않으며, 모든 주파수에 관한 미 연방정부의 통제력 유지를 위해, 허가받은 자가 주파수를 소유하지 않고 허가된 조건과 기간에 국한된 이용권만을 부여하고 있다. 또한, 통신법 47 USC §310(d)에 의거 개설허가, 무선국 면허 및 제반 권리를 FCC의 승인 없이 어떤 형태든지 양도, 할당 또는 배치할 수 없음을 명시하고 있다. 그러나, 막대한 자본과 노력을 투입하여 사업을 구축한 경우 주파수 이용기간이 끝난 후 다시 같은 주파수를 할당받지 못한다면 큰 문제가 아닐 수 없다.

2000년 5월 FCC는 주파수 거래 활성화를 위하여 관계 기관 및 사업자 대표들이 참여하는 포럼을 통해 2차 시장 활성화 방안을 논의하고 2000년 12월 포럼 내용을 바탕으로 하여 Policy statement를 발표하였다. 이를 통하여 FCC는 기존의 2차 시장의 한계를 지적하고 2차 시장 활성화의 필요성, 활성화 정책의 목표, 기본원리 및 정책안을 제시하였다.

FCC는 2003년 10월 R&O[86]를 통해 2차 시장의 법적 근거인 통신법 47 USC §310(d)의 재해석을 실시하여 제도적 기본 틀을 마련하고 2004년 9월 두 번째 R&O[87]를 통해 제도수정을 거치면서 기본 제도가 완성되었다.[88]

85) 47 USC §309(j)(2) : 경매제 적용 면제에 해당하는 면허 (A) 공공안전 무선 서비스, (B)기존 아날로그방송의 디지털 서비스, (C)비상업용 교육방송 및 공영방송(§397(6) 소정의 방송국) 미국의 주파수 할당방식 변천 (한국전파진흥협회 이슈리포트, 전게 자료에서 인용)

86) Report and Order and Further Notice of Proposed Rulemaking(FCC 03-113), Oct. 2003.

(4) 전파자원의 이용

(가) 무선국의 개설

무선국의 사용 또는 운용에는 면허가 필요하며(통신법 제301조), 무선국 면허 부여 전에 FCC에 의한 무선국의 개설허가가 필요하나 정부무선국, 아마추어무선국, 이동무선국 등의 경우 개설 허가가 불필요하다(동법 제319조). 한편, 외국인이나 외국 정부의 법에 의하여 조직된 회사 등에 대해 아마추어 무선국을 제외한 모든 무선국의 면허 취득을 금지하고 있다(동법 제310조).

통신법 제308조 (b)항에 따라 무선국을 개설하기 위해서는 국적, 성격, 재정, 기술, 무선국을 운영하기 위한 신청자의 기타 자격 기타 무선국들의 소유권과 위치, 사용하고자 하는 주파수와 출력, 제안하는 무선국의 운영기간 또는 운영시간, 무선국의 사용 목적, 그리고 FCC가 요구하는 기타정보 등을 FCC에 제출하여야 한다.

특수 목적이 아닌 대다수 무선국은 통신법 제301조(무선통신 또는 에너지 전송의 허가), 제307조(편익의 배분 : 허가기간)를 법적 근거로 하여 면허를 부여받게 된다. 통신법 제307조(편익의 배분 : 허가기간)의 (c) (1)'최초 허가 및 갱신허가'에 정해진 대로 방송국 운영에 부여된 무선국 허가는 8년을 초과할 수 없으며, 갱신 신청이 있을 경우 FCC가 공공이익 · 편리 · 필요성에 도움이 된다고 판단되면 8년을 초과하지 않는 기간 내에서 갱신할 수 있다.

(나) 방송국의 개설허가(Construction permits) 및 운용

방송 관련 무선국의 경우도 무선관련 일반사항의 적용을 받으므로, FCC에 의해 개설허가를 받지 않고서는 어떤 방송 관련 무선국의 운용을 위한 면허도 불가능하다.[89] 방송국의 개설조건은 통신법 제308조에 나타나 있으며, 47 CFR Part 73에서 방송국의 종류별 개설 조건에 대해 기술하고 있다. 자격조건이 갖추어진 허가권자에 한하여 면허를 부여받는데, 자격조건이란 개설허가 이후 개설 완료 된 자 및 개설 중인 자, FCC의 허가조건 이행 여부, 의무사항을 완벽하게 충족하고 공익에 위배되지 않은 자를 말한다.

---

87) Second Report and Order, Order on Reconsideration, and Second Further Notice of Proposed Rule making(FCC 04-167), Sep. 2004.

88) 미국의 주파수이용권 양도 · 임대제도에 관하여는 제3장 Ⅲ의2 나(1)에서 상세히 다룬다.

89) 47 USC §319.

FCC에 의해 발견된 국가적 비상사태나 전시 외에는 예외 없이 개설허가, 무선국 면허, 수정 및 갱신 시 반드시 서면으로 신청하여야 하며, 방송운용을 위한 각 무선국의 면허 기간은 8년을 초과할 수 없다.[90]

상호 배타적 사용을 위한 초기 면허나 개설허가에 대해서 FCC는 자격이 있는 신청자에게 경쟁적 입찰을 실시한다. 다만, 공공안전무선서비스, 기존 아날로그 TV 서비스에서 디지털로 전환된 초기 면허 및 개설허가, 비상업용 교육 방송국 및 공영 방송국은 예외로 한다.

나. 영 국[91]

(1) 법체계 및 규제기관

영국은 지난 100여년간 국가가 직접 대역별 용도를 정하고, 전파이용특허를 통해 사용자를 지정하는 '규제'의 방식으로 전파를 관리하여 왔으나, 최근 전파에 대한 수요 및 경제적 효용이 증가하게 되면서, 시장 메카니즘을 통한 전파이용의 최적화가 모색되었다. 이러한 수단으로 전파이용에 대해 국가가 그 효용가치를 기초로 가격을 부과하는 것으로부터 전파에 대한 허가를 받은 자가 취득하게 되는 전파이용권을 거래하는 제도, 전파이용권의 부여 자체를 경매절차를 통해 하는 제도, 전파이용허가의 내용상 그 용도나 기술적 조건에 대한 제한 등을 완화하여 전파의 거래를 더욱 활발하게 하도록 하는 제도 등이 설계되어 시행되기 시작하였다.

영국은 주파수 이용에 관한 일반적인 내용은 무선전신법(Wireless Telegraphy Act)이 규율하고 있고, 그 밖에 방송법(Broadcasting Act), 통신법(Communication Act)을 통해 주파수 이용관계를 규율하고 있다.

연혁을 살펴보면, 영국은 1949년에 무선전신법을 제정하였고, 이후 1998년 무선전신법(Wireless Telegraphy Act 1998 (c. 6))에 주파수 할당방식으로 경매제 도입 근거를 마련하였다. 2006년 무선전신법(Wireless Telegraphy Act 2006[92]))은 영국내 전파관리와 관련한 여섯 개의 의회법{1949년 무선전신법, 1967년 무선

---

90) 47 USC §307-309.

91) 이희정, "영국 전파관리제도의 법적 쟁점과 시사점", 경제규제와 법, 2009. 11. 제2권 제2호, p28-49.

92) http://www.legislation.gov.uk/ukpga/2006/36/contents

전신법, 1998년 무선전신법, Marine etc Broadcasting(Offences) Act 1967, 1984년 통신법(Telecommunication Act)-Part 6, 2003년 통신법-일부 조항}을 하나의 단일 법령으로 통합한 것(Consolidated Act)으로서 2006년 11월 국왕의 재가를 받아 2007년 2월 8일 발효되었다.

전파 관련 규제기관으로는, 주파수 이용과 관련한 정책입안은 통상산업부(Department of Trade and Industry : DTI)에서 수행하고, 규제는 통신방송규제위원회(Office of Communications : 이하 "Ofcom"이라 한다)에서 담당하고 있다.[93) Ofcom은 영국 정부의 승인을 받은 독립적인 방송, 통신, 우편 산업에 대한 규제기관으로서, 2002년 통신사무국법(The Office of Communications Act 2002)에 의하여 설립되었으며, 2003년 통신법에 의하여 전자통신망과 서비스 제공 및 전자기 주파수 이용규정, 방송, TV 및 라디오 서비스 제공에 관한 규칙 제정권한을 부여받음으로써,[94) 종전에 분리되어 있던 통신과 방송 관련 법령과 규제에 관한 사항이 Ofcom으로 일원화되었다.[95)

(2) 전파자원의 확보

(가) 주파수 회수 또는 주파수 재배치

무선전신면허는 Ofcom에 의한 고시나 문제가 되는 면허에 적용가능한 일반적인 고시에 의해서 회수되거나 요건・규정・제약조건이 변경될 수 있다(2006년 무선전신법 별표 1[96)의 제6조). Ofcom은 면허를 변경하거나 회수할 수 있는 자신의 권한을 제한할 수 있는데(동 별표 제8조 1항), 면허권자가 동의하거나 면허에 명시된 허가조건을 위반한 경우, 면허의 효력으로 발생한 권리 및 의무의 이전과 관련하여 Ofcom이 제정한 규정의 조항을 위반한 경우를 제외하고는 무선전신면허를 회수하거나 변경할 수 없다.[97)

다만, 무선전신면허에 명시된 조항이나 규정에도 불구하고, Ofcom은 국가안보상의 이유나 영국의 국제적 의무를 준수하고 있음을 보장하기 위하여 면허를 회수하거나 변경할 수 있다(동 별표 제8조 5항).

---

93) 최호용, "周波數利用에 관한 法的 硏究, -전파법을 중심으로", 28면, 성균관대학교 대학원.
94) http://www.ofcom.org.uk/about/
95) 사단법인 전파통신과 법 포럼, "스마트시대에 대비한 전파관계법령 종합정비방안 연구"
96) 2006년 무선전신법의 제10조의 구체적인 내용을 기술한 부속서 혹은 별표(SCHEDULE).
97) Ofcom의 "Wireless Telegraphy Act Licensing Policy Manual(2007. 1)", 2006년 무선전신법.

(나) 손실보상

면허별로 제정된 규정이나 면허상의 조건하에 손실보상 여부가 결정되는데, 대체로 무선전신면허가 회수, 변경, 자발적으로 포기되는 경우 원칙적으로 보상하지 않으며, Ofcom이 인정하는 예외적인 경우에만 규정에 따른 보상이 이루어질 수 있다.

(3) 전파자원의 분배 및 할당

(가) 주파수 분배

국무장관(The Secretary of State)은 주파수 분배 방향 설정 권한만을 보유하며(2006년 무선전신법 제5조 1항), 군용 주파수를 제외한 나머지 모든 주파수 면허의 교부 및 허가는 Ofcom의 고유권한이다. Ofcom은 국무장관의 명령에서 명시된 주파수가 그 용도로 사용되거나 사용자가 사용할 수 있도록 확보해야 하며(동법 제5조 2항), 정부 부처 및 다른 이해관계자를 포함한 주파수 이용자들의 이해를 조정[98]하고, 다양한 주파수 이슈에 관하여 정부부처들과 협의하며, 영국내 주파수 전략의 공식적인 조정 임무를 지니고 있는 영국 전파전략위원회(UKSSC : UK Spectrum Strategy Committee)의 회의에 참여한다. 위 위원회는 무선통신청과 국방부가 모두 참가하는 범부처간 기구로서 주파수 분배 등 영국 내 주파수와 관련된 모든 계획정책을 수립하며, 국가주파수계획그룹(NFPG : National Frequency Planning Group)과 국제주파수계획그룹(IFPG : International Frequency Planning Group) 등 여러 하위 그룹을 두고 있다.[99]

(나) 주파수 할당[100]

2006년 무선전신법은 경쟁적 수요가 있는 경우 Ofcom은 규칙(Regrualtions)에 따라 경매를 실시하도록 하고 있고, 경매대가의 지불, 산정에 대하여 규정하고 있다(동법 제14조[101]). 2003년 개정 전에는 1984년 통신법에 따라 통신사업의 경우 사업면허를 취득함은 물론 주파수를 이용하는 경우 해당 무선국(Wireless telegraphy Station)에 별도로 주파수면허를 득해야만 했다. 면허를 부여하는 기

98) http://www.ofcom.org.uk/radiocomms/international/
99) 한국전파진흥협회 이슈리포트, "해외 주요국 전파관련 법제도 비교", 2009. 10.
100) Ofcom, "Wireless Telegraphy Act Licensing Policy Manual", Jan. 2007.
101) Part2, Chapter 1, 14 Bidding for Licences.

관도 사업면허는 DTI가, 주파수면허는 RA(Radiocommunication Agency)가 부여하는 체계였으나, Ofcom 출범 이후에는 기존의 개별 면허체계에서 일반인가(General Authorisation)체계로 개편되어, 일정 조건을 만족할 경우 사업이 가능하게 되었고, Ofcom이 사업에 대한 허가, 인가(변경 포함) 및 주파수 할당 업무를 담당하고 있다.[102)]

주파수 이용을 위해서는 전파법상의 면허(license)가 필요하고, 이는 주로 경매를 통하여 할당되는데, 주파수 할당과 일반인가의 선후관계가 명확히 구분되지는 않는다. 영국의 2000년 3G 경매시에도 주파수 할당(경매) 이후 신규사업자에 한하여 사업권을 부여하였고, 같은 년도 MT-2000(3G) 주파수 면허(5개) 부여시에는 13개 업체가 신청하여, 기존 4개와 신규 1개 사업자가 면허를 획득하였는데, 신규사업자는 공중통신사업면허를 추가로 획득하였다.[103)]

Ofcom 역시 시장기반의 관리 및 유연한 주파수 이용확대를 추진하여 2006년부터 기술과 응용서비스 중립적인 주파수 할당(경매)을 시행하여, 2007년 경매한 2.5-2.69GHz 3G 확장 대역을 포함한 이동통신, 이동멀티미디어, 광대역무선서비스, 프로그램 제작 등으로 확대하여 기술과 응용서비스의 자율성 부여를 꾀하고 있다.[104)]

(다) 주파수 거래(Spectrum trading)

2006년 무선전신법 제30조에 의거, Ofcom은 무선전신면허 보유자가 무선전신면허 획득의 결과로 발생하는 권리와 의무(Rights and obligations)를 타인에게 이전하는 것을 규칙(Regulation)에 따라 허가할 수 있다. 2004년 무선전신(주파수거래)규칙[The Wireless Telegraphy(Spectrum Trading) Regulations 2004]은 가능한 거래와 면허 이전(Transfer) 방식, 거래가능한 면허종류, 거래 절차 등에 관한 상세한 내용을 담고 있다.[105)]

102) 사단법인 전파통신과 법 포럼, "스마트시대에 대비한 전파관계법령 종합정비방안 연구"
103) 사단법인 전파통신과 법 포럼, "스마트시대에 대비한 전파관계법령 종합정비방안 연구"
104) 사단법인 전파통신과 법 포럼, "스마트시대에 대비한 전파관계법령 종합정비방안 연구"
105) 한국전파진흥협회 이슈리포트, "해외 주요국 전파관련 법제도 비교", 2009. 10.

(4) 전파자원의 이용

(가) 무선국의 개설

무선국을 개설하고 운용하거나 무선전신을 위한 장치를 설치하고 사용하기 위해서는 Ofcom이 발행한 무선전신면허가 필요(2006년 무선전신법 제8조 1항)하다. 다만, Ofcom은 규칙(Regulation)에 따라 무선전신국의 설립 및 사용이나 무선전신장치의 설치 및 활용에 대한 면허를 면제할 수 있다(동법 제8조 3~5항). 무선전신면허는 Ofcom이 적합하다고 생각하는 조항, 규정, 제한사항(Term, Provision, Limitation)을 조건으로 발급하여야 하고, Ofcom은 무선국 허가에 필요한 무선국의 위치 및 특징, 무선국 이용 목적·상황·이용자, 무선국에 설치되거나 사용되는 장치에 관한 구체적 요건을 결정해야 한다(동법 제9조 2항). 무선국 개설을 허가 받기 위해서는 Ofcom으로부터 무선전신면허를 교부받아야 한다(동법 제8조 1항).

무선국 허가기간은 중간에 취소, 반납 혹은 특정일이 명시된 경우를 제외하고, Ofcom이 면허를 회수하지 않는 한 면허상에 표시된 일자 혹은 발급일로부터 지속되며 (동법 SCHEUDLE 1의 제5조), 대부분의 면허는 연간 면허료를 지불하는 경우 갱신된다.

(나) 무선국의 폐지 및 운용 휴지[106)]

Ofcom에 의해 허가를 받은 면허권자는 무선장비(Radio Equipment)나 그 일부를 변경 혹은 운용 제한하거나 일시적 혹은 영구적인 폐업을 요구할 수 있다.

Ofcom은 국가나 지역사회의 비상사태가 발생했을 때 그 즉시 혹은 비상사태가 종료되는 시점까지, 무선장치의 변경 혹은 운용을 제한하거나 일시적 혹은 영구적인 폐업을 규정할 수 있고, 장기 주파수 계획의 목적으로 무선장비의 변경 혹은 운용을 제한하거나 일시적 혹은 영구적인 폐업을 규정할 수 있다.

다. 프랑스[107)]

(1) 법체계 및 규제기관

행정법이 발달한 대륙법계 국가인 프랑스에서는 일찍이 주파수의 법적 성질

---

106) Ofcom, Wireless Telegraphy: General Licence Conditions Booklet, Feb. 2006.

107) 송시강, “프랑스 전파관리제도의 법적 쟁점과 시사점”, 서울대학교 법학연구소 공익산업

에 대하여, ① '공물'로서 국가의 단독소유이자 행정재산으로 보는 견해, ② 국제적인 무주물(res nullius internationale)로서 극제조직을 통해 개별 국가에 분배되는 것에 불과하므로 개별 국가가 이를 소유할 수 없으나, 경찰 목적이나 재산권적인 질서 유지를 위하여 개별 국가가 주파수 관리에 개입한다는 견해, ③ 프랑스 민법전 714조가 규정하는 총유물(res communis)로서 경찰법이 그 행사방법을 규율한다는 견해[108]가 대립하여 왔으나, 「공공단체 재산관리 기본법전」 L2111-17조에서 "프랑스 공화국의 영토에서 사용 가능한 전파의 주파수는 국가의 공물에 속한다."고 규정하고, 「우편전기통신법전」(Code des postes et des communications électroniques) L41-1조에서 "허가를 받은 자가 프랑스의 영토 안에서 사용이 가능한 주파수를 사용하는 것은 국가의 공물에 대한 특별사용에 해당한다."고 규정함에 따라 입법적으로 해결되었다.[109]

프랑스는 1962년 우편・전기통신법을 제정한 후 1997년 이를 대폭 개정하였다가 통신기술의 발전과 통신수요 증가에 부응하기 위하여 2004년 '우편 및 전기통신법'으로 부분 개정하기에 이르렀다. 프랑스의 방송통신법은 '우편 및 전기통신법'[110]과 '커뮤니케이션 자유에 관한 법률'(Loi no 86-1067 du 30 septembre 1986 modifié relative à la liberté de communication)로 양분되어 있다. 이러한 체제는 세계적으로 방송과 통신이 융합되는 추세에 비추어 바람직하다고 보기 어렵고, 실제 여러 가지 문제점을 노출하고 있다. 역사적인 이유에서 이원적인 구조는 그대로 유지하지만, 양자의 협력을 통해서 문제를 해결하려는 입법적인 노력이 계속되고 있다.[111]

통신방송의 융합을 위하여 2004년 7월 9일 '전기통신 및 시청각 커뮤니케이션 서비스에 관한 법률'(Loi non 2004-669 du 9 juillet 2004 relative aux communications électroniques et aux services de communication audiovisuelle)과 2004년 6월 21일 디지털 경제의 신뢰에 관한 법률(Loi no 2004-575 du 21 juin 2004 pour la confiance dans l'économie numérique)을 두어, 기존의 통신법과 방송법의 주요 개념과 내용을 개정 및 보완하는 성격을 띠고 있다.[112]

법센터 제25회 학술세미나 자료.

108) 각 Chenot, Alain, Drago의 견해, 송시강, 전게 논문에서 인용.

109) 송시강, 전게 자료.

110) 송시강, 전게논문.

111) 한국전파진흥협회 이슈리포트, "해외 주요국 전과관련 법제도 비교", 2009. 10.

프랑스는 일차적으로 방송통신산업에 대한 정책기능과 규제기능을 조직적으로 분리하여 전자는 행정부처가, 후자는 독립적 행정기구가 그 운영을 담당하고 있다. 또한, 별도의 법률이 방송과 통신을 규제하는 것과 같이 규제기관도 별도로 두고 있으며, 각 영역별로도 별도의 규제기관을 두기도 하였다. 통신의 경우 정책기능은 경제재정산업부(Ministère de l'Economie, des Finances et de l'Industrie, 이하 MEFI)에서, 규제기능은 통신관련규제는 전기통신우편규제청(Autorité de régulation des communications électroniques et des postes, 이하 ARCEP), 주파수관리는 국립전파관리국(Agence nationale des fréquences, 이하 ANFR), 경쟁규제는 경쟁위원회(Conseil de la concurrence, 이하 CC)가 각 담당한다. 방송에 있어 정책은 문화통신부(Ministère de la Culture et de la Communication)가, 방송관련규제는 시청각최고위원회(Conseil supéieur de l'audiovisuel, 이하 CSA)가, 방송용 주파수 관리는 위 ANFR이, 경쟁규제는 위 CC가 담당하고 있다.[113)]

(2) 전파자원의 확보 및 이용효율 개선[114)]

(가) 주파수회수 및 재배치

프랑스는 사회·경제적 효용에 주안점을 두고 이를 고려하여 주파수 회수 및 재배치가 이루어지고 있다(우편 및 전기통신법 제43조). 국립전파관리국(ANFR)은 주파수계획위원회(Commission de Planification de Frquences, CPF) 등 자문위원회를 두고 주파수 재배치와 관련된 주요 사항에 대하여 협의를 통하여 신속하고 원활한 시행을 도모하고 있다.

(나) 손실보상

1997년에 주파수 재배치 기금 제도를 도입하여, 1998년부터는 이 기금을 통해 신속하게 주파수 회수 및 재배치 절차를 시행하고 있다(우편 및 전기통신법 제43-Ⅳ조). 기금으로 우선 기존 면허인의 손실을 보상하고, 이후 해당 비용을 신규 면허인이 부담하는 방식으로 운영하고 있다. 1997년 주파수 재배치 기금제도를 도입하기 이전에는 주파수 회수 및 재배치와 관련되어 손실보상은 신규 면

---

112) 한국전파진흥협회 이슈리포트, "해외 주요국 전파관련 법제도 비교", 2009. 10.

113) 윤혜정, "프랑스 방송통신규제기구의 규제집행절차와 시사점", 서울법학, 제20권 제1호, 2012. 5. 31. p.111-150.

114) 한국전파진흥협회, 전게 리포트.

허인과 기존 면허인 사이에서 이루어졌다.

(3) 전파자원의 분배 및 할당[115)]

(가) 주파수 분배

총리는 CSA와 ARCEP의 의견을 검토한 뒤 국가가 관리하고 해당 위원회나 기구가 분배업무를 맡은 주파수 및 주파수 대역을 정한다(우편 및 전기통신법 제41조, 커뮤니케이션자유법 제21조). 주파수의 용도를 결정하는 주파수 분배는 ANFR의 제안을 기초로 총리가 결정한다.

(나) 주파수 할당

주파수의 할당은 각 주파수의 용도에 따라 행정부처 또는 CSA, ARCEP이 담당하고 있다. 행정부처는 각 정부부처의 주파수 할당을 담당하고, CSA는 프랑스가 체결한 국제협약 및 조약에 준하여 전파방송 용도로 지정되거나 할당된 주파수 및 주파수 대역을 할당하고 있다(커뮤니케이션자유법 제22조). ARCEP은 객관적이고 투명하며 차별 없는 조건에서 국트개발 필요성을 고려해 통신 주파수를 할당한다(우편 및 전기통신법 제42-1조).

프랑스에서는 주파수 할당의 성격을 공물의 특별사용에 대한 허가로 보고 있다.[116)] 희소 주파수인 경우는 주파수 관할기관이 주파수 이용을 최적화할 수 있는 할당 방식으로 사업자 선정절차를 채택, 대가할당 제도를 적용하고 있다. 전파이용에 대가를 부과하는 할당방식은 전파의 투기적 비축과 이용저하를 예방하고 가장 효율적인 전파사용을 보장한다는 입장에서 실시되고 있다.

우편 및 전기통신 법전 제42-2조에 의하면, 효율적인 주파수 사용을 위해 ARCEP은 공공협의를 거친 후에 실질적인 경쟁조건을 보장하는 범위 내에서 면허 수를 제한하여야 하고, 전기통신 담당 장관은 ARCEP 제안을 토대로 주파수 부여조건과 주파수 사용허가 변경 조건, 주파수 부여 절차에 따른 기간을 정하며, 대가할당 사업자의 선정 절차는 비교심사와 경매로 구분된다고 규정하고 있다. 비교심사란, 가용 주파수 제한으로 한정된 사업자에게 주파수 대역을 사용하도록 선정 절차를 거쳐 면허를 개별적으로 할당하는 방식을 말하며, 선정절차는 전기통신 담당 장관이 ARCEP의 제시안에 따라 결정하고 입찰공고하며,

115) 한국전파진흥협회, 전게 리포트.
116) 송시강, 전게 논문.

입찰 준비 과정에서 ARCEP은 광범위한 공공 자문과정을 거쳐 절차의 투명성 보장 및 이해관계자와의 협의 공간을 마련하게 된다. 경매제는 전기통신 담당 장관이 제32-1조에 언급된 목표에 부합한 요건을 ARCEP 제시안에 따라 설정하고 경매에 부치는 방식으로, 경매제에 대한 법적 기반은 마련되어 있으나 최근까지 적용사례가 없었던 것으로 보인다.

통신용 주파수와는 달리 방송주파수는 아날로그 방송이든 디지털 방송이든 무료로 사용되며, 그 대신 방송사업자에게 영화・방송제작 발전을 위한 기여 등의 상당한 의무사항을 부과하고 있다. 면허를 신청하는 사업자 요구시 점차적으로 주파수를 할당하는 방식으로 가용 주파수가 풍부해야 적용 가능하며, M/W 등과 같이 상대적으로 가용 주파수 여유가 있는 Point-to-Point 고정 서비스는 점차적인 할당 대상이 된다.

이동통신용 주파수라도 프랑스 해외영토 등지에서 사용되는 주파수는 대가할당방식 대신 심사할당 방식을 적용한다.

(다) 주파수 거래

프랑스에서는 정부가 면허권자에게 주파수를 할당하는 것을 1차 할당이라 하고 면허권자가 면허의 일부나 전부를 제3자에게 양도하는 것을 2차 할당이라고 하며 그 거래가 이루어지는 시장을 2차 시장이라 한다. 프랑스는, EU 통신망 및 통신서비스 관련 공통 규제에 관한 2002년 EU 지침[117]을 국내법으로 전환하여 2005년 5월 우편 및 전기통신법을 개정하여 양도 관련 규정을 구체화함으로써 2차 시장에서 주파수를 거래할 수 있는 법적 근거를 마련하였다(우편 및 전기통신법 제42-3조).

우편 및 전기통신법(제42-3조)에 주파수 면허 양도에 관한 내용을 규정하여, 양도 대상이 되는 주파수 대역을 산업부령으로 설정하고 ARCEP은 주파수 양도와 관련된 규정을 준비하고 거래 대상 주파수 대역을 발굴하여 전기통신 담당 장관에게 제안하며, 비교심사 등 선정 절차를 거쳐 할당받은 주파수나 공공서비스 목적으로 할당받은 주파수는 양도 계획에 대한 ARCEP의 사전 승인이 필요하다.

---

117) 2002/21/CE.

(라) 할당받은 주파수의 이용기간

ARCEP에 의한 주파수 사용 허가 시에는 주파수나 주파수 대역 이용조건을 명백하게 정해야 하는바(우편 및 전기통신법 제42-1-Ⅱ조), 주파수 사용 허가 기간은 20년 이상을 넘을 수 없으며 허가기관, 허가갱신조건과 갱신거부 이유를 허가증 소지자에게 통보하는 최소기한은 허가기간과 맞아야 하며 부여된 주파수나 주파수 대역을 효과적으로 이용하는데 필요한 투자수준을 고려하여야 한다.

CSA는 전파방송 용도로 지정되거나 할당된 주파수 및 주파수 대역에 대한 사용을 허가하는데(커뮤니케이션자유법 제28-1조), 커뮤니케이션자유법 제29조, 제29-1조, 제30조, 제30-1조 및 제30-2조에 따른 모든 지상파 라디오 및 TV 방송의 허가 기간은 10년 이하이며, 아날로그 방식의 라디오 서비스는 5년 이하이다.

(마) 재할당

방송주파수는 5년씩 2차례 연장이 가능하되, 지상파 TV는 2002년 1월 1일 이후 허가된 TV 방송은 입찰 과정 없이 1차례 최대 5년 연장하는 것으로 재허가 조건이 변경되었다.

재허가 여부는 CSA가 허가권 만료일 1년 전부터 검토하며, 재허가에 대한 찬성 의견 발표 후 1개월 내에 허가권자 공청회를 실시하게 된다. 공청회에서 협약과 관련한 양측의 새로운 제안 사항을 토대로 양자 합의 하에 협약 내용을 변경한다. 다만, 정부가 재허가 대상인 주파수의 용도를 변경한 경우, 입찰절차 없이 허가 기간을 연장함으로써 전국, 지역 또는 지방 차원에 다원성이 저해될 것으로 판단되는 경우(커뮤니케이션자유법 제41-1조, 제41-2조), 사업자의 재정여건이 지속적인 방송서비스 제공에 역부족인 경우에는 재허가가 불가능하다(커뮤니케이션자유법 제28-1조).

(4) 전파자원의 이용

라디오 방송 및 TV 방송의 주파수 할당은 CSA가 담당한다. CSA는 프랑스가 체결한 국제협약 및 조약에 준하여, 전파방송 용도로 지정되거나 할당된 주파수 및 주파수 대역에 대한 사용을 허가한다(커뮤니케이션자유에 관한 법 제22조).

방송국의 개설은 CSA에 의해 입찰과정을 거쳐 협약을 맺는 허가제와 신고를 하는 신고제로 나뉜다. 공영방송사가 사용하는 주파수 이외에 지상파 방식으로 방송하는 각 신설 방송국 주파수 사용에 대한 허가증 발급은 국가 이름으로 임무를 수행하는 CSA와 허가신청자간의 협약에 의해 체결된다(커뮤니케이션자유법 제28조).

CSA는 한시적인 라디오 및 TV 방송에 대한 허가권 발급, 이들은 입찰 제외 대상이며 유효기간은 9개월 미만이다. CSA외 다른 기관이 할당하는 주파수를 사용하여 방송 서비스를 제공하는 케이블, 위성, 인터넷 전화망을 포함하며, 이때, 방송서비스에는 허가제 또는 신고제를 적용한다.

라. 독 일[118]

(1) 법체계 및 규제기관

독일의 경우 주파수는 공물(共物)로서 그에 대한 일반적 · 배타적 이용은 허가를 요하는 것으로 이해되어 왔고, 주파수 할당으로 인하여 부여받은 주파수 이용권은 주파수 이용허가처분에 기한 공법상의 권리로 이해되었다.[119]

독일헌법(GG) 제73조 제7호는 우편과 통신에 대하여 독일 연방에 배타적 입법권을 부여하고 있으므로, 주파수질서에 관한 입법권한 역시 연방에 귀속되며, 독일연방헌법재판소(BVerfG)도 이를 확인한 바 있다.[120] 나아가 주파수 행정권한도 연방에 속하게 된다. 한편 독일은 나치정권에 의한 언론의 정치적 이용과 같은 특수한 역사적 경험 때문에 방송에 대한 관할권은 주정부가 가진다.

통신 분야는 1997년 8월 1일 제정된 정보 · 통신서비스법(Informations-und Kommunikationsdienstegesetz)을 비롯하여 텔레서비스법(TDG : Teldienstgesetz), 텔레서비스데이터보호법(TDDSG) 및 1996년 제정된 통신법(TKG : Telekommunikationsgesetz)이 제정되었는데, 통신법은 유럽연합의 1998년 12월의 주파수정책에 관한 녹서 등의 영향에 힘입어 2004년에 개정되고, 2009년 전자적 통신망과 통신서비스의 규율을 위한 2개의 유럽의회의 개정입법지침[121]을 독일 국내법으

118) 사단법인 전파통신과 법 포럼, 전게 보고서.

119) 김태호, "득일 전파관리제도의 법적 쟁점과 시사점", 경제규제와 법, 2009. 11., 제2권 제2호, p50-60.

120) BVerfGE 12, 205 (230). 전파통신과 법 포럼, 전게 보고서.

121) Directive 2009/140/EC of the European Parliament and of the Council of 25 November 2009 amending Directive 2002/21/EC on a common regulatory framework for electronic communications networks and services, 2002/19/EC on access to, and interconnection of, electronic communications networks and associated facilities, and 2002/20/EC on

로 전환하기 위하여 2012년 5월 3일 「통신법적 규율의 변경을 위한 법률」(Gesetz zur Änderung telekommunikationsrechtlicher Regelungen, TKG-ÄndG)이 제정되어 2012년 5월 10일부터 발효되었다. 2012년의 통신법 개정조항 중 하나였던 주파수의 규제에 관하여 논란이 있었으나, 보다 유연하고 효율적이며 특히 서비스·기술 중립적인 주파수 사용을 보장하려는 EU법의 준칙에 따라 개정되었다.[122)]

방송분야에 있어서는 통일적인 미디어법전(Mediengesetzbuch)이 제정된 바 없고, 다만 주간방송협약(RStV : Rundfunkstaatsvertrag)이 있으며 모든 주에 대해 전자정보 및 통신서비스의 다양한 이용가능성에 대해 통일적인 기본조건을 규정하고 있는 미디어서비스협약(MDStV : Mediendienste-Staatsvertrag)이 제정되어 있다. 독일에서도 디지털기술의 발달에 의해 방송과 통신 등 미디어의 융합을 뒷받침하기 위한 법률 개정 필요성에 대해서는 대체로 긍정적이지만, 방송과 통신에 관한 연방과 주의 권한 분배문제가 장애로 작용하고 있다.[123)]

독일에서의 주파수관리는 주로 연방 망규제청(Bundesnetz-agentur, BNetzA)이 관할한다.

(2) 전파자원의 확보

(가) 주파수 회수 및 재배치

연방 망규제청은 효율적이고 장애없는 주파수이용을 보장하기 위하여 필요한 경우 할당된 주파수를 다시 회수하거나 제한할 수 있다. 할당 후 1년 내에 원래 목적을 위하여 주파수 이용을 개시하지 아니하거나, 주파수할당의 기본적 전제가 더 이상 존재하지 않는 경우 또는 주파수 할당에 따른 의무를 반복하여 위반하는 등의 경우 망규제청은 주파수 회수 조치를 취할 수 있다(법 제63조 제2항).[124)]

2012년 통신법은 중대한 위무위반의 경우에는 단 1차례의 의무위반이더라도 철회가 가능함을 규정하고 있다.[125)]

---

the authorisation of electronic communications networks and services.

122) 전파통신과 법 포럼, 전게 보고서.

123) 정남철, "放送通信融合의 統合的 規則體系에 관한 法的 考察", 法曹 56卷 7號 (通卷610號) (2007.07) 법조협회.

124) 김태호, 전게 논문.

125) 전파통신과 법 포럼, 전게 보고서.

(나) 손실보상

위에서 본 통신법상 주파수 회수 요건에 해당하는 경우에는 연방행정절차법상 수익적 행정행위의 철회에서 인정되는 손실보상 규정이 배제된다(법 제63조 제4항). 2012년 통신법 개정으로 주파수의 미사용 및 지체된 사용으로 인한 주파수할당의 철회의 경우에도 같다(동법 제63조 제3항). 그러나 공익적 요청에 따른 주파수 회수의 경우에는 손실보상이 가능할 것이다(행정절차법 제49조 제6항).[126)]

(3) 전파자원의 할당 및 분배

(가) 주파수 분배

주파수의 분배는 연방상원(Bundesrat)의 동의를 요하는 '주파수령'(Frequenzver-ordnung)의 형식으로 이루어지게 되고,[127)] 그 절차에 있어서 이해관계를 가진 자를 참여시켜야 한다(통신법 제53조 제1항). 연방 망규제청은 주파수지정에 기하여 주파수계획에서 지정된 주파수대역을 주파수이용과 그와 관한 이용규정으로 배분한다(통신법 제54조 제1항). 통신서비스에 대한 무선망에의 접근을 위한 주파수는 기술 및 서비스 중립적인 것이어야 한다(통신법 제54조 제2항). 다시 말해 이 주파수는 이를 위하여 예정된 기술과 통신서비스의 모든 종류에 허용되어야 한다. 이용의 제한은 다시 프레임워크지침 제9조 제3항, 제4항의 준칙의 범위 내에서만 허용된다(통신법 제54조 제3항).[128)]

(나) 주파수 할당[129)]

독일에서는 경제적 효율성의 확보라는 차원에서 1996년 통신법에서 주파수 경매제가 도입되어 이미 여러 차례의 주파수경매에 의한 할당이 실시되어 왔다. 2004년 통신법 개정 이후에는 사전 진입규제로 작용하던 사업 면허제가 폐지되었으므로 주파수 할당에 의하여 이용권을 획득하여야 사업이 가능하게 되었다.

주파수 할당 절차는 경매나 입찰에 의할 수 있는데(통신법 제61조 제1항 제1문), 규제목표를 달성하기에 부적합한 예외적인 경우가 아닌 한 경매절차가 원

126) 김태호, 전게 논문.

127) 2004년 통신법 제53조 제1항 제1문은 연방정부가 법규명령에 의하여 주파수대역배분을 주파수대역배분계획으로 확정하고, 그 계획의 변경을 실시할 권한을 가지는 것으로 규정하고 있었으나, 2012년 통신법은 연방상원의 동의를 요한다. 전파통신과 법 포럼, 전게 보고서에서 재인용.

128) 전파통신과 법 포럼, 전게 보고서.

129) 김태호, 전게 논문.

칙이다. 망규제청은 주파수 부여절차의 종류를 결정함에 있어서 재량이 없다. 경매신청자에게 주파수가 부여되면 관련시장에서의 기회균등한 경쟁이 위태로워질 것으로 예상될 경우 그 신청자를 부여절차에서 배제할 수 있도록 하였던 2004년의 통신법(제61조 제3항)과 달리 2012년의 통신법은 이를 더 이상 명시적으로 규정하지 않는다. 그래서 이제부터는 경매의 허용은 제55조 제4항 제2문에 따라서만 거부될 수 있다.130)

공모절차는 경매절차가 규제 목적달성에 적합하지 않은 경우에 실시된다. 망규제청은 절차실시전에 먼저 지원자의 적합성을 평가할 수 있는 기준을 제시하게 된다. 이 기준에는 전문성, 지불능력, 운용계획의 적합성, 경쟁지향적인 시장촉진가능성 등이 포함된다(법 제61조).

(다) 주파수 거래

2012년 통신법 제62조는 "유연화"(Flexibilisierung)라는 표제 하에, 망규제청이 해당 주파수대역에 대하여 다음과 같은 탄력적인 사용을 허용하고 유연한 사용을 위한 기본조건을 확정할 것을 요건으로 하여, 주파수를 할당받은 자는 해당 주파수를 임대하거나 공동적, 공동체적 이용(kooperative, gemeinschaft liche Nutzung, Frequenzpooling)의 방법으로 주파수를 이용할 수 있도록 규정하고 있다. 그로 인하여 얻게 되는 수익금은 행정비용을 공제하고 주파수할당을 받은 자에게 귀속한다(통신법 제62조 제3항).131)

마. 일 본

(1) 법체계 및 규제기관132)

일본의 전파관련 법령은 전파법과 전기통신사업법으로 구분되는데, 전파법은 전파의 공평하고 효율적인 이용을 목적으로 1950년에 제정된 이래 2001년 6월 29일 개정시까지 수차에 걸쳐 개정되었고, 전기통신사업법은 정보통신사업의 적절하고 합리적인 운영을 통해 정보통신사업의 발전과 이용자의 편의를 도모하는 것을 목적으로 한다.

---

130) Scherer/Heinickel, Die TKG-Novelle 2012, NVwZ 2012, 585 (591).
131) 전파통신과 법 포럼, 전게 보고서.
132) 전파통신과 법 포럼, 전게 보고서.

일본에서는 방송과 통신에 관한 규율이 이원화되어 있어, 방송은 방송법에 의해 규율되어 왔다. 최근 방송통신융합의 추세와 관련하여 「通信・放送融合技術의 開發의 促進에 관한 法律」(2011. 6. 8. 법률 제44호, 최종개정 2002. 12. 6. 법률 제134호)이 제정되어 독립행정법인인 정보통신연구기구에 통신・방송융합기술의 개발하는 자에 대하여 지원업무를 위한 조치를 강구하고, 통신・방송 융합기술을 이용하여 제공된 전기통신서비스의 보급을 도모하며, 이를 통해 고도의 정보통신네트워크사회의 형성에 기여함을 도모하고 있다. 한편 최근 방송통신분야 법률(전파법, 방송법, 전기통신사업법)을 '정보통신법'(가칭)으로 단일화하려는 작업이 시작되어 전파법도 장기적으로는 위 법률로 흡수될 것으로 전망된다.[133]

(나) 규제기관

일본에서는 총무성이 정책기능과 규제기능을 모두 담당하고 있다. 총무대신이 내각총리대신의 지명에 의해 임명된다는 점에 비춰보면, 총무성은 내각으로부터 독립성이 보장되고 있다고 보기 어려우며, 중앙집권적 구조를 특징으로 한다.[134] 총무성 내부의 전기통신관련 담당부서로는 정보통신정책국(情報通信政策局)과 총합통신기반국(總合通信基盤局) 그리고 지방지분부국(地方支分部局)인 10개소의 총합통신국(總合通信局)과 1개소의 총합통신사무소(總合通信事務所)가 있다.[135]

일반규제기관으로서의 공정거래위원회와 총무성은 상호 협의를 통하여 전기통신사업분야에 대한 규제권행사의 공동 가이드라인으로서 '전기통신분야에 있어서의 경쟁의 촉진에 관한 지침'을 작성하여 운용하고 있다.[136]

(2) 전파자원의 확보

(가) 주파수회수 및 재배치

기존 무선국의 주파수 사용기한이 '주파수 할당계획' 변경 공시일로부터 10년 이내인 무선국이나 기존 무선국과 동일한 모양, 목적의 무선국이 사용하는

---

133) 정남철, "放送通信融合의 統合的 規則體系에 관한 法的 考察", 法曹 56卷 7號 (通卷610號) (2007.07) 법조협회.

134) 정남철, 전게 논문.

135) 양용석, "이중규제 구조의 통신산업 선진화를 위한 대안적 연구", 과학기술법연구 14집 2호, 한남대학교 과학기술연구원.

136) 양용석, 전게 논문.

주파수 비율이 3/4이하인 경우 등 일정한 요건을 만족시키는 주파수할당계획 변경이 실시될 경우 주파수 변경에 따른 무선설비변경 공사의 소요비용에 대해 보상금을 지급하고, 전파의 신속한 재분배로 주파수 사용기한이 조기(5년 이내)에 종료되어 경제적 손실이 발생하는 면허인에게도 보상금 지급, 기타 필요한 원조를 실시하고 있다(전파법 제71조의2). '특정 주파수 변경대책업무'는 총무대신이 지정하는 사람(지정 주파수변경대책기관)을 통해 실시가능하다(전파법 제71조의3).

(나) 손실 보상 등

국가는 무선국의 주파수 변경 또는 공중선전력의 지정변경 명령으로 인해 발생하는 손실을 해당 무선국의 면허인에게 보상할 의무가 법제화되어 있다(전파법 제71조 제2항). 총무대신은 '특정 주파수 변경대책업무' 실시시, 예산범위 내에서 무선설비변경 공사를 실시하는 면허인에게 소요비용 충당을 위한 급부금 지급과 기타 원조를 실시한다(전파법 제71조의 2 제1항). 총무대신은 '특정 주파수 종료대책업무' 실시시, 면허인에게 통상 발생하는 비용(철거되는 무선설비의 잔존가치 및 신규설비의 취득비용 등의 조기취득에 따른 금리상당액[137])에 대해 급부금 지급과 기타 원조를 실시한다(전파법 제71조의 2 제2항).

주파수 재배치의 실무적인 사항은 '지정 주파수 변경대책기관'과 '등록 주파수 종료대책기관' 등 별도의 기관에 위임하여 재배치관련 급부금 산정, 수납, 지급 등의 업무를 수행한다.[138] 손실보상의 범위[139]는 원칙적으로 재배치 계획 공시일로부터 5년 이내에 실시되는 재분배하되, 보상액은 과거의 설비투자 손실에 대한 보상' 및 '새롭게 발생하는 손실에 대한 보상 '을 합산한 액이며, 예외적으로 재배치 계획 공시일로부터 5년~10년 사이에 실시되는 재분배의 경우 보상액은 무선국과 철탑만을 대상으로 하며 과거의 설비투자 손실에 대한 보상이 되어야 한다.

137) 총무성, 周波數再配分・割当制度の整備について, 2004. 9, 한국전파진흥협회 이슈리포트에서 재인용.

138) 한국전파진흥협회, 주파수 회수재배치 방안에 관한 연구, 2004.

139) 총무성, 電波再配分のための給付金の算定方法に關する報告書, 2003. 7, 한국전파진흥협회 이슈리포트에서 재인용.

(3) 전파자원의 분배 및 할당

(가) 주파수 분배

일본에서는 '주파수 할당'이라는 용어를 우리법상 주파수 분배와 같은 의미로 사용하고 있다. 총무성은 주파수이용의 기본적인 사항을 규정하는 '주파수할당계획'을 고시하고 있다. 전파법 제26조에 근거하여 총무대신이 작성하여 공표하는 '할당이 가능한 주파수의 표'로 주파수대역별 무선국 목적 등 분류하며, 주파수 할당계획에는 '고정업무 · 이동업무 · 방송업무 등 무선통신의 형태별 주파수 분배, 전기통신업무용 · 공공업무용 · 방송사업용 등 무선국의 목적별 주파수 분배' 등을 기재한다.

(나) 주파수 할당

일본의 전파법은 '주파수할당' 제도를 따로 명시하지 않으며, 무선국 허가가 곧 우리 전파법상의 주파수할당을 의미한다.[140] 일본은 전기통신사업자가 무선국 개설을 신청할 때에는 일정 기간을 두어 공모를 하고 그 신청자에 한해 비교심사를 한 후 주파수를 부여하는 방식을 택하고 있다.[141] 전파법상 주파수할당에 관한 직접적인 조항이 없고, 무선국 신청을 심사할 때 주파수할당여부에 대한 심사도 실시하며, 총무대신이 면허인에게 부여하는 무선국 면허장에 사용주파수를 명시한다.

일본은 전파관리에 시장적 요소를 도입하는데 가장 보수적인 국가 중의 하나이다. 다만 2000년 전파법 개정에 따라 사업 양도로 무선국 면허의 승계가 가능하게 됨으로써, 제한적으로나마 시장의 요소가 도입되기 시작하였다(일본 전파법 제20조). 더 나아가 2005년 11월 전파법 개정을 통해, 주파수 할당대가 또는 경매제 도입에까지 이르지는 못했지만 전파사용료에 경제적 가치 개념을 도입한 바 있다(일본 전파법 제71조 이하).[142]

(다) 재할당

주파수 사용기간 및 재할당에 대한 법적 근거는 없지만, 원칙적으로 면허를 받은 무선국의 유효기간(5년) 내에는 주파수사용을 보장하며, 무선국의 재면허

---

140) 한국전파진흥협회, 전게 리포트.

141) 최호용, "주파수이용권의 양도 · 임대에 관한 고찰", 商事法硏究 26卷 1號(통권54호), 한국상사법학회.

142) 전파통신과 법 포럼, 전게 보고서.

(전파법 第13조 제1항)를 통해 주파수를 갱신하여 사용 가능하다. 다만, 전파의 규제 기타 공익상의 이유로 필요에 따라 조기에 주파수사용종료 등을 명할 수 있다(전파법 제71조).

(4) 전파자원의 이용

무선국을 개설하고 운용하기 위해서 원칙적으로 '무선국 면허'를 필요로 한다(전파법 제4조). 무선국의 개설허가를 위한 신청 심사는 방송국의 경우와 방송국이외의 무선국의 경우로 구분하여 심사 한다.

총무대신은 준공검사 결과, 무선설비가 공사설계 규정에 일치하고 무선종사자의 자격 및 인원이 규정에 일치할 경우 면허를 부여하며(전파법 제12조), 면허를 부여한 후에는 면허일자, 면허인, 무선국 종류 및 목적, 면허유효기간 등을 기재한 면허장을 교부한다(전파법 제14조).

제2장

전파의 자원관리법제

제 2 장 전파의 자원관리법제

Ⅰ. 전파법의 총칙

1. 전파자원의 공공성

전파자원의 근본 성격이 공공성에 있다는 것은 누구도 이론이 없는 것이나, 그 근거를 다시 한번 살펴보면 현행 우리 전파법이 "전파자원"을 중심으로 구성되어 있다는 것으로, 이 "전파자원"이라는 용어가 전파법에 전면 등장하게 된 것은 기존의 전파법이 2000년 1월 21일 법 제6197호로 전면 개정되면서부터이다. 이를테면 전면 개정 후의 현행 전파법은 제2장 전파자원의 확보, 제3장 전파자원의 분배 및 할당, 제4장 전파자원의 이용, 제5장 전파자원의 보호 등으로 구성되어 있는 것이 그것이다.

첫째, 전파법 자체로서 이러한 "전파자원"의 규율에 관한 특별행정법이라는 것은 이론이 없는 바, 행정을 '공익실현을 내용으로 하는 사회형성작용'[143]이라 할 때 행정에 관한 법으로서의 행정법은 그 목적이 공익실현에 있음을 쉽게 알 수 있으며 전파에 관한 특별행정법인 전파법의 목적도 전파자원을 이용한 공익실현에 있고 더불어 전파자원의 성격이 공공성이라는 것을 쉽게 알 수 있는 것이다.

둘째로, 전파법 제1조(목적)는 "이 법은 … 전파관련 분야의 진흥과 공공복리의 증진에 이바지함을 목적으로 한다"고 규정함으로써 위에서 논한 바와 같이 전파법의 목적은 공공복리의 증진에 있음을 선언함으로써 전파법의 공공적 성

143) 김동희, 『행정법 Ⅰ』(제14판), 박영사, 2008, 6면 참조.

격을 명확히 하였다. 또한 전파법 제5조(전파자원의 이용촉진)는 "전파자원"이라는 용어를 사용하여 "정부는 한정된 전파자원을 공공복리의 증진에 최대한 활용하기 위하여 전파자원의 이용촉진에 필요한 시책을 마련하고 시행하여야 한다"고 규정하여 전파법의 공공적 성격규정에 이어 전파자원의 공공적 성격을 명확히 하였다.

마지막으로, 우리 전파법의 상위법이자 해석기준인 헌법의 규정을 살펴보지 않을 수 없다. 헌법 제120조 제1항은 "광물 기타 중요한 지하자원 · 수산자원 · 수력과 경제상 이용할 수 있는 자연력은 법률이 정하는 바에 의하여 일정한 기간 그 채취 · 개발 또는 이용을 특허할 수 있다"라고 규정하여 자연자원의 사회화 또는 공공성을 전제로 한 특허를 규정하고 있는데, 전파도 하나의 공공자원이라는 전제하에 국가의 개입가능성을 열어두고 있는 것으로 보아서도 전파의 공공성이라는 헌법적 확인이라는 해석이 가능한 것이다.

그러나 이러한 해석론에 앞서 전파에 관한 국제법인 전파규칙(RR : Radio Regulation)은 그 서문의 제3조에서 무선 주파수가 한정된 천연자원이며 그 성격이 공공성을 가지고 있다고 규정하고 있고, 미국의 경우의 통신법 제301조는 전파는 국가가 관리하는 것인바, 사적 소유는 허용되지 않고, 사적인 이용은 정해진 조건하에서 일정 기간만 가능하다고 명문으로 규정하고 있다. 그렇다고 하여 전파자원의 공공성이라는 전제조건과 상업용주파수의 확대를 서로 상반된 개념으로 이해하여서는 아니될 것이다. 오히려 상업용주파수의 확대는 그 부가가치의 창출과 연관 효과 등으로 보아 전파자원의 공공성 확대에 기여한다고 볼 수 있고, 많은 국가에서 상업용주파수의 규제를 공공성이라는 측면에서 정당화하고 있는 현상도 이를 뒷받침한다고 볼 수 있다.

2. 경제재로서의 전파자원

전파관리제도는 10여년 사이에 급변하고 있다. 즉, 전파관리제도는 고정되어 있는 것이 아니라 전파자원의 사회적 수요, 전과자원을 이용한 무선통신기술의 발전, 그리고 통신시장의 유효경쟁을 촉진하기 위한 방안 등을 종합적으로 반영하여 진화하고 있다. 그런데 전파자원은 강학상 공물로서 공공의 이익(public interest)을 증진시키는 목적으로 이용되어야 하지만, 실제로 사업용 및 공공용으로 이용되는 주파수는 30GHz 대역 이하로 매우 제한적이며, 동일한 주파수 대역을 동일한 시간과 장소에서 이용할 경우에는 간섭과 혼신으로 인하여 주파수를 이용할 수 없게 된다. 따라서 전파관리정책의 초기에는 전파자원의 물리적 특성에 따른 간섭배제와 혼신방지를 위한 기술적 규제, 특정한 주파수 대역을 어떠한 용도로 사용할 것인가를 정하는 주파수분배, 그리고 특정한 용도로 분배된 주파수 대역에 대한 이용권을 누구에게 부여할 것인가를 결정하는 주파수할당의 세 가지 영역을 중심으로 명령과 통제(Command & Control)시스템에 의한 전파주관청의 엄격한 규제정책이 전통적으로 이루어져 왔었다.

1980년대 중순 이후에는 무선통신기술의 발전에 따라, 특히 이동통신서비스의 도입 및 시장의 성장과 더불어 전파자원의 수요가 폭증하였고, 그 경제적 가치가 급증함에 따라 효율적이고 공정한 주파수할당에 대한 사회적 공감대가 확산되게 되었다. 이에 따라 1990년대 초에 미국과 일본 등을 비롯하여 우리나라에서는 전파사용료제도가 도입되었으며, 미국과 호주 등을 중심으로 주파수 경매제와 같은 시장원리를 반영한 전파관리제도가 도입되어 시행되기에 이르렀다. 특히 1990년대 말에는 2GHz 대역의 IMT-2000 서비스 도입이 추진되면서, 영국과 독일 등 유럽지역의 국가들을 중심으로 주파수 경매제가 확대되어 주파수할당방식의 하나로 자리 잡았다. 한편, 영국과 프랑스 등의 경우처럼 주파수 경매제 대신에 규제기관이 주파수의 이용대가를 산정하여 부과하는 행정유인가격(AIP : Administrative Incentive Price)[144]의 산정방식을 도입한 국가들도 있다. 우리나라의 경우에도 2000년에 주파수할당제도를 도입할 당시에 주파수 경매제의 도입이 추진되었으나, 주파수할당에 가격경쟁방식을 도입하면 통신시장의 진입비용이 과다하여 통신사업자의 비용부담이 증가하고 경쟁과열로 인한 시장혼란 등을 이유로 보류되었지만, 심사에 의한 주파수할당제도와 더불어 영국과 프랑스 등과 같이 규제기관이 해당 서비스의 시장규모를 예상하여 주파수의 이용대가를 부과하는 대가에 의한 주파수할당제도가 도입되었다.

전세계적으로 2000년대 이후에는 전파자원의 공급에 비하여 그 수요가 폭발적으로 증가함에 따라 전파자원의 부족현상이 심화됨으로써 주파수를 보다 효

144) 행정유인가격(AIP: Administrative Incentive Price)은 주파수를 효율적이고 경제적으로 사용하도록 유인하기 위하여 이용료를 부과하는 제도로서 행정적 가격화(Administrative pricing)로 불리기도 한다.

율적으로 이용할 수 있는 방안이 절대적으로 필요하게 되었다. 특히, 700/800/900MHz의 저대역 주파수는 회절성이 강하그 감쇠가 적어서 전파전파(電波傳播)의 효율성이 우수하고 이동통신서비스를 위한 통신가능구역의 측면에서도 동일한 송신전력으로 보다 넓은 지역을 커버할 수 있다. 이에 따라 해외 전파관리정책의 선진국들은 각 주파수 대역의 확보를 위한 회수·재배치 방안을 지속적으로 연구하고 있다. 이러한 세계적인 추세에 맞추어 우리나라도 고효율·저비용의 저대역 주파수를 확보하기 위하여, 현행 전파법령에 따른 주파수 회수·재배치제도의 활용방안을 적극적으로 모색해 보아야 할 것이다. 한편, 현재 이용 중인 주파수의 효율성을 극대화하기 위하여 시장기반의 전파관리제도를 도입하고 있는 미국과 영국 등의 국가에서는 주파수이용권 거래(양도·임대)제의 활성화를 추진하고 있다.[145] 또한 미국에서는 디지털 기술의 발전에 따라 지역제(Zoning)의 논리성과 타당성이 점차 무력화되고 있으며, 영국에서는 간섭이나 혼신을 유발하지 않는 범위내에서 주파수를 이용하는 무선국에 용도 및 기술방식 등의 변경을 가능하게 하는 주파수 이용자유화(Liberalization)를 확대하고 있다. 반면, 규제기관 중심의 전파관리제도를 도입하고 있는 일본과 프랑스 등의 국가에서는 주파수 회수·재배치제도를 보완하여, 신속한 시행을 통한 주파수의 효율적 사용을 유도하고 있다. 이러한 전파관리의 제도적 측면에서 가장 최근에는 주파수의 효율적 이용방안의 모색과 더불어 주파수를 공유하여 이용할 수 있는 기술개발을 통하여 주파수의 효율적 이용을 도모하는 공유모형(Common Model)의 전파관리체계가 주목받고 있다. 주파수 공유는 면허 또는 배타적 이용권의 제한 없이 주파수 이용자가 주파수를 이용할 수 있는 체계로서, 시간적·공간적으로 주파수 대역을 공유할 수 있는 UWB(Ultra wideband) 또는 CR(Cognitive Radio) 등 기술을 이용하여 개방형 주파수 이용방식(Open Access System)으로 발전하고 있으며, 향후 기술발전에 따라서는 허가대역에서의 주파수 공유가 활성화될 전망이다.

145) 최상호 외, 『전파정책 개선방안 연구』(연구수행기관: 한국전파진흥원 전파방송정책연구실), 한국전파진흥원, 2008.1, 12면 참조.

3. 전파자원관리의 원칙

(1) 전파자원의 확보

"전파자원"이라는 용어는 이동통신 등 상업용주파수의 수요증대와 그 막대한 부가가치 창출에 주목하면서부터 등장한 용어라고 볼 수 있다. 그 이전에는 전파는 국가가 국방 또는 치안용 통신을 위하여 소유, 사용하는 매개체로만 인식하였지, 그 경제적 효과는 별 주목을 받지 못하였다. 일찍이 1960년대 경 Ronald Coase가 전파의 경제적 가치(지대이론)에 주목한 논문을 내놓은 바 있기는 하였다. 그러나 현재는 전파자원의 용어가 전파법에 정면으로 규정되었고, 전파자원의 확보는 상업용주파수의 확보와 같은 개념과 동일하게 사용하기도 한다.

주지하다시피 전파는 상업적인 목적은 물론 공공기관이 국방, 치안 등 공공목적에 사용하고 있고, 공공목적, 특히 국방용에 사용되는 주파수는 전 세계적으로 70%~80%를 육박하고 있다. 우선 전파자원의 확보는 국제전기통신연합(ITU)과 같은 국제기구에서 주도하고 있다. 전파자원의 확보는 전파자원의 분배와도 같은 개념으로 이해할 수 있는데, 국가 및 시장의 주파수요구사항, 기술개발 정도 등을 고려해 특정 주파수 대역에서 사용하는 업무를 정하는 절차를 의미한다. 그 다음 단계인 배분은 국내에서 이루어진다.

전파자원의 확보는 상업용주파수의 확대라는 동일한 차원에서 생각할 때, 근본적으로는 우선 전파자원 사용의 역사를 살펴 볼 필요가 있다. 역사적으로 공공부문 특히 국방용 전파는 항상 우선권을 점하고 있었다. 그러나 현재에 이르러 상업용 전파의 수요가 폭발적으로 증가하면서 그 공급을 가로막고 있는 그 독점을 당연시 여기던 생각에서 벗어나 공공부문에서의 전파를 과연 효율적으로 사용하고 있는지(전파법 제1조, 제6조)에 대하여 전 세계가 주목하기 시작하였다.

2003년 5월 미국의 부시 대통령은 NTIA와 연방 정부의 해당 부서가 주파수를 종전보다 효율적으로 사용하라는 실행각서에 서명을 하였는데 이것에는 주파수관리에 있어서 시장기반의 경제적 진흥이 포함되어 있다. 같은 해에 영국정부에서는 주파수, 특히 공공부문의 주파수 사용에 대한 외부 감사를 의뢰한 바 있으며, 2006년에는 호주의 주파수규제기관에서도 이와 유사한 연구를 의뢰하였다. 이러한 연구들의 목적은 공공부문에서 상업적 부문으로의 주파수 재분배 또는 공공부문에서의 재분배가 되어야 하는지에 대한 조사였다.[146] 또한 프랑스와 영국 국방부는 규제기관에 주파수를 반납하기도 하였다.

이러한 사실들에 비추어 우리나라도 공공부문 주파수에 대한 연구를 기존의 틀에서 벗어나 과감히 전개할 필요가 있다. 이러한 노력만이 전파를 "자원"으로 보는 세계적 추세에 발맞추어 우리나라의 국부창출에도 획기적 도움이 되리라 믿는다.

(2) 전파자원의 이용여건 확보

전파자원의 이용과 관리에 국가가 개입할 수 있는 가장 큰 논거는 혼신의 방지이다. 19세기 경 마르코니가 발견하고 인류가 발생시켜 사용하는 전파는 그 이용의 활성화, 도시화 및 산업화로 전파 이용 환경이 열악해지면서 혼신이 점점 증가하는 추세이다. 전파의 혼신을 막기 위하여 우리 전파법은 정부(방송통신위원회)가 용도에 따라 주파수·출력 등을 정하여 그 사용을 허가하고 전파이용 질서를 확립하기 위한 사후 관리를 하고 있으며 전파 이용자도 관계 법령을 준수해야 한다. 전파질서를 지키지 않거나 불법으로 전파 설비를 사용하면 다른 무선국이나 방송 등의 전파수신이 어렵게 된다. 더구나 비상시의 통신이라면 더욱 심각한 문제가 발생하게 된다.

혼신방지를 위하여 전파법은 다음과 같은 장치를 두고 있다. 무선국을 운용하려면 방송통신위원회의 허가를 받아야 한다(전파법 제19조). 또한 무선국의 개설이나 운용은 무선국 허가증에 기재된 내용에 따라야 한다(전파법 제21조). 무선설비의 품질을 준수하고, 허용된 범위안에서 운용하여야 하며, 통신기기는 방송통신인증을 받은 제품이어야 한다(전파법 제58조의2 이하).

또한 전파의 혼신문제로 전파감시라는 제도를 두고 있는데(전파법 제49조), 전파감시란 무선국이 법령으로 정한 절차와 규정을 준수하는지 여부와 발사하는 전파 품질이 기준에 적합한지 여부를 확인하고 점검하는 것을 의미한다. 전파품질 측정이란 무선국에서 발사되는 전파를 수신하여 주파수 편차, 점유 주파

146) Martin Cave/Chris Doyle/William Webb, 안준오 외 역, 『최신 스펙트럼매니지먼트』, 진한 M&B, 2009, 280면 참조.

수 대역폭, 슈프리어스 발사 강도, 주파수 편이 등 전파의 품질을 측정하는 것으로, 그 목적은 해당 무선국이 허가시의 기술적 조건과 부합하는지를 판별해 전파혼신을 사전에 예방하는데 있다.

이러한 전파법의 규정외에 우리 방송통신위원회는 주파수 할당시 이른바 가드밴드(Guard Band)를 설정하여 전파를 사용하는 채널간 전파간 혼신 방지를 꾀하고 있는데 일례로 800MHz 대역에서 TRS 사용주파수사이에 1MHz를 남겨두거나 셀룰러 사용주파수와 TRS사용주파수사이에 2MHz를 남겨둔 것이 그것이다.

(3) 전파자원의 이용효율 개선

전 세계적으로 이동통신산업이 폭발적으로 성장하고, 더불어 전파자원의 수요가 급증함에 따라 주파수 대역별 경제적 가치의 평가 및 그 회수에 대한 논의가 활발히 이루어지고 있다. 즉, 1990년대 초에는 미국이나 일본 등을 비롯하여 국내에서도 전파주관청의 전파관리비용 및 면허수수료 등에 기초해서 부과하는 행정수수료(spectrum fee)와 시장기반(market-based)의 전파관리제도가 도입되면서 전파주관청이 전파이용자에게 거둬들이는 비용에 대하여 행정수수료를 포함하여 그 이상으로 부과하는 전파이용료(spectrum charge)로 구분하여 살펴볼 수 있다. 특히, 시장경제의 메카니즘을 이용하여 행정수수료 이상의 전파이용료를 부과하는 전파관리제도는 주파수 경매제(spectrum auctions)로서, 최근 우리나라도 주파수할당의 원칙으로서 시장기능을 통하여 전파자원의 가치를 산정할 수 있는 주파수 경매제(가격경쟁주파수할당)를 도입하였다(전파법 제11조 제1항 본문). 여기서 주파수 경매제는 전파법상 가격경쟁에 의한 대가를 받는 주파수할당, 즉 가격경쟁주파수할당을 의미하는바, 양자의 의미는 특별한 사정이 없는 한 동일하다고 보고 혼용하여 사용하기로 한다. 그러나 마치 소유권의 취득을 연상케하는 "경매제"라는 표현은 이로 인하여 주파수를 할당받은 이동통신사업자로 하여금 기득권주장의 단초를 제공하여 국가의 주파수정책을 어렵게 한다는 견해가 있을 수 있다.

우리나라에서 전파자원은 공법상은 인공공물이고, 사법상은 민법 제98조 소정의 물건이라는 견해가 유력하다.[147] 이미 논한 바와 같이 전파는 유한한 천연

147) 전파의 법적 성질에 관한 자세한 내용은 유현용, "전파의 법적 성질에 관한 고찰", 『공법

자원으로 국가가 관리할 수 있다고 보아야 한다(헌법 제120조). 즉, 전파자원은 공공목적을 위하여 사용하는 인공공물이기 때문에(전파법 제1조), 전파법상 이른바 대가할당 또는 가격경쟁에 의하여 주파수 할당을 받은 자라하여도 그 이용권은 특허행위에 의하여 일시적으로 부여받은 한시적 공권으로 보아야 한다. 이러한 성격을 가진 전파자원을 할당받은 자가 전파자원을 비효율적으로 사용한다면 국가는 그 이용기간 만료전이라도 일정한 기준에 의하여-주파수 대역별로 그 기준은 상이하게 적용하여야 할 것이다. 예를 들어 수요가 급증하고 있는 이동통신용 주파수와 조난통신에 사용하는 주파수는 그 효율성 판정도 그 기준을 동일하게 적용할 수는 없을 것이다-그 사용주파수의 회수가 가능하다고 해석할 수 있고 우리 전파법의 규정도 그러하다(전파법 제6조의2 등). 그러나 이러한 조치는 사용기간만료전 주파수를 회수당한 자에게 심각한 손실을 끼칠 수 있으므로 헌법 정신에 따라 일정한 보상을 하여야 함은 물론이다(헌법 제22조, 전파법 제7조).

이미 살핀 바와 같이 전파이용의 효율성을 제고는 전파관리에 있어서 중요한 과제이다. 이에 관한 법・제도적 수단으로서 그 주파수의 사용여하에 따라 사전적・사후적 방법을 다음과 같이 분류해 볼 수 있겠다. 사전적 방법으로는 전파법에 정하는 주파수대역의 분배・할당・지정・사용승인을 행함에 있어서 그 수단으로 사용되는 대가할당・가격경쟁에 의한 할당・주파수 총량제・전파사용료제도 등을 들 수 있겠고(전파법 제10조, 제11조, 제67조 등), 사후적으로는 이미 할당 등을 통하여 사용되고 있는 주파수의 효율성을 제고하기 위한 주파수의 회수・재배치, 주파수거래제도(양도 및 임대), 공유기술의 개발 등(전파법 제6조, 제6조의2, 제14조 등)의 방법이 있다. 또한 기술적으로는 전파를 보내거나 받는 전기적 시설인 무선설비(전파법 제2조 제1항 제5호)의 기술기준을 완화하고, 나아가 기술기준의 중립성을 확대하는 방법으로 전파자원의 이용효율을 제고할 필요가 있다.

위에 열거한 방법 들을 실현하기 위하여 전파법 제6조는 "전파자원의 효율

연구』(제38집 제4호), 한국공법학회, 2010.6, 203-233면 참조. 박종수, "주파수이용의 효율성 제고를 위한 전파법제의 개선방안", 『공법연구』(제36집 제3호), 한국공법학회, 2008.2, 423면; 신홍균, 『전파법 경제학』, 한국항공대학교 출판부, 2001, 19-20면; 이원우, "현행법상 주파수관리의 주요쟁점과 개선방향 -전파이용권을 중심으로-", 『주제: 주파수 관리제도의 문제점과 개선방안』, 서울대학교 공익산업법센터 2008년도 상반기 제2회 세미나 참조.

적인 이용을 촉진하기 위하여" 주파수의 회수·재배치 제도 등을 시행 시 필요한 경우에는 방송통신위원회가 주파수의 이용현황을 직접 조사·확인할 수 있는 법적 근거조항을 마련해두고 있다. 이에 따라 방송통신위원회는 기간통신사업자를 포함한 전파자원사용자들에게 위 행정조사권을 발동함으로써 주파수 이용현황의 실태조사를 정확히 하여 그 효율적 이용에 대한 판단을 함으로써 장차 발생할지 모르는 주파수 회수·재배치 등의 행정행위를 원활히 할 수 있을 것이기 때문이다.

이에 따른 전파법 시행령 제4조 제1항은 주파수 이용현황의 조사·확인은 ① 주파수 분배·주파수 할당·주파수지정 및 주파수 사용승인의 현황, ② 주파수 이용과 관련한 사회·경제적 지표, ③ 주파수 이용기술개발 및 관련 산업의 동향, ④ 무선설비의 이용 및 운영실태, ⑤ 그 밖에 전파이용 중·장기계획의 수립에 관한 사항을 매년 실시하도록 규정하고 있다.

중요한 것은 위 법 제4조 제2항으로, 방송통신위원회는 주파수이용현황의 조사를 위하여 필요한 경우에는 해당 시설자 또는 주파수의 사용승인을 받은 자에게 필요한 자료의 제출을 요청할 수 있다고 규정하고 있어 주파수 이용현황의 조사·확인을 위하여 법적 근거는 마련되어 있다고 볼 수 있다. 그러나 여기서 유의할 점은 이러한 자료의 요청이 사업자 등의 영업비밀보호의 법익과의 충돌이 해결해야 할 점의 하나이며, 주파수 이용현황의 조사가 단순한 자료요청만으로 조사의 필요충분한 조건을 만족시키겠느냐가 또 한가지 문제점이 될 것이다.

Ⅱ. 전파자원의 관리

1. 전파관리의 의의

전파자원은 본질적으로 그 물리적 특성 때문에 전파를 매개체로 하는 무선통신은 그 이용의 초기부터 국제적으로 통일된 표준 및 기술기준에 따른 규율이 불가피하였고 국제적인 협력이 전제될 수밖에 없었다. 즉, 무선통신과 방송 및 우주통신 등에 이용되는 핵심수단인 전파자원은 그 전파전파(電波傳播)가 빛의 속도와 동일하며, 공간환경의 변화에 따라 소출력으로도 한 국가의 국경을 넘어 순식간에 전 세계는 물론이고 우주공간까지 도달하는 물리적인 특성이 있다. 전파자원의 위와 같은 국제적 특성으로 말미암아 그 관리에 있어서도 처음부터 전 세계적으로 각 개별 국가가 개입하여 전파자원을 공법영역에 포섭하여 특별한 관리의 대상으로 규율하고 있는 것이다. 즉, 전파전파의 신속성과 국제성에 따라 국가가 이를 관리하지 않을 경우, 전파혼신에 의하여 무선통신 이용자 사이에 엄청난 혼란을 야기시킬 것이고, 그로 인하여 국제적으로도 정치・경제・사회・문화는 물론이고 국방・과학・산업・무역 등 각 분야에도 막대한 피해를 입힐 것이다. 따라서 전파자원의 물리적 특성에 따른 국제적인 무선통신의 혼신방지를 위하여 1906년 국제무선전신연합(IRU : International Radio- telegraph Union)을 발족시켰고, 1865년 설립된 국제전신연합(ITU : International Telegraph Union)과 합병함으로써, 오늘날 국제전기통신연합(ITU : International Telecommunication Union)의 전신이 되었다.

2. 전파자원의 국제적 관리

가. 국제적 전파관리의 목적

오늘날 국제적인 전파관리를 위한 국제기구로서 국제연합(UN : United Nations) 산하의 전기통신부문 전문기구(specialized agency)인 국제전기통신연합(ITU)은 세계 최고의 전파 등을 이용한 전기통신 관련 국제기구이며, 2012년 현재 193개 회원국(Member States), 564개의 부문회원(Sector Members), 170개의 준부문회원(Associates), 48개의 아카데미(Academia) 등으로 구성되어 있다.[148] 국제전기통신연합은 전기통신을 규율하는 각국의 주권(the sovereign right of each State)을 충분히 인정하고 모든 국가의 평화유지와 경제・사회발전을 위한 전기통신의 증대하는 중요성을 고려하여, 전 세계 국민간의 평화로운 관계 촉진과 국제협력 및 효율적인 전기통신서비스에 의한 경제・사회개발을 위하여 설립된 국제기구이다.[149] 즉, 국제전기통신연합은 전 세계적으로 모든 종류의 전

148) http://www.itu.int(2012년 8월 25일 방문)

149) Constitution of the International Telecommunication Union Preamble While fully recognizing the sovereign right of each State to regulate its telecommunication and

기통신의 개선 및 합리적 이용을 촉진하기 위하여 회원국 간에 국제협력의 증진, 개발도상국에 대한 기술지원, 전 세계적인 전기통신표준화의 촉진, 회원국의 무선국간 유해한 혼신방지를 위하여 효율적인 주파수 스펙트럼의 관리 및 이용의 효율성 제고를 목적으로 설립되었다. 우리나라는 1952년 1월 31일에 가입하였고, 북한은 1975년 9월 24일에 가입하였다. 국제전기통신연합 헌장 제1조는 연합의 목적을 다음과 같이 규정하고 있다.

표 2-1 국제전기통신연합(ITU)의 목적

제1조 연합의 목적

2 1 연합의 목적은 다음과 같다.

3 a) 모든 종류의 전기통신 개선과 합리적 이용을 위한 연합회원국간의 국제적인 협력을 유지 및 증진하고;

3A a bis) 연합의 활동에 법인과 단체의 참가를 증진하고 강화하며, 연합의 목적에서 구현되는 전반적인 목표의 수행을 위해 그들과 회원국 간의 유용한 협력 및 공동체정신을 조성하고;

4 b) 전기통신분야의 개발도상국에 기술지원을 제공하고 장려하며, 이를 구현하기 위해 필요한 물질, 인력 그리고 재정적 자원의 동원뿐만 아니라 정보에 접근도 증진하고;

5 c) 전기통신서비스의 효율을 개선하고, 가능한 한 공중(公衆)에게 일반적으로 유용한 것을 만들고 유익성을 증가시킬 목적으로 기술설비와 이의 가장 효과적인 운용방식의 개발을 장려하고;

6 d) 전 세계인에게 새로운 전기통신기술의 혜택의 확대를 촉진하고;

7 e) 평화적 관계를 촉진할 목적으로 전기통신서비스의 이용을 장려하고;

8 f) 회원국의 활동을 조화시키고, 그들의 목적을 달성하기 위해 회원국과 부문회원 간의 유익하고 건설적인 협력과 공동체정신을 증진시키며;

9 g) 국제적인 차원에서 전기통신에 관련된 기타 세계적 · 지역적 정부 간 기구와 그 민간기구의 협력을 통해, 세계적인 정보경제 및 사회에서 전기통신의 문제점에 보다 광범위한 접근을 채택하도록 촉진한다.

---

having regard to the growing importance of telecommunication for the preservation of peace and the economic and social development of all States, the States Parties to this Constitution, as the basic instrument of the International Telecommunication Union, and to the Convention of the International Telecommunication Union (hereinafter referred to as "the Convention") which complements it, with the object of facilitating peaceful relations, international cooperation among peoples and economic and social development by means of efficient telecommunication services, have agreed as follows:

나. 국제적 전파관리의 법제

(1) 국제전기통신연합의 법체계

국제전기통신연합 헌장 제4조는 연합의 법률문서(Instruments of the Union)에 대하여 규정하고 있다. 여기에는 ① 국제전기통신연합 헌장, ② 국제전기통신연합 협약, ③ 업무규칙이 있는데, 협약의 규정에 의해 보충되는 헌장은 연합의 기본적인 법률문서이고, 헌장과 협약의 규정을 보다 구체적으로 보충하는 업무규칙에는 국제전기통신규칙(ITR : International Telecommunication Regulations)과 전파규칙(RR : Radio Regulations)이 있다. 그리고 국제전기통신연합 헌장 제4조는 각 법률문서의 우열관계에 대하여 규정하고 있는데, 헌장의 규정과 협약 또는 업무규칙의 규정 간의 불일치의 경우에는 헌장이 우선하고, 협약의 규정과 업무규칙의 규정 간의 불일치의 경우에는 협약이 우선한다고 규정하고 있다.[150)]

국제전기통신연합의 헌장 및 협약의 구체적인 차이점은, 헌장의 경우 국제전기통신연합의 기본 구조 및 기능, 그리고 전기통신에 관한 일반 규정을 명시하여 급변하는 전기통신 환경속에서 일관성을 유지하려는 반면, 협약은 개편된 각 분야의 기능에 대한 구체적인 정의뿐만 아니라 국제조약을 체결하는 상위기관 혹은 회의의 각종 진행 및 절차규칙, 그리고 전기통신서비스 운영에 관련된 각종 규정을 명시하여 필요시 환경의 변화에 융통성 있는 개정이 가능하게 하였다.

국제전기통신연합의 헌장 및 협약을 보완하는 업무규칙으로는 국제전기통신규칙과 전파규칙이 있다. 국제전기통신규칙은 1988년 12월 9일 멜버른(Melbourne)에서 채택되었고, 1990년 7월 1일 발효되었다. 전파규칙은 1995년 스위스 제네바에서 개최된 세계전파통신회의(WRC-95)에서 채택된 이후로, WRC-97(제네바), WRC-2000(이스탄불), WRC-03(제네바), WRC-07(제네바), WRC-12(제네바)에서 각각 개정되었다. 전파규칙에는 모든 부록, 결의, 권고 및 전파통신부문(ITU-R)의 권고 등이 포함되어 있다. 1951년 제네바에서 개최된 특별행정전파

150) Constitution of the International Telecommunication Union Article 4 Instruments of the Union 32 4 In the case of inconsistency between a provision of this Constitution and a provision of the Convention or of the Administrative Regulations, the Constitution shall prevail. In the case of inconsistency between a provision of the Convention and a provision of the Administrative Regulations, the Convention shall prevail.

표 2-2 국제전기통신연합(ITU)의 헌장 및 협약의 주요 목차

헌장(CS)의 주요 목차		협약(CV)의 주요 목차		
	전문	제1장	연합의 기능	
제1장	기본 규정		제1절	전권위원회의
제2장	전파통신부문		제2절	이사회
제3장	전기통신표준화부문		제3절	사무국
제4장	전기통신개발부문		제4절	조정위원회
제4A장	부문들의 작업방법		제5절	전파통신부문
제5장	연합의 기능에 관한 기타 규정		제6절	전기통신표준화부문
제6장	전기통신에 관한 일반규정		제7절	전기통신개발부문
제7장	전파를 위한 특별규정		제8절	세 부문에 대한 공통규정
제8장	국제연합, 그 밖의 국제기구 및 비회원국과의 관계	제2장		컨퍼런스 및 총회에 관한 특별 규정
제9장	최종 규정	제3장		연합의 컨퍼런스, 총회 및 회의의 일반 규정 → 제목 삭제
	부속서	제4장		기타 규정
		제5장		전기통신 역무의 운용에 관한 다양한 규정
		제6장		중재 및 개정
				부속서

회의(EARC : Extraordinary Administrative Radio Conference)에서 주파수 분배표를 강제적으로 적용하는 다양한 방법들을 정의한 합의문을 채택함으로써 전파규칙은 국제법의 지위를 보다 확고히 하였다.[151]

국제전기통신연합의 기타 법률문서로서 헌장과 협약 및 업무규칙에 관한 분쟁의 강제적 해결에 관한 선택의정서(Optional Protocol on the Compulsory Settlement of Disputes)는 1992년 12월 22일 제네바에서 작성되어 1994년 7월 1일에 발효되었다. 우리나라에서는 비준서 기탁일인 1994년 8월 5일 조약 제1239호로 발효되었다. 그리고 국제전기통신연합의 회의, 총회 및 회담의 일반 규칙(General Rules of Conferences, Assemblies and Meetings of the Union)과 강제력이 있는 결정(Decisions), 결의(Resolutions) 및 권고(Recommendations) 등이 있다.

151) 전파연구소, 「차세대 이동통신 주파수 표준 전략 연구」, 연구보고서 2007-1-4, 2008, 18면.

(2) 국내법으로의 수용

우리나라는 1952년 1월 31일 국제전기통신연합의 회원국으로 가입함으로써 이에 관련된 국제조약의 당사국이 되었다. 국제법적으로 국제조약의 당사국이 되었다는 의미는 이러한 국제조약이 우리나라의 모든 영역에 법적인 효력을 가지고 영향을 미친다는 의미이다. 비엔나협약에서 조약의 당사국이라 함은 조약의 구속을 받기로 동의하였고, 또한 그에 대하여 조약이 발효중인 국가를 말한다.[152] 한편, 우리나라 대한민국헌법(이하 '헌법'이라 한다) 제6조 제1항은 "헌법에 의하여 체결·공포된 조약과 일반적으로 승인된 국제법규는 국내법과 같은 효력을 가진다"라고 규정하여 국제법질서존중의 원칙을 명백히 선언하고 있는바, 위와 같은 국제조약이 국내법질서에 일정한 법적 효력을 가짐을 천명하고 있다고 볼 수 있다.[153] 우리나라의 헌법학계에서도 국제법과 국내법이 동일한 법체계(일원론)에 속한다고 보고 있으며, 일원론에서도 국제법과 국내법의 우선순위에 대하여 국내법우위론(헌법우위론)이 다수설의 위치를 차지하고 있고, 또한 헌법재판소도 "헌법 제6조 제1항의 국제법 존중주의는 우리나라가 가입한 조약과 일반적으로 승인된 국제법규가 국내법과 같은 효력을 가진다는 것으로서 조약이나 국제법규가 국내법에 우선한다는 것은 아니다"라고 판시하였다(헌법재판소 2001. 4. 26. 99헌가13). 따라서 국내법인 헌법에 대하여 조약이나 국제법규의 우열관계에 대하여는 조약 또는 국제법규의 국내법적 효력은 헌법에 의거하여 인정되는 것임을 이유로, 조약 또는 국제법규의 국내법적 효력은 헌법보다 하위에 있는 것이라고 본다. 그런데 국내법인 법률에 대하여 조약이나 국제법규는 그 형식적 효력이 동일하므로 양자가 충돌할 경우에는 국내 법률 상호간의 경우처럼 '특별법(特別法)이 우선하고, 신법(新法)이 우선한다'고 보아야 할 것이다.[154]

조약 등 국제법규에 대하여 국내법적 효력을 인정하는 헌법 제6조 제1항과 관련하여, 헌법 제73조는 대통령에게 조약을 체결·비준할 수 있는 권한을 부여함과 동시에 헌법 제60조 제1항은 "국회는 상호원조 또는 안전보장에 관한 조약, 중요한 국제조직에 관한 조약, 우호통상항해조약, 주권의 제약에 관한 조약, 강화조약, 국가나 국민에게 중대한 재정적 부담을 지우는 조약 또는 입법사항에

---

152) 김대순, 『국제법론』(제14판), 삼영사, 2009, 135면.
153) 권영성, 『헌법학원론』(2010년판), 법문사, 2010, 174-175면.
154) 권영성, 위의 책, 174~175면.

관한 조약의 체결·비준에 대한 동의권을 가진다"라고 규정하고 있다. 즉, 대통령의 조약의 체결·비준에 대하여 국회가 동의권을 가지고 이를 견제할 수 있도록 규정한 것이다. 여기에서 헌법 제6조 제1항의 '헌법에 의하여'라는 부분이 제3공화국 헌법인 1962년 개정헌법에서부터 첨가됨으로써, 국회의 동의를 얻어 체결·공포된 조약은 국내법과 같은 효력, 즉 국내 법률과 같은 효력을 가지고, 그 이외에 국회의 동의를 얻지 못한 조약은 법률보다는 하위의 규범인 명령의 효력만을 갖는다고 보아야 한다.[155] 또한 헌법 제60조 제1항이 나열하고 있는 국회의 동의를 요하는 8가지 조약들에 관하여 헌법학계의 통설은, 예시적인 조항이 아니라(예시설) 열거적인 것으로 파악하고 있으므로(열거설), 같은 조항에 열거되지 아니한 국가 간의 단순한 행정협정이나 기술적인 사항에 관한 조약의 체결·비준에는 국회의 동의를 요하지 않는다고 보아야 할 것이다.

그런데 과거 전파법(2005. 12. 30, 법률 제7815호로 일부개정되기 전의 것) 제4조는 "전파에 관하여 조약에 따로 규정이 있는 때에는 이 법의 규정에 불구하고 그 규정에 의한다"라고 규정하여 문리해석상 그 조약의 효력이 전파의 규율에 관하여는 국내법보다 우선함을 선언하고 있는 것처럼 법문상 해석되어, 위 전파법 조문의 위헌성 여부가 문제되었다. 생각건대, 우리나라 헌법학계의 통설과 헌법재판소의 견해에 의하면 위 전파법 조문은 삭제되어야 마땅함에 따라 2005년 12월 30일 일부개정에서 삭제되었으나, 위와 같이 위헌의 소지가 농후한 조문이 최근에서야 비로소 삭제되었음은 입법론상 우리나라의 전파주권을 고려하지 못한 아쉬움을 남기고 있다. 다만, 인류가 전파를 발견하고 실용화시킨 20세기 초부터 전파의 물리적·자원적·경제적 특성으로 말미암아 국제적 관리의 필요성이 제기되었고, 위 삭제된 전파법 조문은 전파자원의 이용이 국제적으로 규율됨을 명확하게 표명하여 과거 국내 전파관리의 국제적 의존도가 높았음을 의미하는 규정으로 선해할 수는 있겠다.

한편, 우리나라가 국제전기통신연합에 가입하였다고 하더라도 그에 관한 국제조약으로서 헌장·협약·전파규칙·국제전기통신규칙 등은 국회의 체결·비준에 관한 동의를 받은바 없으므로, 헌법 제6조 제1항에 따른 헌법에 의하여 체결·공포된 조약이나 일반적으로 승인된 국제법규가 아니기 때문에 국내 법률

155) 임지봉, "조약체결에 관한 국회의 통제권", 헌법학연구 제14권 제3호, 2008, 135면.

과 동일한 효력을 가지는 것도 아니다. 따라서 국제전기통신연합의 헌장·협약·전파규칙·국제전기통신규칙 등은 국내 법률과 동일한 효력을 가지는 조약으로 볼 수는 없으나, 법률보다는 하위의 규범인 명령의 효력을 갖는다고 보아야 할 것이다. 한편, 전기통신의 국제협력을 위하여 모든 회원국가가 위와 같은 관련 조약을 권고사항으로 하여 자국의 전기통신을 관리·감독하는 국내법을 제정·시행하고 있다. 우리나라 전파법의 경우에도 국제전기통신연합의 전파규칙을 기본으로 하고 있는 것이다.

다. 전파자원의 국제적 관리제도

국제전기통신연합은 전파의 효율적인 관리를 위하여 전파자원의 분배에 관한 전파통신부문과 전기통신의 표준화를 위한 전기통신표준화부문 및 전기통신의 개발을 위한 전기통신개발부문의 세 부문으로 구분할 수 있다. 여기에서 전파의 관리와 가장 밀접하고 직접적으로 관련이 있는 부문은 전파통신부문이라고 할 수 있다. 전파통신부문은 지속적으로 그 수요가 증가하고 있는 신규 서비스, 즉 방송과 통신은 물론이고 고정, 모바일, 아마추어, 긴급통신, 기상학, 우주연구, 지구측위시스템, 환경감시 등을 위하여 유한한 천연자원인 무선-주파수 스펙트럼과 위성궤도의 국제적 관리를 위하여 중요한 역할을 수행한다. 또한 전파통신부문의 임무는 범세계적으로 합리적이고 공정하며 효율적이고 경제적으로 주파수 스펙트럼과 위성궤도를 사용하게 하고, 이와 관련한 문제들을 연구하며 전파통신에 관한 권고를 승인한다.

전파통신부문의 최고 의사결정회의는 세계전파통신회의(WRC : World Radiocommunication Conference)로서 그 결과는 전파규칙을 통하여 국제조약으로서 법규화 된다. 즉, 국제적인 전파관리는 전파통신부문의 세계전파통신회의를 통하여 이루어지며, 그 국제조약은 전파규칙이라고 할 수 있다. 전파통신부문의 활동기관으로서 세계전파통신회의는 1992년 추가 전권위원회의에서 국제전기통신연합의 대폭적인 조직개편을 단행하면서 세계무선통신주관청회의의 명칭을 변경하여 탄생하였고, 기존 주관청 중심의 회의를 민간부문의 참여와 그 권한이 강화된 회의로 변화되었다. 세계전파통신회의는 전 세계적으로 준수해야 하는 주파수와 위성궤도의 분배 및 이용방법, 무선국의 운용, 기술수준 등과 관련하여 국제적으로 강제력이 있는 규제 및 절차를 규정한 전파규칙을 전체 또는 부분적으로 개정하는 회의로서 전파통신부문의 최고 의사결정기구이다. 또한 국제적인 전파통신에 관한 협의 및 조정이 이루어지고, 전파규칙위원회(RRB : Radio Regulations Board)와 전파통신국(BR : Radiocommunication Bureau)의 활동 및 결과 등에 관한 지침을 수립하고, 차기 혹은 그 다음의 세계전파통신회의의 의제와 전파통신총회(RA : Radiocommunication Assembly)에 위임할 연구나 과제가 채택되며,[156] 국제전기통신연합에 등록된 회원국의 주관청과 사업자 또는 국제기구와 지역기구 및 단체 등의 대표가 참가한다. 국제전기통신연합의 헌장과 협약에 따라 세계전파통신회의는 전권위원회의 또는 이사회의 결정에 의하여 전권위원회의가 개최되지 않는 통상 3~4년마다 개최되고,[157] 그 회의의 결정사항은 각국의 방송 및 통신 관련 법제의 정책과 규정의 변화를 가져오게 되며, 또한 관련 기술과 산업에도 크게 영향을 미치게 된다.

지난 2007년 세계전파통신회의는 스위스 제네바에서 10월 22일부터 11월 16일까지 국제전기통신연합 회원국 150개국과 38개의 국제기구 등 총 3천여명이 참석한 가운데 개최되었다. 우리나라도 정부, 학계, 연구계, 산업계의 관련 전문가 총 90여명이 대표단으로 참석하였다. 주요 내용은 3G를 IMT-2000으로 4G를 IMT-Advanced로 세대를 분리하여 명칭하던 것을 IMT(International Mobile Telecommunications)로 통칭하였고,[158] 전 세계 3G와 4G 이동통신서비스에 공통적으로 사용될 추가 주파수 대역으로 450~470MHz(20MHz), 2.3~2.4GHz(100MHz), 제1지역(유럽・아프리카)에 790~862MHz(72MHz), 제2지역(북・남미)과 제3지역(아시아・오세아니아)에 698~806MHz(108MHz), 또한 대부분의 국가에 3.4~3.6GHz(200MHz)의 총 428MHz 대역폭을 배분하였다. 그리고 주파수의

---

156) Constitution of the International Telecommunication Union Article 89 1 A world radiocommunication conference may partially or, in exceptional cases, completely, revise the Radio Regulations and may deal with any question of a worldwide character within its competence and related to its agenda; its other duties are specified in the Convention;

157) Constitution of the International Telecommunication Union Article 13 90 2 World radiocommunication conferences shall normally be convened every three to four years; however, following the application of the relevant provisions of the Convention, such a conference need not be convened or an additional one may be convened;

158) WRC PROVISIONAL FINAL ACTS, RESOLUTION 224 (Rev. WRC-07) a), ITU, Geneva, p.360, 22 October-16 November 2007.

용도 및 기술방식의 중립성을 도입하여 이에 대한 결정과 변경의 권리를 주파수 이용자에게 부여하도록 하였다.

최근 2012년 1월 23일부터 2월 17일까지 개최된 세계전파통신회의(WRC-12)는 국제전기통신연합 역사상 가장 많은 3,500여명의 인원이 참여한 가운데 스위스 제네바에서 개최되었다. 위와 같은 전 세계의 적극적인 참여는 세계전파통신회의에서 개정하는 전파규칙에 따라 각 국가의 전파자원 확보에 중대한 영향을 미치기 때문이다. 우리나라의 경우에도 방송통신위원회를 중심으로 국방부, 국토해양부 등 55명의 대표단을 구성하여 회의에 참석하고 있다. 이번 회의에서는 방송과 통신, 항공과 해상, 우주와 과학 등에서 이용가능한 총 2.9GHz폭의 신규 주파수가 분배되었으며, 차기 회의(WRC-15)에서 논의할 이동통신용 주파수 추가 확보방안 등 27개 의제를 채택하였다. 또한 UHDTV, 3DTV 등 차세대 방송을 위한 21GHz 대역 방송위성용 주파수 700MHz폭을 확보하여 차세대 방송용 기기산업과 방송콘텐츠 산업에서 시장 확대 및 산업 활성화 효과를 기대할 수 있게 되었다. 특히 이번 회의에서는 유럽 및 아프리카 등을 포함하는 제1지역에서 700MHz 대역이 이동통신용 분배되었고, 다만 그 효력은 차기 회의(WRC-15) 직후에 발효하도록 하였다. 따라서 700MHz 대역은 2015년부터 2.1GHz 대역과 마찬가지로 전 세계가 공통으로 이용하는 이동통신용 주파수 대역이 될 전망이다.[159]

라. 국제전파감시

(1) 의 의

전파자원을 매개체로 이용하는 무선통신은 주파수 대역에 따라 그 특성이 달라지는데, 특히 주파수 대역 중 단파대역은 전리층 반사파를 사용하면 지구 반대편까지 전파되는 등 가장 멀리까지 정보를 전송할 수 있다. 이러한 단파대역에서는 전파규칙이나 각종 관련 국제법 등에 따르지 아니하고 임의로 전파를 발사하거나 송신설비의 사소한 문제로 인하여 주파수 허용편차 또는 점유 대역폭 등이 규정과 어긋나게 되면 원거리에 있는 다른 국가의 무선국에까지 혼신

159) "세계전파통신회의(WRC-12), 주파수 확보 경쟁 치열", 방송통신위원회 보도자료, 2012. 2.2; "세계전파통신회의(WRC-12) 성공적으로 끝마쳐", 방송통신위원회 보도자료, 2012.2. 20.

을 일으키는 원인이 될 수 있다. 따라서 국제전기통신연합은 각 국가가 필요로 하는 주파수 대역을 업무별・지역별로 구분하여 분배하고, 각 국가의 전파관리를 위한 주관청에게 전파규칙 등이 정하는 규정에 따라 전파자원을 이용하도록 권고하고 있다. 국제전파감시는 주로 단파대역의 전파를 대상으로 국제전기통신연합이 정하는 관련 규정에 따라 무선국이 운용되고 있는지를 감시하고 그 감시결과를 국제전기통신연합에 통보하고 있는데, 관련 규정을 위반한 무선국이 발견되거나 우리나라가 등록한 주파수 대역에서 혼신이 발생하게 되면 1차적으로 해당 국가의 주관청을 대상으로 혼신의 제거를 위한 요청을 하며, 이에 대하여 별도의 조치가 이루어지지 않을 때에는 전파규칙에서 정하는 혼신원보고서를 작성하여 국제전기통신연합 전파통신국에 중재를 요청하고 있으며, 그 밖에 국제전기통신연합 또는 외국의 주관청에서 요청된 사항에 대하여도 전파감시업무를 수행하고 있다. 그리고 단파대역의 스펙트럼에 대한 국가별・대역별・국종별 분포상황 및 이용량을 조사하여 주파수분배와 주파수할당 등을 위한 기초자료로 활용될 수 있도록 주기적인 조사・분석을 수행하고 있다.[160]

(2) 법적 근거

국제전파감시를 위한 법적 근거로서 국제전기통신연합의 헌장 제7장은 전파에 관한 특별규정을 두고 있으며, 같은 헌장 제45조는 유해한 혼신에 관하여 규정하고 있다. 즉, 모든 무선국은 그 목적을 불문하고 다른 회원국, 공인된 운영기관 또는 무선서비스를 수행하고 전파규칙에 따라 운영하는 기타 정당하게 승인된 운영기관의 무선서비스나 통신에 유해한 혼신을 야기하지 않는 방법으로 설치되고 운영되어야 한다고 선언하고 있다.[161] 또한 회원국은 전기기기와 각종 설비의 운영이 위와 같이 규정된 무선서비스와 통신에 유해한 혼신을 방지하기 위하여 모든 실행가능한 조치를 취할 필요성을 인정한다고 규정하고 있다.[162]

---

160) 중앙전파관리소, 『국제전파감시백서』, 2009, 4면.

161) Constitution of the ITU ARTICLE 45 197 PP-98 1 All stations, whatever their purpose, must be established and operated in such a manner as not to cause harmful interference to the radio services or communications of other Member States or of recognized operating agencies, or of other duly authorized operating agencies which carry on a radio service, and which operate in accordance with the provisions of the Radio Regulations.

162) Constitution of the ITU ARTICLE 45 199 PP-98 3 Further, the Member States recognize the necessity of taking all practicable steps to prevent the operation of

표 2-3 전파규칙(RR)의 혼신(Interferences)에 관한 규정의 개요

제15조 혼신(Interferences)	
제1절	무선국으로부터의 혼신
제2절	공업용, 과학용 및 의료용 응용목적으로 사용되는 고주파이용기기와 설비를 제외한 어떠한 종류의 전기기기와 설비로부터의 혼신
제3절	공업용, 과학용 및 의료용 응용목적으로 사용되는 고주파 이용기기와 설비로부터의 혼신
제4절	각종 시험
제5절	위반사례의 보고
제6절	유해 혼신문제의 해결절차

그리고 보다 구체적으로 국제전기통신연합의 전파규칙 제15조는 혼신에 관하여 정하고, 제16조는 국제감시에 관한 규정을 두고 있다.

한편, 우리나라의 전파법은 국내적인 전파감시와 국제적인 전파감시로 구분하여 두 개의 조문에서 규정하고 있다. 먼저, 전자에 대해서는 방송통신위원회가 전파의 효율적 이용을 촉진하고 혼신의 신속한 제거 등 전파이용질서를 유지하고 보호하기 위하여 전파감시업무를 수행하여야 한다(전파법 제49조 제1항)고 선언하고, 이에 따른 전파감시업무에는 ① 무선국에서 사용하고 있는 주파수의 편차·대역폭 등 전파의 품질 측정, ② 혼신을 일으키는 전파의 탐지, ③ 허가받지 아니한 무선국에서 발사한 전파의 탐지, ④ 조난통신 등 허가받지 아니한 무선국에서 발사한 전파 및 혼신에 관하여 조사를 의뢰받은 전파 등의 방향탐지, ⑤ 무선국의 운용이나 통신방법 등 또는 통신보안의 준수에 따른 사항의 준수여부, ⑥ 그밖에 전파이용질서를 유지하고 보호하기 위하여 대통령령으로 정하는 사항 등을 규정하고 있다(전파법 제49조 제2항). 그리고 후자에 대해서는 방송통신위원회가 외국의 무선국이 발사한 전파의 감시, 혼신 분석 및 제거 등 국제적인 전파감시업무를 수행하여야 한다(전파법 제50조 제1항)고 선언하고, 이에 따른 업무를 수행하기 위하여 필요한 시설을 설치하거나 운용하여야 한다고 규정(전파법 제50조 제2항)하고 있다.

---

electrical apparatus and installations of all kinds from causing harmful interference to the radio services or communications mentioned in No. 197 above.

(3) 전파감시기관의 설치

국제전기통신연합의 전파규칙 제16조 제2항은 국제감시시스템은 각 국가의 주관청이 국제감시시스템의 감시국으로서 지명하여 전파통신부문 결의 23-1 및 권고 SM.1139에 따라 사무총장에게 통보하는 감시국만으로 구성된다고 규정하고 있다. 그리고 국제감시시스템의 감시국은 각 국가의 주관청에 의하여 운용되거나, 2개 또는 그 이상의 국가에 의하여 설치된 공동감시기관에 의하여 운용될 수 있으며, 혹은 국제감시기관에 의하여 운용될 수도 있다고 규정하고 있다(RR 16.2). 국제감시시스템의 이용과 운용에 관한 행정적 요건과 절차적 요건은 전파통신부문 권고 SM.1139에 따라야 한다고 규정하고 있다(RR 16.6).

한편, 우리나라는 방송통신위원회의 권한은 대통령령으로 정하는 바에 따라 그 일부를 방송통신위원회 소속 기관의 장에게 위임할 수 있는바(전파법 제78조 제1항), 일반적인 전파감시 및 국제적인 전파감시업무에 관한 권한은 중앙전파관리소장에게 위임하고(전파법 시행령 제123조 제2항 제15호), 전파감시업무에 관한 사항 중 일부 전파의 탐지 및 분석에 관한 권한은 국립전파연구원장에게 위임하고 있다(전파법 시행령 제123조 제1항 제5호). 이에 따라 보다 직접적인 전파감시에 관한 업무는 중앙전파관리소장이 발령한 '전파감시 · 조사 및 행정처분 등에 관한 업무처리규정'(이하 '전파감시규정'이라 한다, 중앙전파관리소 고시 제2011-2호)에 따라 국제전파감시에 관한 업무를 수행하고 있다.

(4) 중앙전파관리소의 국제전파감시

중앙전파관리소장은 국제적인 전파감시업무를 수행하는 경우에는 외국 무선국의 운용이 국제전기통신연합의 협약과 전파규칙 및 기타 전파 관련 조약에 적합한가의 여부를 확인하여야 한다(전파감시규정 제12조 제1항). 그리고 국제전파감시 결과 그 외국 무선국이 조약 등의 규정에 위반된 사실을 확인하였고나 국내 무선국에 혼신을 준 사실이 있는 때에는 ① 무선국의 운용 및 경미한 혼신사항은 전파규칙 제16조의 규정에 따라 같은 부록 9의 위반통보서를 작성하여 그 무선국이 속하는 국가의 주관청에 송부하고, ② 유해한 혼신으로서 주파수분배의 원칙을 위반하거나 고의적인 방해 등으로 국가 간 조정이 필요한 사항은 전파규칙 부록 10에 따른 혼신통보서 2부를 작성하여 방송통신위원회에 보고하고, ③ 혼신상황이 중대하여 신속한 처리를 요하는 것은 즉시 방송통신위원회에

표 2-4 국제전파 혼신 건수

혼신국	2004년	2005년	2006년	2007년	2008년	합 계
한 국	3	1		1	2	7
일 본	1					1
중 국	1		2	1		4
기 타	1		1	1	1	4
합 계	6	1	3	3	3	16

출처) 중앙전파관리소, 「국제전파감시백서」, 2009, 56면.

보고하고, ④ 국제전기통신연합 전파통신국 및 외국의 전파통신 주관청으로부터 통보받은 위반사항과 혼신사항에 대하여는 전파법령에 따라 처리하지만, 유해한 혼신으로서 국가 간 조정이 필요한 사항은 방송통신위원회의 지시에 의하여 처리하도록 규정하고 있다(같은 규정 제12조 제3항).

(5) 국제전파 혼신사례

중앙전파관리소는 중국이나 일본 등 인접국에서 유입되는 외래전파 측정현황과 인접국 전파가 우리나라의 통신망에 혼신을 발생시키거나 혹은 우리나라의 전파가 인접국 통신망의 정상운영을 방해하는 경우에 대한 사례를 조사하여 공개하고 있다.[163]

3. 한국의 전파관리

가. 전파의 관리권

(1) 의 의

전파의 관리는 유한한 전파자원을 최적의 용도로 최대의 이용자에게 공급하여 주파수의 이용효율을 극대화하기 위한 목적이 있다. 즉, 전파의 관리라 함은 전파의 관리자가 전파가 전파로서의 본래적 기능을 발휘할 수 있도록 행하는 일체의 행정작용을 말한다. 다시 말하면, 전파관리의 핵심은 전파자원의 재산적 관리에 있지 않고, 전파자원의 기능을 제대로 발휘시키는 것에 있다. 따라서 전

163) 이에 대한 자세한 내용은 중앙전파관리소, 『국제전파감시백서』, 2009, 56면 이하 참조.

파관리는 전파자원의 순수한 재산적 관리와는 구별되어야 한다.

그리고 전파관리권이라 함은 전파주관청이 전파자원이 전파로서 본래의 기능을 발휘할 수 있도록 행하는 일체의 행정작용에 대한 권능을 말한다. 전파관리권은 전파관리를 행할 수 있는 공법적 권능이며, 전파주관청의 구체적인 전파관리는 전파관리권의 구체적인 행사인 것이다. 종래 논의되던 공물관리권의 법적 근거 및 성질에 관하여는 공소유권설, 공법상의 물권적 지배권설, 포괄적 권능설, 자유공물과 타유공물 구별설 등이 대립되고 있는바, 위와 같은 학설의 대립은 전파자원을 공물로 보는 일반적인 견해에 비추어 전파관리권에 대해서도 적용해 보기로 하겠다.

한편, 우리나라의 전파법은 전파관리의 목적을 달성하기 위하여 전파자원의 확보, 전파자원의 이용, 전파자원의 사후관리라는 3단계로 전파자원을 규율하고 있다. 방송통신위원회는 전파자원을 확보하기 위하여 ① 새로운 주파수의 이용기술 개발, ② 이용 중인 주파수의 이용효율 향상, ③ 주파수의 국제등록, ④ 국가 간 전파의 혼신을 없애고 방지하기 위한 협의·조정의 시책을 마련하고 시행하여야 한다(전파법 제5조 제1항).

(2) 법적 근거 및 성질

(가) 공소유권설

공소유권설은 공물관리권은 공물주체의 공소유권으로부터 발생한다고 한다. 또는 공물관리권과 공소유권을 동일한 개념으로 본다. 이 설은 공물에 대하여 타인의 소유를 인정하지 않고 공물주체의 소유권만을 인정하는 것을 전제로 주장되는데, 그 논거는 다음과 같다. 즉, 공물은 공적 목적에 제공된 것이므로 공물에 대하여는 사법상 소유권의 권능으로 사용·수익·처분할 수 없다는 것이다. 그러므로 공물에 대한 소유권은 사법상의 소유권과 같은 권능인 사용·수익·처분으로 나타날 수 없으며, 공물의 공적 목적 달성을 위하여 공물에 대한 물권적 지배권으로 나타나게 된다. 이러한 공물에 대한 물권적 지배권이 공물관리권으로서 공권이라는 견해이다. 그러나 공소유권설은 타유공물의 공물관리권의 근거를 설명해 주지 못하는 문제점이 있다.[164]

---

164) 박균성, 「행정법강의」(제7판), 박영사, 2010, 1148면.

(나) 공법상 물권적 지배권설

현재 통설로서 공물소유권의 주체와는 관계없이 공물관리권을 공적 목적의 달성을 위하여 소유권에 일정한 제한을 가할 수 있는 일종의 공법적 권한에 속하는 물권적 지배권으로 보는 견해이다.[165] 이 설에 따르면 공물관리권은 공물에 대한 소유권으로부터 나오는 것이 아니라, 실정 법률에 의하여 인정된 것으로 본다. 이 설의 문제점은 법정 외 공물에 있어서, 공물관리권의 근거를 설명해 주지 못한다는 것이다.[166]

(다) 포괄적 관리권능설

이 설은 공물관리권을 지배권으로 보는 공법상 물권적 지배권과 달리 공물관리권을 관리권이라는 용어 그대로 포괄적 관리권으로 보는 견해이다. 이 견해의 논거는 개개의 구체적인 관리권의 내용을 이루는 관리작용에는 행정처분이나 강제집행 등 권력적 행정작용도 있지만, 비권력적 행정작용도 있고 사법상의 행위도 존재하므로 이들을 모두 포괄하는 포괄적 관리권으로 보아야 한다고 한다.[167]

(라) 자유공물과 타유공물의 구별설

이 설은 공물관리권은 소유권과는 별개의 공법상의 권한이라고 보고, 공물의 구체적인 성질은 자유공물의 경우에는 공법상의 견지에서 그 소유권을 제한함으로써 구성된 특수한 물권적 지배권으로 보고, 타유공물의 경우에는 타인의 소유에 속하는 물건에 대하여 공적 목적을 위하여 소유권의 행사를 제한함을 내용으로 하는 일종의 공법상의 제한물권으로 보는 견해이다.[168]

(3) 소 결

공물로서의 전파에 대한 전파관리권은 전파법에 따라 전파주관청에게 인정되는 권한이므로 공법상 물권적 지배권설이 타당하다. 즉, 원칙적으로 전파관리권은 실정 법률로서 전파법에서 발생된다고 보는 견해라고 할 수 있다. 법정 외 공물의 경우에는 이를 규제하는 실정 법률이 없으므로, 법정 외 공물의 경우 공

165) 장태주, 「행정법개론」(제7판), 법문사, 2009, 1207면.
166) 김세규, "공물법에 관한 소고", 토지공법연구 제30집, 2006, 265면.
167) 박균성, 앞의 책, 1149면.
168) 박윤흔/정형근, 『최신 행정법강의(하)』(개정28판), 박영사, 2009, 443-444면.

물관리권은 비권력적 행정작용만을 내용으로 한다고 보아야 하며, 이 경우 공물관리권의 근거는 공물에 대한 소유권 기타 권원과 함께 공익을 임무로 하는 행정권으로부터 도출된다고 보는 것이 타당하다.[169]

한편, 우리나라 헌법의 경제질서는 사유재산제를 바탕으로 하고 경제활동의 자유와 자유경쟁을 존중하는 자본주의적 자유시장경제를 골간으로 하고 있으며, 자유시장경제에 수반되는 모순들을 제거하고 사회정의와 경제민주화를 실현하기 위하여 국가적 규제와 조정을 광범위하게 인정하고 있어서, 전체적으로 볼 때는 이른바 사회적 시장경제질서(혼합경제 혹은 수정자본주의적 경제질서)의 성격을 띠고 있다고 할 수 있다.[170] 헌법재판소의 경우에도 "우리 헌법은 전문 및 제119조 이하의 경제에 관한 장에서 …(중략)… 우리 헌법의 경제질서는 사유재산제를 바탕으로 하고 자유경쟁을 존중하는 자유시장경제질서를 기본으로 하면서도 이에 수반되는 갖가지 모순을 제거하고 사회복지·사회정의를 실현하기 위하여 국가적 규제와 조정을 용인하는 사회적 시장경제질서로서의 성격을 띠고 있다"라고 판시하고 있다.[171] 또한 헌법 제120조 제1항은 "광물 기타 중요한 지하자원·수산자원·수력과 경제상 이용할 수 있는 자연력은 법률이 정하는 바에 의하여 일정한 기간 그 채취·개발 또는 이용을 특허할 수 있다"라고 하여 자연자원의 부분적 사회화를 전제로 한 특허제도를 규정하고 있는 바, 전파도 하나의 자연자원이라는 전제하에 그 개발·이용을 특허할 수 있는 법적 규율의 필요성이 있는 것이다. 이에 관한 시행법률로서 광업법, 수산업법, 전기사업법, 공유수면관리법 등이 있으며, 생각건대 전파법도 포함될 수 있다고 본다. 위와 같은 헌법 조문에 따라 국가는 자연자원에 대한 강력한 규제권한을 가지는 한편, 헌법 제120조 제2항은 "국토와 자원은 국가의 보호를 받으며, 국가는 그 균형 있는 개발과 이용을 위하여 필요한 계획을 수립한다"라고 규정하여, 국가의 자연자원에 대한 보호의무를 규정하고 있다.[172] 그러므로 우리 헌법의 해석상 전파자원의 이용에 관하여는 그것이 하나의 자연자원이라는 전제하에 국가가 개입하여 관리하는데 아무런 지장이 없다고 할 수 있겠다.

---

169) 박균성, 앞의 책, 1149면.
170) 권영성, 『개정판 헌법학원론』(2009년판), 법문사, 2009, 167면.
171) 헌법재판소 2001. 6. 28, 2001헌마132
172) 헌법재판소 1998. 12. 24. 98헌가1; 헌법재판소 2003. 11. 27. 2002헌바102·103(병합)

나. 전파진흥기본계획

(1) 전파진흥기본계획의 수립

방송통신위원회는 전파이용의 촉진과 전파와 관련된 새로운 기술의 개발과 전파방송기기 산업의 발전 등을 위하여 전파진흥기본계획을 5년마다 세워야 한다(전파법 제8조 제1항). 전파진흥기본계획에는 ① 전파방송산업육성의 기본방향, ② 중·장기 주파수 이용계획, ③ 새로운 전파자원의 개발, ④ 전파이용 기술 및 시설의 고도화 지원, ⑤ 전파매체의 개발 및 보급, ⑥ 우주통신의 개발, ⑦ 전파이용질서의 확립, ⑧ 전파 관련 표준화에 관한 사항, ⑨ 전파환경의 개선, ⑩ 그 밖에 전파방송진흥에 필요한 사항 등이 포함되어야 한다(전파법 제8조 제3항). 또한 방송통신위원회는 기본계획에 따른 세부시행계획을 세우고 시행하여야 한다(전파법 제8조 제4항). 그리고 기본계획과 시행계획을 세우거나 시행하는 데에 필요한 사항은 대통령령으로 정한다(전파법 제8조 제5항). 다만, 전파법 시행령은 기본계획과 시행계획 등의 수립절차 등에 대하여 침묵하고 있는바, 전파이용의 효율성을 제고하기 위하여 대국민 홍보차원에서 조속한 입법이 필요하다고 본다.

한편, 방송통신위원회는 기본계획을 세우거나 기본계획 중 주파수 분배계획 등 대통령령으로 정하는 중요한 사항을 변경하는 경우에는 공청회 등을 통한 의견수렴을 거쳐야 한다(전파법 제8조 제2항). 다만, 전파법 시행령에는 대통령령으로 정하는 중요한 사항에 대하여 규정하지 않고 있으므로, 이에 대하여도 조속한 입법이 필요하다고 본다. 그런데 공청회는 행정청이 공개적인 토론을 통하여 어떠한 행정작용에 대하여 당사자 등, 전문지식과 경험을 가진 자 기타 일반인으로부터 의견을 널리 수렴하는 절차를 말한다(행정절차법 제2조 제6호). 전파법 제8조 제2항은 '공청회 등'이라고 규정하여, 공청회 이외에 청문이나 의견제출의 절차를 예상할 수 있다. 청문은 어떠한 처분을 하기에 앞서 당사자 등의 의견을 직접 듣고 증거를 조사하는 절차를 말하고(행정절차법 제2조 제5호), 의견제출이란 행정청이 어떠한 행정작용을 하기에 앞서 당사자 등이 의견을 제시하는 절차로서 청문이나 공청회에 해당하지 아니하는 절차를 말한다(행정절차법 제2조 제5호).

(2) 전파진흥기본계획의 법적 성격

(가) 문제점

방송통신위원회의 전파진흥기본계획은 행정주체의 행정객체에 대한 대외적인 활동을 규율하는 행정작용법 가운데 행정계획에 해당한다고 볼 수 있다.[173] 행정계획은 행정주체 또는 그 기관이 일정한 행정활동을 행함에 있어서 일정한 목표를 설정하고 그 목표를 달성하기 위하여 필요한 수단을 선정하고 그러한 수단들을 조정하고 종합화한 것을 말한다. 행정계획은 행정의 행위형식의 하나로서, 법령의 형식을 취하는 것도 있고, 행정행위의 성격을 갖는 것도 있으며, 행정부 내부에서만 효력을 발생하는 내부지침적 성격의 것도 있다. 경우에 따라서는 하나의 행정계획 중에도 이질적인 행위형식이 공존하기도 한다. 이러한 의미에서 행정계획을 복합적 행위형식이라고 부를 수 있다.

그렇다면 전파법상 전파진흥기본계획과 같이 행정계획이 특정의 행위형식을 취하지 않는 경우에 당해 행정계획은 어떠한 법적 성격을 갖는지가 문제된다. 전파진흥기본계획의 법적 성격을 논하는 이유는 전파진흥기본계획이 행정소송법상 항고소송의 대상이 될 수 있는지 여부를 판단하기 위해서이다. 다만, 행정계획이 항고소송의 대상이 되는지 여부를 논함에 있어서는 행정계획이 처분성을 갖는지 여부를 논하면 족하고, 행정계획이 입법행위인지 행정행위인지까지 검토할 필요는 없다. 우리나라 행정소송법은 항고소송을 행정청의 처분 등이나 부작위에 대하여 제기하는 소송으로 규정하고 있다(행정소송법 제3조 제1호). 따라서 법률이나 조례 등의 형식에 의해 수립되는 행정계획은 항고소송의 대상이 될 수 없다. 또한 국민이나 행정기관에 대하여 아무런 구속력을 갖지 않는 비구속적 행정계획과 행정기관에 대하여만 구속력을 갖는 행정계획도 원칙상 항고소송의 대상이 되지 않는다. 항고소송의 대상이 되는지 여부가 다투어지는 행정계획은 주로 국민에 대하여 구속력을 갖는 행정계획이다. 국민에 대하여 구속력을 갖는 행정계획도 그 법적 성격을 일률적으로 말할 수 없다. 왜냐하면 행정계획의 내용에 따라 행정행위의 성격을 가질 수도 있고, 입법행위의 성격을 가질 수도 있기 때문이다.[174]

---

173) 박종수 외 5인, 『전파법 해설집 발간 연구』, 2008, 72면.
174) 박균성, 앞의 책, 195-197면.

(나) 학설의 대립

첫째, 전파진흥기본계획은 전파행정의 기준이 되는 일반적·추상적 성격을 가지고, 전파진흥기본계획 자체만으로는 특정 개인에게 어떠한 구체적인 권리 침해나 의무부과를 가져오는 것이 아니므로, 전파진흥기본계획은 처분이 아니며 입법행위의 성격을 가진다는 견해가 있을 수 있다(입법행위설). 이 견해에 따르면 전파진흥기본계획이 위법한 경우에도 직접 전파진흥기본계획의 취소를 청구할 수는 없고, 그 위법한 전파진흥기본계획에 따라 위법한 처분이 행하여져 국민의 권리가 침해된 때, 당해 처분의 취소를 구하는 소송을 제기하여야 한다. 그러나 전파법상 전파진흥기본계획은 전파이용의 촉진과 전파와 관련된 새로운 기술의 개발과 전파방송기기 산업의 발전 등을 위한 수단을 정하는 것을 기본적인 내용으로 하는 방송통신위원회 자신의 활동규범이지만, 법규명령과 같이 행정권 행사의 요건과 효과를 정하는 것을 기본적인 내용으로 하지 않으며 국민의 권리와 의무를 정하는 것을 기본적인 내용으로 하지도 않는다. 또한 전파진흥기본계획은 법규명령의 형식을 취하지 않고, 또한 법규명령의 제정절차에 따라 제정되지도 않았기 때문에 전파진흥기본계획의 수립을 입법행위로 볼 수는 없다.

둘째, 전파진흥기본계획은 특정 개인의 권리 내지 법률상의 이익을 개별적이고 구체적으로 규제하는 효과를 가져오게 하는 행정청의 처분으로 볼 수 있다는 견해가 있을 수 있다(행정행위설). 이에 대한 논거로서 대법원은 (구)도시계획법 제12조 도시계획[175]의 법적 성격에 대하여 "도시계획결정이 고시되면 도시계획구역안의 토지나 건물 소유자의 토지형질변경, 건축물의 신축, 개축 또는 증축 등 권리행사가 일정한 제한을 받게 되는바, 이런 점에서 볼 때 고시된 도시계획결정은 특정 개인의 권리 내지 법률상의 이익을 개별적이고 구체적으로 규제하는 효과를 가져오게 하는 행정청의 처분이라 할 것이고, 이는 행정소송의 대상이 되는 것이라 할 것이다"라고 판시한바 있다(대법원 1982. 3. 9, 80누105). 그러나 이하에서 살펴보는 바와 같이 전파법상 전파진흥기본계획의 내용은 특정 개인의 권리나 의무를 구체적으로 규율하는 내용은 포함되어 있지 않다.

셋째, 행정계획은 법규범도 아니고 행정행위도 아닌 독자적인 행위형식이지

175) 현재는 국토의 계획 및 이용에 관한 법률 제30조 도시관리계획의 결정에 해당한다.

만, 행정계획이 국민에 대하여 법적 구속력을 가지는 경우에는 행정행위에 준하여 행정소송의 대상이 된다는 견해이다(독자성설). 즉, 행정계획은 입법행위나 행정행위와도 다른 독자적인 성격을 갖는 독자적인 행위형식으로 보는 것이 행정계획의 성격에 비추어 타당하다는 것이다. 이 견해에 따른다면 행정기관에 대하여만 법적 구속력을 갖는 행정계획을 상정해 볼 수 있다.[176]

(다) 소 결

행정계획은 원칙적으로 행정목표를 설정하고 이를 달성하기 위한 수단을 정하는 것을 기본적인 내용으로 하여 행정활동의 기준을 제시하는 성격의 행위인 점에서 입법행위나 행정행위와는 다른 독자적인 성격의 행위형식으로 보아야 한다(독자성설).[177] 즉, 전파법상 전파진흥기본계획은 방송통신위원회가 전파이용의 촉진과 전파와 관련된 새로운 기술의 개발과 전파방송기기 산업의 발전 등을 위하여 5년마다 수립하는 방송통신위원회 자신의 활동규범으로서, 입법행위나 행정행위와는 다른 독자적인 성격의 행위형식으로 보아야 할 것이다. 또한 전파법상 방송통신위원회가 전파진흥기본계획을 세우거나 기본계획 중 주파수 분배계획 등 대통령령으로 정하는 중요한 사항을 변경하는 경우에는 공청회 등을 통한 의견수렴을 거치도록 하고 있으므로(전파법 제8조 제2항), 전파진흥기본계획은 방송통신위원회에 대하여 구속력이 있는 행정계획에 해당하는 것으로 파악해야 할 것이다.[178]

(3) 전파진흥기본계획의 주요 내용

2008년 2월 29일 방송통신위원회가 출범한 이후 전파법 제8조에 근거한 전파진흥기본계획은 2009년 5월 18일 제22차 방송통신위원회 회의에서 채택되었다. 방송통신위원회는 창의적 전파이용의 촉진과 관련 기술개발 및 전파방송산업의 발전을 위하여 2009~2013년까지의 전파진흥기본계획(안)을 원안대로 의결하였다.

전파진흥기본계획에서 제시한 비전은 '창의적 전파이용을 통한 유비쿼터스 시대의 전파강국 건설'(부제 : u·BcN 기반의 안전하고 풍요로운 전파서비스 제공)이

176) 박균성, 앞의 책, 197-199면 참조.
177) 박균성, 위의 책, 197면 참조.
178) 박종수 외 5인, 앞의 책, 72면 참조.

었다. 이를 위한 목표로는 ① 전파의 창의적 활용을 통한 국민편익 향상, ② 전파기술의 타산업 확산을 통한 녹색성장 기반 마련, ③ 시장친화적 전파이용제도 개선으로 전파산업 성장기반 조성으로 정하였다. 이에 대한 정책과제로는 ㉠ 전파기반 신산업 가치 창조, ㉡ 전파자원 확보 및 보급, ㉢ 핵심 기술개발 및 표준화, ㉣ 시장친화적 전파이용제도 개선, ㉤ 수요자 중심의 전파관리체계 확립을 이슈화 하였다.

다. 주파수분배

(1) 주파수분배의 의의

주파수분배란 특정한 주파수의 용도를 정하는 것을 말한다(전파법 제2조 제1항 제2호). 즉, 우리나라의 입법기관인 국회가 주파수분배에 대한 입법해석을 통하여 그 의미를 위와 같이 정의한 것이다. 국제전기통신연합 전파규칙 제1조 제16항[179]은 주파수 대역의 분배에 대하여 주어진 주파수 대역을 특정한 조건하에서 1개 또는 그 이상의 지상이나 우주무선통신업무 혹은 전파천문업무로 사용할 목적으로 주파수 분배표에 등재하는 것이고, 이와 같은 용어는 등재된 관련 주파수 대역에 대하여도 적용된다고 규정하고 있다. 종래 우리나라의 주파수분배는 전파법상 주파수분배에 관한 명문의 규정이 존재하지 않아서 국제전기통신연합의 전파규칙에 따라 실무적으로 수행하고 있었다.

그러나 주파수분배는 전파를 직접적인 규율대상으로 하며 이를 통하여 전파의 이용자에 대해서는 간접적인 법적 효과를 미치는 일반처분의 일종인 물적 행정행위로서 구체적인 법적 효과를 가져온다. 일반적·구체적 규율인 일반처분도 행정행위로 보는 것이 일반적인 견해이다.[180] 즉, 주파수분배라는 물적 행정행위의 직접적인 대상은 전파이지만 이를 통하여 사람에게도 간접적으로 구체적인 법적 효과를 발생시킨다.[181] 따라서 급변하는 전파환경의 추세에 능동적으로 대응하고 전파자원의 효율적 이용을 도모하기 위하여 주파수분배에 관한

179) RR 1.16 allocation (of a frequency band): Entry in the Table of Frequency Allocations of a given frequency band for the purpose of its use by one or more terrestrial or space radiocommunication services or the radio astronomy service under specified conditions. This term shall also be applied to the frequency band concerned.

180) 박균성, 앞의 책, 136면.

181) 박균성, 앞의 책, 212-213면.

법적 근거를 마련할 필요가 있었다. 이에 전파이용질서를 확립하기 위한 규제위주의 전파법을 전파자원의 확보・분배・이용 및 진흥 중심으로 개편하고, 주파수의 분배・할당・지정 등의 개념을 신설하기 위하여 2000년 1월에 전파법을 전부개정(2000.1.21, 법률 제6197호로 전부개정된 것)하였다. 이로써 국내법상 전파자원의 이용절차를 확립할 수 있는 계기를 마련하게 되었다고 볼 수 있다.

위에서 살펴본 바와 같이, 전파자원의 이용절차가 확립된 계기는 2000년 1월 21일 전파법 전부개정을 통하여 전파자원의 확보・분배・이용 및 진흥 중심으로 개편하는 등 전파법의 체계를 전면적으로 정비하면서부터라고 말할 수 있다. 이전까지는 국제전기통신연합의 전파규칙에 따라 주파수분배에 관한 업무를 수행하였고, 전파의 이용절차에 관하여는 전파법에 그 근거가 없었다. 이에 따라 전부개정된 전파법(2000.1.21, 법률 제6197호로 전부개정된 것)은 ① 국방・치안 및 조난구조 등 국가안보・질서유지 또는 인명안전의 필요성, ② 주파수의 이용현황 등 국내의 주파수 이용여건, ③ 국제적인 주파수 사용동향, ④ 전파이용 기술의 발전추세, ⑤ 전파를 이용하는 서비스에 대한 수요를 고려하여 주파수분배를 하도록 기준을 정하고, 주파수분배를 하거나 변경한 경우에는 그 내용을 고시하도록 하였다. 전파법(2010.7.23, 법률 제10393호로 일부개정된 것)에서도 방송통신위원회는 위와 같은 ① 내지 ⑤의 사항을 고려하여 주파수분배를 하도록 정하고(전파법 제9조 제1항), 그 내용을 일반인에게 알리기 위하여 고시하도록 규정하고 있다(전파법 제9조 제3항). 한편, 방송통신위원회가 주파수분배를 하는 경우에는 주파수의 용도가 제1순위인 업무와 주파수의 용도가 제2순위인 업무를 구분하여 주파수분배를 할 수 있다(전파법 제9조 제2항). 다만, 두 가지 이상의 업무에 분배한 경우에도 그 기재순서는 상대적 우선순위가 아니다.

(2) 주파수분배의 법적 성격

(가) 문제점

전파법 제9조 제1항은 "방송통신위원회는 …… 주파수분배를 하여야 한다"라고 규정하여, 주파수분배는 기속행위로서 그 행위 자체는 행정청의 기속행위라고 볼 수 있지만, 구체적으로 주파수의 용도를 어떻게 분배하는지에 대해서는 입법자가 행정청에게 넓은 결정의 재량을 부여하고 있다고 볼 수 있다. 주파수할당과 비교해 본다면, 주파수할당이 특정인(개별 사업자)에게 특정한 주파수 대역을 이용할 수 있는 권리를 부여하는 것을 말하고, 주파수분배는 특정인(개별 사업자)을 상정하지 아니하고 전파의 주파수 대역별 용도만을 정하는 것을 말한다. 즉, 주파수분배는 특정한 주파수 대역의 용도를 일반적·구체적으로 정하는 것으로서, 특정한 주파수를 이용할 수 있는 권리를 부여하는 주파수할당과 구별되고, 그 자체로서 주파수할당의 전제가 되는 의미를 가진다. 위와 같은 주파수 분배가 어떠한 법적 성격을 가지고 있는지 검토해 보도록 하겠다.

(나) 학설의 대립

첫째, 견해에 따라서는 고시의 외형을 가지는 한 외형 그대로를 강조하여 일종의 행정규칙에 불과한 것으로 보자는 주장을 할 수 있을 것이다(행정규칙설). 그러나 종래의 전통적 견해에 따르면 고시·훈령·공고·예규 등의 행정규칙은 상위법령의 수권을 요하지 아니하고 행정기관 내부에서만 효력을 갖는다고 보아야 할 것이다. 그런데 주파수의 용도가 정해지는 것은 단순하게 행정기관의 내부규율에 그치는 것이 아니라 주파수를 무선국에서 이용하기 위한 절차로서 주파수의 할당·지정·사용승인 등의 전제가 되는 중요한 용도규율이라는 점에서 행정행위로서의 징표 중 하나인 법적 규율성을 인정할 수 있고, 그 대외적 효력발생요건이 일반적인 행정행위의 경우처럼 통지가 아니라 고시라는 수단에 의해서 행해지는 행정처분이라고 해석하여야 한다고 본다.[182)]

둘째, 실질적으로 주파수분배는 특정 주파수의 향후 용도를 지정한다는 점에서 계획적 성격을 읽을 수 있으므로 행정계획이라고 보는 견해가 있을 수 있다(행정계획설). 행정계획이라 함은 행정주체 또는 그 기관이 일정한 행정활동을 행함에 있어서 일정한 목표를 설정하고 그 목표를 달성하기 위하여 필요한 수단을 선정하고 그러한 수단들을 조정하고 종합화한 것을 말한다. 즉, 행정계획의 핵심적 요소는 일반계획에서처럼 목표의 설정과 수단의 조정 및 종합화이다.[183)] 그러나 주파수분배는 전파법 제9조에 따라 특정한 주파수의 용도를 정하는 것으로서 행정계획의 요소는 직접적으로 고시되지 않고 있고, 이러한 행정작용을 독일 통신법의 경우와 같이 명시적인 행정계획으로 정하도록 하지 않는다는 점에서 그 법적 성격을 행정계획으로 규정지을 수는 없으며,[184)] 주파수의 용

182) 박종수, "주파수이용의 효율성 제고를 위한 전파법제의 개선방안", 공법연구 제36집 제3호, 2008, 427면.

183) 박균성, 앞의 책, 197면.

도를 지정한다는 규율내용을 담은 고시에 의한 행정행위로 해석하여야 할 것이다. 한편, 독일 통신법 제53조 제1항에서는 연방정부는 연방상원의 동의를 필요로 하지 않는 법규명령에 의해서 독일연방공화국을 위한 주파수영역배분을 주파수영역배분계획으로 확정하도록 규정하고 있다. 이로써 위 계획 자체에 법규성을 부여하고 있는 점이 특징이다. 반면에 독일 통신법 제54조 제1항의 규정에 의한 주파수이용계획은 법규명령의 형식을 띠고 있지 않으므로 법규성이 부인된다는 점에서 주파수영역배분계획과 구별된다.

셋째, 행정행위설은 주파수분배의 법적 성격과 관련하여 주파수분배는 방송통신위원회가 행하는 일종의 고시에 의한 행정행위라는 견해이다. 다만, 일반적인 행정행위와 다른 점은 국민의 권리·의무에 직접적으로 영향을 미치는 개별적·구체적 규율이 아니라, 구체적인 이용자의 사용을 고려하지 않은 일종의 '물적 행정행위'로서의 일반적인 처분성을 갖는 행정행위로 보아야 한다는 견해이다.[185]

(다) 소 결

주파수분배는 특정한 주파수가 어떠한 용도에 쓰일지 그 업무를 구분하여 정하는 것으로서, 주파수를 이용하고자 하는 자에게 주파수를 이용할 수 있도록 하는 사전적 성격의 행정제도(고시에 의한 행정행위)라고 볼 수 있다. 주파수분배도 주파수의 할당이나 지정 혹은 사용승인 등과 더불어 넓게는 전파자원 이용제도의 일환이라고 볼 수 있지만, 주파수분배는 구체적인 주파수의 이용특허의 문제가 아닌 일반적·구체적 용도지정에 그친다는 점에서, 주파수의 할당·지정·사용승인 등과는 존재의 면을 달리하는 특성이 있다.[186] 결국, 주파수분배는 특정한 주파수 대역의 용도와 이용조건 등을 규율하는 일종의 물적 행정행위로서 전파에 대하여 일반적인 처분성을 갖는 고시에 의한 행정행위로 보아야 한다. 그러므로 방송통신위원회의 주파수분배 고시는 전파법 제9조에 근거하여 특정한 주파수의 대역별 용도와 이용조건 등을 규정함으로써 전파법의 내용을

184) 이에 대하여는 Holznagel/Enaux/Nienhaus, Telekommunikationsrecht, 2. Aufl. 2006, Rn. 484, 489; 박종수, 위의 글, 427면에서 재인용; 류지태 외 共譯, 『독일 통신법』, 법원사, 2007, 63-64면.

185) 박종수, 위의 글, 427면.

186) 박종수, 앞의 글, 427-428면.

보충하는 기능을 갖는 물적 행정행위로서 일반적인 처분성을 갖는 행정행위라고 볼 수 있다.

(3) 주파수분배의 절차

전파법상 주파수분배의 절차와 관련하여 직접적으로 규정하고 있지는 않으나, 방송통신위원회는 전파진흥기본계획을 세우거나 그 계획 중 주파수분배를 위한 계획 등을 변경하는 경우에는 공청회 등을 통한 의견수렴을 거쳐야 한다고 규정하여 주파수분배의 절차를 간접적으로 규정하고 있다. 즉, 방송통신위원회가 주파수분배의 계획을 수립하거나 변경할 경우에는 산·학·연 등의 자문을 수렴하도록 함으로써, 개인이나 사업자 등이 관련 서비스 및 기술의 개발을 준비할 수 있도록 적법절차를 마련하고 있는 것이다. 이에 대하여 장기적인 관점에서 이루어지는 주파수분배를 위한 계획의 변경에는 공청회 등의 의견수렴 절차가 필요하다고 하겠으나, (고시라는 형식에 의한) 개별적인 주파수분배 행위 자체에는 특별한 절차는 존재하지 않고 통상적인 고시발령절차를 따르면 된다는 견해도 있다.[187]

주파수분배의 절차는 국제적으로 업무분배와 지역분배[188]가 정해진 경우와 그렇지 않은 경우로 구분하여 살펴볼 수 있다. 전자의 경우에는 원칙적으로 국제분배와 국제표준 등을 근간으로 하고, 전파법 제9조 제1항 각 호의 사항을 고려하여 주파수분배에 관한 정책을 수립하여야 할 것이다. 그런데 후자의 경우에는 우선 주파수의 세부 용도에 대한 공개적인 수요조사를 실시하여 개인 및 산업체의 다양한 아이디어를 수렴하고, 공급이 가능한 주파수 대역폭이 넓은 경우에는 중·장기적인 관점에서 기술적·경제적 파급효과가 보다 큰 서비스가 도입될 수 있도록 주파수분배의 정책을 마련하는 것이 타당하다. 반면에 공급이 가능한 주파수 대역폭이 좁은 경우에는 개인 및 산업체에서 제안한 수요를 반영하여 세부용도·적용기술·소요 대역폭 등을 고려하여 주파수의 분배방안을 결정하되, 기존 역무나 기술과의 중복성으로 인하여 주파수의 추가 공급이 불필요 하거나 시장규모가 지극히 미미하여 주파수분배가 필요하지 않다고 판단되

187) 박종수 외 5인, 앞의 책, 84면.

188) 업무분배(allocation)는 주파수 대역을 특정 업무(고정·이동 등 지상무선통신업무, 우주무선통신업무, 전파턴문업무 등)에 분배하는 것을 말하고, 지역분배(allotment)는 전 세계를 3개 지역으로 나누어 국제 주파수 분배표를 작성하는 것을 말한다.

는 경우에는 주파수분배를 유보하고, 수요조사 결과에 따라 용도 간 경합이 발생하는 경우에는 기술적·경제적 파급효과가 우위에 있는 용도를 선정하여야 하며, 주파수 할당대가 및 이용기간 등은 시장규모나 사업의 확실성 등을 고려하여 결정하여야 할 것이다. 물론 후자의 경우에도 전파법 제9조 제1항 각 호의 사항을 고려하여 주파수분배에 관한 정책을 마련해야 함은 당연하다고 할 것이다.

(4) 대한민국 주파수 분배표

국제전기통신연합의 국제적인 주파수분배의 가장 중요한 법적 효과로서 각 국가는 자국 내에서 사용할 수 있는 전파의 용도를 결정하게 된다. 즉, 국제적인 주파수분배에 따라 특정한 주파수 대역의 용도가 결정되는 것이다. 방송통신위원회는 국제전기통신연합의 전파규칙을 참고하고 일정한 사항을 고려하여 9kHz 이상 275GHz 이하 주파수의 대역별 분배, 즉 특정한 주파수의 용도를 정하여 대한민국 주파수 분배표에 고시하고 있다.[189]

대한민국 주파수 분배표의 제(1)란에서 제(3)란까지는 국제전기통신연합의 전파규칙에 규정된 주파수 분배표를 기재한 것이고, 제(4)란 및 제(5)란은 방송통신위원회의 주파수정책에 따른 주파수 분배표를 기재한 것이며, 제(4)란에는 각 주파수 대역(단위는 왼쪽 상단에 표시)에 분배된 업무를 표시하였고 제(5)란에는 제(4)란의 각 업무에 대한 세부 항목 및 용도 등을 표시하고 있다. 각 주파수 대역에서 업무 우측에 표시한 K로 시작하는 국내주석은 해당 업무에만 적용되고, 하단에 표시한 국내주석은 당해 주파수 대역의 모든 업무에 적용된다. 국내주석에 대한 상세한 설명은 대한민국 주파수 분배표(방송통신위원회 고시 제2012-91호)에 규정되어 있다. 제(4)란의 주파수 대역 중 할당할 특정 주파수가 정해진 경우에는 제(5)란에 당해 주파수를 명시하였는데, 여기에서의 할당은 전파법상 주파수할당의 의미가 아니고 전파법상 주파수지정의 의미로 보아야 할 것이다.

제(4)란에서 구분된 하나의 주파수 대역에 대해 두 가지 이상의 업무가 표시된 경우, 제1순위 업무에는 업무명칭에 밑줄표시가 없고, 제2순위 업무에는 업

189) 방송통신위원회 고시 제2011-45호, 『대한민국 주파수 분배표』, 2011.10.19, 41면; 한국전파진흥협회, 『무선설비규칙이 포함된 "새로운" 대한민국 주파수 분배표』, 2010.12., 46면.

표 2-5 무선설비규칙을 포함한 대한민국 주파수 분배표

894-960 MHz

<table>
<tr><th colspan="3">국 제</th><th colspan="3">한 국</th></tr>
<tr><td>(1)</td><td>(2)</td><td>(3)</td><td>(4)</td><td>(5)</td><td rowspan="2">무선설비규칙</td></tr>
<tr><td>제1지역</td><td>제2지역</td><td>제3지역</td><td>주파수대별 분배</td><td>용도 등</td></tr>
<tr><td rowspan="3">890-942
고정
이동(항공이동 제외) 5.317A
방송 5.322
무선표정</td><td>890-902
고정
이동(항공이동 제외) 5.317A
무선표정

5.318 5.325</td><td rowspan="3">890-942
고정
이동 5.317A
방송
무선표정</td><td rowspan="3">894-942
고정
이동 5.317A
무선표정</td><td rowspan="3">코드없는 전화기 K54
양방향무선호출 K70
무선데이터통신 K88A
특정소출력(음성 및 음향신호 전송용) K37D
RFID/USN 등 K90B K90D
이동통신 K88B</td><td rowspan="3">제100조(코드없는 전화기)
제85조(무선호출용 무선설비)
제110조(무선호출용 무선설비)
제87조(무선데이타통신용 무선설비)
제98조(특정소출력무선국용 무선설비)
제99조(RFID/USN 등의 무선설비)</td></tr>
<tr><td>902-928
고정
아마추어
이동(항공이동 제외) 5.325A
무선표정

5.150 5.325 5.326</td></tr>
<tr><td>928-942
고정
이동(항공이동 제외) 5.317A
무선표정</td></tr>
<tr><td>5.323</td><td>5.325</td><td>5.327</td><td></td><td>K91</td><td></td></tr>
</table>

무명칭에 밑줄표시가 있다. 그리고 두 가지 이상의 업무에 분배한 경우 기재순서는 상대적 우선순위가 아니다.

(5) 주파수분배의 개선방향

종래 우리나라의 주파수분배는 전파법상 주파수분배에 관한 명문의 규정이 존재하지 않아서, 국제전기통신연합의 전파규칙에 따라 실무적으로 수행하고 있었다. 그런데 2000년에 주파수분배의 개념이 전파법에 도입된 이후부터 대한민국 주파수 분배표(방송통신위원회 고시 제2012-91호)를 살펴보면 주파수 대역의 용도에 대한 일정한 기준이 없고 사례별로 필요한 경우에 용도를 정하여 개정하고 있다. 예컨대, 800MHz, 900MHz, 2.1GHz 대역의 이동통신(IMT)용 주파수 할당(방송통신위원회 공고 제2010-18호)은 2010년 2월 22일에 공고되었는데, 800MHz 대역을 이동통신용으로 분배하는 대한민국 주파수 분배표의 개정(방송통신위원회 고시 제2011-24호)은 2011년 3월 30일에 이루어졌다. 그리고 국제전기통신연합은 2007년 10월 세계전파통신회의에서 3G를 IMT-2000으로 4G를 IMT-Advanced로 세대를 분리하여 명칭하던 것을 IMT로 통칭하였다.[190] 그런데 아직까지 대한민국 주파수 분배표는 IMT-2000이라는 용도를 사용하고 있으며, 이와는 별도로 위에서 살펴본 바와 같이 이동통신(IMT)이라는 용도로 개정하고 있다.

한편, 우리나라는 국제전기통신연합의 회원국으로서 국제조약의 당사국이 되었는데, 그 의미는 이러한 국제조약이 우리나라의 모든 영역에 법적인 효력을 가지고 영향을 미친다는 의미이다. 비엔나협약에서 조약의 당사국이라 함은 조약의 구속을 받기로 동의하였고, 또한 그에 대하여 조약이 발효중인 국가를 말한다.[191] 그런데 우리나라 헌법 제6조 제1항은 “헌법에 의하여 체결·공포된 조약은 국내법과 같은 효력을 가진다”라고 규정하고 있는바, 국제전기통신연합의 헌장·협약·전파규칙 등에 대해서는 우리나라 국회의 체결·비준에 관한 동의를 받은바 없으므로, 헌법에 의하여 체결·공포된 조약으로서 국내 법률과 동일한 효력은 없으나, 대통령령에 준하는 명령적 효력은 가지고 있다는 점을 간과해서는 안 될 것이다. 그리고 전파법은 주파수분배를 시작으로 전파이용의 절차가 개시되고 이에 따라 주파수할당이나 주파수지정 혹은 주파수 사용승인을 할 수 있고, 나아가 무선설비의 기술기준을 마련하고 무선국을 개설하며 방송통신기자재 등의 적합성평가 등이 이루어지므로, 주파수분배의 중요성에 대한 인식은 반드시 필요한 것이다. 따라서 향후에도 지속적으로 전파자원을 이용한 새로운 기술이 개발될 것이며, 그 용도의 분류도 보다 세부적으로 이루어질 필요성

---

190) WRC PROVISIONAL FINAL ACTS, RESOLUTION 224 (Rev. WRC-07) a), ITU, Geneva, 22 October-16 November 2007, p. 360.

191) 김대순, 「국제법론」(제14판), 삼영사, 2009, 135면.

이 있으므로, 주파수 대역의 용도를 결정하기 위한 일정한 법적 기준과 체계적 분류방안의 마련이 시급하다고 생각된다.

라. 주파수의 이용자유화

(1) 주파수 이용자유화의 의의

일반적으로 주파수의 이용자유화(spectrum liberalization)라 함은 주파수의 이용자가 자유롭게 주파수의 용도나 기술방식을 선택할 수 있도록 하는 것을 말한다.[192] 즉, 주파수의 용도 및 기술방식의 자율성 확대를 통하여 주파수 이용자에게 보다 많은 자율권을 부여함으로써 시장에 의해 전파자원의 효율적인 이용을 촉진한다는 것이다. 이것은 시장기반의 전파관리제도를 채택한 국가들을 중심으로 주파수의 이용자유화를 통하여 주파수이용권 거래(양도・임대)의 활성화를 위한 기반을 조성함으로써 이용자 편익중심의 전파자원 수급(需給)체계를 마련하는 추세를 반영하는 의미를 갖고 있다. 앞에서 살펴본 바와 같이, 지난 2007년 세계전파통신회의에서는 주파수의 용도 및 기술방식의 중립성을 도입하여 이에 대한 결정과 변경의 권리를 주파수 이용자에게 부여하도록 하였다. 이러한 경향을 방송통신위원회는 주파수의 용도자율화라고 하여 주파수 이용자에게 용도 및 기술방식의 선택권을 확대하는 것이라고 소개하고 있으며, 유럽에서는 주로 주파수의 이용자유화(liberalization of spectrum uses)라고 하고, 미국에서는 주파수의 유연한 이용(flexible uses of spectrum)이라는 표현을 사용한다고 설명하고 있다.[193] 다만, 이하에서는 주파수의 용도 및 기술방식의 자유화를 뜻하는 의미로서, 주파수의 용도자율화 보다는 주파수의 이용자유화라고 부르기로 한다.

주파수의 이용자유화는 최초 주파수분배나 주파수할당에 있어서 예측하지 못한 시장동향 및 기술발전에 유연하게 대응하여 전파이용의 효율성을 제고할 수 있고, 용도 및 기술방식 등의 자유화를 통하여 전파자원의 가치를 높일 수 있으며, 주파수 경매제나 주파수이용권 거래(양도・임대)제의 실질적 활성화를 도모할 수 있는 방안이 될 수 있다. 즉, 전파자원이 점유하는 주파수 대역은 물리적으로 희소한 자원이지만, 그 이용의 유연성을 증대시켜 공급을 원활하게 하

192) 박재천/양제민/정구성, “주파수 이용자유화 도입을 위한 간섭관리 정책제안”, 한국정보기술학회논문지 제6권 제2호, 2008, 109면.

193) 방송통신위원회, 『전파진흥기본계획』, 2009, 125면.

는 것과 동일한 효과를 창출할 수 있는 것이다. 또한 주파수의 이용자유화는 전파자원의 이용자에게 많은 유연성을 제공하고 새로운 기술의 응용분야가 확대될 수 있는 기회를 제공하며, 사업자와 제조업자 등을 포함한 시장의 참여자가 전파자원의 이용방안을 결정하는데 주도적인 역할을 담당하도록 하는 등의 효과가 발생할 수 있다.

특히, 위와 같은 주파수의 이용자유화는 주파수이용권의 거래(양도・임대)제와 함께 시행될 경우에는 보다 더 큰 이익을 창출할 수 있으며, 만일 거래제만 허용될 경우에는 그 효용이 이용자유화가 적용될 경우의 10%에 그친다고 역설하는 견해도 있다.[194] 주파수의 이용자유화는 전파자원의 이용효율을 증가시킴으로써 시장의 경쟁을 야기할 수 있으며, 결과적으로 전파자원의 가격을 안정화하고 저렴하게 이용할 수 있도록 유도할 수 있다.[195] 또한, 주파수이용권의 거래(양도・임대)제가 활성화되고, 이와 더불어 주파수의 용도 및 기술방식의 자유화가 함께 도입될 경우에는 잠재적 이익이 보다 확대될 것이며, 이러한 이익 중에서 기술혁신이 가장 큰 부분을 차지할 것이라고 예상되고 있다.[196]

(2) 전파법상 주파수의 이용자유화

(가) 법적 근거

방송통신위원회는 전파자원을 확보하기 위하여 새로운 주파수의 이용기술을 개발하고 이용 중인 주파수의 이용효율을 향상시켜야 하며(전파법 제5조 제1항 제1호 및 제2호), 전파자원의 공평하고 효율적인 이용을 촉진하기 위하여 주파수분배를 변경하거나 새로운 기술방식으로의 전환을 시행하여야 한다(전파법 제6조 제1항 제1호 및 제3호). 따라서 전파법은 주파수의 이용자유화를 시행할 수 있는 기본적인 법적 근거는 마련하고 있다고 볼 수 있다.

---

194) Denny K. C. Lau, Managing Radio Spectrum: Present and New Approaches, IEE Hong Kong Seminar, February 2005, p.60.

195) Wayne A. Leighton, Telecom Reform in Guatemala: A Case Study in Spectrum Liberalization, Improving Spectrum Management Through Economic or Other Incentives, Presentation to National Academy of Sciences Workshop, Washington, DC, March 1, 2006, p.13.

196) Richard Marsden, Spectrum trading and the role of innovation, FCS/Eversheds Spectrum Forum, July 2004; 이승훈, "EU 주파수 거래제 도입 추진동향", 정보통신정책 제16권 제21호 통권 359호, 2004, 78면.

(나) 주파수 용도자유화의 도입

특정한 주파수의 용도를 정하는 것을 주파수분배라고 하는데(전파법 제2조 제1항 제2호), 방송통신위원회는 일정한 사항을 고려하여 주파수분배를 하여야 한다(전파법 제9조 제1항). 전파법상 주파수의 용도는 주파수분배에 관한 고시, 주파수할당에 관한 공고, 무선설비의 기술기준에 관한 고시 등에서 확인할 수 있다. 그런데, 먼저 주파수분배에 따라 특정한 주파수의 용도가 결정되고, 이에 근거하여 주파수할당을 위한 공고와 무선설비의 기술기준이 고시되어야 하지만, 실무적으로는 주파수할당 공고가 선행하고 주파수분배의 개정이 후행되는 경우도 있으며, 무선설비의 기술기준보다 주파수할당 공고가 선행하는 경우도 존재한다. 또한 주파수분배와 주파수할당 및 무선설비의 기술기준 등에서 각각의 용도가 일치되어야 하지만, 현실적으로는 그 용도의 명칭이 정확하게 일치하지 않는 경우도 있다. 따라서 위와 같은 용도의 불일치는 우리나라 전파행정의 발전에 비추어 보아 지속적으로 개선되어야 할 것이다.

우리나라는 2006년 7월에 국내 최초로 주파수의 용도를 정하지 않고 정해진 기술기준에만 맞으면 누구나 어떠한 용도로든지 이용이 가능한 용도 미지정 대역(FACS : Flexible Access Common Spectrum)으로 60GHz 대역 밀리미터파 주파수분배를 고시하였고(정보통신부 고시 제2006-26호), 구체적으로 이용가능한 주파수 대역은 57～64GHz(7GHz 대역폭)로서 출력이 10mW 이하로 제한되며, 소출력이므로 무선국 허가를 받지 않고 사용할 수 있는 비신고 대역으로 분배되었다. 향후 새로운 기술혁신 등을 위하여 시장수요와 주파수 이용현황 등을 토대로 FACS 후보 대역을 추가로 발굴하여 이를 확대할 필요가 있다.197) 그러나 여전히 실무적으로는 비신고 무선국이 이용하는 주파수 대역에 대하여도 특정한 용도를 지정하고 있기 때문에, 신규 서비스가 도입될 때마다 주파수분배 및 기술기준을 정하는 절차를 거쳐야 하므로, 관련 서비스의 도입이 지연될 우려가 지적되고 있다. 따라서 앞으로는 전파를 이용한 새로운 기술혁신 등을 위하여 시장수요와 주파수 이용현황 등을 기반으로 용도 미지정 후보 대역을 추가로 발굴하여 이를 확대해야 할 것이다.

---

197) 박윤현, "개방형 전파 정책의 동향", 전자파기술 제18권 제2호, 한국전자파학회, 2007, 10-11면.

(다) 주파수 기술자유화의 도입

전파법은 주파수할당을 하는 경우에 해당 주파수할당이 기간통신사업 등에 미치는 영향을 고려하여 할당을 신청할 수 있는 자의 범위와 할당하는 주파수의 용도 및 기술방식 등에 관한 사항을 공고하여야 한다고 규정하고 있다(전파법 제10조 제1항 제2문). 따라서 주파수할당을 위한 공고에서 정하는 주파수의 용도 및 기술방식은 규범화된 것으로서 중요하게 검토할 필요가 있다. 예컨대, 800MHz, 900MHz, 2.1GHz 대역의 이동통신(IMT)용 주파수할당 공고(방송통신위원회 공고 제2010-18호)에서는 주파수의 용도를 이동통신(IMT) 서비스 제공용으로 정하고, 주파수의 기술방식은 국제전기통신연합이 채택한 IMT 표준기술방식(3G 이상의 기술방식으로 IMT-2000 및 IMT-Advanced를 말함)으로 하되, 할당 공고 당시 이미 이동통신 역무를 제공하고 있는 기존 사업자는 현재 이동통신 역무에서 운용중인 전송방식과 다른 신규 전송방식(현재의 CDMA/WCDMA→OFDMA 등)을 도입하려는 경우 방송통신위원회의 승인을 받아야 한다고 정하였다. 다만, 4G 기술방식은 승인요건에 무관하게 활용이 가능하도록 하였다. 그리고 800MHz, 1.8GHz, 2.1GHz 대역의 이동통신(IMT)용 주파수할당 공고(방송통신위원회 공고 제2011-45호)에서는 주파수의 용도를 이동통신(IMT) 서비스 제공용으로 정하고, 주파수의 기술방식은 국제전기통신연합이 채택한 IMT 표준기술방식(3G 이상의 기술방식으로 IMT-2000 및 IMT-Advanced를 말함)으로 정하였다. 위와 같이 최근 주파수할당 공고에서는 제한적으로나마 주파수의 기술자유화를 도입하는 추세라고 볼 수 있다.[198] 다만, 향후에는 기술발전의 추세에 따라 주파수의 기술자유화가 보다 확대되어야 할 것이다.

(3) 주파수 이용자유화의 개선방안

전술한 바와 같이, 전파법에 따라 방송통신위원회는 전파자원을 확보하기 위하여 이용 중인 주파수의 이용효율 향상을 위한 시책을 마련하고 시행하여야 하는 법적 책무를 부담하고 있고(전파법 제5조 제1항 제2호), 전파자원의 공평하고 효율적인 이용을 촉진하기 위하여 필요하면 주파수분배의 변경 또는 새로운 기술방식으로의 전환을 시행할 수 있도록 규정하고 있다(전파법 제6조 제1항 제1

198) 정보통신정책연구원, 『주파수 배분체계 등 전파법령 개선방안 연구』, 방송통신정책연구 11-진흥-나-03, 2011, 94면.

호 및 제3호). 위와 같은 전파법의 조문은 전파자원의 이용분야를 확대하고 이용효율의 극대화를 도모하기 위하여 주파수의 이용자유화를 추진할 수 있는 법적 근거로 활용될 수 있을 것이다. 다만, 전파법 제6조 제1항 제3호에서 규정하고 있는 새로운 기술방식으로의 전환은 보다 더 포괄적으로 주파수의 이용자유화를 추진할 수 있도록 기술중립성의 실현이라고 개정하는 방안도 검토할 필요성이 있다.

한편, 현재 우리나라에서는 사업용 주파수 대역에 대한 용도의 자유화는 허용되지 않고 있지만, 유럽연합(EU)에서 추진하고 있는 WAPECS(Wireless Access Policy for Electronic Communications Services)를 고려하고 사업자의 자율성 확대를 통한 혁신적인 서비스 개발을 위하여 면허 대역의 용도자유화 도입을 신중히 검토해 보아야 한다. 다만, 주파수의 용도를 자율적으로 결정할 수 있도록 허용하는 경우에는 융합서비스의 도입이 용이하다는 장점은 있지만, 주파수를 할당받아 사용 중인 기존 사업자가 상대적으로 유리하여 신규 사업자의 시장 진입을 저해하고 주파수를 이용하거나 주파수이용권을 거래(양도ㆍ임대)하는 경우에도 그 용도를 임의로 변경할 수 있기 때문에 전파산업에 미치는 파급효과가 상당하다는 단점이 있다. 따라서 주파수의 용도자유화는 우리나라의 전파정책과 전파산업의 연계성을 고려하여 중ㆍ장기적인 검토가 선행되어야 할 것이다.[199)]

마. 무선설비의 표준 및 기술기준

(1) 의 의

(가) 전파이용의 표준화

우리나라는 헌법의 제9장 경제부분에서 “국가는 국가표준제도를 확립한다”라고 선언하고 있고(헌법 제127조 제2항), 국가표준기본법에서 국가표준이란 “국가사회의 모든 분야에서 정확성, 합리성 및 국제성을 높이기 위하여 국가에서 통일적으로 준용하는 과학적ㆍ기술적 공공기준으로서 측정표준ㆍ참조표준ㆍ성문표준 등 이 법에서 규정하는 모든 표준을 말한다”라고 정의하고 있으며(국가표준기본법 제3조 제1호), 같은 법에서 산업표준이란 “광공업품의 종류, 형상, 품

---

199) 박윤현, 앞의 글, 11면.

질, 생산방법, 시험・검사・측정방법 및 산업활동과 관련된 서비스의 제공방법・절차 등을 통일하고, 단순화하기 위한 기준을 말한다"라고 규정하고 있다(국가표준기본법 제3조 제8호). 그런데 산업표준화법에서는 산업표준이란 "산업표준화를 위한 기준을 말한다"라고 정하고(산업표준화법 제2조 제1호), 산업표준화란 광공업품이나 광공업의 기술 또는 구축물과 그 밖의 공작물 혹은 기업활동과 관련되는 물품, 그리고 산업활동과 관련된 서비스(전기통신 관련 서비스를 제외한다) 등에 관한 사항을 통일하고 단순화하는 것을 말한다(산업표준화법 제2조 제2호). 위와 같은 표준에 대한 법적 개념정의를 살펴보면, 표준 그 자체에 대한 법적 개념을 정의하고 있는 조항은 찾아볼 수 없다. 다만, 전파법은 전파이용의 표준화를 위하여 다음과 같은 규정을 두고 있다. 즉, 방송통신위원회는 전파이용의 촉진과 전파와 관련된 새로운 기술의 개발 및 전파방송기기 산업의 발전 등을 위하여 전파 관련 표준화에 관한 사항을 포함하여 전파진흥기본계획을 5년마다 세워야 한다(전파법 제8조 제1항 및 제3항 제8호). 또한 전파의 효율적인 이용촉진과 전파이용질서의 유지 및 이용자 보호 등을 위하여 전파이용기술의 표준화에 관한 ① 전파 관련 표준의 제정 및 보급, ② 전파 관련 표준의 적합인증, ③ 그 밖의 표준화에 필요한 사항을 추진하여야 한다. 다만, 산업표준화법에 따른 한국산업표준(KS)이 제정되어 있는 사항에 대하여는 그 표준에 따른다(전파법 제63조 제1항). 그리고 전파이용기술의 표준화 대상은 ① 전파를 이용한 시스템 및 서비스에 관한 기술, ② 전파 관리 및 이용환경에 관한 기술, ③ 그 밖에 전파를 이용한 기술을 말한다. 전파이용기술의 표준화에 관하여 이해관계가 있는 자는 표준화 대상에 대한 표준안을 작성하여 방송통신위원회에 그 제정 또는 개정을 요청할 수 있으며, 방송통신위원회는 전파이용기술에 관한 표준을 제정하거나 개정 또는 폐지할 경우에는 그 내용을 고시하여야 한다. 전파이용기술에 관한 표준의 제정・개정 또는 폐지에 관한 절차 등 필요한 사항은 방송통신위원회가 정하여 고시한다(전파법 시행령 제86조). 방송통신위원회는 전파이용기술을 향상시키기 위하여 관련 기술이나 인력의 국제교류, 국제표준화, 국제공동연구개발 등의 국제협력사업을 지원할 수 있다(전파법 제65조).

(나) 무선설비의 기술기준

실정법에서 적지 않게 사용되고 있는 기술기준에 대하여 별도의 법적 개념을 정의하는 조항은 찾아볼 수 없다. 다만, 일반적으로 기술기준이란 표준 중에서 공통된 판단의 근거가 되는 조건·수준·한계 등을 규정한 것으로서, 법령에 정해진 바에 따라 엄격히 준수해야 하는 강제표준을 말한다. 한편, 1995년 1월 세계무역기구(WTO : World Trade Organization)의 출범과 함께 발효된 WTO/TBT 협정(Agreement on Technical Barriers to Trade)은 기술규정(technical regulation)과 표준(standard) 및 적합성평가절차(conformity assessment procedures)에 대하여 정의하고 있다(Agreement on Technical Barriers to Trade Annex 1 제1호 내지 제3호). 즉, 기술규정이란 적용가능한 행정규정을 포함하여 상품의 특성이나 관련 공정 또는 생산방법이 규정되어 있으며 그 준수가 강제적인 문서라고 하고, 표준이란 규칙(rule)이나 지침(guideline) 또는 상품의 특성 혹은 관련 공정 및 생산방법을 공통적이고 반복적인 사용을 위하여 규정하는 문서로서 인정된 기관에 의하여 승인되고 그 준수가 강제적이 아닌 문서를 말하며, 적합성평가절차란 기술규정 또는 표준의 관련 요건에 충족되었는지를 결정하기 위하여 직접적 또는 간접적으로 사용되는 모든 절차라고 정의하고 있다.

우리나라는 전파자원을 보호하기 위한 방안의 일환으로서 전파를 보내거나 받는 전기적 시설인 무선설비(전파법 제2조 제1항 제5호)의 기술기준을 정하여 방송통신위원회가 고시-전파법 제45조 등에 따른 무선설비규칙(방송통신위원회 고시 제2012-92호)-하고 있다. 무선설비규칙은 전파법 제37조(방송표준방식), 제45조(기술기준), 제47조(안전시설의 설치), 제58조(산업·과학·의료용 전파응용설비 등)의 위임을 받아 방송통신위원회가 무선설비의 기술기준을 규정하여 고시한 것이다. 기술기준은 그 준수가 강제되는 것으로서, 전파법은 그 위반에 대하여 일정한 제재를 부과하고 있다. 즉, 무선설비를 제조 또는 판매하거나 수입하려는 자는 해당 기자재에 대하여 적합성평가기준(예를 들면, 전파법 제37조 및 제45조에 따른 기술기준 등)에 따른 적합성평가를 받아야 하고(전파법 제58조의2 제1항 제1호), 적합성평가를 받은 자는 해당 기자재가 중대한 결함이 있음을 알게 되거나 적합성평가기준에 적합하지 아니함을 알게 되었을 때에는 지체 없이 방송통신위원회에 보고하고 스스로 시정하거나 수거하는 등 필요한 조치를 취하여야 하며(전파법 제58조의11), 적합성평가를 받지 아니한 기자재를 판매하거나 판매할 목적으로 제조·수입한 자는 3년 이하의 징역 또는 2천만원 이하의 벌금에 처하고(전파법 제84조 제5호), 적합성평가를 받지 아니한 기자재를 판매·대여할 목적으로 진열·보관 또는 운송하거나 무선국·방송통신망에 설치한 자는 1년 이하의 징역 또는 500만원 이하의 벌금에 처한다(전파법 제86조 제4호의2). 그 밖에 전파법 제37조·제45조·제47조·제58조를 위반한 경우에도 전파법에서 규정하고 있는 일정한 행정벌을 받게 된다.

(2) 표준과 기술기준의 구별

위에서 살펴본 바와 같이, 우리나라는 '표준' 그 자체에 대한 법적 개념정의를 내리지 않고 있으며, 또한 실정법에서 적지 않게 사용되고 있는 '기술기준'에 대하여도 개념을 정의하고 있는 법조문은 찾아볼 수 없다. 다만, 국가표준이나 산업표준 등에 대한 법적 정의규정으로부터 표준의 개념적 요소 내지는 특징을 추출하는 것은 가능하다고 생각된다. 즉, 양자의 개념정의에 의하면, 우선 표준을 정의하면서 '기준'이라는 표현을 사용하고 있고, 다음으로 양자 모두 '통일성'을 들고 있다는 점이다. 통일성이란 다양성을 거부하는 개념이며, 따라서 복수가 아닌 단일을 의미한다. 다시 말하면, 통일성을 특징으로 하는 표준이라는 존재는 하나만이 존재할 수 있음을 의미한다. 예컨대, 국가표준은 국가에서 단 하나만 존재하는 것이며, 국제표준이라고 하면 국제적으로 단 하나만 인정되는 것이다. 즉, 통일성을 결하면 더 이상 표준이 될 수 없다는 것이다. 그런데 표준제도의 목적과 통일성은 구별되어야 한다. 다양한 것을 통일하는 것이 표준의 목적이 아니다. 통일성은 표준 그 자체의 특성 내지는 본질이며, 통일된 것으로서의 표준을 가지고자 하는 목적은 다른 데에 있다. 상술한 바와 같이, 국가표준의 목적은 국가사회의 모든 분야에서 정확성과 합리성 및 국제성을 제고하는 것이고(국가표준기본법 제3조 제1호), 산업표준화는 산업경쟁력을 향상시키는 것이 직접적인 목적이라고 할 수 있다(산업표준화법 제1조). 이상을 종합하면, 표준은 기준이기는 하되, 통일성을 본질로 하며, 해당 분야 또는 해당 지역에서의 정확성·합리성·효율성·경쟁력 향상 등을 그 목적으로 한다고 정의할 수 있겠다.[200]

이에 대하여 기준은 통일성을 본질로 하지 않는다고 생각되고, 다시 말하면 기준이 표준보다 넓은 개념이라고 할 수 있다. 즉, 기준은 단지 준거(遵據)해야 하는 일정한 준칙(準則)의 의미로 이해되어야 한다. 이 점에서 기준은 복수로 존

200) 김치환, "기술기준에 대한 법적 통제", 법제 통권 제583호, 2006, 64-65면; 김병기, "국가표준체계의 정합성을 위한 법·제도적 제언", 중앙법학 제10집 제1호, 2008, 366-367면.

재할 수 있다는 가능성이 생긴다. 다만, 기준을 설정하는 목적에 따라서는 당해 목적을 달성하기 위한 기준이 현실적으로 하나만 존재할 수 있다면 결과적으로 표준과 동일시되는 측면이 있게 된다. 그러나 통일성을 본질로 하기 때문에 성질상 하나만 존재할 수밖에 없는 경우(표준)와, 현실적으로 또는 기술적으로 하나만 존재할 수 있기 때문에 혹은 하나만이 최선이기 때문에 하나만 있는 경우(기준)는 그 의미가 다르다. 만일, 일정한 분야에 있어서 요구되는 기술기준이 정확성이나 합리성 또는 경쟁력 향상 등의 이유에서 통일된 하나만이 요구된다고 한다면, 그 경우에는 기술기준이 아닌 기술표준으로 존재하게 될 것이다. 그리고 왜 그러한 준칙에 준거해야 하느냐의 의미에서의 기준이 존재해야 하는 목적도 반드시 표준의 경우와 같다고는 생각되지 않는다. 즉, 기준이 있어야 하는 이유는 정확성이나 합리성 또는 경쟁력 향상 등과 전혀 무관하지는 않겠지만, 예를 들어 여기에서 논의의 초점을 맞추고 있는 다양한 무선설비에 관한 기술기준의 경우에는 특히 정확성이나 합리성을 도모한다는 목적보다는 전파자원의 보호와 더불어 국민의 생명과 신체의 안전을 직접적인 목적으로 하는 것이 아닐 수 없다. 이것은 표준에 문제가 있는 경우에는 단지 정확성이나 합리성에

표 2-6 표준과 기술기준의 비교

구분	표준	기술기준
제정 목적	• 표준화에 따른 생산·유통의 효율성 제고 • 정확성, 안전성 및 합리성을 목적	• 공중위생, 안전, 환경보호, 소비자보호, 국방 등 공공이익의 추구 • 사고발생의 방지를 통하여 국민의 생명과 신체의 안전 등이 직접적인 목적
제정 사유	• 국가기관, 표준화기관, 생산자협회 또는 학술전문협회 등 이해관계자 등의 합의를 통해 제정 • 시장에 의해 사실적(de facto)으로 생성	• 국가기관 주도로 제정·시행 • 구체적인 규율영역에 따라 가장 적합한 국가기관별로 기술기준을 제정·시행할 수도 있음
준수 의무	대부분 자발적	강지적이 일반적이지만, 반강제적이거나 임의적인 경우도 있음
행정 규정	거의 포함하지 않음	광범위하게 포함

차질이 발생하고 경쟁력이 저하되는 정도의 손실이 발생하지만, 기술기준[201]에 문제가 발생하는 경우에는 국민의 생명과 신체의 안전에 대한 회복하기 어려운 손해를 감수해야 할 수도 있다는 중대성을 지닌다.[202] 표준과 기술기준을 비교하면 <표 2-6>과 같다.[203]

---

201) 2008년에 22개 부처에서 106개 법령에 의하여 19,000여종의 기술기준을 운용

202) 김치환, 위의 글, 65-66면; 김병기, 위의 글, 367-368면.

203) 김병기, 위의 글, 368면.

제3장

전파의 이용법제

제 3 장 전파의 이용법제

Ⅰ. 무선국의 설치규제

1. 무선국의 의의

가. 무선국의 개념

전파자원의 실질적인 이용은 전파발생시설, 즉 무선국을 통하여 이루어지는데, 무선국이란 무선설비(물적 요소)와 무선설비를 조작하는 자(인적 요소)의 총체를 말하며, 다만 방송수신만을 목적으로 하는 것은 제외한다(전파법 제2조 제1항 제6호). 따라서 무선국을 개설한다는 의미는 무선설비를 설치한다는 물적 부분과 이를 조작하는 자, 즉 인적 부분을 갖춘다는 의미를 가진다. 다시 말해서 무선국의 개설은 무선통신업무를 행할 수 있는 지위의 설정이라고 말할 수 있는데, 이는 무선설비 각각의 부품을 고정 또는 결합하고, 공중선을 연결하고, 전원을 접속하는 등의 설치공사를 통하여 무선설비로서의 기능을 발휘하도록 완성하고 전파를 발사하는 상태로 해석할 수 있다. 따라서 주파수의 분배 및 할당에 관한 내용이 전파를 이용할 수 있는 기본적 토대를 마련하는 것이라면, 무선국의 개설에 관한 내용은 전파를 현실적으로 운용함에 있어 발생하는 법적 문제를 규율하기 위한 것이다.

전파법은 주파수의 할당과는 별도로 무선국에 대한 개설에 있어서도 방송통신위원회에 의한 규제를 받도록 하고 있다. 이것은 일정한 조건에 적합한 경우에만 무선국을 개설하여 운용할 수 있도록 하기 위함이다. 다만, 규제의 정도는 그 개설하고자 하는 무선국에 따라 허가, 허가의제, 신고, 비신고, 사용승인 등으로 방식의 차이를 두고 있다. 그리고 전파법은 무선국의 허가 및 운용에 관한 일반적인 규제 이외에 방송국이나 우주통신과 같이 일반적인 무선국과 동일하게 취급할 수 없는 특수한 영역에 대하여는 별도로 규율하고 있다. 전파법상 무선국 개설의 유형을 정리하면 다음과 같다.

표 3-1 무선국 개설의 유형

구 분	대 상
허 가	일반 무선국
신 고	발사전파 미약 무선국 설치공사가 필요 없는 무선국 전파천문의 수신전용 무선국
	할당받은 주파수를 사용하는 무선국
허가의제	할당 주파수를 이용하는 휴대용 무선국
비신고	생활무선국용 무선기기 등
사용승인	군 등의 무선국

나. 무선국 개설의 법적 성격

(1) 무선국의 개설허가

전파법은 무선국의 원칙적인 개설방식으로서 방송통신위원회의 허가를 받아야 한다고 규정하고 있다(전파법 제19조 제1항 제1문). 여기에서 허가의 의미는 상대방에게 전파를 이용할 수 있는 권리를 창설해 준다는 의미에서 권리형성적 효과를 가진 강학상 특허로 보아야 할 것이다.[204] 강학상 '허가'라 함은 상대적인 일반적 금지를 특정의 경우에 특정의 상대방에게 해제하여, 적법하게 일정한 행위를 행할 수 있게 하여 주는 처분을 말한다.[205] 이는 당해 행위가 그 성질에 있어서 당사자의 기본권행사의 대상이 되는 것으로서 자유로운 행위로 인정되는 것이나, 특정 행정목적을 달성하기 위하여 제한을 설정하고 개별적인 경우에 당해 자유의 회복여부를 검토하는 것을 말한다. 이에 반하여 강학상 '특허'라 함은 특정의 상대방을 위하여 새로이 권리나 능력을 설정하거나, 포괄적 법률관계

204) 이희정, "주파수이용권의 법적 성질에 대한 시론적 고찰(1) - 규제・기대・권리 그리고 재산권 -, 행정법연구 제30호, 2011, 330-331면; 박종수 외 5인, 앞의 책, 126면.

205) 류지태/박종수, 「행정법신론」, 신영사, 2011, 176면.

를 설정하는 행위를 말한다.[206] 다수의 견해는 허가와 특허를 구별하고 있으며 그 구별의 기준은 다음과 같다. 첫째, 허가는 금지해제행위로서 명령적 행위이나, 특허는 설권행위로서 형성적 행위이다. 둘째, 허가는 신청행위 없이 행해지기도 하나, 특허는 항상 신청을 전제로 한다. 셋째, 재량행위성 여부에 관하여는 법률규정상의 표현이 주요한 기준이나, 불분명한 경우에는 허가는 기속행위로서 인정되나 특허는 재량행위로서의 성질을 갖는다. 넷째, 허가는 소극적 목적을 위해서 행해지나, 특허는 적극적으로 공공복리를 증진시킬 목적으로 행해진다.

한편, 법령에 의한 일반적인 상대적 금지(허가조건부 금지)의 해제라는 허가와 권리창설적 효과를 가지는 특허의 구별은 오늘날 상대화되고 있고 양자는 상호 접근하는 경향에 있지만,[207] 이것은 권리를 형성하는 효과라는 측면에서 보면, 그에 대한 법적 규율의 필요성 등에서 본질적인 차이가 없음을 의미하는 것이고, 상대방에게 인정되는 법적 지위의 내용이나 행정청의 재량권이 인정될 수 있는 정도 등에 대해서는 유형화가 가능한 일반적인 차이를 인정할 수 있다고 생각한다.[208] 이러한 특허는 상대방에게 권리 등을 설정하여 주는 행위이므로 형성적 행위이고, 허가와는 달리 상대방이 본래 가지고 있지 않았던 권리 등을 새롭게 설정하여 준다. 또한 특허는 상대방에게 권리나 이익을 새로이 설정하는 형성적 행위이고, 특허에 있어서는 공익목적의 효과적인 달성을 고려하여야 하므로 원칙상 재량행위로 본다. 판례의 경우에도 원칙상 특허를 재량행위로 본다. 즉, 대법원은 법무부장관이 법률에 정한 귀화요건을 갖춘 귀화신청인에게 귀화를 허가할 것인지 여부에 관하여 재량권을 가진다고 판시한 사례가 있다(대법원 2010. 7. 15, 2009두19069).

(2) 주파수지정과 무선국허가

주파수지정이란 허가나 신고로 개설하는 무선국에서 이용할 특정한 주파수를 지정하는 것을 말하고(전파법 제2조 제1항 제4호), 지정주파수란 무선국에서 사용하는 주파수마다의 중심주파수를 말한다(무선설비규칙 제2조 제1항 제9호).

---

206) 류지태/박종수, 위의 책, 178면.
207) 특허와 허가의 구별에 대한 자세한 내용은 박균성, 『행정법론(상)』(제11판), 박영사, 2012, 313-314면.
208) 이희정, 위의 글, 331면.

방송통신위원회의 주파수지정행위는 무선국허가와 마찬가지로 상대방에게 전파를 이용할 수 있는 권리를 창설해 준다는 의미에서 권리형성적 효과를 가진 강학상 특허로 보아야 할 것이다. 그렇다면 무선국허가와 주파수지정은 하나의 처분으로 볼 수 있는지, 아니면 두 개의 처분으로 보아야 하는지가 문제될 수 있다. 무선국의 개설허가를 받은 자는 무선국의 허가증에 기재된 전파의 형식과 점유주파수대폭 및 주파수를 이용할 수 있는 권리를 부여받는다(전파법 제21조 제4항 및 전파법 시행령 제33조 제1항 제9호). 전파법상 주파수지정에 대하여는 개념을 정의하고 있지만, 주파수할당과는 달리 주파수지정행위를 적극적으로 수권하고 있는 명시적인 규정은 존재하지 않는다. 다만, 방송통신위원회는 무선국의 개설허가신청을 받은 때에는 주파수지정이 가능한지의 여부를 심사하여야 하고(전파법 제21조 제2항 제1호), 허가증에 주파수 등이 기재되어 있어야 한다는 규정으로부터(전파법 시행령 제33조 제1항 제9호) 무선국허가와 동시에 주파수지정이 이루어진다고 해석할 수 있다.

이 경우 주파수이용권을 설권하는 것은 무선국 개설허가의 효과이고, 주파수지정은 특정 무선국에서 이용할 주파수 대역을 제한적으로 특정하여 주는 부관으로 보는 구성도 불가능하지는 않을 것이다. 그 행위의 성격을 이렇게 파악하는 경우 주파수 자체에 대한 규율은 무선국허가에 더욱 종속적인 것이 된다. 그러나 주파수 대역의 지정처분이 무선국허가처분과 실질상 거의 일체를 이루고 있는 것으로 보이지만, 주파수지정의 법적 개념이 별도로 존재하므로 관념적으로는 양자가 분리될 수 있다. 또한 비록 주파수지정처분에 대한 명시적인 수권규정은 없지만, 무선국의 개설허가와 구별되는 별도의 주파수지정행위가 있다고 볼 수 있고, 주파수의 회수 또는 재배치에 관한 규정에서처럼 주파수지정은 주파수할당이나 사용승인과 함께 같은 규율의 대상이 되기도 한다는 점을 볼 때, 무선국허가와 별도의 주파수지정처분이 존재하고 주파수이용권의 형성은 당해 주파수지정처분의 효과라고 보아야 한다. 이렇게 봄으로써 무선국의 허가제도 하에서도 주파수에 대한 규율을 독립시킬 수 있고, 무선국허가가 유효하게 유지되는 가운데 주파수지정처분만을 철회하거나 변경하는 등으로 전파자원의 이용을 유연하게 할 수 있을 것으로 생각된다.[209)]

---

209) 이희정, 앞의 글, 331-332면 참조.

2. 무선국의 종류

무선국은 무선설비와 무선설비를 운용하는 자(무선 종사자)의 총체로 정의되며 방송수신만을 목적으로 하는 것은 제외되며 무선국의 업무 및 종류는 법률로 규정되어 있다. <표 3-2>는 전파법 시행령에 규정되어 있는 무선국 허가 개설방법에 따라 무선국을 분류한 표를 나타낸다. 무선국은 크게 2가지 유형으로서 신고하고 개설할 수 있는 허가무선국과 허가나 신고없이 개설할 수 있는 비면허 무선국으로 구분된다.

국내에서 비면허 무선국은 허가나 신고 없이 개설할 수 있는 무선국으로 미약무선국, 특정소출력 무선국, 기타 소출력 무선국으로 분류할 수 있다. 특정소출력 무선국은 일반적으로 공중선 전력이 매우 작은(10mW 이하) 무선국으로서 용도, 주파수, 전파형식, 공중선 전력 등에 대한 기술기준이 규정된 무선국이다. 현재 이 특정소출력 무선국은 데이터 전송용, 무선호출용, 무선 LAN용, 무선마이크용, 무선조정 및 안전 시스템용, 영상전송용, 시각장애인 유도신호용, 이동체 식별용의 8가지 종류로 구분되어 있다. 다만 여기에서 이동체 식별용은 공중선 전력 허용값이 (300mW) 비교적 크지만 신고만으로 사용할 수 있다. 기타 소출력 무선국으로는 용도, 전파형식, 주파수, 기타 필요한 사항을 규정하고 있다. 모형비행기, 모형자동차등의 레저용 완구들의 무선조종용으로 사용되며 500m에서 전계강도가 비교적 작은 (200μV/m 이하) 무선국, 주파수 측정용 소형발진기, 코드없는 전화기, 생활무선국, 수신전용의 무선설비가 소출력 무선국으로 분류되어 허가나 신고없이 사용하고 있다. 미약무선국은 발사하는 전파가 매우 미약한 무선국으로 어떠한 용도의 무선국이라도 그 무선국의 무선설비로부터 3 m 거리에서 측정한 전계강도를 주파수별로 규정하고 있다.

국내 소출력 무선국의 정의 및 기술기준은 법령으로 제정, 개정되고 있으며, 기술기준은 용도, 주파수 범위, 전파형식, 전계강도나 출력, 그리고 기타 필요한 기준 등이 규정되어 있다. 소출력 무선국이란 허가 또는 신고 없이 사용할 수 있는 무선국을 말한다. 전파법상에 소출력 무선국에 대한 명확한 정의가 기술되어 있지는 않으나 넓은 의미로 정의하면 미약무선국, 코드 없는 전화기, 생활 무선국 등을 포함하여 송신출력이 통상 10mW 이하인 경우로서 정부 또는 정부에서 인정한 기관에서 인증을 받은 무선설비를 사용하는 무선국을 말한다. 우리나라의 경우 상기의 정의는 일부 기기에만 적용이 되는 정의로서, 이에 맞추어 제도가 시행되기 위해서는 하부의 법제도적 뒷받침이 보완되어야만 적용이 가능한 정의이다. 국내에서 무선국의 사용주파수, 발사 전파의 강도, 용도, 기능

표 3-2 무선국의 구분

구 분	종 류
일반무선국	방송국, 고정국, 기지국, 항공국, 해안국, 육상이동국 등
허가받은 것으로 보는 무선국 (전파법 시행령 제21조)	• 이동전화용 무선국 • 주파수 공용무선전화(TRS) • 개인 휴대전화용 무선국(PCS) • 무선 데이터통신용 무선국 • 위성 휴대통신용 무선국 • 가입자 회선용 무선국 • 양방향 무선호출용 무선국 • 이동통신(IMT-2000)용 무선국
신고하고 개설할 수 있는 무선국 (전파법 제19조 2 제1항 제3호) (전파법 시행령 제24조)	• 우주무선통신업무 또는 전파천문업무를 행하는 수신 전용 무선기기 • 특정 소출력 무선국(형식검정 · 형식등록을 필한기기)중 이동체식별 장치 • 기간통신사업 • 종합유선방송사업 • 전송망사업을 하기 위한 무선국
신고하지 아니하고 개설할 수 있는 무선국 (전파법 시행령 제25조)	• 표준전계발생기, 헤테로다인방송, 주파수측정 장치, 기타 특정용 소형발진기 • 형식승인을 얻은 코드 없는 전화기 • 수신전용 무선기기 • 형식등록 무선기기로서 3m 거리에서 측정한 전계강도가 다음기준에 적합한 무선기기 - 형식등록 무선기기로서 500m 거리에서 측정한 전계강도치가 1m 마다 200μV/m이하인 무선기기 - 형식등록 무선기기로서 공중선전력 10mW 이하의 특정 소출력 무선기기 • 전기통신역무를 제공하기 위한 무선국으로서 지정주파수마다의 공중선전력이 10mW 이하인 무선기기중 지하 또는 건물 등의 옥내에 설치되는 무선기기

및 그 이외의 기술적 조건 등에 관련규정은 전파법, 전파법 시행령, 전파법 시행규칙, 무선설비규칙 및 고시를 통하여 공포된다.

무선국에 대한 정의 및 운용사례를 간단히 설명하면 다음과 같다.

고정국(일반)은 일정한 고정 지점간의 무선통신 업무로서 고정국 상호간 업무연락 및 정보 중계업무를 하는 무선국으로 정의되며 통신망 구성은 고정국(사무실 또는 고지대)과 고정국(계곡, 하천) 상호간 통신으로 이루어진다. 계곡, 하천 등의 우량 및 수량감시, 홍수예보, 소방용 긴급재난통신 등으로 특정 지점의 우량, 수량 등을 측정하여 통제국으로 전송하면 통제국에서 다시 고정국으로 경보신호를 보내 산간계곡 및 저지대 주민들이 대피할 수 있도록 한다.

고정국(마이크로웨이브)는 일정한 고정 지점간의 무선통신 업무로서 고정국 상호간 업무연락 및 정보중계업무를 하는 무선국으로 정의되며 마이크로웨이브는 주파수가 3~30GHz 인 SHF(Super High Frequency) 대역을 의미하며 M/W 중계, 위성통신, 위성방송, 레이더 등에 활용된다. 고정국(A단말 : 사무실) ↔ 고정국(중계 : 산) ↔ 고정국(B단말 : 사무실) 간 통신, 방송 및 데이터의 장거리 전송을 위하여 통신망이 구성된다. 전국적인 무선 기간통신망, 기간통신망 백본(Backbone) 예비선로, 방송국 중계망, 도서지방 통신망 등을 구성하여 운용한다.

육상국은 이동중의 운용을 목적으로 하지 아니하는 이동업무를 행하는 무선국으로 이동국과 통신하기 위한 무선국으로서 해안국, 기지국, 항공국 및 이동중계국에 해당되지 않는 무선국으로 정의된다. 산불감시 업무 등 이동중인 차량이 정지하여 육상국과 통신망 구성하며 국가기관, 소방용 통신망, 관공서와 관공 선박의 공무통신, 기업체 긴급통신망 등에서 운용된다.

해안국은 선박국과 통신을 하기 위하여 육상에 개설하고 이동하지 아니하는 무선국으로 정의되며 해안국과 항행중인 선박국간의 통신망으로 구성된다. 어선선박국 위치, 해난사고 접수, 기상안내(특보방송), 홍보방송(안전조업, 어로 지도 등)용으로 수산협동조합에서 운용하고 있고, 선박국 상호간의 전화통화 중계(수동/자동), 육상과 선박국간의 통화를 위해서 KT가 운용하고 있으며 해상안전통신, 항만도선 업무 관제통신 등으로 활용된다.

항공국은 항공기국과 통신하기 위하여 육상에 개설하고 이동하지 아니하는 무선국으로서 다만 선박상 또는 지구위성상에 개설하는 경우에는 이동하는 무선국도 포함된다. 육상의 항공국과 운항중인 항공기국간의 통신, 데이터를 송수신하기 위해 다양한 무선설비가 설치되어 통신망이 구성되며 항공청, 인천국제공항공사, (주)대한항공, (주)아시아나항공 등 항공기를 운항하고 관제하는 곳에서 육상과 항공기간 통신 및 공항관제 등의 목적으로 운용되고 있다.

기지국(일반)은 육상이동국과의 통신 또는 이동중계국의 중계에 의한 통신을 하기 위하여 육상에 개설하고 이동하지 않는 무선국으로서 기지국과 육상이동국(차량용 또는 휴대용)간 업무연락을 위하여 사용할 목적으로 개설한 무선국으로 정의되며 통신망 구성은 기지국, 육상이동국 또는 기지국, 이동중계국, 육상이동국 등 용도에 따라 구성이 가능하다. 정부, 공공투자기관 등의 업무연락망, 소방서의 소방업무, 산림청의 산불경보용, 콜택시 회사의 콜업무, 기업체의 일반 업무용으로 운용되며 망 구성이 용이하여 가장 많이 사용되는 무선국이다.

기지국(공중통신망)은 육상이동국과의 통신 또는 이동중계국의 중계에 의한 통신을 하기 위하여 육상에 개설하고 이동하지 아니하는 무선국으로 정의되며 기지국과 육상이동국(차량용 또는 휴대용)간 업무연락을 위하여 사용할 목적의 무선국이다. 이동통신에서는 기지국 또는 기지국 송수신 시스템(BTS : Base Transceiver System)로서 무선접속시스템을 통해 이동단말기와의 무선통신을 가능하게 하고, 전송경로에 위치해 있는 기지국제어기와 신호를 송수신하는 방법으로 운용된다. 기간통신 사업자가 서비스를 제공하여 유선전화↔이동전화, 이동전화 상호간 통신 또는 데이터 송수신을 할 수 있도록 운용하고 있으며 이동전화, 개인휴대통신, W-CDMA 등의 서비스가 제공된다.

기지국(TRS) : TRS(Trunked Radio system)는 주파수 자원 이용효율성을 높이기 위해 여러 개의 주파수를 다수의 가입자가 공동으로 이용함과 동시에 통신중 이용자 상호간 혼신이나 간섭 없이 양질의 통화가 가능한 첨단 무선통신 시스템으로 정의된다. TRS 기지국은 지령국과 단말기 또는 단말기 상호간에 통화를 중계하기 위하여 공동으로 이용되는 므선국으로서 단말기 및 지령국의 호출 요구에 따라 통화 채널의 제어 및 지정 등의 중계과정을 처리하고 통화순위 부여와 통화모니터 기능등을 수행하는 방법으로 구성된다. 물류차량의 통신 및 위치확인, 견인차량 출동, 택배업무, 콜택시 콜업무, 한전 전력감시 및 선로수리 차량 등 산업전반에서 다양하게 운용되고 있다.

기지국(무선데이터통신)은 무선 통신망을 이용하여 데이터(문자, 음성, 화상, 동화상, 파일 등)을 전송할 목적으로 기지국을 개설하는 무선국으로 정의되며 단말기와는 무선링크로 이동전화 교환국 사이에는 유선링크로 접속되며 보통 서비스 지역의 중앙부에 설치하여 일정단위로 배치되어 있다. 버스 이동노선의 위치정보 시스템, 운전면허시험 채점용 시스템, 대형마트의 물류시스템, 가로등 제어 등으로 운용되고 있다.

기지국(무선호출국)은 문자서비스 및 사용자 호출을 위한 목적으로 개설하는 기지국으로서 무선호출기 하나만 있으면 전파가 도달하는 곳에서는 언제, 어디서나 단방향 통신이 가능한 서비스이다. 유선전화에서 호출번호를 누르면 교환국에서 무선호출 기지국으로 호출신호를 보내고 기지국은 무선호출기로 문자메세지를 전달하는 방식으로 구성되며 누구나 가입하여 사용할 수 있는 공중통신망과 병원, 호텔, 물류회사 등 자가망을 설치하여 운용되고 있다.

이동중계국(일반)은 기지국과 육상이동국, 육상국과 이동국, 육상이동국 상호간 및 이동국 상호간의 통신을 중계하기 위한 무선국으로서 육상에 개설하고 이동하지 아니하는 무선국과 선박에 개설하는 무선국도 포함된다. 이동중계국 시스템은 무선접속시스템을 통해 육상 이동국 및 휴대용 무선기와의 무선통신을 가능하게 전송경로를 구성한다. 산림청, 소방서, 각 지자체, 응급의료센터 등에서 전파음영지역 해소를 위해 고층건물 옥상 또는 산 정상에서 설치 운용하고 있다.

이동중계국(공중통신망)은 기지국과 육상이동국, 육상국과 이동국, 육상이동국 상호간 및 이동국 상호간의 통신을 중계하기 위한 육상에 개설하고 이동하지 아니하며 이동전화 기지국 전파가 미치지 못하는 산악마을, 도로 등 전파음영지역을 해소하기 위해 개설하는 무선국으로 정의된다. 광 중계기와 육상이동국, 마이크로웨이브 중계기와 기지국간 전송경로를 구성하여 전파음영지역 및 지하공간에 양호한 통화품질 제공을 위해 운용된다.

항공기국은 항공기와 항공국(관제소)간 이·착륙허가 또는 항행에 필요한 다양한 정보를 얻기 위해 항공기에 개설하여 항공이동업무를 하기 위한 무선국으로서 통신은 항공기와 항공국(관제소)간 또는 항공기국 상호간의 통신을 하기 위해 구성되며 항공사 소유 항공기, 경비행기, 회전익항공기 등에 설치하여 운용된다.

무선측위국은 무선측위를 행하는 무선국으로서 무선방향탐지국, 무선표지국, 무선항행육상국, 무선항행이동국, 무선탐지육상국, 무선탐지이동국 및 비상

위치지시용 무선국에 해당하지 아니하는 무선국이다. 단독 송신설비(RADAR)로서 상대 물체의 위치 및 이동경로를 감시 또는 두 송신기간의 위치를 측정하기 위하여 운용되며 항공기 안전운항을 위해 공항에 설치운용, 지리적 위치측정을 위하여 사용된다.

무선탐지(표정) 육상국은 전파의 전파특성을 이용하여 위치, 속도 및 기타 사물의 특징에 관한 정보를 취득하기 위한 구선국으로서 무선탐지 육상국과 무선탐지 이동국 상호간의 통신망으로 구성되며 조선소 건조선박의 속도 측정용으로 운용된다.

기상원조국은 기상원조 업무를 수행하는 무선국으로서 고층 대기의 기압, 기온, 습도를 측정하는 라디오 존데, 풍향, 풍속을 측정하는 레이윈(rawin), 이들 양자를 측정하는 레이윈존데(rawinsonde), 산악 지대의 우량을 측정하는 우량로봇 등이 있다. 이 장치들은 기상 요소의 변화에 따라 자동적으로 전파가 발사되도록 되어 있으며, 측후소나 기상대에서는 수신기로 이 전파를 수신하여 기상관측한다. 육상수신장치와 기상원조국간의 통신망으로 구성되며 육상 상황실의 기상원조국에서 기상정보(풍향, 풍속, 강우량 등)를 전송 받아 유조선이 접안된 부두시설을 보호할 목적으로 사용한다.

간이 무선국(기지용, 차량용, 휴대용)은 일정한 지역 안에서 간단한 업무연락을 위하여 사용할 목적으로 간이한 절차에 다라 허가를 득하여 사용하는 무선국 또는 국가기관, 국영기업체, 법인, 단체 및 개인 사업자가 일정한 구내 또는 사업장내에서 간단한 업무연락용으로 사용하기 위하여 개설하는 무선국이다. 고정용(사무실)과 차량용, 휴대용 상호간, 차량용 상호간 또는 휴대용 상호간 통신으로 구성되며 건설공사 현장, 행사진행, 가스 및 석유배달, 건물관리, 할인마트, 다방 등에서 운용된다.

무선조정국은 무선에 의한 원격조정을 하기 위한 무선조정업무를 행하는 무선국으로서 무선조정국(사무실)과 무선조정국(가로등) 상호간 정보중계업무를 위하여 사용할 목적으로 방송통신위원장이 정하여 고시한 전파형식, 주파수 및 공중선전력 등의 기준에 적합한 무선국이다. 무선조정국 상호간에 통신망을 구성하며 가로등 제어용(일출 및 일몰 시각 정보를 송출하여 가로등 ON/OFF), 가로등 자동점멸기 상태확인(고장여부, 전압, 전류, 누설전류, 차단기 ON/OFF 현황 등)을 위해 운용된다.

3. 무선국 개설의 조건

무선국의 개설을 위해서는 적극적 요건으로서 무선국의 개설조건을 갖추어야 하고(전파법 제20조의2), 소극적 요건으로서 무선국 개설의 결격사유가 없어야 한다(전파법 제20조). 위와 같은 무선국 개설의 요건은 기속적 요건으로서 무선국의 개설허가를 위하여 반드시 갖추어야 하는 요건이다. 이러한 요건을 갖춘 경우에 방송통신위원회는 무선국의 개설허가를 위한 사항을 심사하여 최종적인 허가여부를 결정한다(전파법 제21조 제2항).

가. 무선국의 개설조건

(1) 일반적 조건

전파법은 무선국을 개설하기 위한 일반적인 조건으로서 다음의 여섯 가지를 규정하고 있다(전파법 제20조의2 제1항). 즉, ① 통신사항이 개설목적에 적합할 것, ② 시설자가 아닌 타인에게 그 무선설비를 제공하는 것이 아닐 것이지만, 전파법 제48조 제1항에 따라 타인에게 임대하는 무선국이나 업무상 긴밀한 관계가 있는 자 간의 원활한 통신을 위하여 개설하는 무선국으로서 방송통신위원회가 인정하는 무선국 또는 전파법 제25조 제2항 제4호에 따른 비상통신을 행하는 무선국의 경우에는 그러하지 아니하고, ③ 개설목적 · 통신사항 및 통신상대방의 선정이 법령에 위반되지 아니할 것, ④ 개설목적의 달성에 필요한 최소한의 주파수 및 공중선전력을 사용할 것, ⑤ 무선설비는 인명 · 재산 및 항공의 안전에 지장을 주지 아니하는 장소에 설치할 것, ⑥ 이미 개설되어 있는 다른 무선국의 운용에 지장을 주지 아니할 것이다.

(2) 개별적 조건

실험국은 무선국의 개설을 위한 일반적인 조건 이외에 다음과 같은 특별한 개설조건을 갖추어야 한다(전파법 제20조의2 제1항 및 전파법 시행령 제27조 제1항). 즉, ① 신청인이 그 실험을 수행할 적정한 능력을 가지고 있을 것, ② 실험의 목적과 내용이 과학기술의 진보 · 발전 또는 과학지식의 보급에 공헌할 합리적인 가능성이 있을 것, ③ 실험의 목적과 내용이 공공복리를 해하지 아니할 것, ④

신청인이 그 실험의 목적을 달성하기 위하여 전파의 발사를 필요로 하고, 합리적인 실험의 계획과 이를 실행하기 위한 적당한 설비를 갖추고 있을 것 등이다.

아마추어국은 무선국의 개설을 위한 일반적인 조건 이외에 다음과 같은 특별한 개설조건을 갖추어야 한다(전파법 제20조의2 제1항 및 전파법 시행령 제27조 제2항). 즉, ① 자연인인 신청인은 해당 아마추어국의 무선설비를 운용할 수 있는 무선종사자의 자격이 있는 사람일 것, ② 아마추어업무의 건전한 보급발달의 도모를 목적으로 하는 사단법인인 신청인은 영리를 목적으로 하지 아니하고, 목적·명칭·사무소·자산·이사의 임면과 사원자격의 득실에 관한 사항을 명시한 정관이 작성되어 있으며, 적당하다고 인정되는 대표자가 선임되어 있고, 아마추어국의 무선설비를 운용할 수 있는 무선종사자의 자격이 있는 사람이 포함되어 있을 것, ③ 단체인 신청인은 해당 아마추어국의 무선설비를 운용할 수 있는 3명 이상의 무선종사자의 자격을 가진 사람을 구성원으로 할 것, ④ 무선설비의 공중선전력이 1킬로와트(이동하는 아마추어국의 경우에는 50와트) 이하일 것, ⑤ 아마추어국 운용의 목적과 내용이 공공복리를 해하지 아니할 것 등이다.

중계를 목적으로 개설하는 아마추어국은 아마추어국의 개설조건 이외에 다음과 같은 특별한 개설조건을 갖추어야 한다(전파법 시행령 제27조 제3항). 즉, ① 신청인은 아마추어국을 개설할 수 있는 사단법인에 해당하거나 아마추어국 간의 중계를 위하여 아마추어업무용 위성을 설치한 자일 것, ② 시설의 유지·관리에 적합한 대책을 갖출 것 등이다.

나. 무선국 개설의 결격사유

(1) 결격사유의 구분

무선국을 개설할 수 없는 결격사유는 크게 국적에 관한 사유, 전파법 위반에 관한 사유, 반국가행위자에 관한 사유로 구분하여 살펴볼 수 있다(전파법 제20조 제1항 본문).

(가) 국적에 관한 결격사유

국적에 관한 결격사유로서 ① 대한민국의 국적을 가지지 아니한 자, ② 외국정부 또는 그 대표자, ③ 외국의 법인 또는 단체는 무선국을 개설할 수 없다(전파법 제20조 제1항 제1호 내지 제3호).

다만, 국적에 관한 결격사유는 아래의 어느 하나에 해당하는 무선국의 경우에는 적용되지 아니한다(전파법 제20조 제2항). 즉, ① 실험국(과학이나 기술발전을 위한 실험에만 사용하는 무선국을 말한다. 이하 같다), ② 선박안전법 제29조에 따른 선박의 무선국, ③ 항공법 제145조 단서 및 제148조에 따른 허가를 받아 국내항공에 사용되는 항공기의 무선국, ④ 대한민국에서 해당 국가의 외교와 영사 업무를 하는 대사관 등의 공관에서 특정 지점 간의 통신을 위하여 공관 안에 개설하는 무선국과 아마추어국(개인적으로 무선기술에 흥미를 가지고 자기훈련과 기술연구에만 사용하는 무선국) 및 육상이동업무를 하는 무선국으로서 기지국, 육상이동국, 간이무선국(전파법 시행령 제26조)으로서 대한민국의 정부·대표자 또는 국민에게 자국(自國)에서 무선국 개설을 허용하는 국가의 정부·대표자 또는 국민에게 그 국가가 허용하는 무선국과 같은 종류의 무선국, ⑤ 국내에서 열리는 국제적 또는 국가적인 행사를 위하여 필요한 경우 그 기간에만 방송통신위원회가 허용하는 무선국, ⑥ 아마추어국으로서 제70조에 따라 대한민국의 아마추어무선기사 자격을 취득한 자이거나 대한민국에 잠시 머무르는 동안 무선국을 운용하려는 자(자국에서 아마추어무선기사 자격을 취득한 자에 한한다)로서 방송통신위원회가 지정하는 단체의 추천을 받은 자가 개설하는 무선국, ⑦ 대한민국에 들어오거나 대한민국에서 나가는 항공기나 선박에서 전기통신역무를 제공하기 위하여 해당 항공기 또는 선박 안에 개설하는 무선국이다.

(나) 전파법 위반에 관한 결격사유

① 전파법을 위반하여 금고 이상의 실형을 선고받고 그 집행이 끝나거나 집행을 받지 아니하기로 확정된 날부터 2년이 지나지 아니한 자, ② 전파법을 위반하여 금고 이상의 형의 집행유예를 선고받고 그 유예기간 중에 있는 자, ③ 전파법 제72조 제2항에 따라 무선국 개설허가의 취소나 개설신고된 무선국의 폐지 명령을 받고 그 사유가 없어지지 아니한 자는 무선국을 개설할 수 없다(전파법 제20조 제1항 제4호, 제5호, 제7호).

(다) 반국가행위자에 관한 결격사유

형법 중 내란의 죄와 외환의 죄, 군형법 중 이적의 죄 또는 국가보안법을 위반한 죄를 범하여 실형을 선고받고 그 형의 집행이 끝나거나 집행을 받지 아니하기로 확정된 날부터 2년이 지나지 아니한 자는 무선국을 개설할 수 없다(전파법 제20조 제1항 제6호).

(2) 예외적 허용사유

전파법은 전기통신역무를 제공받기 위하여 허가가 의제된 휴대용 무선국의 경우에는 국적의 보유나 법률의 위반에 상관없이 누구든지 개설할 수 있도록 하여 무선국 개설의 일반적 결격사유의 예외를 인정하고 있고, 발사하는 전파가 미약한 무선국이나 무선설비의 설치공사를 할 필요가 없는 무선국 또는 수신전용의 무선국 혹은 신고하지 아니하고 개설할 수 있는 무선국의 경우에도 무선국 개설의 일반적 결격사유의 예외로서 규정하고 있다(전파법 제20조 제1항 단서).

4. 무선국 개설의 일반적 절차

무선국을 개설하기 위한 일반적인 절차는 허가신청 → 적부심사 → 허가증

표 3-3 무선국 개설의 일반적 절차

절 차	행위주체	주요내용
① 허가신청	일반국민, 사업자	• 주요 신청서류 - 무선국허가신청서 - 무선설비의 시설개요서 - 무선설비의 공사설계서
② 적부심사	방송통신위원회, 중앙전파관리소	• 심사항목 - 주파수지정의 가부 - 기술기준의 적부 - 무선종사자의 배치계획의 적부 - 무선국 개설조건의 적부 ※ 심사결과 부적합 : 신청기각
③ 허가증 발급	방송통신위원회, 중앙전파관리소	• 무선국의 준공기한 지정
④ 무선설비의 설치공사	일반국민, 사업자	• 기기, 안테나, 전원설비, 안전장치 등 설치
⑤ 준공신고	일반국민, 사업자	• 방통위에 준공신고
⑥ 준공검사	중앙전파관리소, 한국방송통신전파진흥원	• 준공검사 수검
⑦ 준공검사증명서 발급	중앙전파관리소, 한국방송통신전파진흥원	• 검사결과 적합
⑧ 무선국 운용	일반국민, 사업자	• 정기검사 수검

발급→무선설비의 설치공사→준공신고→준공검사→준공검사증명서 발급→무선국 운용 등으로 진행된다.

5. 무선국 개설의 방식

가. 무선국 개설의 원칙 – 허가

희소성이 있고 혼신·간섭 등 이용상의 부작용을 방지하기 위해 행정주체에 의해 관리·통제되는 공물이다. 따라서 이러한 공물을 이용하는 무선국의 경우는 누구나 자유롭게 개설할 수 있는 것은 아니다. 즉, 무선국을 개설하려는 자는 대통령령으로 정하는 바에 따라 방송통신위원회의 허가를 받아야 한다(전파법 제19조 제1항 본문). 따라서 무선국 개설에 있어서의 원칙은 방송통신위원회의 허가이다.

다만, 기본적으로 모든 무선국을 개설하기 위해서는 허가를 받아야 하지만 실질적으로 허가가 곤란하거나 당해 기기의 기술기준 등을 통한 방법으로 이미 허가에 준하는 심사절차를 거친 경우 또는 허가를 통한 관리의 실익이 없는 경우 등에 있어서는 허가 이외의 절차를 통하여도 무선국을 개설할 수 있도록 하고 있다. 이점에 관하여는 이하에서 상술한다.

전파법은 무선국을 개설하고자 할 때 거쳐야 할 절차 등에 관하여 규정하고 있다. 즉, 무선국 개설허가의 신청, 허가신청의 단위, 허가의 심사기준, 허가증의 발급, 무선국의 고시 등에 관한 내용이다. 이러한 내용들은 실제로 무선국을 운용함에 있어서 이를 행정주체가 효율적으로 관리·통제하기 위한 수단으로서의 성격을 갖는다.

(1) 무선국 개설허가의 신청

무선국의 개설허가를 받으려는 자는 대통령령으로 정하는 바에 따라 방송통신위원회에 신청하여야 한다(전파법 제21조 제1항). 무선국의 개설허가를 받으려는 자는 허가신청서(전자문서로 된 신청서를 포함)에 무선설비의 시설개요서와 공사설계서를 첨부하여 방송통신위원회에 제출하여야 한다. 다만, 어선에 설치하는 무선국, 소규모의 무선국 및 아마추어국으로서 대통령령으로 정하는 무선국, 무선설비의 설치공사가 필요없거나 간단한 무선국으로서 대통령령으로 정하는 무선국의 경우에는 시설개요서나 공사설계서를 첨부할 필요가 없다. 또한 대한민국의 국적을 가지지 아니한 자, 외국정부 또는 그 대표자, 외국의 법인 또는 단체의 경우에는 출입국관리법 제88조에 따른 외국인등록사실증명으로 확인이 불가능할 경우에는 여권법에 따른 여권의 사본도 함께 제출해야 한다.

무선국의 개설허가를 신청함에 있어 ① 전파법시행령 제24조 제1항 제1호 단서 및 제3호 단서에 따른 휴대용 무선기기로서(차량 · 선박 등 이동체에 설치하는 경우를 말함) 같은 종별에 속하는 둘 이상의 무선국을 동시에 허가신청하는 경우, ② 지상파방송보조국(전파법시행령 제24조 제3항 제2호에 따른 지하 · 터널내에 개설하는 지상파방송보조국은 제외)을 둘 이상 동시에 허가신청하는 경우, ③ 전기통신역무를 제공하기 위하여 항공기지구국을 둘 이상 동시에 허가신청하는 경우 등에는 무선국의 수에 관계없이 허가신청서 1부와 무선설비의 시설개요서와 공사설계서 등 각 1부만을 제출할 수 있다. 불필요한 중복을 방지하고 국민의 행정편의를 위한 것이다. 다만 이 경우에드 지상파방송보조국을 둘 이상 동시에 허가신청하는 경우에는 방송국별로, 항공기지구국의 경우에는 항공기지구국별로 설치장소 · 공중선형식 또는 공중선전력 등이 일부 다를 때에는 그 명세를 별도로 제출하여야 한다.

허가신청을 받은 방송통신위원회는 전자정부법 제36조 제1항에 따른 행정정보의 공동이용을 통하여 ① 법인 등기사항증명서(기존의 무선국 시설자가 추가로 무선국의 개설허가를 받으려는 경우에는 그 대표자 또는 임원이 변경된 경우만 해당)와 ② 대한민국의 국적을 가지지 아니한 자, 외국정부 또는 그 대표자, 외국의 법인 또는 단체가 허가신청을 하는 경우에는 출입국관리법 제88조에 따른 외국인등록사실증명(법 제20조 제1항 제1호부터 제3호까지에 해당하는 자로 한정한다)을 확인하여야 한다. 이 경우 신청인이 확인에 동의하지 않을 경우 해당 서류를 첨부하도록 하여야 한다.

(2) 허가신청의 단위

무선국의 허가신청은 전파법 시행령 제29조에 따른 무선국의 분류에 따라 송신설비의 설치장소(휴대용 무선기기를 이용한 무선국의 경우에는 송신장치)별로 하여야 한다. 여기서 송신설비라 함은 송신장치와 송신공중선계로 구성되는 전파를 보내는 설비를 말하므로 신호를 발생하고 변조 · 증폭하는 송신설비와 이를 공간에 방사하는 공중선을 포함하여 무선국의 허가단위로 하여야 함을 말한다. 또한 설치장소는 공간에 전파에너지를 방사하는 시설 즉 공중선이 위치한 장소를 말하며 이를 무선국의 허가신청 장소로 한다는 의미이다.

특히 방송국의 허가신청을 함에 있어서는 여기에 덧붙여 중파방송·단파방송·초단파방송·텔레비전방송·데이터방송 등 방송별로 하거나 주파수별로(단파방송의 경우는 제외) 하여야 한다. 다만 이 경우 하나의 주파수로 여러 방송을 할 수 있는 경우에는 방송별로 허가신청을 하여야 한다. 그리고 이동하는 무선국 중 개인이 개설하는 아마추어국과 송신장치마다 신청하는 것이 불합리하다고 인정되는 무선국에 대하여는 둘 이상의 송신장치를 포함하여 단일무선국으로 신청할 수 있다.

이와 같은 허가신청의 원칙적인 단위 이외에 방송통신위원회는 무선국의 허가신청을 간소화하기 위하여 필요한 경우에는 방송통신위원회가 정하여 고시하는 바에 따라 통신망별 또는 설치장소나 주파수별로 허가를 신청하게 할 수 있다.

(3) 허가의 심사기준

전파법 제19조 제1항에 따라 무선국의 개설허가를 받으려는 자는 대통령령으로 정하는 바에 따라 방송통신위원회에 신청하여야 한다. 이러한 무선국 개설허가의 신청을 받은 방송통신위원회는 ① 주파수지정이 가능한지의 여부, ② 설치하거나 운용할 무선설비가 전파법 제45조에 따른 기술기준에 적합한지의 여부, ③ 무선종사자의 배치계획이 전파법 제71조에 따른 자격·정원배치기준에 적합한지의 여부, ④ 전파법 제20조의2의 규정에 따른 무선국의 개설조건에 적합한지의 여부 등의 사항에 대한 심사를 통하여 허가여부를 판단하여야 한다. 방송통신위원회는 심사를 함에 있어 필요하다고 인정되면 신청인에게 자료제출을 요구하거나 신청인의 의견을 들을 수 있다.

(4) 허가증의 발급

방송통신위원회는 무선국 개설 허가신청의 심사결과 그 신청이 적합하면 무선국 개설허가를 하고 그 신청인에게 허가증을 발급하여야 한다(전파법 제21조 제4항). 동 허가증에는 허가연월일 및 허가번호, 시설자의 성명 또는 명칭, 무선국의 종별 또는 명칭, 무선국의 목적, 통신의 상대방 및 통신사항(방송국의 경우에는 방송사항 및 방송구역), 무선설비의 설치장소, 허가의 유효기간, 호출부호 또는 호출명칭, 전파의 형식·점유주파수대폭 및 주파수, 공중선전력, 공중선의 형식·구성 및 이득, 운용허용시간, 무선종사자의 자격 및 정원, 무선국의 준공기한, 시험전파의 발사기간 및 내용(시험전파의 발사를 신청한 경우에만 해당), 무선기기의 명칭 및 기기일련번호 등의 사항이 적어야 한다(전파법 시행령 제33조).

시설자는 허가증 기재사항의 변동이 있는 경우 방송통신위원회에 정정신청을 하여 허가증의 정정을 받아야 하며, 허가증의 파손·오손·분실 등으로 재발급을 받으려는 때에는 방송통신위원회에 재발급신청을 하여야 한다.

(5) 무선국의 고시

방송통신위원회는 방송국(지상파방송보조국 및 위성방송보조국은 제외), 해안국, 항공국, 육상에 개설하는 무선측위국, 표준주파수 및 시보국의 경우에는 그 무선국 허가를 한 경우에 이를 고시하여야 한다. 그러나 해안국, 항공국, 육상에 개설하는 무선측위국 중 국방 또는 치안에 사용되는 무선국의 경우에는 고시하지 않는다.

이러한 고시를 함에 있어서는 허가연월일 및 허가번호, 시설자의 성명 또는 명칭, 무선국의 명칭 및 종별과 무선설비의 설치장소, 호출부호 또는 호출명칭, 주파수, 전파의 형식, 점유주파수대폭 및 공중선전력 등을 고시내용에 포함시켜야 한다. 또한 이들 사항에 변경이 있는 경우 지체없이 이를 고시하여야 한다.

(6) 무선국 개설허가의 유효기간

무선기술의 진보로 전파이용 분야가 급속히 확산됨에 따라 이미 개설되어 있는 무선국보다 더 공공의 복지증진에 도움이 될 무선국이 필요하게 될 수 있다. 그러나 전파의 이용에는 제한이 있으므로 무선국 허가의 효력을 무기한으로 해준다면 필요로 하는 무선국에 대한 새로운 허가를 할 수 없게 될 경우가 발생하므로 무선국의 허가에 유효기간을 정하고 그 기간이 만료될 때마다 무선국을 정리하여 재허가를 하거나 공공의 복지에 도움이 되는 무선국을 허가할 수 있게 한 규정이다.

전파법 제19조 제1항에 따른 무선국 개설허가의 유효기간은 7년 이내의 범위에서 대통령령으로 정하며, 그 기간이 끝나면 재허가를 할 수 있다. 다만, 선박안전법이나 항공법에 따라 선박이나 항공기에 의무적으로 개설하여야 하는 무선국의 개설허가 유효기간은 무기한으로 한다. 허가의 유효기간에 있어서의 기산점은 전파법 제24조 제3항에 따른 준공검사증명서를 발급받은 날로 한다. 다만, 전파법 제24조의2 제1항 각 호에 따른 무선국(준공검사를 받지 아니하고 운용할 수 있는 무선국)의 경우는 그 허가를 받은 날로 한다. 다만, 방송통신위원회는 같은 시설자의 같은 종별 또는 통신망에 속하는 무선국에 대하여는 각 무선국의 허가시기가 다르더라도 그 유효기간이 동시에 끝나도록 허가할 수 있다. 또한 방송통신위원회는 다음 무선국의 시설자 또는 신청인이 원하는 경우에는 허가유효기간의 범위에서 허가의 유효기간을 달리 정할 수 있다. 그리고 개설허가의 유효기간이 5년인 방송국의 경우 방송통신위원회는 전파의 효율적인 이용 및 관리를 통한 공공복리증진을 위하여 필요하다고 판단하는 경우에는 방송법 제10조 제1항 또는 제17조 제3항에 따른 심사결과를 고려하여 2년을 초과하지 아니하는 범위에서 허가의 유효기간을 단축하여 허가할 수 있다. 한편, 판례는 종합유선방송 전송선로시설 제공역무를 사업내용으로 하는 전송망사업자로 지정받은 자가 특정주파수대역을 이용한 무선국개설허가를 받은 뒤 유효기간만료 등으로 그 허가의 효력을 상실한 경우, 위 전송망사업자는 위 주파수대역에 대하여 법률상 보호되는 이익을 가지고 있지 않다고 판시한 바 있다(대법원 2007. 4. 12, 2004두7924).

기본적으로 무선국 개설허가에 붙은 유효기간은 무선국개설허가라는 행정행위에 붙은 부관으로서 부관의 종류 중 기한에 해당하는 것이다. 기한이란 행정행위의 효력의 발생 또는 소멸을 장래 도래할 것이 확실한 사실에 의존하게 하는 종적인 규율을 의미하는 것으로서 전파법상 무선국개설허가에 붙는 유효기간은 이 중 종기(終期)를 규율한 것으로 해석된다. 이러한 종기의 효과로는 종기의 도래시 그로 인하여 행정행위가 장래에 향하여 효력이 소멸하게 되는 점에 특색이 있다. 그러나 이때 행정행위의 효력상실여부와 관련하여는 일반적으로 당해 행정행위가 일회성을 갖는 것이 아니라 계속적인 성질을 가지는 경우에는 당해 유효기간을 행정행위의 효력소멸에 정향한 것으로 해석하기 보다는 갱신기간으로 해석하여야 한다는 점에 견해가 일치하고 있다. 판례 또한 마찬가지이다. 즉, 대법원은 "일반적으로 행정처분에 효력기간이 정하여져 있는 경우에는 그 기간의 경과로 그 행정처분의 효력은 상실되고, 다만 허가에 붙은 기한

이 그 허가된 사업의 성질상 부당하게 짧은 경우에는 그 허가 자체의 존속기간이 아니라 그 허가조건의 손속기간으로 보아 그 기한이 도래함으로써 그 조건의 개정을 고려한다는 뜻으로 해석하여야 한다"고 일관되게 보고 있다(대법원 2007. 10. 11, 2005두12404). 그리고 그 허가기간이 연장되기 위하여는 그 종기가 도래하기 전에 그 허가기간의 연장에 관한 신청이 있어야 하며, 만일 그러한 연장신청이 없는 상태에서 허가기간이 만료하였다면 그 허가의 효력은 상실된다고 보고 있다(대법원 2004. 3. 25, 2003두12837). 따라서 이를 전파법상의 무선국개설허가의 경우에 적용하면, 유효기간이 도래하는 때에 당사자는 방송통신위원회에 재허가를 신청하여야 하며 신청을 받은 방송통신위원회는 그 재허가(갱신) 여부를 재량에 의하여 판단할 수 있으며 설사 당해 허가가 갱신되지 않는다고 하여 당사자가 신뢰보호 등을 주장하여 다툴 수는 없다고 보아야 할 것이다(대법원 1993. 5. 25, 93구4177).

(7) 재허가

재허가는 전파법 제22조에서 규정하고 있는 허가의 유효기간이 종료한 경우에 그 허가의 효력을 어떻게 유지시킬 것인가 하는 문제이다. 신·구 허가의 내용이 동일하다면 허가절차의 간소화의 의미로 해석할 수 있을 것이나, 사정변경이 있다면 새로운 내용의 허가를 다시 할 수도 있음은 물론이다.

전파법시행령 제38조는 전파법 제22조 제1항에 따라 재허가를 받으려는 자는 허가의 유효기간 만료 전 2개월 이상 4개월 이내의 기간에 방송통신위원회에 재허가신청을 하여야 한다고 규정하고 있다. 다만, 허가의 유효기간이 1년인 무선국에 대하여는 그 유효기간 만료일 2개월 전까지 신청하여야 하며, 허가의 유효기간이 1년 미만인 무선국에 대하여는 그 유효기간 만료일 1개월 전까지 신청하여야 한다.

방송통신위원회는 재허가신청을 심사한 결과 그 신청이 전파법 제21조 제2항 각 호에서 규정하고 있는 허가의 심사기준이 부합한다고 인정하는 경우에는 재허가를 한다. 이 때 최초 허가신청을 했을 당시와 주파수 이용현황 등이 달라진 경우에는 전파의 형식·점유주파수대폭 및 주파수, 호출부호 또는 호출명칭, 공중선전력, 운용허용시간, 무선종사자의 자격 및 정원, 공중선의 형식·구성 및 이득, 방송을 목적으로 하는 무선국에 있어서는 방송사항 및 방송구역 등에 관한 사항을 다시 지정하여 무선국의 허가를 할 수 있다. 이 경우는 최초 허가신청과 동일성을 상실한 경우에 해당하므로 새로운 허가를 발급하는 성격을 가진다고 보아야 할 것이다.

(8) 시설자의 지위승계

무선국의 허가는 대물적 허가의 성질 외에도 대인적 허가의 성질도 갖추고 있으므로 허가받은 자의 동일성이 변경된다면 원칙적으로는 무선국 허가의 효력도 소멸한다고 보아야 한다. 그러나 행정상 또는 전파이용관계의 계속성을 보장하기 위해 허가를 받은 사람이 바뀌어도 그 지위의 계승을 인정할 필요가 있다. 전파법은 양도, 합병, 상속 등 소위 법률관계의 포괄승계의 경우 시설자의 지위가 승계되는 것으로 규정하고 있다.

전파법 제23조 제2항은 시설자가 사업을 양도하면서 그 사업과 관련된 무선국을 양도한 경우의 양수인, 시설자인 법인이 합병한 경우에 합병 후 존속하거나 합병에 따라 설립된 법인이 종전 시설자의 지위를 승계하려면 방송통신위원회의 인가를 받아야 하는 것으로 규정하고 있다. 행정법상 인가라 함은 제3자의 법률적 행위를 보충하여 그의 법률상의 효과를 완성시키는 행정행위를 일컫는 것으로서, 동 조항에서 규정하고 있는 인가는 제3자에 의한 사업양도·합병이라는 법률적 행위로 인한 법률상 지위의 변동에 따른 법률효과를 완성시켜주는 기능을 한다. 사업양도를 통한 시설자 지위승계의 인가를 받으려는 자는 사업양도·양수계약서 사본을 첨부하여 방송통신위원회에 시설자의 지위승계에 대한 인가신청을 하여야 한다. 합병을 통한 시설자 지위승계의 인가를 받으려는 자는 법인합병계약서 사본, 합병을 결의한 주주총회 또는 사원총회의 의사록, 그 밖에 합병에 관한 의사결정을 증명하는 서류, 합병 후 존속하는 법인 또는 합병에 따라 설립된 법인의 정관 사본을 첨부하여 방송통신위원회에 시설자 지위승계에 대한 인가신청을 하여야 한다.

전파법 제23조 제3항은 ① 시설자가 사망한 경우의 상속인, ② 무선국이 있는 선박이나 항공기의 소유권 이전 또는 임대차계약 등에 의하여 선박이나 항공기를 운항하는 자가 변경된 경우에 해당 선박이나 항공기를 운항하는 자, ③ 간이무선국 ④ 법 제19조의2제1항에 따라 신고하고 개설하는 무선국의 시설자의 지위승계를 받으려는 자는 방송통신위원회에 신고하여야 한다고 규정하고 있다. 이 경우 시설자의 지위승계를 신고하려는 자는 승계사실을 증명하는 서류를 첨부하여 방송통신위원회에 신고를 하여야 한다. 이러한 신고에 의한 시설자 지위승계의 절차에 관하여는 인가에 의한 시설자의 지위승계의 절차를 준용한다.

방송통신위원회의 인가 또는 신고에 있어 결격사유는 전파법 제20조 무선국 개설의 결격사유를 준용한다. 또한 법인의 합병이나 상속에 따라 시설자의 지위를 승계한 자가 2명 이상인 경우에는 그 중 1명을 대표자로 선정하여야 한다. 참고로, 전술한 허가의 승계 논의와 관련한 승계자의 범위에 있어서 전파법 제14조 제5항에 따른 주파수이용권의 양수인은 그 범위에 포함되지 않는다.

(9) 무선설비의 검사

방송통신위원회로부터 개설허가를 받은 자는 무선설비가 준공된 경우 방송통신위원회에 준공신고를 하고 그 무선설비가 기술기준 및 무선종사자의 자격・정원배치기준에 적합한지의 여부에 대하여 검사(준공검사)를 받아야 한다. 방송통신위원회는 개설허가를 받은 자로부터 허가증에 적힌 준공기한의 연장신청을 받은 경우 그 사유가 합당하다고 인정하면 준공기한을 연장할 수 있다. 이 경우 총 연장기간은 1년을 초과할 수 없다. 이러한 검사 결과 그 무선설비가 전파법 제45조에 따른 기술기준에 적합하고 무선종사자의 자격과 정원이 전파법 제71조에 따른 자격・정원배치기준에 적합하면 방송통신위원회는 지체 없이 검사를 신청한 자에게 검사증명서를 발급하여야 한다. 다만, 검사한 결과가 적합하지 아니한 무선국의 경우에는 일정한 기한 내에 재검사를 받아야 한다. 방송통신위원회는 개설허가를 받은 무선국에 대하여 5년의 범위에서 무선국별로 일정한 기간마다 정기검사를 실시하여야 한다.

한편 방송통신위원회는 ① 어선에 설치하는 무선국, 소규모의 무선국 및 아마추어국으로서 대통령령으로 정하는 무선국, ② 전파법 제22조 제1항에 따라 재허가를 받은 무선국, ③ 무선설비의 설치공사가 필요 없거나 간단한 무선국으로서 대통령령으로 정하는 무선국, ④ 외국에서 취득한 후 국내의 목적지에 도착하지 못한 선박 또는 항공기의 무선국, ⑤ 전파법 제20조 제2항 제7호의 무선국 중 시설자가 외국인인 무선국의 경우에는 준공검사를 면제 또는 생략할 수 있다.

(10) 변경허가

무선국의 시설자는 허가시 정해진 사항에 따라 무선국을 운용하여야 한다. 그러나 부득이한 사유가 발생한 경우에는 무선국의 기본적인 성격의 범위 내에서 변경을 인정하는 것이 필요하다. 따라서 무선국의 개설허가를 받은 자가 무선국을 운용하면서 허가받은 사항 중에 예기치 않는 여러 가지 사정으로 인하여 무선국의 목적, 통신 상대방 및 무선설비의 설치장소 등 대통령령이 정하는 사항을 변경하려면 이에 대해서는 따로 변경허가를 받아야 한다.

원래 변경허가는 전파법(2010.7.23, 법률 제10393호로 일부개정되기 전의 것) 제26조에서 별도의 조항으로 규정되어 있었으나, 2010년 7월 전파법 일부개정을 통하여 개설허가에 관한 조항인 제19조에서 통합하여 규정되기에 이르렀다. 기존의 규정체계가 개설허가와 별도로 변경허가를 규정하면서 복잡한 준용규정 형식을 띄고 있던 것을 통합하여 규정함으로써 규정 적용간의 혼선을 최소화하고 국민의 예측가능성을 높인 개정으로 평가할 수 있을 것이다. 따라서 전파법에 따르면 무선국의 변경허가의 절차는 개설허가의 절차와 거의 대부분 유사하다. 이하에서는 변경허가의 절차 등에 대하여 보다 구체적으로 살펴본다.

무선국의 개설허가를 받은 자가 허가받은 사항 중 무선국의 목적, 통신의 상대방 및 통신사항(방송국의 경우에는 방송사항 및 방송구역), 무선설비의 설치 장소(무선설비가 설치된 차량을 교체하는 경우는 제외), 호출부호 또는 호출명칭, 전파의 형식·점유주파수대폭 및 주파수(간이무선국이 같은 주파수대역 내에서 주파수를 변경하는 경우는 제외), 공중선전력, 공중선의 형식·구성 및 이득, 운용허용시간, 송신장치의 증설(아마추어국으로서 공중선전력 10와트 이하의 송신장치는 제외), 무선기기의 대치(방송통신위원회 고시로 정하는 무선기기는 제외) 등의 사항을 변경하려면 이에 대한 방송통신위원회의 변경허가를 받아야 한다. 이 때 변경허가를 받으려는 자는 변경허가 신청서(전자문서로 된 신청서를 포함)에 무선설비의 공사설계서(무선국의 목적, 통신의 상대방 및 통신사항, 호출부호 또는 호출명칭, 운용허용시간을 변경하는 경우에는 불필요) 및 무선국 변경내역서(전자문서를 포함)를 첨부하여 방송통신위원회에 제출하여야 한다.

그리고 개설허가와 마찬가지로 방송통신위원회는 변경허가 신청을 받은 때에 ① 주파수지정이 가능한지의 여부, ② 설치하거나 운용할 무선설비가 법 제45조에 따른 기술기준에 적합한지의 여부, ③ 무선종사자의 배치계획이 법 제71

조에 따른 자격·정원배치기준에 적합한지의 여부, ④ 법 제20조의2에 따른 무선국의 개설조건에 적합한지의 여부를 심사하여야 한다. 그리고 이러한 심사를 할 때에 필요하다고 인정하면 신청인에게 자료 제출을 요구하거나 신청인의 의견을 들을 수 있다. 방송통신위원회는 심사 결과 그 신청이 적합하면 무선국 변경허가를 하고 신청인에게 무선국의 준공기한과 그 밖에 대통령령으로 정하는 사항이 적힌 허가증을 발급하여야 한다. 만약 방송국(지상파방송보조국 및 위성방송보조국은 제외), 해안국, 항공국, 육상에 개설하는 무선측위국, 표준주파수 및 시보국에 대해 변경허가를 한 경우 방송통신위원회는 허가연월일 및 허가번호, 시설자의 성명 또는 명칭, 무선국의 명칭 및 종별과 무선설비의 설치장소, 호출부호 또는 호출명칭, 주파수, 전파의 형식, 점유주파수대폭 및 공중선전력에 관한 사항을 고시하여야 한다.

개설허가와 마찬가지로 방송통신위원회로부터 변경허가를 받은 자는 무선설비가 준공된 경우 방송통신위원회에 준공신고를 하고 그 무선설비가 기술기준 및 무선종사자의 자격·정원배치기준에 적합한지의 여부에 대하여 검사(준공검사)를 받아야 한다. 방송통신위원회는 변경허가를 받은 자로부터 허가증에 적힌 준공기한의 연장신청을 받은 경우 그 사유가 합당하다고 인정하면 준공기한을 연장할 수 있다. 이 경우 총 연장기간은 1년을 초과할 수 없다. 이러한 검사 결과 그 무선설비가 전파법 제45조에 따른 기술기준에 적합하고 무선종사자의 자격과 정원이 전파법 제71조에 따른 자격·정원배치기준에 적합하면 방송통신위원회는 지체 없이 검사를 신청한 자에게 검사증명서를 발급하여야 한다. 다만, 검사한 결과가 적합하지 아니한 무선국의 경우에는 일정한 기한 내에 재검사를 받아야 한다.

나. 허가의제 무선국

전파법 제19조 제2항에서 규정하고 있는 것으로 전기통신사업법 제2조 제6호에 따른 전기통신역무를 제공받기 위한 무선국으로서 대통령령으로 전하는 무선국을 개설하려는 자가 해당 전기통신역무를 제공하는 자와 이용계약을 체결하였을 때에는 그 무선국을 방송통신위원회의 허가를 받은 것으로 본다. 이를 받은 전파법 시행령 제21조에서는 전파법 제10조에 따라 방송통신위원회가 할당한 주파수를 이용하는 휴대용 무선국이 이에 해당함을 규정하고 있다.

휴대용 단말기의 경우 특별한 심사절차를 거치지 않더라도 이미 단말기 생산시에 관련 기술기준에 적합하도록 생산된 기기이므로 그 기기적 검증이 가능하고, 4천만명에 이르는 이동통신 가입자로 하여금 개별적으로 허가를 받도록 하는 것이 실질적으로 곤란하며, 나아가 전기통신사업자와 이용계약을 체결하지 않은 경우는 당해 단말기의 사용이 불가능하므로 역무제공 사업자와 이용계약을 체결하는 경우에는 허가를 받은 것과 동일한 효과를 거둘 수 있는 것으로 판단한 것으로 보인다.

전기통신사업자는 무선국을 개설하려는 자, 즉 전기통신역무를 제공받으려는 자와 이용계약을 체결하였을 때에는 신규로 이용계약을 체결한 가입자의 수와 전체 가입자의 수를 방송통신위원회에 통보하여야 하는 바(전파법 제19조 제3항), 구체적으로는 매 분기 말일부터 15일 이내에 '해당 분기 중 신규로 이용계약을 체결한 가입자의 수, 매 분기 말일 기준의 가입자의 수, 병역법에 따른 징집 또는 지원에 따라 입영한 현역병[같은 법 제24조 제2항 또는 제25조 제1항(같은 항 제2호 중 경찰대학 졸업예정자로서 전투경찰대에 복무하도록 추천을 받은 자는 제외한다)에 따라 전환복무하는 자를 포함한다]으로서 제21조에 따른 무선국의 이용을 정지한 가입자의 수, 이용계약에 따른 이용요금의 연체로 인하여 제21조에 따른 무선국의 이용이 정지된 가입자의 수를 방송통신위원회에 통보하여야 한다(전파법시행령 제22조).

또한 허가의제의 경우는 변경허가(전파법 제19조 제1항 후단), 무선국 개설허가의 유효기간(전파법 제22조), 검사(전파법 제24조), 무선국의 폐지 및 운용휴지(전파법 제25조의2), 수수료(전파법 제69조 제1항 제2호)에 관한 사항은 적용하지 아니한다.

다. 신고하고 개설할 수 있는 무선국

허가절차를 거치지 않고 신고하고 개설할 수 있는 무선국으로는 ① 발사하는 전파가 미약한 무선국이나 무선설비의 설치공사를 할 필요가 없는 무선국, ② 수신전용의 무선국, ③ 전파법 제11조 또는 제12조에 따라 주파수할당을 받은 자가 전기통신역무 등을 제공하기 위하여 개설하는 무선국, ④ 방송법 제2조 제1호 라목에 따른 이동멀티미디어방송을 위하여 개설하는 무선국이 있다(전파법 제19조의2 제1항 각 호). 이러한 무선국은 대통령령으로 정하는 바에 따라 방송통신위원회에 신고함으로써 무선국을 개설할 수 있다. 특히 이중에서 이동멀티미디어방송을 위하여 개설하는 무선국은 해당 방송사업자의 안정적 성장을 도모하고자 하는 목적으로 2010년 7월 23일 전파법 일부개정(법률 제10393호로 일부개정되어 2011년 1월 24일부터 시행)을 통하여 새로이 신고 대상 무선국에 포함된 것이다.

(1) 발사전파가 미약한 무선국 또는 무선설비의 설치공사가 필요 없는 무선국

전파법 제19조의2 제1항 1호에서 규정하고 있으며, 이를 받은 전파법시행령 제24조 제1항에서는 이에 해당하는 구체적 무선국으로 간이무선국용 무선설비 중 휴대용 무선기기(다만, 차량·선박 등 이동체에 설치하는 경우는 제외)를 규정하고 있다.

간이무선국용 무선설비 중 휴대용 무선기기의 경우 그 발사하는 전파는 약 5W 정도로 허가(의제)를 받고 사용해야 하는 일반적인 휴대전화 단말기와 그 출력면에서 큰 차이가 없어 발사하는 전파가 미약함을 이유로 신고대상이 될 무선국은 아니고 따라서 무선설비의 설치공사가 필요 없는 무선국에 해당한다고 하겠다.

종전의 전파법시행령에 의하면 허가를 받고 이용해야 하는 간이무선국용 무선설비 중 휴대용 무선기기의 경우, 신고 없이도 이용할 수 있는 생활무선국용 무선기기와 그 형태와 기능이 유사하여 허가를 받지 않고 사용하는 경우가 발생할 수 있었고, 이 경우 전파법상의 벌칙조항의 적용을 받아 형사처벌을 받을 수 있는 가능성이 있었다. 따라서 이러한 문제점을 해결하기 위하여 허가대상에서 신고대상으로 규제를 완화함으로써 과도한 형사처벌 대상의 문제를 해결하였다.

(2) 수신전용의 무선국

전파법 제19조의2 제1항 2호에서 규정하고 있으며, 이를 받은 전파법시행령 제24조 제1항 2호에서는 전파천문업무를 행하는 수신전용의 무선기기가 이에 해당함을 규정하고 있다.

수신전용의 무선국은 전파를 송신함이 없이 오로지 수신만을 위해서 개설하는 무선국을 의미한다. 전파의 수신만을 전용으로 하는 무선국의 경우 발사하는 전파가 없어 타 무선국에 대해 혼신·간섭 등의 영향을 미치지 않으므로 일응 별도의 개설절차 없이도 충분히 이용이 가능한 무선설비로 볼 여지도 있다. 그러나 이 경우도 전파천문업무를 행하는 수신전용의 무선기기의 경우는 전파천문업무라는 공익적 업무를 수행하는 무선국으로서 업무의 특성상 타 무선국에서 발생되는 전파로부터 방해를 받지 않아야 제대로 된 업무의 수행이 가능하여 국가의 보호가 필요한 무선국이라고 볼 수 있다. 이러한 국가의 보호를 위해 당해 무선국에 대한 설치장소 등의 정보를 국가가 보유해야 할 필요가 있고 이러한 관리·통제의 필요에 따라 신고를 하고 개설하도록 규정하고 있는 것으로 해석할 수 있다.

(3) 할당받은 주파수를 사용하는 무선국

전파법 제19조의2 제1항 3호에서 규정하고 있으며, 이를 받은 전파법시행령 제24조 제2항에서는 ① 전기통신사업법 제2조 제11호 본문에 따른 기간통신역무를 제공하기 위한 무선국 중 이동통신(셀룰러, PCS, IMT2000), 휴대인터넷, 위치기반서비스, 무선데이터통신, 서비스제공지역이 전국인 주파수공용통신 및 무선호출, 그 밖에 국가간·지역간 전파혼신 방지 등을 위하여 방송통신위원회가 무선국의 설치장소, 운영시간, 주파수 또는 공중선 전력 등을 제한할 필요가 없다고 인정하여 고시하는 무선국, ② 방송법 제2조 제2호 나목에 따른 종합유선방송사업을 하기 위한 무선국 또는 같은 조 제13호에 따른 전송망사업을 하기 위한 무선국이 이에 해당함을 밝히고 있다.

이는 주파수할당이라는 절차를 통하여 이미 방송통신위원회에 의한 심사를 거쳤으므로 굳이 무선국을 개설함에 있어서까지 허가절차를 거칠 필요는 없다는 정책적 판단이 작용한 것으로 보인다.

(4) 이동멀티미디어방송을 위해 개설하는 무선국

방송법 제2조 제1호 라목에 따른 이동멀티미디어방송을 위하여 개설하는 무선국도 신고를 통하여 무선국 개설이 가능하다. 전파법 제19조의2 제1항 4호에서 규정하고 있으며, 이를 받은 전파법시행령 제24조 제3항에서는 ① 위성방송보조국, ② 지하・터널내에 개설하는 지상파방송보조국이 이에 해당함을 규정하고 있다.

이와 같은 이동멀티미디어방송을 위해 개설하는 무선국의 경우는 전술한 것처럼 2010. 7. 23. 전파법 일부개정(법률 제10393호로 일부개정되어 2011. 1. 24.부터 시행)을 통하여 새로이 신고 대상 무선국에 포함된 것이다. 즉, 방통융합환경이 급속하게 진행되는 상황에서 제한된 음영지역을 대상으로 저출력으로 송출되는 지상파DMB나 위성DMB와 같은 이동멀티미디어방송 무선국은 기간통신 무선국과 동일하게 국가간・지역간 전파혼신 등이 없으며, 인명안전 등을 목적으로 개설한 무선국이 아님에도 불구하고 그동안 방송국으로 분류되어 무선국 신고제 적용 대상에서 제외되어 허가절차를 거쳐야 하는 어려움이 있었다. 덧붙여 지상파DMB와 위성DMB의 방송신호 송출을 위하여 약 11,500국의 방송보조국이 무선국 허가를 받아 운영되어 불필요한 행정비용 낭비라는 지적이 있었다. 따라서 무선국 신고제의 적용 대상을 이동멀티미디어방송을 위해 개설하는 무선국으로 확대하여 무선국의 신설 및 재배치를 촉진함으로써 시청자에게 양질의 방송서비스 시청이 가능하도록 유도하며, 방송사업자의 자율성 확대 및 이를 통한 방송사업의 안정적 성장 추진이 가능할 것으로 기대되고 있다.

(5) 신고절차

무선국 개설신고를 하려는 자는 무선국을 개설하기 전까지 방송통신위원회에 신고하여야 한다(전파법 제22조의2 제1항). 이미 신고한 사항을 변경하기 위한 신고(변경신고)를 하려는 경우에도 또한 같다. 방송통신위원회는 개설신고를 받거나 변경신고를 받은 경우에는 무선국 신고증명서를 발급하여야 한다.

(6) 허가 관련 내용의 준용

전파법 제11조 또는 제12조에 따라 주파수할당을 받은 자가 전기통신역무 등을 제공하기 위하여 개설하는 무선국(제19조의2 제1항 제3호), 방송법 제2조 제1호 라목에 따른 이동멀티미디어방송을 위하여 개설하는 무선국(제19조의2 제1항 제4호)의 개설신고 또는 변경신고를 한 자는 무선설비가 준공된 경우 방송통신위원회에 준공신고를 하고 그 무선설비가 기술기준 및 무선종사자의 자격・정원배치기준에 적합한지의 여부에 대하여 검사(이하 “준공검사”라 한다)를 받아야 한다(전파법 제24조 제1항). 다만 주파수할당을 받은 자가 전기통신역무 등을 제공하기 위하여 신고하고 개설할 수 있는 무선국 중에서 전기통신사업법 제2조 제11호 본문에 따른 기간통신역무를 제공하기 위한 무선국 중 이동통신(셀룰러, PCS, IMT2000), 휴대인터넷, 위치기반서비스, 무선데이터통신, 서비스제공지역이 전국인 주파수공용통신 및 무선호출, 그 밖에 국가간・지역간 전파혼신 방지 등을 위하여 방송통신위원회가 무선국의 설치장소, 운영시간, 주파수 또는 공중선 전력 등을 제한할 필요가 없다고 인정하여 고시하는 무선국에 대해서는 표본추출 방법으로 검사(표본검사)할 수 있다. 이러한 표본검사를 하기 위하여는 검사관할구역별로 표본모집기간 내에 준공신고한 무선국 중 100분의 30을 표본으로 추출(소수점 이하는 절상)하여야 한다. 이 경우 검사관할구역 및 표본모집기간에 관한 세부적인 사항은 방송통신위원회가 정하여 고시한다(전파법시행령 제42조의2). 이동통신 기지국 등 주파수를 할당받아 신고만으로 개설할 수 있는 무선국은 개설신고와 준공신고만을 하고 무선국을 운용할 수 있게 되어 무선국 운용까지 소요되는 시간을 단축할 수 있게 하려는 취지이다.

라. 신고하지 아니하고 개설할 수 있는 무선국

신고해야 하는 무선국임에도 불구하고 전파가 미약한 무선국 등으로서 대통령령으로 정하는 무선국은 방송통신위원회에 신고하지 아니하고 개설할 수 있다(전파법 제19조의2 제2항). 이를 받은 전파법시행령 제25조는 ① 표준전계발생기・헤테르다인방식 주파수 측정장치, 그 밖의 측정용 소형발진기, ② 전파법 제58조의2 제1항에 따른 적합성평가(이하 "적합성평가"라 함)를 받은 무선기기로서 개인의 일상생활에 자유로이 사용하기 위하여 방송통신위원회가 정한 주파수를 이용하여 개설하는 생활무선국용 무선기기, ③ 전파법시행령 제24조 제1항 제2호에 따른 무선기기 외의 수신전용 무선기기, ④ 적합성평가를 받은 무선기기로서 다른 무선국의 통신을 방해하지 아니하는 출력의 범위에서 특정구역 또는 건물 내 등 가까운 거리에서 사용할 목적으로 방송통신위원회가 용도 및 주파수와 공중선전력 또는 전계강도 등을 정하여 고시하는 무선기기가 이에 해당한다고 규정하고 있다.

조문체계상 신고 뿐만 아니라 허가도 필요로 하지 않고 자유로이 개설하여 사용할 수 있는 경우를 의미한다. 이러한 무선국들은 발사하는 전파가 아주 미약하여 타 무선국에 혼신·간섭 등의 영향을 미치지 않거나 자유롭게 사용하여도 일반적인 전파환경에 영향을 주지 않는 무선국이 이에 해당한다고 볼 수 있다.

마. 주파수의 사용승인을 받은 무선국

(1) 유 형

방송통신위원회로부터 주파수 사용승인을 받은 자는 허가, 신고 등을 하지 않고 무선국을 개설할 수 있다(전파법 제19조 제5항). 이를 받은 전파법시행령 제23조는 주파수 사용승인을 받아 개설할 수 있는 무선국을 다음과 같이 규정하고 있다. ① 군용전기통신법 제3조에 따라 국방부장관이 관리·운용하는 무선국(특히 이 경우 국가안보상 필요할 때에는 우선적으로 승인할 수 있음), ② 외국의 국가원수 등이 대한민국을 방문하는 중에 의전·경호 등의 목적으로 사용하기 위하여 외교통상부장관의 요청에 따라 개설하는 무선국, ③ 주한 외국공관이 대한민국에서 해당 국가의 외교 및 영사업무를 위하여 외교통상부장관의 요청에 따라 개설하는 무선국, ④ 국내에서 열리는 국제적 또는 국가적인 행사를 위하여 관계 국가기관의 장의 요청에 따라 외국인이 그 행사기간 중에 개설하는 무선국, ⑤ 대한민국과 아메리카합중국간의 상호방위조약 제4조에 따른 시설과 구역 및 대한민국에서의 합중국군대의 지위에 관한 협정에 따라 아메리카합중국군대가 관리·운용하는 무선국 중 같은 협정 제3조제2호에 따른 약정의 적용을 받는 무선국, ⑥ 국가안전보장과 관련된 정보 및 보안업무를 관장하는 기관의 장이 그 업무를 위하여 관리·운용하는 무선국 등이 주파수 사용승인을 받을 수 있는 무선국이다.

(2) 주파수 사용승인의 유효기간

주파수 사용승인의 유효기간은 10년 이내의 범위에서 대통령령으로 정하며, 그 기간이 끝나면 재승인을 할 수 있다. 주파수 사용승인의 유효기간은 그 주파수 사용승인을 받은 날로부터 기산한다. 그 구체적인 내용을 살펴보면 군용전기통신법 제3조에 따라 국방부장관이 관리·운용하는 무선국과 대한민국과 아메리카합중국간의 상호방위조약 제4조에 따른 시설과 구역 및 대한민국에서의 합중국군대의 지위에 관한 협정에 따라 아메리카합중국 군대가 관리·운용하는 무선국 중 같은 협정 제3조 제2호에 따른 약정의 적용을 받는 무선국의 경우는 10년(전파법 시행령 제37조 제1항 제1호), 주한 외국공관이 대한민국에서 해당 국가의 외교 및 영사업무를 위하여 외교통상부장관의 요청에 따라 개설하는 무선국과 국가안전보장과 관련된 정보 및 보안업무를 관장하는 기관의 장이 이 업무를 위하여 관리·운용하는 무선국의 경우는 5년(전파법 시행령 제37조 제1항 제2호), 외국의 국가원수 등이 대한민국을 방문하는 중에 의전·경호 등의 목적으로 사용하기 위하여 외교통상부장관의 요청에 따라 개설하는 무선국과 국내에서 열리는 국제적 또는 국가적인 행사를 위하여 관계 국가기관의 장의 요청에 따라 외국인이 그 행사기간 중에 개설하는 무선국은 해당 무선국의 개설 목적을 달성하는 데에 필요하다고 방송통신위원회가 인정하는 기간(전파법 시행령 제37조 제1항 제3호)이다.

다만 방송통신위원회는 주파수분배가 변경되는 경우 또는 사용승인의 목적 달성에 필요한 기간이 전파법 시행령 제37조 제1항 제1호 또는 제2호에 따른 유효기간보다 단기인 경우 등의 사유로 유효기간 동안 사용승인을 하는 것이 전파자원의 효율적 이용을 저해한다고 판단되는 경우에는 주파수 사용승인의 요청자와 협의하여 전파법 시행령 제37조 제1항 제1호 또는 제2호에 따른 유효기간의 범위에서 유효기간을 달리 정할 수 있다.

(3) 재승인

주파수 사용승인의 유효기간이 만료하여 재승인 받으려는 자는 주파수 사용승인의 유효기간 만료일 전 6개월 이상 12개월 이내에 방송통신위원회에 재승인을 신청하여야 한다. 다만, 전파법 시행령 제37조 제1항 제3호에 따라 외국의 국가원수 등이 대한민국을 방문하는 중에 의전·경호 등의 목적으로 사용하기 위하여 외교통상부장관의 요청에 따라 개설하는 무선국과 국내에서 열리는 국제적 또는 국가적인 행사를 위하여 관계 국가기관의 장의 요청에 따라 외국인이 그 행사기간 중에 개설하는 무선국의 경우는 해당 무선국의 개설 목적을 달성하는데 필요하다고 방송통신위원회가 인정하는 기간 동안 주파수의 사용승인을 받은 경우에는 그러하지 아니하다.

6. 무선설비의 기술기준

가. 의 의

무선설비란 전파를 보내거나 받는 전기적 시설을 말하며(전파법 제2조 제1항 제5호), 일반적으로 기술기준이란 표준 중에서 공통된 판단의 근거가 되는 조건·수준·한계 등을 규정한 것으로서, 법령에 정해진 바에 따라 엄격히 준수해야 하는 강제표준을 말한다. 우리나라에서 전파를 이용하는 무선설비의 기술기준을 규정하는 대표적인 법령으로는 무선설비규칙이 있다. 무선설비규칙은 무선설비를 업무별로 구분하여 기술기준을 규정하고 있는데, 크게 방송업무용 8개, 해상업무용 20개, 항공업무용 14개, 전기통신사업용 12개, 기타업무용 19개로 븐류하여 기술기준을 규정하고 있다.

나. 무선설비규칙의 체계

무선설비규칙은 무선설비의 기술기준을 규정하고 있으며, 국내에서 사용될 무선설비의 시험인증 또는 무선국검사의 기준으로 활용되고 있다. 무선설비규칙은 총 7개의 장으로 구성되어 있는데, 제1장 총칙, 제2장 무선설비 기술기준의 일반적 조건, 제3장 전파응용설비의 기술기준, 제4장 안전시설기준, 제5장 업무별 무선설비의 세부 기술기준, 제6장 무선설비의 공중선전력과 전파응용설비의 고주파출력 측정 및 산출방법, 제7장 보츠의 체계를 갖추고 있다. 여기에서 무선설비규칙의 개정에 대한 수요가 빈번히 발생하는 제5장은 다시 제1절 방송표준방식 및 방송업무용 무선설비(8개)의 기술기준, 제2절 해상업무용 무선설비(20개)의 기술기준, 제3절 항공업무용 무선설비(14개)의 기술기준, 제4절 전기통신사업용 무선설비(12개)의 기술기준, 제5절 기타업무용 무선설비(19개)의 기술기준으로 구분하여 규정하고 있다. 다섯 가지 세부 업무별 무선설비는 서비스와 기술방식 및 주파수 대역 등을 고려하여 세투 기술기준 항목으로 나누어진다.

다. 무선설비규칙의 구성

전파분야의 무선설비에 관한 기술기준은 표준과 기술기준의 구별 없이 대부

표 3-4 무선설비규칙의 기술기준 관련 항목

허가증의 기재사항	전파간섭 관련사항	정책적 결정사항	기능·성능 관련사항
무선국의 목적 (용도)	주파수 허용편차	채널할당	신호의 포맷
전파의 형식	최대출력	채널 선택 기능	변조방식
주파수 및 대역폭	불요발사	전력제어	전송속도
안테나 구성, 이득	인접채널 누설전력	전자적 고유번호 탑재	수신성능
	통신방식	보호대역	동작환경
	안테나 지향성		
	간섭회피기술		

출처: 한국전파진흥협회, 「전파분야의 기술기준 체계 개편 연구」, 방송통신정책연구 11-진흥-나-04, 2011, 120면.

분 기술기준으로 규정하여 매우 방대한 분량의 무선설비규칙으로 운영하고 있다. 즉, 무선설비규칙의 기술기준에 관한 세부 항목으로는 ① 무선국의 허가증에 기재할 사항, ② 전파간섭 관련 사항, ③ 정책적 결정사항, ④ 구성·기능·성능 등의 시스템 관련 사항 등이 있다.[210]

라. 무선설비규칙의 개선방안

(1) 체계 간소화 방안

무선설비규칙은 총 7개의 장으로 구성되어 있다. 즉, 제1장 총칙, 제2장 무선설비 기술기준의 일반적 조건, 제3장 전파응용설비의 기술기준, 제4장 안전시설기준, 제5장 업무별 무선설비의 세부 기술기준, 제6장 무선설비의 공중선전력과 전파응용설비의 고주파출력 측정 및 산출방법, 제7장 보칙이 있다. 여기에서 무선설비규칙의 개정에 대한 수요가 빈번히 발생하는 제5장은 다시 제1절 방송표준방식 및 방송업무용 무선설비의 기술기준, 제2절 해상업무용 무선설비의 기술기준, 제3절 항공업무용 무선설비의 기술기준, 제4절 전기통신사업용 무선설비의 기술기준, 제5절 기타업무용 무선설비의 기술기준으로 구분하여 규정하고

210) 한국전파진흥협회, 「전파분야의 기술기준 체계 개편 연구」, 방송통신정책연구 11-진흥-나-04, 2011, 120면.

있다. 위와 같은 무선설비규칙은 2008년 2월 29일 정부의 조직개편에 따라 방송통신위원회의 출범과 함께 과거 정보통신부가 전파법에 근거하여 발령하던 무선설비규칙 및 6개의 개별 고시를 단일 고시(무선설비규칙 제정 고시, 방송통신위원회 고시 제2008-26호)로 통합하면서 방대한 분량으로 제정되었던 것이다(제9차 방송통신위원회 회의록). 생각건대, 과거 정보통신부는 행정각부로서 부령과 고시를 모두 발령할 수 있었던데 대하여(헌법 제95조), 방송통신위원회는 행정각부가 아니므로 고시만 제정할 수 있었던 법적 한계에 기인한 것으로 보인다. 여기에서 이질적인 무선설비를 한데 묶어 규정함으로써 무선설비의 기술기준이 필요

표 3-5 무선설비의 기술기준 관련 고시 개정 및 제정 전·후 비교

현 행	개정/제정 후(소관 기관)
무선설비규칙	
1장 무선설비 규칙 총칙	각 고시로 분할 - 목적, 정의
2장 무선설비 기술기준의 일반적 조건	무선설비규칙(방송통신위원회)
3장 전파응용설비의 기술기준	전기통신사업용 무선설비의 기술기준 (국립전파연구원)
4장 안전기술기준	무선설비 및 전파응용설비의 안전시설기준 (국립전파연구원)
5-1장 방송표준방식 및 방송업무용 무선설비의 기술기준	방송표준방식 및 방송업무용 무선설비의 기술기준 (방송통신위원회)
5-2장 해상업무용 무선설비의 기술기준	해상업무용 무선설비의 기술기준 (국립전파연구원)
5-3장 항공업무용 무선설비의 기술기준	항공업무용 무선설비의 기술기준 (국립전파연구원)
5-4장 전기통신사업용 무선설비의 기술기준	전기통신사업용 무선설비의 기술기준 (국립전파연구원)
5-5장 기타업무용 무선설비의 기술기준	기타업무용 무선설비의 기술기준 (국립전파연구원)
	비신고 무선기기의 기술기준 (국립전파연구원)
6장 무선설비의 공준선전력과 전파응용설비의 고주파 출력 측정 및 산출방법	무선설비의 공중선전력과 전파응용설비의 고주파출력 측정 및 산출방법 (국립전파연구원)

한 수요자(특히, 사업자)의 입장에서는 새로운 무선설비의 도입에 필요한 기술기준의 신속한 제정이 이루어지지 않는다는 문제점이 발생하고 있다. 다시 말하면, 모든 무선설비의 기술기준을 방송통신위원회가 제·개정함에 따라 무선설비규칙의 개정이 느려지고, 또한 소속기관인 국립전파연구원을 활용하지 못하고 있다는 비판도 이어지고 있다.

한편, 최근 방송통신위원회는 전파분야에 관한 업무의 전문성 강화를 위하여 무선설비규칙 중 기술기준 관련 세부 사항을 국립전파연구원의 고시로 위임하고 별도의 고시로 제정하도록 하는 무선설비규칙의 전부개정안을 입법예고하였다(방송통신위원회 공고 제2012-93호). 주요 내용으로는 무선설비규칙 제3장 전파응용설비의 기술기준, 제4장 안전시설기준, 제5장 업무별 무선설비의 세부 기술기준, 제6장 무선설비의 공중선전력과 전파응용설비의 고주파출력 측정 및 산출방법을 무선설비규칙에서 삭제하고 국립전파연구원에 위임하는 개정안이 있다. 생각건대, 향후 지속적으로 전파를 이용한 무선설비의 개발에 따른 기술기준의 신속한 제·개정의 필요성에 부응할 수 있는 입법안으로써 매우 고무적인 개정안으로 볼 수 있다. 즉, 새로운 무선설비의 도입에 따른 시장의 변화에 유연한 기술기준 체계를 마련하고, 이질적인 무선설비를 각각의 특성에 맞게 개별 고시로 운용함으로써, 신속한 기술기준의 개정이 이루어질 수 있는 방안이라고 생각된다.[211]

(2) 업무별 체계 간소화 방안

무선설비규칙의 각 업무별 무선설비는 방송업무용 8개, 해상업무용 20개, 항공업무용 18개, 전기통신사업용 12개, 기타업무용 19개로 분류하고 있는데, 향후에 보다 심도 있는 연구를 통하여 국제표준을 고려하여 간소하고 명료한 새로운 분류체계를 마련할 필요가 있다. 그리고 다섯 가지의 각 업무별 무선설비는 용도와 주파수의 대역 및 기술방식 등을 고려하여 전파간섭방지나 인명안전 보호 혹은 시스템 성능 등에 관한 기술기준이 규정되어 있으나, 일정한 기준이 없이 각 업무별 무선설비의 기술기준을 정하거나 국제표준을 도입한 것에 지나지 않는 규정도 다수 존재한다. 따라서 표준과 기술기준의 구별을 전제로 무선설비규칙의 각 업무별 세부 규정사항의 일부를 표준으로 분리하거나 기술기준

211) 방송통신위원회 공고 제2012-93호.

을 간소화하는 방안의 연구도 필요하다고 생각된다.

전파법은 선박안전법 또는 항공법에 따라 선박이나 항공기 또는 경량항공기에 의무적으로 개설하여야 하는 무선국이 갖추어야 할 사용 주파수와 전파형식 등의 조건은 방송통신위원회 고시로 정하도록 규정하고 있다(전파법 제28조 제1항). 따라서 해상업무용과 항공업무용 무선설비는 특히 인명안전보호와 밀접한 관련이 있으므로 조난통신 등을 위하여 선박이나 항공기 또는 경량항공기에 의무적으로 개설하여야 하는 무선국의 무선설비에 대한 기술기준은 별도로 통합하여 고시하는 방안도 고려할 필요가 있다. 또한 해상업무용과 항공업무용 무선설비의 기술기준은 국제표준이 중요한 분야로서 국제표준을 준용하는 방안이 장기적으로 우리나라의 관련 산업의 발전에 유리할 것이며, 특히 해상업무용과 항공업무용은 주로 국제표준의 권고사항을 국내에 현행화하기 위한 개정이 많으므로 관련 내용을 집중적으로 관리할 수 있다는 장점도 있다. 미국의 경우에는 안전 및 특별 무선업무(Safety and Special Radio Service)로 분류하여 별도로 규정하고 있고,[212] 일본의 무선설비규칙에서도 의무선박국에 대한 분류가 존재한다.[213]

그리고 무선설비규칙의 기타업무용 무선설비에는 허가나 신고를 받고 개설하는 무선국의 무선설비와 비신고 무선국의 무선설비에 관한 기술기준을 모두 규정하고 있는데, 이와는 별도로 신고하지 아니하고 개설할 수 있는 무선국용 무선기기에 관한 고시가 있으므로, 양자의 공통사항인 비신고 무선국의 무선설비에 관한 기술기준은 통합하여 체계적인 기술기준으로 규정할 필요가 있다. 즉, 기타업무용 무선설비를 근거리통신용과 비신고 무선국의 무선설비에 관한 기술기준으로 구분하여 규정하고, 신고하지 아니하고 개설할 수 있는 무선국용 무선기기에 관한 고시에는 무선설비의 명칭만을 나열하는 방안이다. 다만, 전파법 시행령은 비신고 무선국은 방송통신위원회가 용도 및 주파수의 공중선전력 또는 전계강도 등을 정하여 고시하는 무선기기로 규정하고 있으므로(전파법 시행령 제25조 제4호), 주파수의 용도나 공중선전력 또는 전계강도 등은 무선설비규칙의 근거리통신용 무선설비의 기술기준으로 규정하는 개정이 이루어져야 할 것이다.

212) USA CFR Title 47 Telecommunication Part 80 내지 Part 101.
213) 일본 무선설비규칙 제38조 및 제38조의4.

(3) 무선설비의 분류기준 마련

전파자원의 이용절차를 보면, 국제전기통신연합의 전파통신부문에서 국제적인 업무분배 및 지역분배를 하고, 방송통신위원회가 특정한 주파수의 용도를 정하는 주파수분배(전파법 제2조 제1항 제2호)를 하면, 무선국을 개설하려는 자는 원칙적으로 방송통신위원회의 허가를 받아야 한다(전파법 제19조 제1항 제1문). 국제전기통신연합 전파규칙 제1조 제16항은 주파수 대역의 (업무)분배란 주어진 주파수 대역을 특정한 조건하에서 1개 또는 그 이상의 지상이나 우주무선통신업무 혹은 전파천문업무로 사용할 목적으로 주파수 분배표에 등재하는 것을 말한다고 하여 주파수 대역의 분배는 특정한 주파수 대역에서 무선국이 하는 업무를 분배하는 것을 말하는데 대하여, 우리나라에서 주파수분배란 특정한 주파수의 용도를 정하는 것을 말한다고 규정하고 대한민국 주파수 분배표(방송통신위원회 고시 제2012-91호)에는 특정한 주파수 대역에서 무선국이 하는 업무와 그 용도를 정하고 있다.

그런데 국제적인 업무분배와 우리나라에서 무선국이 하는 업무의 분류가 일치하지 않고, 우리나라의 무선국이 하는 업무의 분류(전파법 시행령 제28조)와 대한민국 주파수 분배표에서 정하고 있는 업무의 분류도 일치하지 않는다. 예컨대, 전파법 시행령에서 규정하고 있는 비상통신업무는 대한민국 주파수 분배표에 없고, 대한민국 주파수 분배표에서 정하고 있는 우주연구업무는 전파법 시행령에 없다. 또한 전술한 이동통신(IMT)용 주파수분배의 문제점에서 살펴본 바와 같이, 주파수 대역별 용도를 정하는 일정한 기준이 없고 사례별로 필요한 경우에 용도를 정하고 있다. 한편, 무선설비규칙은 각 업무별 무선설비를 방송업무용 8개, 해상업무용 20개, 항공업무용 18개, 전기통신사업용 12개, 기타업무용 19개로 분류하고 있는데, 이러한 분류가 타당한지는 논외로 하고라도 국제적인 업무분배와 우리나라의 무선국이 하는 업무의 분류 및 주파수분배에 따른 용도를 정하는데 있어서는 일정한 기준이 마련되어야 할 것이다. 생각건대, 먼저 국제적인 업무분배를 면밀히 검토하여 무선국이 하는 업무를 통·폐합하여 간소화하고, 다음으로 각각의 업무에 따른 용도를 별도로 고시하는 방안을 고려해 볼 수 있다.

(4) 기술기준의 규정사항 제시

전파분야의 무선설비에 관한 기술기준은 표준과 기술기준의 구별 없이 대부분 기술기준으로 규정하여 매우 방대한 분량의 무선설비규칙으로 운영하고 있다. 그러나 기술기준은 전파간섭방지와 인명안전보호 등에 관한 최소한의 사항만을 규정하고, 그 밖의 사항은 국가표준인 방송통신표준(KCS : Korea Communications Standard)으로 운영하는 방안을 모색할 필요가 있다. 왜냐하면 전파자원을 이용하는 신기술이 빈번히 등장하면서 전파분야 관련 기술기준의 제·개정에 대한 수요도 급증하고 있음에 따라, 시장의 변화에 융통성 있게 대응하기 위하여는 전파간섭방지와 인명안전보호 등에 관한 핵심적인 사항만을 강제력이 있는 기술기준으로 규정할 필요가 있는 것이다. 다간, 무선설비의 기술기준은 해당 업무에 따라 그 특성에 맞는 기술기준을 규정해야 한다. 예컨대, 일반적인 무선설비는 주파수와 용도 및 전파형식 등 무선국의 허가증에 기재할 사항(전파법 시행령 제33조 제1항)과 주파수의 허용편차와 공중선전력 등 전파간섭에 관한 사항만을 기술기준으로 규정해야 할 것이다(전파법 제45조). 그런데 특별히 조난통신 등을 위하여 선박이나 항공기 또는 경량항공기에 의무적으로 개설하여야 하는 무선국이 갖추어야 할 기술기준은 위와 같은 사항 외에 인명안전보호에 관한 기술기준의 최소 사항을 규정하여야 할 것이다.

(5) 민간으로의 이양

국가표준은 통일된 하나만이 존재하여야 하므로 모든 이해관계를 떠나서 통일성을 도모할 수 있는 주체인 국가가 표준의 제정권한을 가져야 하지만, 일반적으로 표준은 그 추진단계(수준)에 따라 사내표준(특정 기업 내에서 자체적으로 사용) → 단체표준(특정 단체에서 제정하여 사용) → 국가표준(국가표준화기관이 채택한 규격) → 지역표준(특정 지역의 관련 단체가 채택한 규격) → 국제표준(국제표준화기관이 채택한 규격) 등으로 분류할 수 있는바, 각 단계에서의 제정주체는 달라질 수 있다.[214] 그리고 기술기준의 경우에는 국민의 생명과 신체 및 재산 등에 대한 보호는 국가의 책무라는 이유에서 그 제정권한을 국가가 담당해야 한다는 결론이 도출될 수도 있다. 그러나 개인의 안전은 기본적으로 각 개인의 책임(자기책임)이 원칙적인 모습이며, 국가(공권력)는 개인의 힘으로 감당할 수 없거나

214) 김병기, 앞의 글, 366면.

그것이 적합하지 않은 경우에 보충적으로 발동하는 것으로 본다면, 기술기준의 제정주체가 반드시 국가여야 한다는 요청을 배척하고 민간부문에서 기술기준을 제정 · 운용할 수 있는 여지도 있을 수 있다. 특히 무선설비의 기술기준을 제정하고 운용하는 주체를 민간부문에 의하여 자주적이고 자율적으로 형성할 수 있도록 하는 주된 이유는, 전파를 이용한 새로운 기술기준을 도입하려는 수요가 발생한 경우에 이를 즉시 파악할 수 있는 민간기관에 의하여 신속한 대응이 가능하게 함으로써 급변하는 신기술의 수용에 탄력적이라는 장점을 들 수 있다. 미국의 경우에는 미국표준협회(ANSI : American National Standards Institute) 등이 제정한 민간부문의 기술기준을 국가가 개별적으로 법령에 인용하는 것으로서 국민의 생명과 신체의 안전이라는 목적을 달성하고 있고, 독일의 경우에도 자율적인 가스안전관리가 가장 잘 구현되고 있는 국가로서 가스안전에 관한 기술기준의 중심에는 독일가스식음료전문가협회(DVGW : Deutscher Verein des Gas und Wasserfaches e.V.)라고 하는 민간기구가 있다.[215]

한편, 법리적으로 기술기준은 강행규정으로서 부령이나 고시 등의 형식으로 제정되어야 하고 국민에게 권리를 제한하거나 의무를 부과하는 것으로 인식한다면, 이는 법규사항이므로 국가의 입법권에 포섭되어야 할 것이다. 그러나 기술기준 그 자체만을 살펴본다면, 기술기준은 자연과학이나 공학의 연구성과 혹은 실험 등에 의하여 얻어진 가치중립적인 사실의 문제라고 보는 한, 이는 부령이나 고시 등의 법형식이나 법규명령인가의 여부 등과는 무관한 것이라고 보아야 할 것이다. 따라서 누구에게 기술기준의 제정 · 개정 운용권한을 부여하며, 그 형식을 어떻게 할 것인지 등의 문제는 법적 현실을 고려한 정책결정의 문제에 불과하다고 볼 수 있다. 다만, 기술기준을 제 · 개정하는 권한의 민간으로의 이양은 장기적인 안목을 가지고 순차적으로 이루어질 필요성이 있는바, 국가는 일반적으로 승인된 기술기준의 준수의무를 규율하고 그 범위 내에서 민간부문이 주도적으로 기술기준을 제정 · 운용하는 방안도 고려할 수 있겠다.[216] 그런데 다른 한편으로 고려할 사항은 기술기준의 위반에 대하여는 행정법상의 일정한 제재로서 행정벌이 과하여질 수 있는데, 기술기준의 위반이 행정벌을 부과하는 요건이 되는 경우에 있어서의 기술기준은 반드시 국가에 의하여 제정되지 않으

215) 김치환, 앞의 글, 66-75면.
216) 김치환, 앞의 글, 77-78면.

면 안되는 법적인 요청이 발생한다. 왜냐하면 행정벌의 법적 근거를 국가 이외의 민간부문에서 제정할 수는 없는 것이기 때문이다. 다만, 기술기준의 준수를 강행규정으로 하지 아니하고 그 준수에 따른 국가에 의한 품질보장 등의 우대조치를 마련하는 방법으로 유인적 규율체계를 갖추고 이를 준수하지 않은 경우에 발생하는 결과에 대해서만 책임을 묻는 방식을 취한다면 기술기준을 반드시 국가가 직접 제정·운용하여야 하는 것은 아닐 것이다.217)

Ⅱ. 전파자원의 배분

1. 전파자원 배분의 모습

전파자원의 확보는 국제전기통신연합(ITU)과 같은 국제기구에서 주도하고 있다. 전파자원의 확보는 전파자원의 분배와도 같은 개념으로 이해할 수 있는데, 국가 및 시장의 주파수요구사항, 기술개발 정도 등을 고려해 특정 주파수 대역에서 사용하는 업무를 정하는 절차를 의미한다. 그 다음 단계인 배분은 국내에서 이루어진다.

전파법은 주파수218) 배분의 단계로서 "주파수분배"는 특정 주파수의 용도를 정하는 것을 의미하고(제2장 Ⅱ. 3. 다 "주파수분배", 전파법 제2조 제1호), "주파수할당"은 특정한 주파수를 특정인에게 주는 것을 의미하고(전파법 제2조 제2호), "주파수지정"은 허가나 신고로 개설하는 무선국에서 이용할 특정한 주파수를 지정하는 것을 의미한다고 규정하고 있다(제3장 Ⅱ. 1. (2) "주파수지정과 무선국허가", 전파법 제2조 제4호). 주파수지정의 경우 무선국의 허가와 동시에 그 주파수를 이용할 수 있는 권리가 발생한다는 점에 유의할 필요가 있다.

그리고 전파법은 이러한 체계와는 별도로 군 등 국가기관이 사용하는 주파수는 방송통신위원회가 각 무선국별로 지정, 할당 등의 행정행위를 하지 않고 일괄 사용을 승인하여 그 기관 등에서는 승인된 주파수내에서 필요에 의하여

217) 김병기, 앞의 글, 369면.

218) 주파수는 전파의 표시단위로, 양자는 분명 다른 개념이나 이미 혼용하는 것이 널리 인식되어 있으므로 이 글에서도 양자를 혼용하여 기술하기로 한다.

무선국을 개설할 수 있도록 하였다(전파법 제19조 제5항). 이는 무선국 운용의 성격과 공공필요 또는 국가안전보장과 관련된 무선국의 운용은 일반적인 무선국 허가의 예외를 인정한 것으로 해석된다. 그 무선국들은 국방부 장관이 관리·운용하는 무선국, 외국의 국가원수가 대한민국을 방문할 때 외교통상부 장관이 요청하는 무선국, 주한 외국공관이 사용하는 무선국 등을 들 수 있다(전파법 시행령 제23조). 그 사용주파수는 전체 가용주파수의 60%~70% 정도의 대부분이라고 파악되므로 일정 부분은 회수하여 민간부분에 재배치하거나 공동사용으로 가는 것이 세계적인 추세이다.

2. 전파자원의 할당

가. 전파자원의 할당의 의의

우리나라 방송통신위원회는 주파수를 분배할 때 국가 안보나 주파수 이용여건, 국제적인 주파수 사용동향이나 기술 발전 정도, 서비스 수요 등을 고려해 이를 고시하고 있다(전파법 제9조). 우리 전파법 제2조(정의) 제3호는 주파수할당을 "특정한 주파수를 이용할 수 있는 권리를 특정인에게 주는 것을 말한다"라고 규정하고 있으나, 한편 전파법 제10조는 전파법이 정하는 기간통신사업자나 전송망 사업자에 한하여 주파수를 할당할 것을 예정하고 있다. 즉, 전파법 제2조가 예정한 특정인은 결국 기간통신사업자나 전송망사업자를 지칭하는 것으로 해석이 가능하다. 이것을 국제전기통신연합(ITU : International Telecommunication Union)의 전파규칙(RR; Radio Regulation) 제1조의18에서는 무선 주파수 또는 무선 주파수 채널의 할당(assignment of a radio frequency or radio frequency channel)이라고 하여, 그 정의를 "특정한 조건하에서 무선 주파수 또는 무선 주파수 채널을 이용하는 무선국을 위하여 주관청에 의해 주어진 권한(Authorization given by an administration for a radio station to use a radio frequency or radio frequency channel under specified conditions.)"이라고 정의하고 있다. 이에 따라 우리나라에서 할당된 사업용 주파수의 현황은 다음과 같다.

표 3-6 이동통신사업자의 주파수 보유량 현황

구분	사업자별 주파수 보유량(MHz)		(2012년 1월)	
	SK텔레콤	KT	LGU+	합계
800MHz	824-839/869-884 30MHz폭	819-824/864-869 10MHz폭	839-849/884-894 20MHz폭	60
900MHz	-	905-915/950-960 20MHz폭	-	20
1.8GHz	1755-1765/1850-1860 20MHz폭	1745-1755/1840-1850 20MHz폭	1770-1780/1860-1870 20MHz폭	60
2.1GHz	1930-1960/2120-2150 60MHz폭	1960-1980/2150-2170 40MHz폭	1920-1930/2110-2120 20MHz폭	120
2.3GHz	2300-2330 30MHz폭	2330-2360 30MHz폭	-	60
합계	140(43.75%)	120(37.5%)	60(18.75%)	320

나. 전파자원할당의 법적 성격

이러한 할당은 이른바 행정행위로서, 특히 그 행정행위의 법적 성격에 대하여 다음과 같은 논의가 가능하다. 즉, 강학상 행정행위를 내용에 의하여 분류할 때 명령적 행위와 형성적 행위로 나누고, 형성적 행위는 다시 특허, 인가, 공법상 대리로 분류할 때[219] 전파자원의 할당행위는 특허행위라는 것이 통설이다.

특허행위는 특정 상대방을 위하여 새로이 권리를 설정하는 행위(공기업특허·공물사용권의 특허·광업허가·어업면허 등), 능력을 설정하는 행위(공법인의 설립행위 등) 및 법적 지위를 설정하는 행위(공무원 임명·귀화허가)를 말하는데 협의로는 권리를 설정하는 행위만을 말하기도 한다.[220] 특허행위의 가장 큰 특징은 공익적 관점에서 특허여부에 대한 행정청의 판단여지가-이른바 재량행위-강학상의 허가행위에 비하여 매우 크다는 점이다.

특허행위는 몇 가지 특징이 있는데 이를 전파법의 규정과 대조하여 전파자

219) 박균성, 『행정법강의』(제7판), 박영사, 2010.1, 215면 참조.
220) 박균성, 앞의 책, 249면 참조.

원할당의 법적 성격을 파악해 볼 수 있겠다. 즉 특허행위는 새로운 권리를 설정하는 것으로서 전파자원의 할당으로 인하여 주파수이용권이라는 권리를 사업자에게 설정하는 것이라 볼 수 있다(전파법 제14조). 특허는 신청 또는 출원을 그 요건으로 하는데 전파자원의 할당 또한 사업자 등의 신청이 있어야 한다(전파법 제10조 제2항). 일정한 대가를 징수할 수 있고(전파법 제11조), 특허의 연장여부는 행정청의 재량이다(전파법 제16조).

다. 전파자원 할당의 방법

현행법상 사업용 전파자원의 할당은 3가지로 나누어 볼 수 있다. 대가할당, 가격경쟁에 의한 할당(전파법 제11조), 심사할당(전파법 제12조)이 그것이며 다음 제3항 이하에서 상술한다.

2010. 7. 23. 개정된 전파법은 "① 방송통신위원회는 제10조 제1항에 따라 공고된 주파수를 가격경쟁에 의한 대가를 받고 할당할 수 있다"고 규정함으로써, '가격경쟁에 의한 주파수할당'을 원칙으로 하였으며 단서조항에서는 "다만 해당 주파수에 대한 경쟁적 수요가 존재하지 아니하는 등 특별한 사정이 있다고 인정되는 경우에는 제3항 본문에 따라 산정한 대가를 받고 주파수할당을 할 수 있다"고 규정하여 예외적으로만 가격경쟁이 아닌 대가에 의한 주파수할당을 하도록 하였다(전파법 제11조).

그리고 위 같은 대가에 의한 주파수할당을 하지 아니하는 경우 전파자원 이용의 효율성 등을 고려하여 심사에 의한 주파수할당을 하도록 하였는데(전파법 제12조), 이동통신사업용주파수의 경우는 전파법 부칙 제7815호에 의하여 이미 심사할당에 의하여 할당된 주파수 모두의 할당방법을 대가에 의한 할당으로 전환시킴으로서 이동통신사업용주파수는 향후 모두 "가격경쟁에 의한 주파수할당"의 방법을 택할 수밖에 없게 되었다.

3. 가격경쟁에 의한 주파수할당

현행 전파법은 이동통신사업자가 특정한 주파수 대역을 이용할 수 있는 권리를 취득하는 방법으로 주파수할당제도를 도입하고 있는데, 최근 개정된 전파법(2010.7.23, 법률 제10393호로 일부개정된 것)은 주파수 경매제를 도입하여 대가할당의 종류로서 가격경쟁에 의한 대가를 받는 주파수할당(이하 '가격경쟁주파수할당'이라 한다)과 기존 대가할당과 같은 대가산정에 의한 주파수할당(이하 '대가산정할당'이라 한다)으로 구분하고 있다(전파법 제11조 제1항).

[경매제라는 표현과 전파법의 규정]
경매제라는 표현이 방송통신위원회를 중심으로 신문, 방송에서도 일반적으로 사용되고 있다. 그러나 우리 전파법의 해석에도 불구하고 전통적으로 "경매"라는 표현은 가격경쟁으로 "소유권"을 취득한다는 의미가 강하여 가격경쟁으로 주파수를 할당받은 사업자가 그 이용기간이 만료되어 재할당을 받을 시(전파법 제16조 제1항) 재할당에 대한 기득권보호의 논리-주파수의 소유권을 획득한 것이나 마찬가지이므로 기간만료시라도 당연히 재할당을 받을 수 있다-를 강화시켜 줄 수 있다는 점에서 이러한 표현의 사용은 적절치 아니하다. 주파수할당의 법적 성격은 특허행위로, 전파자원관리의 귀중한 정책수단이 자칫 사업자의 기득권보호논리에 막힐수도 있다는 우려 때문이다.

즉, 전파법은 경쟁적 수요가 있는 주파수의 경우에는 시장기능을 통하여 가치를 산정할 수 있도록 하는 가격경쟁주파수할당을 적용할 수 있는 법적 근거를 마련하였다. 그러므로 현행 전파법에 따른 주파수할당의 방식으로는 주파수할당의 원칙으로서 가격경쟁주파수할당과 해당 주파수에 대한 경쟁적 수요가 존재하지 아니하는 등 특별한 사정이 있다고 인정되는 경우에 대가를 산정하여 할당하는 대가산정할당 및 대가할당을 하지 않는 경우에 일정한 사항을 심사하여 할당하는 심사할당으로 구분할 수 있다. 결국, 가격경쟁주파수할당은 이동통신산업이 고부가가치를 창출한다는 사실에 주목하면서 그 근원에는 전파라는 매개체가 있다는 인식하에 이동통신용 주파수의 확보경쟁이 치열해지고, 나아가 이를 관리하는 정부는 전파가 일종의 경제적 가치를 가진 재화라는 점을 인식하면서 주파수의 할당에도 시장기반(market-based)의 전파관리제도를 도입해야 한다는 정책적 요청에 따라 그 시행 근거를 명확하게 입법한 것이다.

전파법에 따른 가격경쟁주파수할당의 방법 및 절차는 방송통신위원회가 정하여 공고하도록 규정하고 있다(전파법 시행령 제11조 제1항 제6호의2). 그러나 아직까지 우리나라에서 시행된 경험이 없는 가격경쟁주파수할당의 방법 및 절차에 대해서는 아무런 구체적인 규정을 두지 않고 있다. 그런데 최근 방송통신위원회는 이동통신(IMT)용 주파수로서 800MHz, 1.8GHz, 2.1GHz 대역을 할당하기 위한 방법으로서 "전파법 제11조(대가에 의한 주파수할당)의 규정에 의한 '가격경쟁에 의한 주파수할당(경매)' 방법을 적용함"이라고 규정하였고, 이와 관련하여 경매방법의 기본원칙은 세 개 대역을 동시에 경매하되, 1회 이상의 입찰과정(라운드)을 거쳐 낙찰자를 정하는 '동시오름입찰방식'으로 공고하였다(방송통신위원회 공고 제2011-45호). 동시오름입찰방식의 구체적인 내용을 살펴보면, 입찰자는 매 라운드마다 세 개 대역 중 한 개 대역에 입찰할 수 있고, 특정 라운드에서 최고가 입찰자가 되면 그 이후 라운드부터는 그 대역에서 다른 최고가 입찰자가 나타날 때까지 어느 대역에도 입찰할 수 없도록 하였으며, 최고가 입찰자가 아닌 입찰자는 다음 라운드에서 그 대역 또는 다른 대역 중 하나의 대역에 입찰할 수 있다. 모든 주파수 대역에서 더 이상의 입찰이 없는 경우 경매를 종료하며, 이때 대역별 최고 입찰가를 그 대역의 낙찰가로 하고 최고가 입찰자를 그 대역의 낙찰자로 선정한다. 그리고 방송통신위원회는 매 라운드 종료 후 대역별 최고 입찰가와 다음 라운드를 시작할 때 최소 입찰액을 모든 입찰자에게 고지하도록 하였다.

4. 대가산정 주파수할당

앞에서 살펴본 바와 같이, 해당 주파수에 대한 경쟁적 수요가 존재하지 아니하는 등 특별한 사정이 있다고 인정되는 경우에는 사업자에게 일정한 대가를 받고 주파수를 할당할 수 있는 바, 이를 대가산정할당이라고 한다(전파법 제11조 제1항 단서). 주파수할당 대가는 주파수를 할당받아 경영하는 사업에서 예상되는 매출액과 할당대상 주파수 및 대역폭 등 주파수의 경제적 가치를 고려하여 산정하여야 하며(같은 조 제3항 본문), 주파수할당 대가의 산정방법과 징수절차 등에 필요한 사항은 대통령령으로 정하도록 규정하고 있다(같은 조 제7항). 이에 따라 주파수할당 대가의 구체적인 산정기준은 전파법 시행령 제14조 제1항 별표 3에서 규정하고 있다. 그리고 방송통신위원회는 대가산정할당을 하는 경우에는 심사에 의한 주파수할당의 심사기준으로서, ① 전파자원 이용의 효율성, ② 신청자의 재정적 능력, ③ 신청자의 기술적 능력, ④ 할당하려는 주파수의 특성이나 그 밖에 주파수 이용에 필요한 사항 등(전파법 제12조)과 해당 주파수할당이 기간통신사업에 미치는 영향을 심사하여 할당할 수 있다(전파법 제11조 제2항).

5. 심사할당

주파수할당방식으로서 가격경쟁주파수할당이나 대가를 산정하여 할당하는 대가산정할당을 하지 않는 경우에 일정한 사항을 심사하여 할당하는 심사할당이 있다. 즉, 방송통신위원회는 기간통신사업이나 종합유선방송사업 또는 전송망사업 등에 해당하는 주파수를 할당하고자 공고한 경우에 대가에 의한 주파수할당을 하지 아니하는 경우에는 ① 전파자원 이용의 효율성, ② 신청자의 재정적 능력, ③ 신청자의 기술적 능력, ④ 할당하려는 주파수의 특성이나 그 밖에 주파수 이용에 필요한 사항 등을 심사하여 주파수할당을 할 수 있는 것이다(전파법 제12조). 여기에서 할당하려는 주파수의 특성이나 그 밖에 주파수 이용에 필요한 사항(전파법 제12조 제4호)이라는 다소 포괄적인 규정에 대해서는, 행정법상 재량통제의 일반론에 따라 공익의 원칙이나 비례의 원칙에 위반하거나 합리적인 사유 없이 평등의 원칙에 위반한 경우 등은 재량의 일탈·남용으로 적절히 제한되어야 할 것이다(대법원 2008. 2. 1, 2007다9009). 한편, 최근 전파자원의 경제적 가치는 확대일로에 있는 바, 현실적으로 사업용 주파수의 대부분은 경쟁적 수요가 존재하고 그 경제적 가치와 기술적 파급효과가 클 것이므로, 심사에 의한 주파수할당은 점차 적용 가능성이 줄어들 것임이 예견된다.

6. 비면허대역

전파법은 주파수의 할당은 “특정인(개인과 법인포함)”에게 그 이용권한을 주는 것을 예정하고 있으나 예외적으로 불특정인 가운데 그 범위를 한정하여 주파수를 이용할 수 있도록 하는 방법으로 신고하지 아니하고 그 대역을 사용할 수 있는 “비 면허대역‘을 두고 있는데 여기서 간략히 서술하고자 한다.

유비쿼터스 정보통신기술(ICT)은 소출력 근거리 통신을 기반으로 네트워크(망) 접속의 5any(any time, any where, any device, any network, any service)를 지

향하면서 유비쿼터스 환경을 실현하기 위해서는 소출력을 이용한 비신고 근거리 무선접속이 필수적으로 요구되고 있다. 이러한 상황에서 선진 외국에서는 용도지정 주파수대역과 용도미지정 주파수대역을 동시에 설정하여 비허가·소출력 무선기기의 사용을 용도제한 없이 사용하도록 법제화시키고 있다. 우리나라에서는 공장·건물 내 또는 일반사회·가정 등 좁은 범위를 서비스영역으로 하는 무선통신 수요에 대처하기 위하여 비교적 적은 공중선전력으로 허가 없이 사용할 수 있는 특정 소출력 무선국 제도가 도입되었으며, 현재는 다양한 종류의 특정 소출력 무선설비가 운용되고 있다. 따라서 소출력 무선기기의 주파수 이용을 활성화시키고 급변하는 이용제도 및 기술기준에 대한 효율적인 정책지원을 위한 방안이 요구되고 있다.[221)]

(1) 비면허대역을 이용하는 소출력 무선국

소출력무선국이라 함은 통상 다른 무선국에 혼신 영향이 적을 것으로 판단되는 무선국(ITU-R 권고 SM.1538)으로서 출력이 낮아 가까운 거리의 통신에 이용된다는 의미에서 근거리 통신기기(Short Range radiocommunication Device : SRD)라고도 한다. 우리나라는 통상 10mW 이하의 공중선 전력 또는 10mW/MHz 이하의 공중선 전력 밀도를 허용하는 무선국이며, 일반적으로 누구나 자유롭게 사용할 수 있도록 주파수 공동이용(Spectrum Commons) 정책을 적용하고 주파수 공동이용 조건으로 개별 무선국 허가를 면제하고(전파법 제19조의 2), 신고 또는 신고없이 무선국을 사용할 수 있도록 하여 국민의 통신 편익을 도모하는 정책을 적용하고 있다.

즉 , 무선국을 개설할 때는 원칙적으로 방송통신위원회에 허가를 받아야 하나, 발사하는 전파가 미약한 무선국이나 무선설비의 설치공사를 할 필요가 없는 무선국 등은 방송통신위원회에 신고하여야 한다. 특히 발사하는 전파가 미약한 무선국 등으로서 생활무선국용 무선기기, 수신전용 무선기기, 방송통신위원회가 고시하는 무선기기 등은 방송통신위원회에 신고하지 아니하고 개설할 수 있다.

---

221) 박덕규 외, "국내 비허가 무선국의 제도개선 연구", 『Telecommunication Review』제17권 제1호, SK Telecom, 2007.2, 121-122면 참조; 정찬형 외, 『전파방송정책연구』(주관연구기관 : 한국전파진흥협회), 방송통신위원회, 2008.12, 194면 참조.

(2) 현행 소출력무선국 전파이용의 모습

(가) 용도 미지정

우리나라는 통신 단말기 등 주요 IT제품의 수출비중이 큰 까닭에 정부가 서비스 정책을 수립하는데 있어 기기산업에 대한 고려를 하는 경우가 종종 있어 왔으며, 시장기반적인 사상을 반영한 전파정책에도 불구하고 강력한 정부의 역할이 존재하고 있는 것이 사실이다. 물론 시장실패 등의 문제를 해결하기 위해 정부의 관여가 필요하지만 시장기반 방식은 정부의 역할의 최소화를 전제로 한다. 즉, 정보통신 서비스 기술 표준화를 통하여 국내 수요를 창출하고 이를 바탕으로 해외 진출을 한다는 전략을 수립하고 유도해 온 경우가 있는데, 이는 빠른 기술변화와 이에 따른 불확실성을 감안할 때 실패할 위험성 또한 큰 것이 사실이다.222)

(구)정보통신부는 2006년 7월 국내 최초르 주파수의 이용용도를 정하지 않고 정해진 기술기준에만 맞으면 누구나 어떠한 용도로든지 사용이 가능한 용도미지정 대역(Flexible Access Common Spectrum : FACS)으로 공중선 전력 10mW 이하로서 57~64GHz 대역 밀리미터파 주파수분배를 고시하였다. FACS 대역은 다른 기기들로 부터의 간섭을 허가해야 하는데 이는 기기의 용도 및 특성에 상관없이 무선기기가 유연하게 주파수를 사용하도록 하는 용도미지정 주파수 대역이기 때문이다. FACS 대역은 RFID/USN, 이동통신, 근거리 통신 등에 이용할 수 있으며, 국내 최초로 용도미지정 대역으로 기가파이(Giga-Fi)를 허용하였다. 기가파이는 1km 이내 고정된 지점 간에 3Gbps급의 초고속 통신이 가능하게 해주는 기술로써 빌딩 간의 무선통신 용도로 각광받고 있다.

주파수의 이용효율을 높이기 위해서는 주파수의 용도를 포괄적으로 설정하는 것이 필요한데 이는 주파수의 효율을 올리고 거래를 활성화하는데 크게 기여할 것이다. 특히 기술·용도 중립성과 같은 유연성 확보수단은 그 도입에 신중을 기하는 것이 바람직하며, 이용기간의 적절한 설정과 같은 유용성 확보수단을 통하여 주파수 수요 증대에 대응하는 것이 올바른 정책방향이라고 할 것이다.223)

---

222) 김용규, 앞의 글, 113면 참조; 박재천 외, 앞의 책, 97면 참조.

223) 김용규, 위의 글, 113-114면 참조; 최계영 외, 『시장기반의 주파수 관리방안 연구』(연구수행기관 : 정보통신정책연구원), 한국전파진흥원, 2007.3, 147면 참조.

(나) 주파수 공동사용

전파법은 이미 무선국들이 주파수를 공동사용할 수 있는 근거를 마련하고 있다(전파법 제6조 제1항 4호). 그러나 이러한 공동사용의 모습은 아직 비면허대역을 사용하는 소출력 무선국간에 구현되고 있는데, 면허 또는 배타적 이용권의 제한 없이 주파수 이용자가 주파수를 이용할 수 있는 체계로서, 시간적·공간적으로 주파수 대역을 공유할 수 있는 SDR(Software Defined Radio), UWB(Ultra wideband), CR(Cognitive Radio), Interference Temperature(간섭 온도), MIMO (Multi Input Multi Output) 시스템 등의 기술을 이용하여 개방형 주파수 이용방식(Open Access System)으로 발전하고 있다.

전파의 수요 증가에 따라 유한한 전파자원을 가급적 많은 이용자가 이용할 수 있도록 하여 전파의 공급능력의 증대를 도모하는 것이 주파수 공동사용의 기본 개념이며 현재까지는 소출력 서비스 위주로 공유가 이루어졌다. 공유기술은 Underlay 방식과 Overlay 방식으로 구분되며, Underlay 방식은 낮은 출력을 통해 1차 업무에 간섭을 주지 않으면서 1차 업무로부터의 간섭을 수용하는 방식이고 Overlay 방식은 1차 업무 수준의 출력으로 시간, 공간적인 간섭 회피를 통해 1차 업무와 주파수를 공유하는 방식이다.

우리나라는 2006년 7월 (구)정부통신부가 UWB 기술을 이용할 수 있는 주파수 대역으로 3.1~4.8GHz(Low Band)와 7.2~10.2GHz(High Band)를 분배하여 실내외에서 통신용도로 무선국 허가 없이 사용할 수 있도록 하였다. 다만 저주파수대에서는 기존 이용 주파수와의 간섭의 우려 때문에 '간섭회피기술'을 적용한 UWB 시스템이 요구되며 차세대이동통신 주파수 결정과 이용 시기 등을 고려하여 4.2~4.8GHz대는 그 적용을 2010년 6월까지 유예하였다. UWB 기술은 초기 미군용 통신에 이용되었으나 무선랜이나 블루투스 등에 비해 속도와 전력소모 등에서 월등히 앞서기 때문에 사무실이나 가정에서 10m 내외의 거리에 위치한 PC와 주변기기 및 가전제품 등을 초고속 무선 인터페이스로 연결하는 근거리 개인통신망(WPAN)에 적합하여 혁명적인 차세대 무선통신 기술로 등장하게 되었다.

(3) 주파수회수 등 경우와 소출력 무선국의 손실보상

소출력무선국의 주파수 회수·재배치시 손실보상의 대상은 전파법 제7조 제

1항에 따라 주파수할당·지정·사용승인 받은 주파수대역이므로 현행 전파법령상 비신고 무선국에 대해서는 주파수 회수·재배치 및 손실보상을 할 수 없고, 비면허 무선설비의 소유자 혹은 운용자는 전파법 제2조 제8호가 정한 시설자의 범위에서 제외된다고 해석되므로 그 설비 또한 손실보상의 대상이 아니라고도 해석된다. 따라서 당해 무선기기가 주파수 회수 등으로 이용이 불가능한 경우 일반적으로 소비자는 소출력 무선설비의 수명 종료시까지 해당 기기를 사용할 것을 예상하여 그 기기를 구매하고 있다고 생각할 때 이러한 손실보상대상에서의 제외는 국민의 재산권 침해가 문제될 수 있다. 이는 헌법 제23조가 모든 국민의 재산권은 보장되고 공공의 필요에 의한 재산권 수용, 사용 또는 제한 및 그에 대한 보상을 법률로써 하되, 정당한 보상을 지급하도록 하고 있다면 당연히 비신고 무선국의 사용중지로 인한 손실에 대하여도 보상을 하라는 헌법정신에 비추어 볼 때 논란의 여지가 있으므로 별도로 국민에 대한 피해 최소화를 위한 방안을 강구하여야 할 것이다.

손실보상의 기본원리는 행정법상 공권력행사로 인한 재산권의 특별한 희생에 대한 보상이다. 따라서 손실보상은 정부의 행정작용과 연계되어 있어 비신고 무선국의 경우에는 행정청의 개입 없이 자유저에 준하여 사용을 허용하고 있고 행정청의 직접적인 행정작용이 없으므로 손실보상 논의의 여지가 없다고 볼 수 있다. 따라서 비신고 무선국이 이용하는 주파수는 행정법상 공물의 일반사용으로써 재산권의 특별한 희생이라 보기 어려우므로 손실보상의 대상이 아니라고 할 것이다. 여기에서 공물의 일반사용(자유사용)이라 함은 공물을 특별한 요건을 충족할 필요 없이(공물관리자의 특별한 의사표시 없이) 자유로이 그 본래의 용법에 따라 사용하는 것을 말한다.[224] 즉, 비신고 무선기기의 경우 행정청(방송통신위원회)의 허가나 신고 없이 자유로이 무선기기를 사용할 수 있음으로 손실보상시 특별한 희생에 해당하지 않는다는 것이다. 또한 비신고 무선국은 권리취득행위가 없어 권리침해문제가 발생하지 않으며, 이는 헌법에 보장된 재산권 침해가 아니라고 할 수 있다.

그러나 정부의 행정적 목적에 의해 국민의 이익이 크다고 판단될 경우 발생하는 손실은 보상하는 것이 원칙적으로 타당하며, 소출력 무선설비의 경우 전파

---

224) 박균성, 『행정법론(하)』, 박영사, 2008.3, 344면 참조.

법상 손실보상 요건이 아니므로 통상적인 손실보상 절차에 따라야 한다고 한다는 견해가 얼마든지 있을 수 있다. 결론적으로 비신고 무선국에 대해서도 충분히 합리적인 이용기간의 보장이나 사전에 충분한 대응기간의 제공 등을 통해 신뢰이익에 대한 보호를 고려하는 것이 필요하다고 할 것이다.

Ⅲ. 전파자원의 이용효율증진

1. 주파수의 회수 또는 재배치

가. 의 의

(1) 개 념

일반적으로 주파수의 회수 또는 재배치는 국제전기통신연합이 국제적 수준으로 주파수의 업무분배나 구역분배를 변경함으로 인하여, 전파를 이용하는 각 국가에서 기존 이용자를 새로운 주파수 대역으로 이전하여 주파수 대역을 조정하는 전통적인 규제기관 중심의 명령과 통제방식의 전파관리제도라고 할 수 있다. 즉, 주파수의 회수 또는 재배치는 기존의 사업자 또는 주파수를 이용하고 있는 국민의 권리를 침해하는 권력적 · 침익적 행정작용이므로, 헌법상 기본권제한의 원칙(헌법 제37조 제2항)과 강학상 법률유보의 원칙에 따라 법률에 명확한 근거규정을 명시할 필요가 있는바, 전파법은 주파수회수란 주파수할당, 주파수지정 또는 주파수 사용승인의 전부나 일부를 철회하는 것을 말한다고 하고(전파법 제2조 제1항 제4호의2), 주파수재배치란 주파수회수를 하고 이를 대체하여 주파수할당, 주파수지정 또는 주파수 사용승인을 하는 것을 말한다(전파법 제2조 제1항 제4호의3)고 규정하고 있다. 방송통신위원회는 전파자원의 공평하고 효율적인 이용을 촉진하기 위하여 필요하면 주파수의 회수 또는 재배치를 시행하여야 한다(전파법 제6조 제1항 제2호).

한편, 국제전기통신연합의 전파통신총회는 2003년 권고(Rec. ITU-R SM.1603)에서 주파수재배치(spectrum redeployment)[225]라 함은 "특정한 주파수 대역으로

---

225) Also referred to as "refarming"; ITU-R, Spectrum redeployment as a method of

부터 기존 주파수할당의 전부 혹은 일부의 사용자 또는 설비를 제거할 목적인 행정적, 재정적 및 기술적 조치의 조합을 말한다. 이 주파수 대역은 동일하거나 다른 서비스로 분배되어질 수 있다. 이러한 조치는 단기, 중기 또는 장기로 진행될 것이다"라고 개념지우고 있다. 또한 유럽의 전자통신위원회(ECC)는 "주파수 재배치(spectrum refarming)는 그 전통적인 의미로서 새로운 사용자 또는 새로운 스펙트럼의 효율적 기술을 도입하기 위하여 주파수 재할당(re-assignment)의 목적으로 기존 사용자로부터 스펙트럼의 회수(recovery)를 포함한다"[226]라고 규정하여, 주파수재배치는 당연한 의미로서 주파수회수를 포함하는 것으로 설명하고 있다. 1999년 9월 유럽전파통신위원회(ERC)의 보고서 76(Report 76)에 의하면 주파수재배치(spectrum refarming)는 전파관리기관이 새로운 용도 또는 효율적인 신기술을 도입하기 위한 재할당(reassignment)의 목적으로 기존 이용자로부터 주파수를 회수하는 전파관리의 기능이며 동시에 물리적인 절차를 의미한다.[227]

(2) 입법연혁

주파수의 회수 또는 재배치는 두 번의 개정과정을 통하여 정비되었다. 우선 2000년 1월에는 급변하는 전파환경의 변화추세에 능동적으로 대응하고 전파자원의 효율적 이용을 도모하기 위하여, 무선국의 허가와 검사 및 감독 등 전파이용질서의 유지를 위한 규제위주의 전파법을 전파자원의 4대 과제라고 할 수 있는 확보·배분·이용·진흥 중심으로 개편하는 등 전파법의 체계를 전면적으로 정비하면서, 전파자원의 공평하고 효율적인 이용을 촉진하기 위하여 필요한 경우에는 이용실적이 저조한 주파수의 회수 또는 재배치를 할 수 있는 근거를 마련하였다. 그런데 주파수의 회수 또는 재배치에 대한 개념정의를 규정하지 않고 있었고, 주파수의 회수 또는 재배치의 대상도 이용실적이 저조한 경우로 한정하는 등 입법 후 다양한 문제점이 도출되었다. 따라서 이후 2005년 12월에는 방송과 통신의 신규서비스의 도입 등에 따라 전파자원에 대한 수요가 급증하고 있

national spectrum management, Rec. ITU-R SM.1603, 2003.2, p. 1.

226) ECC REPORT 16, Refarming and secondary trading in a changing radiocommunications world, 2002.9, p. 8.

227) 이승훈, "주파수 회수 및 재배치 정책동향 분석", 정보통신정책 제15권 제14호 통권 329호, 2003, 2면.

어서, 이에 효율적으로 대응하기 위하여 주파수의 회수 또는 재배치 등을 시행하기 위해서 필요한 경우 주파수의 이용현황을 조사·확인할 수 있도록 하고, 주파수의 이용실적이 저조한 경우 이외에 주파수분배가 변경된 경우나 사업허가가 취소된 경우 등의 경우에도 주파수를 회수 또는 재배치 할 수 있도록 전파관리제도를 개선하였다.

(3) 법적 성격

주파수회수란 주파수할당이나 주파수지정 또는 주파수 사용승인의 전부나 일부를 '철회'하는 것을 말하고(전파법 제2조 제1항 제4호의2), 주파수재배치란 주파수회수를 하고 이를 대체하여 주파수할당이나 주파수지정 또는 주파수 사용승인을 하는 것을 말한다(전파법 제2조 제1항 제4호의3). 강학상 행정행위의 철회라 함은 적법하게 성립한 행정행위의 효력을 성립 후에 발생한 근거법령의 변경 또는 사실관계의 변경 등 새로운 사정으로 인하여 공익상 그 효력을 더 이상 존속시킬 수 없는 경우에 본래의 행정행위의 효력을 장래에 향하여 상실시키는 독립된 행정행위를 말한다.[228] 주파수의 회수 또는 재배치는 방송통신위원회가 전파자원의 공평하고 효율적인 이용을 촉진하기 위하여 필요한 경우에 기존의 사업자 또는 국민이 적법하게 이용하고 있는 주파수를 회수하기 위하여 주파수할당이나 주파수지정 또는 주파수 사용승인의 전부나 일부를 철회하는 권력적·침익적 행정작용으로 볼 수 있다.

(4) 고려할 사항

최근 지속적으로 이루어지고 있는 방송과 통신의 융합현상과 이른바 손안의 컴퓨터인 스마트폰 이용자의 폭발적인 증가에 따라 통신시장은 음성시장의 경쟁에서 데이터시장의 경쟁으로 급속하게 전환되고 있으며, 이에 따른 데이터 트래픽의 급격한 증가로 인하여 통신사업자들 간에 이동통신용 주파수의 확보경쟁이 치열해지고 있는 상황이다. 따라서 전파자원의 효율적 이용을 위하여 유휴주파수를 회수하고 적절하게 재배치해야 할 것인데, 주파수의 회수 또는 재배치를 시행하기 위하여는 다음과 같은 주요 사항을 고려할 필요가 있다. 먼저, 대상주파수의 선정을 위한 구체적인 기준이 법령에 명확히 규정되어야 한다는 것이

228) 박균성, 『행정법론(上)』(제11판), 박영사, 2012, 403면.

다. 즉, 주파수의 회수 또는 재배치는 방송통신위원회의 권력적·침익적 행정작용이므로, 법률에 명확한 근거규정이 필요할 뿐만 아니라, 그 대상의 선정을 위한 기준도 구체적으로 법령에 규정될 필요가 있는 것이다. 둘째, 주파수의 회수 또는 재배치를 시행하는 방송통신위원회는 적법절차의 원칙에 따라 절차상의 적법성뿐만 아니라, 법률의 실질적 내용도 합리성과 정당성을 갖춘 실질적인 적법성을 준수하도록 노력해야 할 것이다. 셋째, 주파수의 회수 또는 재배치에 따라 발생하게 되는 통상적인 손실의 보상에 관한 문제를 적절히 해결할 수 있는 방안을 마련해야 할 것이다.

나. 요 건

(1) 전파법 제6조와 제6조의2의 관계

주파수의 회수 또는 재배치의 요건을 살펴보기 위해서는 선결문제로서 전파법 제6조와 제6조의2의 관계를 검토할 필요가 있다. 전파법 제6조는 외형상 전파자원의 공평하고 효율적인 이용을 촉진하기 위하여 필요한 경우에는 주파수의 회수 또는 재배치를 "시행하여야 한다"라고 하여 방송통신위원회의 일반적인 법적 책무를 선언하고 있으나, 오히려 입법자는 제6조의2에서 주파수의 회수 또는 재배치의 시행에 관하여 방송통신위원회에게 자유로운 결정의 여지를 열어주고 있다고 보아야 할 것이다.[229] 결국, 방송통신위원회는 ① 주파수분배가 변경된 경우, ② 주파수 이용실적이 낮은 대역을 정비하여 주파수의 이용효율을 높일 필요가 있는 경우, ③ 주파수 대역을 정비하여 주파수의 이용효율을 높일 필요가 있는 경우의 어느 하나에 해당하면 주파수회수 또는 주파수재배치를 시행할 수 있는 재량권을 가지게 되는 것이다(전파법 제6조의2 제1항). 보다 구체적으로 주파수회수 또는 주파수재배치의 절차, 주파수 이용실적의 판단기준, 주파수 대역 정비의 요건 등에 필요한 사항은 대통령령으로 정하도록 규정하고 있다(전파법 제6조의2 제2항).

(2) 주파수분배가 변경된 경우

주파수분배가 변경된 경우에는 주파수의 회수 또는 재배치를 할 수 있는데,

---

229) 박종수, "주파수이용의 효율성 제고를 위한 전파법제의 개선방안", 공법연구 제36집 제3호, 2008, 440-442면.

여기에는 국제적으로 국제전기통신연합이 전파규칙의 개정을 통하여 주파수 분배표를 변경한 경우와 국내적으로 방송통신위원회가 대한민국 주파수 분배표를 개정하는 고시를 통하여 변경하는 경우가 있을 수 있다(전파법 제9조 제3항).

(3) 주파수 이용실적이 낮은 경우

주파수 이용실적의 판단기준은 ① 해당 주파수의 이용현황 및 수요전망, ② 전파이용기술의 발전추세, ③ 국제적인 주파수의 사용동향, ④ 국가안보 또는 인명안전 등의 공익적 필요성이 있다(전파법 시행령 제6조). 다만, 여기에서 해당 주파수의 이용현황이라는 기준은 대상 주파수 대역별로 구체적이고 실질적인 항목이 마련되어야 할 것이다. 예컨대, 조난통신 등에 사용되는 주파수 대역은 조난통신 등을 위하여 한번 사용되는 경우에도 100% 이용효율을 가진다고 보아야 할 것이다.

(4) 주파수 대역을 정비할 필요가 있는 경우

방송통신위원회가 동일한 용도 안에서 주파수의 대역정비를 실시할 수 있는 요건으로는 ① 새로운 서비스의 도입 등을 위하여 여유 주파수의 확보가 필요한 경우, ② 전파이용기술의 발전 등으로 점유 주파수 대역폭의 변경이 필요한 경우, ③ 혼신의 방지를 위하여 필요한 경우, ④ 그 밖에 주파수 이용효율의 개선 등을 위하여 대역정비가 필요하다고 인정되는 경우가 있다(전파법 시행령 제7조).

다. 절 차

주파수의 회수 또는 재배치는 전체적으로 동일한 절차에서 이루어지고 있는바, ① 준비단계 → ② 정책수립단계 → ③ 정책시행단계 → ④ 종료단계로 나누어 볼 수 있다.[230] 과거 주파수의 회수 또는 재배치는 보통 10년 이상의 장기간에 걸쳐 이루어지고, 국제적인 주파수분배의 변경으로 인하여 발생하는 경우에는 기존 이용자에 대한 별도의 보상 없이 이루어졌다.[231] 그러나 전파를 이용한 무선통신기술이 급변하는 상황에서는 주파수의 부족현상을 심화시키게 되었고,

---

230) 한국전자통신연구원, 『주파수 회수 및 재배치 정책 개선 방안 연구』, 2007, 95-101면.
231) 김창완/이승훈, "주파수 재분배정책 해외사례 연구 -손실보상 절차 및 보상규모를 중심으로-", KISDI 이슈리포트(04-14), 2004, 9면.

따라서 기존 주파수를 효율적으로 이용하고 새로운 기술 및 서비스를 신속히 도입하기 위해서는 3~5년 이내의 단기간에 걸쳐 주파수의 회수 또는 재배치를 시행하는 것이 필요하게 되었으며, 이에 따라 구체적인 요건과 절차 및 정당한 보상기준의 연구가 각국의 제도적 운용에 따라 다양하게 연구·시행되고 있다.

(1) 준비단계

준비단계에서는 해당 주파수의 이용현황을 조사·확인하여 이용실적 등을 고려하고(전파법 제6조 제2항), 국제적 이용동향 등을 검토하여 주파수회수 또는 주파수재배치의 시행여부를 결정하게 된다. 여기에서는 또한 시설자 등의 요청에 의한 경우도 함께 고려되어야 할 것이다.

(2) 정책수립단계

정책수립단계는 요건발생 → 정책수립 → 의견수렴 → 정책결정 등으로 세분할 수 있다. 방송통신위원회는 주파수의 회수 또는 재배치를 하려는 때에는 일정한 사항을 관보나 인터넷 홈페이지 또는 일간신문 등을 통하여 공고하여야 하고(전파법 시행령 제5조 제1항), 공고를 할 때에는 시설자 등에게 그 공고에 따른 의견서를 제출할 수 있다는 뜻을 통지하여야 한다. 다만, 송달이 불가능하거나 통상의 방법으로 시설자등의 주소·거소·영업소·사무소 또는 전자우편주소를 확인할 수 없어 통지할 수 없는 경우에는 제1항에 따른 공고일부터 30일이 경과한 날에 그 통지가 시설자 등에게 도달한 것으로 본다(전파법 시행령 제5조 제2항). 그러나 시설자 등이 제출한 의견의 수렴에 대한 절차적 규정이 미비하므로 개선방안을 마련할 필요가 있다.

그리고 방송통신위원회는 주파수의 회수 또는 재배치에 해당하는 처분을 하려면 청문을 하여야 한다(전파법 제77조 제1호). 일반적으로 행정절차법은 행정청이 처분을 할 경우에 청문을 실시할 것을 규정하고 있다(행절법 제22조 제1항 제1호). 청문이라 함은 행정청이 어떠한 처분을 하기에 앞서 당사자 등의 의견을 직접 듣고 증거를 조사하는 절차를 말한다(행절법 제2조 제5호). 이는 처분의 상대방이나 대립하는 이해관계인으로 하여금 자기에게 유리한 주장이나 증거를 제출하여 반박할 수 있는 기회를 부여할 목적으로 하는 절차를 말한다.

(3) 정책시행단계

정책시행단계에서는 가장 민감한 쟁점으로서 해당 무선국의 시설자와 주파수의 사용승인을 받은 자에게 통상적으로 발생하는 손실을 보상하여야 한다.

(4) 종료단계

종료단계에서는 해당 주파수를 이용하고 있던 무선국의 개설에 대한 취소·폐지 등을 명하고, 손실보상금을 징수하며, 주파수할당 대가의 반환 등을 진행한다.

라. 손실보상

(1) 의 의

행정상 손실보상이란 적법한 공권력의 행사에 의하여 국민의 재산권에 대한 직접적인 침해가 가해져 특정한 국민에게 특별한 손해가 발생한 경우에 국가나 지방자치단체 또는 공익사업의 주체가 그 손해를 보상하여 주는 것을 의미한다고 개념정의하고 있다.[232] 전파법상 손실보상의 경우에도 방송통신위원회의 주파수의 회수 또는 재배치에 따라 해당 시설자와 주파수의 사용승인을 받은 자에게 통상적으로 발생하는 손실을 보상하는 것이다(전파법 제7조 제1항 본문). 따라서 주파수의 회수 또는 재배치에 대한 손실보상은 적법한 공권력 행사에 대한 금전적 보상의 전형적인 내용에 부합한다고 할 것이다.

한편, 전파법은 주파수 사용승인의 법적 개념을 정의하지 않고 있으나, 방송통신위원회로부터 주파수 사용승인을 받은 자는 무선국을 개설할 수 있다고 규정하고 있다(전파법 제19조 제5항). 다만, 최근 방송통신위원회는 전파법 일부개정법률안 입법예고(방송통신위원회 공고 제2012-52호)에서 주파수 사용승인을 안보·외교적 목적 또는 국제적·국가적 행사 등을 위하여 특정한 주파수의 사용을 허용하는 것으로 정의하고, 그에 관한 기준과 절차 및 무선국 검사의 근거를 마련하고, 효력상실과 취소 및 시정명령 등 관련 규정을 신설하기 위한 입법을 추진하였다.

232) 박균성, 앞의 책, 567면 참조.

(2) 대 상

(가) 원 칙

방송통신위원회는 주파수의 회수 또는 재배치를 하는 경우에 해당 시설자와 주파수의 사용승인을 받은 자에게 통상적으로 발생하는 손실을 보상하여야 한다(전파법 제7조 제1항 본문). 시설자란 방송통신위원회로부터 무선국의 개설허가를 받거나 방송통신위원회에 개설신고를 하고 무선국을 개설한 자를 말하고(전파법 제2조 제1항 제8호), 방송통신위원회로부터 주파수 사용승인을 받은 자는 무선국을 개설할 수 있다(전파법 제19조 제5항). 따라서 주파수의 회수 또는 재배치에 따라 손실보상을 청구할 수 있는 자는 무선국의 개설허가를 받거나 개설신고를 하고 무선국을 개설한 자와 주파수 사용승인을 받은 자가 해당된다. 그런데 전파법은 무선국의 개설규제의 정도를 개설하고자 하는 무선국에 따라 허가, 허가의제, 신고, 비신고, 사용승인 등의 차이를 두고 있다. 결국, 신고하지 아니하고 개설한 무선국의 운용자는 주파수의 회수 또는 재배치에 따른 손실보상을 청구할 수 없다고 해석된다. 다만, 최근 방송통신위원회는 전파법 일부개정법률안 입법예고(방송통신위원회 공고 제2012-52호)에서 누구나 자유롭게 사용하고 있는 비신고 주파수 대역의 주파수분배가 변경되어 해당 주파수가 특정인에게 할당되거나 지정 또는 사용승인되는 경우에는 기존 주파수 이용자의 손실을 보상할 수 있는 법적 근거를 마련하고, 관련 예고기간이나 기자재의 내용연수 등을 참작하여 손실보상금을 산정할 수 있도록 하는 규정의 신설을 추진하고자 하

표 3-7 전파의 이용에 따른 무선국의 개설방식 및 손실보상 가부

구 분	전파의 이용		무선국의 개설방식	서비스의 종류	손실보상
할당 주파수	대가 할당	주파수 지정	신고	이동통신 등 무선국	○
			허가의제	휴대용 무선국	
	심사 할당	주파수 지정	신고	방송, 위성 등 무선국	
			허가의제	휴대용 무선국	
비할당 주파수	주파수지정		허가	일반 무선국	
			신고	소출력 무선국, 간이무선국 등	
	주파수 사용승인		승인	국방용, 외교용, 행사용 무선국 등	
	비면허		비신고	특정 소출력 무선국, 생활무선국 등	×

였다.

(나) 예 외

주파수의 회수 또는 재배치를 시행하는데 있어서 ① 시설자 등의 요청에 따른 경우, ② 국제전기통신연합(ITU)이 모든 국가가 공통적으로 수용하여야 할 주파수 국제분배를 변경함에 따라 주파수분배를 변경한 경우, ③ 주파수의 용도가 제2순위 업무(해당 주파수를 운용할 때에 제1순위 업무를 보호하여야 하고, 제1순위 업무로부터 보호받을 수 없는 업무를 말한다)인 주파수를 사용하는 경우에는 손실보상을 하지 않아도 된다(전파법 제7조 제1항 단서).

(3) 범 위

(가) 정당한 보상

전파법은 주파수의 회수 또는 재배치를 하는 경우에 "통상적으로 발생하는 손실을 보상하여야 한다"라고 규정하고 있어서, 그 표현이 정당한 보상의 의미를 완전보상으로 이해하고 있는 현행 법체계와 조화되지 못하는 측면이 있다고 볼 수 있다. 다만, 통상손실을 보상하도록 하는 다른 입법례-예컨대, 산림보호법은 국가나 지방자치단체는 공익상의 이유로 허가를 받지 못한 산림보호구역의 소유자에 대하여 그 허가를 받지 못하여 통상적으로 받게 될 손실을 대통령령으로 정하는 바에 따라 보상하여야 한다고 규정하고 있다(산림보호법 제10조 제2항)-가 존재한다는 점에서 보다 신중한 검토가 필요하다. 즉, 헌법 제23조 제3항은 "공공필요에 의한 재산권의 수용·사용 또는 제한 및 그에 대한 보상은 법률로써 하되, 정당한 보상을 지급하여야 한다"라고 규정하고 있는데, 여기에서 '정당한 보상'의 의미를 어떻게 해석할 것인가에 대하여 견해가 갈리고 있다.[233] 완전보상설은 피침해재산이 가지는 재산적 가치를 충분하고 완전하게 보상해야 한다는 주장이고, 상당보상설은 사회국가원리에 따른 적당한 보상에서 손실보상의 기준을 구해야 한다는 견해이며, 절충설은 정당한 보상은 원칙적으로 완전보상을 의미한다고 보아야 하지만 특별한 경우에는 상당보상도 예외적으로 가능하다고 보는 견해가 대립하고 있다. 이에 대하여 헌법상 정당한 보상이란 재산권 보장의 관점에서 볼 때 완전한 보상을 의미하는 것으로 보는 견해

233) 권영성, 『개정판 헌법학원론』(2010년판), 법문사, 2011, 633면.

가 통설과 판례(헌법재판소 1990. 6. 25, 1989헌마107)의 입장이다. 일각에서는 전파법상 주파수의 회수 또는 재배치에 따른 손실보상의 경우에도 전파법 시행령에서 손실보상금의 산정기준 및 청구절차 등에 관하여 비교적 상세하게 규정하고 있다는 사실에 주목하면서, 현행 법체계에서 요구하는 완전보상의 내용을 하위법령에서 실질적으로 규정하고 있다는 견해드 있다.[234] 다만, 위와 같은 불필요한 논란을 야기하는 조문상의 표현을 '정당한 손실을 보상하여야 한다'로 개정하거나, '통상적으로 발생하는'의 표현을 삭제하는 입법적 방안을 고려할 필요가 있다고 할 것이다.

(나) 산정기준

주파수의 회수 또는 재배치에 따른 손실보상금의 산정기준은 전파법 시행령 제8조 제1항의 별표 1과 같다. 이것은 주파수의 회수 또는 재배치에 따라 통상적으로 발생하는 손실의 범위를 법적으로 산정할 수 있도록 규정하고 있다는 점에서 그 의의가 있다. 다만, 손실보상금의 산정기준이 합리적인가라는 문제는 별도로 심도 있게 검토할 필요가 있다.

(다) 할당대가의 반환

대가에 의한 주파수할당을 받은 자에 대하여 주파수를 회수한 경우에는 이용기간의 잔여기간에 해당하는 주파수할당 대가를 반환하여야 하는데(전파법 제7조 제5항 본문), 이에 대한 산정기준은 전파법 시행령 제10조 제1항의 별표 2와 같다(전파법 시행령 제10조 제1항). 주파수할당 대가 반환금액의 배분은 해당 주파수할당 대가가 방송통신발전기금 및 정보통신진흥기금의 수입금으로 각각 편입된 금액규모를 기준으로 한다(전파법 시행령 제10조 제2항). 다만, 대가에 의한 주파수할당의 경우에 주파수할당을 받은 자의 요청에 따라 주파수분배를 변경한 경우에는 주파수할당 대가를 반환하지 않아도 된다(전파법 제7조 제5항 단서). 그런데 손실보상금의 지급과는 다르게 주파수할당 대가의 반환시기에 대하여는 명시적인 기한이 규정되어 있지 않는바, 전파법 시행령 제8조 제4항을 유추하여 주파수의 회수 또는 재배치의 시행일까지 주파수할당 대가를 반환하여야 된다고 볼 것이다.

234) 박종수 외 5인, 앞의 책, 77면.

(4) 절 차

방송통신위원회는 주파수의 회수 또는 재배치에 따른 손실보상을 실질적으로 담당하게 하기 위하여 관련 업무를 한국방송통신전파진흥원에 위탁한다. 다만, 전파법 제7조 제2항에 따른 징수는 제외한다(전파법 제78조 제2항, 전파법 시행령 제123조 제3항 제2호). 따라서 방송통신위원회가 시행하는 주파수의 회수 또는 재배치에 관한 일부 절차 속에서, 한국방송통신전파진흥원이 실무적으로 수행하고 있는 손실보상업무에 관한 주요 절차를 살펴보도록 하겠다.

그림 3-1 손실보상의 절차

먼저, 방송통신위원회는 주파수회수 또는 주파수재배치를 시행하기 위하여 목적, 대상, 시행시기, 손실보상금의 산정기준, 손실보상금의 청구 및 지급방법, 시행에 필요한 사항 등을 공고한다(전파법 시행령 제5조 제1항). 둘째로, 손실보상 대상설비의 확인과 보상액의 평가를 위한 사전 의견수렴에 관한 사항 등을 협의하기 위하여 정부·전문가·시설자 등으로 구성된 보상협의회를 운영할 수 있다(손실보상금 산정기준·절차 및 이자율 등에 관한 고시 제5조). 셋째로, 정부와 감정평가업자 등이 손실보상 대상설비에 관하여 손실보상을 평가하기 위한 현장확인을 실시한다. 넷째로, 시설자 등은 주파수회수 또는 주파수재배치의 공고일부터 120일 이내에 손실의 내용, 손실금액과 그 명세 및 산출방법을 적은 손실보상청구서에 그 증빙서류를 첨부하여 방송통신위원회에 제출하여야 한다(전파법 시행령 제8조 제2항). 다섯째로, 보상협의회의 협의결과와 현장확인의 결과 등을 토대로 감정평가를 실시한다. 여섯째로, 감정평가의 결과 등에 기초하여 손실보상금의 산정안을 마련하고, 보상심의위원회의 심의(손실보상금 산정기준·절차 및 이자율 등에 관한 고시 제8조)와 시설자 등의 의견수렴을 거쳐(전파법 제7조 제3항), 보상금액과 지급방법 등을 결정·통지한다. 즉, 방송통신위원회는 손실보상청구서를 받은 날부터 60일 이내에 시설자 등에게 손실보상금액을 결정·통지하여야 한다. 다만, 그 기간에 손실보상금액을 결정·통지할 수 없는 정당한 사유가 있는 경우에는 그 사유를 통지하고 1회에 한하여 30일의 범위에서 그 기간을 연장할 수 있다(전파법 시행령 제8조 제3항). 일곱째로, 방송통신위원회 또는 신규이용자는 주파수회수 또는 주파수재배치의 시행일까지 시설자 등에게 손실보상금을 지급하여야 한다(전파법 시행령 제8조 제4항 및 제5항). 다만, 주파수회수 또는 주파수재배치가 신속하게 이루어질 수 있도록 하기 위하여 필요한 경우에는 결정된 손실보상금액의 100분의 70 범위 내에서 우선 지급할 수 있고(손실보상금 산정기준 · 절차 및 이자율 등에 관한 고시 제12조 단서), 나머지 손실보상금은 주파수회수 또는 주파수재배치의 이행여부를 확인한 후에 전액 지급한다.

(5) 이의신청

시설자 등은 손실보상금액에 이의가 있으면 손실보상금에 대한 통지를 받은 날부터 30일 이내에 방송통신위원회에 이의신청을 할 수 있다(전파법 제7조의2 제1항). 방송통신위원회는 시설자 등에게 이의신청을 받으면 그 신청을 받은 날부터 30일 이내에 손실보상금의 증감여부를 결정하고 지체 없이 그 결과를 이의신청한 시설자 등에게 알려야 한다(전파법 제7조의2 제2항 본문). 다만, 부득이한 사유가 있는 경우에는 30일의 범위에서 그 기간을 연장할 수 있다(전파법 제7조의2 제2항 단서). 위와 같은 이의신청은 준사법적 절차가 보장되어 있지 않으므로 행정심판법상의 행정심판이 아니고 행정심판법이 적용될 수도 없으며, 당해 불복절차를 거친 후에도 명문의 규정이 없는 경우에는 원칙적으로 행정심판을 제기할 수 있는 것으로 보아야 한다.[235)]

한편, 전파법은 주파수의 회수 또는 재배치 자체에 대한 권리구제절차를 규정하고 있지 않으며, 다만 손실보상금액에 대한 이의신청제도만을 규정하고 있다. 따라서 방송통신위원회의 주파수의 회수 드는 재배치에 대해서 이의를 제기하고자 하는 자는 일반적인 행정쟁송절차에 다라 행정심판법에 따른 행정심판을 거치거나 행정소송법에 따라 행정소송을 제기할 수 있으며, 손실보상금액 자체에 대하여 이의가 있는 경우에는 전파법에서 규정하고 있는 이의신청절차를 통하여 손실보상금액의 적정성을 다툴 수 있는 구조를 가지고 있다. 그런데 보상금액의 결정에 대해서는 처분성을 인정할 수 없으므로 이에 대한 취소쟁송을

235) 박균성, 앞의 책, 648-649면.

제기할 수 없고, 보상금지급청구소송을 공법상의 당사자소송으로 제기하여야 하며, 이 경우 실무상으로는 민사소송을 통하여 해결하고 있다. 따라서 방송통신위원회의 처분 또는 결정에 대한 일반국민의 권리구제절차를 보다 명확히 하기 위한 입법이 요구된다고 하겠다. 이에 대해서는 행정청의 재산권 수용처분과 보상금 결정 등을 토지수용위원회의 재결의 내용으로 명문화함으로써 그 재결의 처분성이 인정되어 행정심판형식의 이의신청과 행정소송을 제기할 수 있도록 규정된 공익사업을 위한 토지 등의 취득 및 보상에 관한 법률을 참고할 필요가 있다고 하겠다.[236)]

(6) 재 원

(가) 신규이용자의 부담

전파법은 주파수의 회수 또는 재배치에 따른 손실보상의 재원을 방송통신위원회가 부담하는 것이 아니라, 이를 새롭게 주파수할당・주파수지정・주파수사용승인을 받은 자(이하 '신규이용자'라 한다)에게 부담시킬 수 있도록 규정하고 있다. 즉, 방송통신위원회는 주파수회수 또는 주파수재배치에 따라 손실을 보상한 경우에 해당 주파수의 신규이용자에게 보상한 금액을 징수할 수 있다(전파법 제7조 제2항). 또는 방송통신위원회는 신규이용자가 시설자 등에게 그 손실을 직접 보상하게 할 수도 있다(전파법 제7조 제4항). 이것은 주파수의 회수 또는 재배치에 따른 손실보상의 절차를 간소화할 수 있게 하려는 입법자의 의도로 이해할 수 있다. 따라서 전파법 제7조 제4항의 규정에도 불구하고 손실보상의 주체는 여전히 방송통신위원회라고 본다. 방송통신위원회는 시설자 등에게 보상한 금액을 신규이용자에게 징수하려는 때에는 징수금액 및 납부기한 등을 명시하여 한국은행에 개설되는 방송통신발전 기본법 제24조에 따른 방송통신발전기금의 출납관리를 위한 계정에 납부할 것을 신규이용자에게 서면으로 알려야 한다(전파법 시행령 제9조).

주파수의 회수 또는 재배치에 따른 손실보상금 및 신규사용자에게 부과한 징수금은 방송통신발전 기본법 제24조에 따른 방송통신발전기금의 지출 및 수입으로 하고, 대가할당을 받은 자의 주파수할당 대가의 반환은 방송통신발전기금과 정보통신산업 진흥법 제41조에 따른 정보통신진흥기금을 재원으로 한다.

236) 박종수 외 5인, 앞의 책, 80면.

손실보상금의 산정기준과 지급절차, 징수금의 징수, 주파수할당 대가의 반환 및 배분 등에 필요한 사항은 대통령령으로 정한다(전파법 제7조 제7항).

(나) 개선방안

종래의 통설은 행정상 손실보상이란 적법한 공권력의 행사에 의하여 국민의 재산권에 대한 직접적인 침해가 가해져 특정한 국민에게 특별한 손해가 발생한 경우에 국가나 지방자치단체 또는 공익사업의 주체가 그 손해를 보상하여 주는 것을 의미한다고 개념정의하고 있는데,[237] 전파법에서 주파수의 회수 또는 재배치에 대한 손실보상은 이를 해당 주파수의 신규이용자에게 부담하도록 한다는 점에서 일반적인 손실보상의 법리를 벗어나는 이질적인 내용을 담고 있다. 신규이용자는 기존의 주파수 대역에 참여하여 공정경쟁에 따라 사업을 실시하려고 뛰어드는 후발주자인데, 기존의 사업자에 대한 손실보상금까지 부담해 가면서 사업에 참여하라고 하면 과연 얼마나 주파수회수 또는 주파수재배치가 유연하게 이루어질지 의문이다. 주파수회수에 따른 손실보상은 수익적 행정행위의 철회의 법리에 따르는 한 일반적인 손실보상의 법리에 따라 국가의 재원으로부터 행해지는 조절적 보상이어야 하고, 그 재원을 후발사업자에게 전가시키는 것은 타당하지 않다. 손실보상금을 부담하는 후발사업자에게는 사업에 참여하기 위한 일종의 출연금 부담과 같은 재정적 부담이 초래되므로 원활한 주파수재배치를 저해하는 요소로 작용될 수 있다. 주파수회수에 대한 손실보상의 문제는 사업자간 손실보전을 분담하도록 하는 보편적 역무의 손실보전분담금[238]의 부과와는 전혀 차원이 다른 논의이다.[239] 다만, 전파법 제7조 제2항 및 제4항은 방송통신위원회가 신규이용자에게 보상금액을 징수할 수 있도록 하거나, 신규이용자가 시설자 등에게 그 손실을 직접 보상하게 할 수 있도록 하는 재량행위로 규정하고 있으므로, 대가를 지불하거나 출연료를 납부한 신규이용자가 후발사업자로 참여하는 통신시장의 공정경쟁을 유도할 수 있는 범위 내에서 보상금액의 전부 또는 일부를 징수하거나 시설자 등에게 보상을 직접 보상하는 경우에도 손실의 범위를 제한하는 등 정책적 고려가 필요하다고 생각된다.

---

237) 박균성, 앞의 책, 567면.

238) 이에 대하여 자세한 내용은 박종수, "보편적서비스 손실보전분담금의 법적 성격", 공법연구 제35집 제2호, 2006, 396면 이하 참조.

239) 박종수, 앞의 글, 339-440면.

한편, 독일은 주파수를 할당하는데 있어서 철회권 유보의 부관을 부가하여 미리 할당이 철회될 수 있음을 당사자에게 알린 경우에는, 신뢰이익의 손실이 발생하지 않기 때문에 손실보상의 필요성이 없는 경우를 상정할 수 있고, 통신법(TKG)은 주파수할당의 철회에 대하여 규정하면서 우리나라와는 달리 손실보상에 관한 규정을 두고 있지 아니한데, 이것은 보호가치 있는 신뢰의 결여를 그 이유로 한다.[240] 그러나 전파법은 대가에 의한 주파수할당을 받은 자에 대하여 주파수를 회수한 경우에는 통상적으로 발생하는 손실(전파법 제7조 제1항 본문)과 이용기간 중 남은 기간에 해당하는 주파수할당 대가를 반환(전파법 제7조 제5항 본문)하도록 규정하고 있다. 다만, 대가에 의한 주파수할당의 경우에 주파수할당을 받은 자의 요청에 따라 주파수분배를 변경한 경우에는 주파수할당 대가를 반환하지 않아도 된다(전파법 제7조 제5항 단서).

2. 주파수 거래제 : 주파수이용권[241]의 양도 · 임대를 중심으로

가. 주파수 거래제의 의의 및 필요성

전파자원은 동일한 공간에서 동일한 주파수 대역의 생성 · 이용이 이루어질 경우 혼신이나 간섭 등의 효과가 발생하는 물리적인 특성이 있다. 이러한 특성으로 인해 전통적으로 주파수와 관련하여서는 정부 주도의 명령과 통제(Command and Control)를 통한 관리방안, 즉 주파수 분배, 할당, 회수 및 재배치를 통한 주파수 관리가 주로 이루어져 왔으나, 이동통신서비스를 비롯한 무선통신시장과 기술이 발달하여 주파수에 대한 수요가 급증하면서 미국, 영국을 비롯한 다수 국가에서 주파수 대가할당, 경매 및 주파수 거래제 등과 같은 시장기반(Market-based)의 주파수 관리제도가 적극 도입되고 있다. 특히 주파수 거래제는 천문학적인 대가를 지급하고 상업용 주파수를 할당 받은 사업자가 자신이 이용할 권리를 가지는 해당 주파수의 이용권을 제3자에게 임대, 양도하는 것을

240) Jenny, in: Heun, Telekommunikationsrecht, 2. Aufl. 2007, Teil D Rz.176; 박종수, 앞의 글, 439면에서 재인용.

241) 주파수 거래의 대상이 되는 '주파수이용권'은 대가할당 방식으로 주파수할당을 받은 자가 해당 주파수를 배타적으로 이용할 수 있는 권리를 말하며, 심사할당이나 주파수 지정, 사용승인을 통해 시설자가 가지는 주파수에 대한 이용권, 즉 '전파이용권'과는 개념적으로 구분된다.

주된 내용으로 하며, 우리나라에서는 전파법 제14조에서 이에 대해 구체적인 규정을 두고 있다.

주파수 거래는 전파자원의 2차 시장(secondary market)으로 칭하여지기도 하는데, 보다 정확히 말하면 주파수 '이용권'의 거래를 의미한다. 즉 주파수 그 자체로는 거래 대상이 되지 않으며, 전파법 제14조에서 정하고 있는 것처럼 대가할당을 통해 일정 대역의 주파수를 배타적으로 이용할 수 있는 권리, 즉 주파수 이용권만이 거래의 대상이 될 수 있기 때문이다. 우리나라의 경우 주파수이용권의 양도제도는 2000년 전파법 개정을 통해, 임대제도는 2005년 전파법 개정을 통해 각각 도입되었으며, 2008년 전파법 개정으로 통해 주파수 이용권의 양도·임대가 사후승인에서 사전승인으로 변경되었다.

그러나 우리나라는 아직까지 주파수이용권의 양도·임대가 실제로 이루어진 사례는 없다. 주파수 양도·임대 제도가 아직 활용되지 못하고 있는 이유들은 여러 가지가 있겠지만, 양도·임대의 대상이 되는 주파수가 대가할당 받은 주파수로 한정되므로(예컨대, IMT-2000, LTE 관련 주파수, WiBro 주파수 등) 거래 가능한 주파수가 적고, 주파수 대역에 따른 용도 및 기술 방식에 대한 적용기준이 지나치게 엄격하다는 점도 주된 원인으로 지적되고 있다. 그러나 최근 무선통신기술의 발달, 스마트폰 보급으로 인한 무선인터넷서비스 이용 급증 등으로 인해 이동통신사업자들의 주파수 수요가 크게 증대하면서 주파수이용권의 양도·임대제도의 적극적 활용방안이 활발히 논의되고 있다. 또한 2011년 8월말 800MHz·1.8GHz 대역 이동통신용 주파수와 관련하여 대가할당의 일환으로서 최초로 주파수경매가 이루어져 KT가 800MHz 대역 10MHz폭(낙찰가 2,610억원), SKT가 1.8GHz대역 20MHz폭(9,950억원), LGU+가 2.1GHz대역 20MHz폭(4,455억원)을 낙찰받은 바 있다. 이와 같이 천문학적인 경매 대가를 통해 할당받은 주파수이용권의 거래를 통한 일부 투자금의 조기회수 필요성, 주파수 이용의 효율성 제고의 관점에서 주파수이용권 거래제 활성화 및 주파수 용도자유화 등과 관련 제도의 개선 논의도 활발하게 이루어지고 있다.

이하에서는 해외 주요국의 사례를 검토한 후 주파수이용권 양도·임대의 법적 성질, 요건 및 그 법적 효과에 대해서 살펴보고, 주파수거래제 활성화와 관련하여 필요한 법제도적 개선논의에 관해서도 간략히 살펴보도록 한다.

나. 해외 주요국의 사례[242)]

주파수 이용권의 양도·임대제도의 목적은 주파수 이용의 효율을 제고하고 보다 많은 이용자들이 주파수를 사용할 수 있도록 하기 위한 것으로[243)], 미국, 영국, 호주 등 세계 각국에서 주파수 임대 및 거래제를 도입하여 운영하고 있으며, 특히 미국, 영국은 연간 수백여건의 거래가 이루어지고 있는 것으로 알려져 있다. 해외 주요국의 주파수 이용권 거래제 현황을 간략히 정리하면 <표 3-8>과 같다.

(1) 미 국

미국 연방규정집(CFR : Code of Federal Regulations)상 주파수 임대계약에 관한 일련의 규정은[CFR 47 Part 1 Subpart X - Spectrum Leasing(§1.9001~§1.9080)] 상업적 또는 개인적 면허권자가 독점적 이용권을 보유하고 있는 대부분의 무선전파서비스(Wireless Radio Services)에 적용된다. 즉, 미국의 주파수 임대제도는 우리나라와 달리 할당대가를 납부하는 주파수만을 대상으로 한정하고 있지 않으며, 주파수할당의 대가 혹은 전파이용의 대가의 납부여부와는 상관없이 해당 주파수에 대한 배타적인 이용권을 갖는 경우를 임대의 대상으로 삼고 있다.

이 때 미국법상 허용되는 주파수 임대의 유형은 크게 (i) 사실상 이전임대(de facto transfer leasing)과 (ii) 주파수 관리자 임대(spectrum manager leasing)으로 나누어 볼 수 있다. 위 구별은 주파수에 대한 사실상의 지배권이 이전되느냐에 따른 구별이라고 할 것인데, 전자에 대하여는 미국 연방통신위원회(FCC)의 사전승인을 받아야 하는 반면 후자는 임대인이 계약체결사실을 연방통신위원회에 통지할 의무만을 부담한다.

또한 주파수 거래와 관련하여서는 사후적으로 면허권자가 주파수 이용용도를 변경할 수 있는가가 실무상 중요한 문제로 논의되고 있는데, 이와 관련하여 미국의 면허변경에 관한 규정(47CFR§1.947 Modification of licenses)은 주파수의 용도변경을 금지하고 있지는 않으나, 세부적인 기술방식 등과 관련한 주요한 변

---

242) 보다 자세한 내용은 계경문/유현용, 전파법상 주파수 이용권 거래제에 관한 연구, 외법논집(2011. 5.) 255면 이하, 오성만/선종준, "주요국의 주파수 거래에 관한 법제도 분석 및 시사점" 전파방송통신저널(통권 제30호), 한국전파진흥원, 2010. 10., 5면 이하 참조.

243) 2008. 5. 전파법 일부개정법률안 검토보고서, 과학기술정보통신위원회 24면 이하.

표 3-8 해외 주요국의 주파수 이용권 거래제 현황

구 분	미 국	영 국	호 주
도입	'03년 임대도입 '04년 임대시행	'03년 양도도입 '04년 양도시행 ※최근 임대도입 검토중	'92년 주파수면허 양도, '95년 기기면허 양도 도입
거래대상	PCS, AWS, Pager, 800/900MHz 라디오 등 대부분의 주파수	이동통신, 공공, 무선호출, 고정무선접속, 방송(예정) 등 대부분의 주파수	대부분 허용(상업용 주파수면허와 기기면허 양도허용), 공공용 제외
규제기관 승인	주파수 사실상 이전임대 →사전승인(FCC), 주파수 관리자 임대 →통보(FCC)	사전승인(Ofcom) ※간소한 절차의 주파수 임대제도 도입 검토중	주파수면허 →거래통지서 제출 기기면허 →사전승인(ACMA)
용도 자율화	기술방식 선택자율	용도 및 기술방식 중립성 확대추진	기술방식 선택자율
거래정보 제공	온라인 정보제공	거래공시시스템	온라인 등록소 (민간)
거래 현황	'06년 이후부터 연간 500건 이상	'09년 약 450건	주파수면허: 연간 40여건 기기면허: 연간 1500건 이상

경에 해당하게 되면 실질적으로 허가신청의 과정을 거치도록 하고 있어 현실적인 측면에서는 주파수 이용권의 면허를 변경할 수 있는 법적 환경이 미흡하다는 분석이 있다.[244] 다만 미국에서는 상업용 주파수의 경매에서 용도 및 기술방식의 자율적 선택권을 넓게 부여하고 있고, 비록 최초 주파수할당 당시에 용도가 지정되기는 하나 상업용 이동통신서비스의 범위 내에서는 모든 서비스의 제공이 가능하도록 하고 있다.

(2) 영 국

영국은 2003년 통신법(Communications Act 2003)에서 주파수 거래제에 관한 근거규정을 마련한 후(제168조), 2006년 무선전신법(Wireless Telegraphy Act 2006) 제30조를 통하여 주파수 이용권의 거래를 규율하고 있다. 영국도 미국과 마찬가지로 영국의 통신위원회(Ofcom)로부터 발급받은 대부분의 주파수 면허를

244) 임동민, "미국의 주파수 이용권 관련 법령 분석", 정보통신정책, 제14권 제4호(통권 296호), 정보통신정책연구원, 2002. 3. 9면 이하, 계경문/유현용 위 논문 260면 이하.

거래의 대상으로 삼고 있지만,[245] 주파수 이용권의 임대는 허용되지 않고 있으며 이와 관련하여 현재 임대제도 도입에 관한 논의가 진행 중에 있다.

영국에서 허용되는 주파수 면허 거래제의 유형은 위 2006년 무선전신법에 규정되어 있는데, 거래 대상인 주파수 대역의 권리·의무의 승계 여부에 따라 (ⅰ) 완전전부이전(outright total transfer : 모든 권리·의무가 영수인에게 이전되어 양도인은 어떠한 권리·의무도 갖지 않는 유형), (ⅱ) 공동이전(concurrent transfer : 양도인과 양수인 모두에게 권리·의무가 인정되는 유형), (ⅲ) 부분이전(partial transfer : 주파수의 일부대역만이 이전되는 것으로 기존의 권리·의무의 일부만이 이전되는 유형)으로 구별된다. 이 때 사인은 거래 대상이 되는 주파수 대역에 적합한 거래 유형을 선택할 수 있으며, 거래에 대한 통신위원회의 동의를 얻어야 한다.

또한 영국의 경우에는 주파수의 용도 및 기술방식에 대한 결정권을 이용자에게 부여하는 정책을 채택하고 있다. 즉, 영국은 2004. 11. 신규 주파수할당에 대하여 주파수의 용도 및 기술방식의 중립성을 도입하는 한편, 기존에 할당된 주파수의 경우에는 이용자유화가 단계적으로 가능하도록 하였다. 현재 영국 통신위원회는 면허권자의 개별적인 신청이 있는 경우 사안별로 면허를 변경하거나 면허에 대한 제한을 감면하여 주는 "개별면허변경" 방식을 채택하고 있는데, 나아가 향후에는 특정 서비스군의 모든 면허에 대한 제한을 제거하여 면허권자들이 통신위원회의 사전동의 없이도 주파수 이용을 변경할 수 있는 "종별면허변경"방식의 도입을 고려하고 있는 것으로 알려져 있다.[246]

(3) 호 주

호주는 일찍이 1992년 전파통신법(Radiocommunications Act 1992)에서 주파수 이용을 위한 면허를 (ⅰ) 주파수면허(spectrum license), (ⅱ) 기기면허(apparatus license), (ⅲ) 종별면허(class license)로 구분하여 규정하면서, 주파수면허와 관련하여 양도가 허용되는 거래주파수면허(Trading Spectrum Licences)를 도입한 바 있다. 이후 1995년부터는 기기면허에 대하여도 거래가 가능한 것으로 확대적용하고 있으며, 종별면허는 거래의 대상이 되지 않으나 이는 종별면허 자체의 성

245) 영국 통신위원회, 주파수 면허의 거래를 위한 안내지침(Trading Guidance Notes, December 2008), 2008. 12.

246) 최계영 외, "해외 주요국의 주파수관리체제 분석", KISDI 이슈리포트(06-06), 정보통신정책연구원, 2006. 6. 28-29면 이하 참조.

격에서 비롯된 것일 뿐이다. 즉, 종별면허는 개별적인 면허 없이 특정목적에 맞는 유형의 기기를 운영할 수 있는 것이어서 개별적인 면허의 취득이 필요 없고 따라서 주파수면허의 거래 자체가 발생할 여지가 없기 때문이다. 또한 주파수 임대에 관하여는 명시적인 규정이 존재하지 않으나 실제로 2차 시장에서는 주파수면허와 기기면허의 임대가 이루어지고 있으며, 2000년 시드니 올림픽을 위한 500MHz 대역에서의 주파수면허에 관한 임대계약이 그 대표적인 예이다.

호주의 경우에는 주파수면허 부여 당시 주파수의 용도를 지정하지 않고 있는바, 면허의 핵심인 기술조건만 만족을 시키면 주파수 이용자유화가 보장되어 있으며, 이에 따라 발생할 수 있는 주파수 간섭문제를 적절하게 관리하기 위하여 경계지역에서의 송출과 관련한 기준을 마련하고 있다.

다. 양도, 임대 가능한 주파수이용권

주파수이용권의 양도・임대는 앞서 설명한 바와 같이 주파수 자체의 양도・임대를 의미하는 것은 아니며, 전파법 제11조에 따라 대가를 납부하고 할당 받은 자가 가지는 해당 주파수에 대한 배타적 이용권인 '주파수 이용권'의 양도・임대를 의미한다.

즉, 전파법 제14조에 따라 양도・임대가 가능한 주파수이용권은 전파법 제11조에 따라 대가할당을 통해 주파수할당을 받은 자가 보유한 '주파수이용권'에 한하며, 심사할당을 통해 주파수를 이용하는 자가 가지는 주파수에 대한 이용권한은 전파법 제11조 제1항에서 정한 주파수이용권이 아니므로 양도・임대가 불가능한 것으로 보는 것이 일반적인 견해이다.[247]

라. 주파수이용권 및 주파수이용권의 양도・임대의 법적 성격

(1) 주파수이용권의 법적 성격

전파법 제14조에 따라 양도・임대가 가능한 주파수이용권의 성격에 대해서는 '전파라는 공물의 특허사용권'으로 보는 견해[248]와 '특정한 주파수를 배타적

247) 정보통신부, "주파수이용권의 양도・임대에 관한 고찰" 30면 이하. 이희정, "주파수이용권의 법적 성질에 대한 시론적 고찰(1) - 규제・기대・권리 그리고 재산권 -", 행정법연구 제30호, 310면 이하.

248) 계경문/유현용, 위 논문 252면 이하; 송시강, "주파수 이용권의 성질과 효율적 전파관리

으로 이용할 수 있는 권리'로서 물권과 유사하게 국가 및 제3자에게 침해의 배제를 청구할 수 있는 사법적 권리[249]라는 견해 등이 있다.

주파수이용권은 공물에 대한 특허를 통해 발생한 법정의 권리로서 전파법 규정에 의하여 특별한 제한을 받는 권리라는 특징과 국가 및 제3자에게 침해의 배제를 청구할 수 있는 권리라는 특징을 모두 가지고 있다고 보는 것이 타당하다고 생각한다. 특히 주파수이용권의 법적 성질은 물건에 대한 배타적 지배를 내용으로 하는 '물권'과 유사하다고 볼 수 있으나, 전파법 제14조 제1항은 광업법, 수산업법 등과는 달리 주파수이용권의 법적 성격을 '물권'이라고 명확하게 정하고 있지 않으므로 물권에 준하는 권리로 보는 것이 보다 타당하다고 생각된다.[250]

(2) 주파수이용권의 양도 · 임대의 법적 성격

주파수이용권의 양도(讓渡)는 주파수이용권의 양도합의 내지 계약에 따라 이루어지는 권리의 특정승계를 의미하며, 상속 · 합병 등을 원인으로 한 포괄승계와는 구분된다.

한편 주파수이용권의 임차(賃借)가 민법상 임대차에 해당되는지 여부가 논의되고 있는데, 이는 민법상 임대차와 관련한 임차인의 권리 내지 보호와 관련한 규정들(예컨대, 민법 제635조 기간의 약정 없는 임대차의 해지통고 규정, 제639조 묵시의 갱신 규정, 제643조 임차인의 갱신청구권 및 매수청구권 등)이 적용 내지 준용될 수 있는지 여부 및 전파법상 주파수이용권 임차인 보호와 관련한 제도개선의 필요성에 대한 논의와 그 궤를 같이 한다[251]. 다만 주파수 이용권의 임대는 국가가 할당한 주파수 이용권의 내용에 구속될 것이며, 할당 당시 공고된 조건이나 법적 제한을 받게 될 것이라는 점, 공물로서의 성격을 가진다는 점 등을 고려할때 민법상 임대차 관련 규정이 적용 내지 준용된다고 보기는 어려울 것으로 생각된다.

제도" 제7면.

249) 손창완, "주파수이용권 양도 · 임대의 법률관계 - 사법상 법률관계를 중심으로 -", 법학연구 제21권 제1호 76면 이하.

250) 손창완, 위 논문 78면 이하.

251) 손창완, 위 논문 78면 이하.

마. 주파수이용권의 양도 · 임대의 요건

(1) 양도 · 임대 가능한 주파수이용권의 존재

앞서 살펴본 것처럼 양도, 임대 가능한 주파수이용권은 전파법 제11조에 따라 대가 할당 방식으로 주파수를 할당받은 자가 가지는 주파수이용권에 한한다. 따라서 심사 할당 방식으로 주파수를 할당받은 자가 가지는 주파수에 대한 이용권 즉, 전파이용권은 양도, 임대할 수 없다.

또한 전파법 제15조는 제11조에 따라 할당받은 주파수는 20년의 범위에서 이용기간을 정하여 고시한다고 정하는 한편, 양수한 주파수의 이용기간은 이용기간 중 남은 기간이라고 정하고 있으므로 양도, 임대의 대상이 되는 주파수이용권은 '이용기간을 도과하지 않은 주파수이용권'이어야 할 것이다.

(2) 양도 · 임대 제한 기간의 도과

주파수이용권의 양도 · 임대는 원칙적으로 대가할당을 받은 날부터 3년 이후에야 가능하다(전파법 제14조 제2항 본문, 시행령 제16조 제1항). 주파수이용권의 양도 · 임대와 관련하여 기간 제한을 둔 이유는 당해 주파수를 할당 받아 서비스를 제공할 의사가 없이 일단 주파수를 확보한 후에 2차 거래를 통해 수익을 창출하려는 시도를 방지하면서 공물의 특허사용권 부여를 통해서 달성하려는 행정목적의 최소한을 보장하기 위함이라고 한다.[252)]

다만 (i) 주파수할당을 받은 자가 파산한 경우, (ii) 경제적 여건의 급변에 대처하거나 사업의 효율화를 위하여 주파수할당을 받은 자가 합병되거나 그가 영위하는 사업의 전부 또는 일부를 양도하는 경우에는 주파수할당을 받은 날부터 3년이 되기 전이라고 하더라도 주파수 양도가 가능하며, (iii) 주파수 이용자가 주파수재할당을 받은 경우에는 주파수할당을 받은 날부터 3년이 되기 전이라도 주파수 임대가 가능하다(전파법 제14조 제2항 단서, 시행령 제16조 제2항).

따라서 현행 전파법상 3년 이내에는 (i), (ii)의 경우가 아닌 한 양도가 불가능할 뿐 아니라, (iii) 재할당이 아닌 최초 할당 주파수는 임대도 불가능하다. 그러나 합병, 영업양수도에 부수하여 이루어지는 주파수 이용권 양도만이 아니라 재정적, 사업적 이유 등으로 주파수 이용권만의 양도가 이루어지는 경우 또는

---

252) 한국전파진흥원, 전파방송 정책 및 전파법령 정비방안 연구-전파법 해설집 및 업무편람 발간 연구, 2008. 12. 31., 72면.

최초 할당 받은 주파수의 이용효율이 예상외로 저조하여 다른 사업자에게 임대하고자 하는 경우도 충분히 발생할 수 있다는 점을 고려할 때, 3년 이내의 주파수 이용권 양도, 임대가 가능한 경우를 위와 같이 제한할 필요가 있는지는 의문이다. 특히 위와 같은 제한기간을 둔 이유가 주파수의 2차 거래를 통해 수익창출 등 투기적인 목적으로 주파수를 할당받는 것을 방지하기 위한 것이라면 이러한 목적은 방송통신위원회의 승인 심사 과정을 통해서도 충분히 달성될 수 있기 때문에 주파수 이용권 양도, 임대 제한 기간을 둘 필요는 없다고 보인다. 따라서 제한기간 규정은 원칙적으로 삭제하는 것이 바람직한 것으로 생각된다.

(3) 주파수이용권 양도 · 임대의 합의

주파수이용권이 양도 또는 임대되기 위해서는 양도인 또는 임대인과 양수인 또는 임차인 간의 주파수 양도 또는 임대에 관한 합의가 있어야 한다.[253] 참고로 전파법 시행령 제17조 및 <전파법 시행에 관한 방송통신위원회 규정> 별지 제4호, 제5호는 주파수이용권 양수 내지 임차 승인신청서에 '주파수이용권 양도 · 양수계약서' 내지 '임대 · 임차계약서'를 반드시 첨부하여 제출하도록 정하고 있다.

(4) 양수 · 임차인에게 결격사유가 존재하지 않을 것

전파법은 주파수이용권의 양수 · 임차인의 결격사유와 관련하여 주파수할당의 결격사유에 관한 전파법 제13조[254]를 준용하고 있다(제14조 제6항). 대가 할당 방식으로 주파수를 할당받은 자가 가지는 주파수이용권을 양수 또는 임차하는 자도 주파수할당을 받는 자와 같은 자격요건을 갖추어야 한다는 점을 고려한 것으로 판단된다.

---

253) 손창완, 위의 글, 82면 이하.

254) 제13조(주파수할당의 결격사유) 다음 각 호의 어느 하나에 해당하는 자는 주파수할당을 받을 수 없다. <개정 2010.3.22>

1. 제20조제1항에 따른 무선국 개설의 결격사유에 해당하는 자
2. 기간통신사업을 하려는 자로서 「전기통신사업법」 제7조에 따른 기간통신사업 허가의 결격사유에 해당하는 자
3. 종합유선방송사업이나 전송망사업을 하려는 자로서 「방송법」 제13조에 따른 종합유선방송사업 허가나 전송망사업 등록의 결격사유에 해당하는 자

(5) 방송통신위원회의 승인

(가) 승인의 법적 성격

주파수이용권을 양수하거나 임차하려는 자는 대통령령으로 정하는 바에 따라 미리 방송통신위원회의 승인을 받아야 한다. 이러한 방송통신위원회의 승인은 우선 타인의 법률적 행위를 보충하여 그 법률적 효력을 완성시켜주는 행정행위로써 강학상 인가(認可)에 해당된다. 따라서 방송통신위원회의 승인을 받지 못하면 주파수이용권의 양도 내지 임대는 그 효력이 발생하지 않는다.[255] 또한 주파수이용권의 양도, 임대와 관련하여 양수인, 임차인에게 주파수할당의 결격사유가 없어야 하고 심사할당시 고려되는 사유 등을 승인시 고려하도록 정하고 있다는 점을 고려할 때 강학상 특허(特許)로서의 성격도 가지는 것으로 보인다.[256]

(나) 승인 신청의 구체적 절차

주파수이용권을 양수하거나 임차하려는 자는 '미리' 다음 각 호의 서류(전자문서를 포함한다)를 갖추어 방송통신위원회의 승인신청을 하여야 한다.

1. 주파수이용권 양도·양수계약서 사본 또는 주파수이용권 임대·임차계약서 사본
2. 법인의 정관
3. 법인의 주주명부 및 주주 등의 주식 등의 소유에 관한 서류
4. 주파수이용계획서(임대인의 주파수이용계획을 포함한다)
5. 법 제10조 제1항에 따라 주파수할당 공고에서 정하는 서류
6. 이용자 보호대책
7. 제16조 제2항 제1호 또는 제2호에 해당하는 것을 증명하는 서류(법 제14조 제2항 단서에 따른 사유로 주파수이용권을 양수받은 자만 해당한다)

한편 방송통신위원회는 제1항에 따른 승인신청을 받으면 신청을 받은 날부터 30일 이내에 법 제12조 각 호의 사항을 고려하여 승인 여부를 결정하고, 그 결과를 신청인에게 알려야 한다(전파법 시행령 제17조 제3항).

255) 대법원 1991. 6. 25. 선고 90누5184판결 등 참조.

256) 인가이면서 특허의 성질의 가지는 행정행위는 주거환경정비법상의 정비조합(재건축조합, 재개발조합) 설립인가처분을 들 수 있다(대법원 2009. 9. 24. 선고 2008다60568 판결).

(다) 승인 조건 및 기준

방송통신위원회는 주파수이용권의 양도 내지 임대에 관한 승인을 하는 경우에는 심사할당에 관하여 정하고 있는 전파법 제12조 각 호의 사항[257]을 고려하여야 하며 전파자원의 효율적이고 공평한 이용을 위하여 필요한 조건(부관)을 붙일 수 있다(전파법 제14조 제4항). 다만 전파법 제12조 각호의 사항은 추상적인 기준에 불과한 바, 보다 구체적인 승인기준을 마련하여 이를 고시할 수 있도록 관련 규정을 개정하는 것이 행정의 투명성, 예측가능성의 측면에서 바람직할 것으로 판단된다.

바. 주파수이용권의 양도·임대의 효과

(1) 주파수이용권 양도의 효과

우선, 주파수이용권의 양도와 관련하여 방송통신위원회의 승인이 이루어진 경우, 주파수이용권을 양수한 자는 전파법 제11조에 따라 주파수할당을 받은 자 및 시설자(주파수할당을 받은 자가 무선국 개설허가를 받거나 개설신고를 한 경우에 한함)의 지위를 승계한다.

주파수이용권의 양도, 특히 주파수를 할당 받아 제공하는 기간통신역무(예컨대, 2G서비스, IMT-2000, LTE 서비스 등)와 관련된 주파수이용권의 양도는 전기통신사업자의 사업의 일부 내지 전부 양도 또는 합병과 함께 이루어지는 것이 일반적이다. 이와 관련하여 전기통신사업법 제18조는 기간통신사업의 전부 또는 일부의 양수, 합병의 경우 방송통신위원회의 인가를 받아야 하며(제1항), 방송통신위원회는 인가시 여러 사항들[258]을 종합적으로 심사하여야 한다고 정하고 있다(제2항). 또한 전파법은 전기통신사업법 제18조에 따라 방송통신위원회

---

257) 1. 전파자원 이용의 효율성
2. 신청자의 재정적 능력
3. 신청자의 기술적 능력
4. 할당하려는 주파수의 특성이나 그 밖에 주파수 이용에 필요한 사항

258) 1. 재정 및 기술적 능력과 사업 운용 능력의 적정성
2. 주파수 및 전기통신번호 등 정보통신자원 관리의 적정성
3. 기간통신사업의 경쟁에 미치는 영향
4. 이용자 보호
5. 전기통신설비 및 통신망의 활용, 연구 개발의 효율성, 통신산업의 국제 경쟁력 등 공익에 미치는 영향

의 인가를 받아 기간통신사업자의 사업의 전부 또는 일부를 양수, 합병한 자는 해당 주파수를 할당받은 자의 지위를 승계한다고 정하고 있다(제14조 제7항). 다시 말해 기간통신사업의 양수, 합병과 관련한 방송통신위원회의 인가가 이루어지는 경우 주파수이용권의 양도와 관련한 방송통신위원회의 승인절차는 면제된다. 한편 기간통신사업의 분할의 경우는 규정되어 있지 않으나 전기통신사업법 제18조 제1항 제6호에서 기간통신사업의 분할의 경우를 상정하여 “허가를 받아 제공하던 기간통신역무의 일부를 제공하기 위하여 법인을 설립하려는 기간통신사업자”의 경우 방송통신위원회 인가 대상으로 규정하고 있으므로 전파법 제14조 제7항은 분할의 경우에도 적용된다고 보는 것이 타당하다.

한편 심사할당과 관련한 주파수의 경우 전파법 제14조 제7항이 적용될 것인지 여부와 관련하여 의문이 있을 수 있다. 우선 (i) 전파법 제14조는 전파법 제11조에 따라 대가할당을 통해 주파수할당을 받은 자가 보유한 ‘주파수이용권’에 한하여 적용되므로 심사할당과 관련한 주파수의 경우에는 기간통신사업의 전부 또는 일부의 양수, 합병의 경우 방송통신위원회의 인가를 받더라도 제14조 제7항은 그 적용이 없다는 견해와, (ii) 전파법 제14조 제7항은 ‘해당 주파수를 할당받은 자의 지위 승계’에 대한 조항임을 고려할 때 심사할당의 경우에도 위 규정이 유추적용된다고 보는 것이 타당하다는 견해가 있을 수 있다. 이와 관련하여 논란의 여지는 있으나 기간통신사업의 전부 또는 일부의 양수, 합병의 경우 방송통신위원회의 인가가 주파수 이용권 임대, 양도 승인을 포함하는 개념이라는 점, 인가시 주파수 이용권 임대, 양도 승인시 고려되는 사항을 고려된다는 점을 고려할 때 후자의 견해가 보다 타당한 것으로 판단된다.

(2) 주파수이용권의 양도 · 임대 기간

전파법 제14조 제2항에 따라 양수한 주파수의 이용기간은 주파수이용권을 할당 받은 자가 부여 받은 최대 20년의 이용기간 중 남은 기간이다(제15조 제2항).[259] 주파수이용권 임차의 경우 그 임차기간은 주파수이용권의 임대인이 부여 받은 이용기간 범위 내에서 계약에 따라 정하여지게 된다.

---

259) 한국전파진흥원, 전파방송 정책 및 전파법령 정비방안 연구-전파법 해설집 및 업무편람 발간 연구, 2008. 12. 31,, 102면.

[주파수거래제의 활성화를 위해 필요한 법제도적 개선 논의]

주파수이용권의 양도·임대 제도가 아직 활용되지 못하고 있는 이유들은 여러 가지가 있을 수 있으나, 그 중에서도 주파수이용권의 양도·임대에 관한 실질적인 수요가 없었다는 점을 가장 중요한 원인으로 꼽을 수 있다. 그런데 최근에는 스마트폰 보급 확대, 이용자의 heavy user화 경향 등으로 인한 이동통신 트래픽의 급증과 그로 인한 주파수 부족 등으로 주파수 수요가 증대하고 있어 조만간 주파수이용권의 양도·임대제도의 활용이 적극적으로 논의될 수 있을 것으로 예상된다. 특히 심사할당을 통해 사용하고 있는 주파수에 대한 이용권의 양도·임대도 가능하도록 함으로써 주파수 거래 대상 범위를 확대하는 한편, 주파수 용도 및 기술방식의 완화를 통해 양수인 내지 임차인에게 용도 및 기술방식 변경신청권을 부여함으로써 주파수이용권 거래를 보다 활성화되어야 한다는 점 등 관련 제도의 개선논의가 활발히 진행되고 있다.[260)]

다만 제도 개선이 이루어지더라도 주파수이용권 양도의 경우는 주파수이용권 임대의 경우보다 거래비용(transaction cost) 및 규제부담이 보다 크므로 주파수이용권 임대제도를 활성화하는 것이 보다 바람직할 것으로 생각된다. 즉 주파수이용권의 양도는 전기통신사업자의 사업의 일부 내지 전부 양도, 합병과 함께 이루어지는 것이 통상적일 것인데, 이 경우 전기통신사업법에 따라 방송통신위원회 인가를 받아야 할 뿐 아니라 주식회사의 경우 상법 제374조 제1항에 따라 주주총회의 특별결의를 거쳐야 하고 주파수이용권의 양도는 주파수총량 규제논의와 연결될 가능성도 있기 때문이다.

이에 반해 주파수이용권 임대는 주주총회 특별결의가 필요 없고, 주파수총량규제 논의와도 직결되지 않으므로 거래비용이나 규제부담의 측면에서 주파수이용권 양도의 경우보다 경제적이며 주파수 이용의 효율성 제고라는 행정목적 달성에도 보다 부합하는 제도일 수 있다고 생각된다.[261)] 따라서 주파수이용권 임대와 관련하여 일정한 제도적 보완만 이루어진다면 주파수이용권 양도의 경우보다 탄력적인 운용이 가능하여 거래당사자 입장에서 선호도가 더 높을 수 있을 것으로 예상된다.

다만 주파수이용권 임차제도의 이용이 활성화되기 위해서는 주파수이용권 의무임대 여부, 주파수이용권 임차대가 산정기준 마련 등과 같은 문제가 선행적으로 검토될 필요가 있을 것으로 생각된다. 또한 주파수이용권 일부 임대차의 경우 주파수공동사용(전파법 제6조 제1항 제4호)과 그 실질이 유사하므로, 상호 혼신·간섭 방지와 관련한 구체적인 규율이나 기준 마련에 대한 검토가 필요할 것으로 생각된다.

그 중에서도 우선 기존 주파수 할당사업자가 자신과 경쟁 관계에 있는 자에게 한정된 자원인 주파수이용권을 임대하지 않으려 하는 경우, 주파수이용권 임대의무를 인정할 것인지 여부가 문제될 수 있다. 원칙적으로 할당된 주파수는 기존 주파수 할당사업자가 자사의 영업을 위해 우선적으로 사용할 수 있을 것이므로 임대의무를 인정하기는 어려울 것으로 생각된다. 다만 기존 주파수 할당사업자의 주파수이용효

260) 계경문/ 유현용, 위 논문 253면 이하.
261) 계경문, 위의 글, 64면 이하. 계경문/유현용 위의 글 261면 이하.

율이 매우 저조하고 경쟁사업자의 주파수이용권 임차 필요성이 매우 크며 절박하다는 점이 소명되는 경우 여유용량을 제외한 일정한 주파수 대역폭에 대하여 주파수자원의 효율적인 이용차원에서 주파수 공동사용이나 일부 임대를 허용하는 방안을 고려할 수 있을 것으로 보인다. 다만 주파수 이용권의 재산권적 성격을 고려할 때 이와 같은 제도 도입을 위해서는 우선 전파법 제14조의 개정이 불가피할 것으로 생각된다. 즉 무선통신시설의 공동이용에 관하여는 전기통신사업법 제37조, 무선설비의 효율적 이용에 관하여는 전파법 제48조, 제48조의2에서 구체적으로 규정하고 있으나, 무선설비가 아닌 주파수 이용권 임대에 관하여는 이와 같은 구체적인 규정을 두고 있지 않기 때문이다. 또한 전기통신사업법 제35조 또는 제37조에서 정하고 있는 설비제공제도 또는 무선통신시설의 공동사용의 경우에 준하여 주파수이용권 임대와 관련한 구체적인 산정기준, 절차 등에 관한 규정이 마련되어야 할 것이다.

3. 주파수 공동사용

기술의 발전은 기존의 주파수 채널 및 대역의 구분을 통한 주파수 및 간섭관리의 필요 없이 유연한 주파수 자원 이용을 가능하게 하고 있다. 최근의 인지무선(CR : Cognitive Radio)으로 대표되는 주과수 공유기술은 채널 또는 주파수 대역에 구애받지 않고 주변의 무선통신 환경에 따라 주파수를 선택하여 통신할 수 있을 정도로 발전하고 있어 기존의 주파수 부족현상을 획기적으로 개선시킬 수 있는 대안으로 주목받고 있다. 이와 같이 지금까지의 무선통신 기술발전의 흐름은 무선자원의 공동사용을 통해 유연성과 효율성을 향상시키는 방향으로 진행되어 왔음을 알 수 있으며, 향후 이러한 경향은 더욱 강화되어 주파수 공동사용이 주파수 부족문제를 해결해 줄 수 있는 가장 현실적인 대안 중 하나로 등장할 것으로 예상된다. 2.4GHz와 5GHz대역의 ISM(Industrial Scientific Medical) 대역을 이용하는 소출력 기술인 WLAN(Wireless Local Area Network) 기술은 주파수 공유기술의 대표적인 성공사례라 할 수 있다. 최근 미국과 영국은 인지무선 기반의 주파수 공유기술을 사용하여 TV대역 중 지역적으로 사용하지 않는 대역(TV 유휴대역; TV White Space; TVWS)을 기존 일차 업무 사용자에게 간섭을 주지 않는 조건에서 비허가로 사용할 수 있도록 허용하는 정책을 추진하고 있다. 즉, 단순 간섭회피만을 고려한 방식에서 전파자원의 경제적 가치를 고려하는 전파자원관리체계와 전파를 복수의 이용자가 공동사용 하는 체계로 변모하고 있다. 전파의 수요증가에 따라 유한한 전파자원을 가급적 많은 이용자가 이용할 수 있도록 하여 전파의 공급능력의 증대를 도모하는 것이 공동사용의 기본취지이다.

방송통신위원회가 2012년 1월에 의결한 "모바일 광개토 플랜"에 의하면 2011년 대비 2020년까지 모바일 트래픽은 약 11~13배 증가할 것으로 전망하고 있고 약 450~610MHz 폭의 추가 주파수가 필요할 것으로 보고 있다. 구체적인 기술적 및 정책적인 내용을 설명하고 있지는 않으나, 주파수 공유(공동사용)가 이러한 추가 주파수를 확보하는 주요한 도구로 설시되고 있다. 주파수 공동사용은 기술발전이 아직 진행 중 이어서 기술발전추세와 정책이 긴밀한 연관을 가지고 있으며 기술뿐만 아니라 정책적 측면의 다양한 선택사항이 존재하므로 이들에 대한 검토를 통해 경제적 효율성, 기술적 실현가능성, 국민편익 측면에서 국내 실정에 적합한 공유기술 및 정책의 도입이 필수적이라 할 수 있다.

전파법 제6조 제4호는 전파자원의 공평하고 효율적인 이용을 촉진하기 위하여 필요한 경우 주파수를 공동사용 하도록 하고 있으나,[262] 주파수 공동사용(shared use of spectrum 또는 spectrum sharing)의 개념이나 주파수 공동사용의 요건과 절차 등에 대해 아무런 규정을 두고 있지 않다. 일반적으로 주파수 공동사용이란 "특정 주파수 대역에서 다수의 사용자가 또는 복수의 서비스를 위해 주파수를 이용하는 것"으로 정의할 수 있을 것으로 보인다.

가. 주파수 공유기술 및 정책 동향

(1) 주파수 공유기술의 개요

(가) 주파수 공유기술의 개념

주파수 공유기술은 동일한 주파수대역이 복수의 이용자 또는 용도(서비스)에 의해 이용될 수 있도록 해주는 주파수 이용기술을 의미한다. 주파수에 대한 수요가 급격하게 증가함에 따라 적기, 적소에 적절한 주파수를 공급하는 것이 매우 어려운 과제가 되고 있다. 또한, 전파의 특성상 전파특성이 우수한 선호대역이 존재하며, 이들 대역에 대한 수요는 매우 높다. 이러한 주파수 부족현상을 기술적으로 해결하고자 하는 노력 중 하나가 주파수 공유기술의 개발이다. 주파수

262) 일반적으로 "주파수 공유", "주파수 공동이용", "주파수 공동사용" 등을 혼용해서 쓰고 있으나, 법문에 나와 있는 "주파수 공동사용"으로 통일하고, 주파수 공동사용을 위한 기술을 의미하는 경우 "공유기술"이라 하고자 한다.

공동사용 시에도 간섭이 절대적으로 없다는 의미 보다는 단독으로 주파수를 이용할 때와 유사한 수준의 간섭량만 발생시킨다면 주파수 공유기술의 적용은 실질적인 주파수의 공급확대와 동일한 효과를 거둘 수 있다.

(나) 주파수 공유기술의 구분

공유기술은 크게 Underlay 방식과 Overlay 방식으로 구분된다. Underlay 방식은 낮은 출력을 통해 1차 업무(primary service)에 간섭을 주지 않으면서 1차 업무로부터의 간섭을 수용하는 방식이다. 대표적 기술인 UWB(Ultra Wide Band)는 넓은 주파수대역에 걸쳐 낮은 스펙트럼밀도의 신호를 송신하여 기존시스템에 간섭을 주지 않으면서 통신이 가능하도록 하는 방식이다. Overlay 방식은 1차 업무수준의 출력으로 시간, 공간적인 간섭회피를 통해 1차 업무와 주파수를 공유하는 방식이다. 대표적 기술인 인지무선(CR : Cognitive Radio)은 지역(공간), 시간, 주파수의 통신환경 영역에서 현재의 스팩트럼 이용현황을 실시간으로 감지한 후 지능적으로 판단하여 적절한 주파수, 변조방식, 출력 등을 선택하여 전송하는 통신방식이다. Underlay 방식은 기존 주파수 이용권자에게 간섭을 일으키지 않도록 출력수준을 최대한 낮추어 조정할 수 있기 때문에 출력수준에 대한 설정의 문제만 발생하는 반면, Overlay 방식은 주파수의 배타적인 이용권 제한 등 기존 전파관리체계의 적용에 있어 고려할 사항이 복잡하고 어렵다.

(다) 인지무선 기술의 개념

최근 주파수 공유기술로 주목받고 있는 인지무선(CR) 기술은 지역(공간), 시간, 주파수의 통신환경영역에서 현재의 스펙트럼 이용현황을 실시간으로 감지한 후 지능적으로 판단하여 최적의 신호포맷, 주파수 대역, 변조방식, 출력 등의 파라미터들을 결정하는 무선기술로 지역 및 시간에 따라 변하는 유휴 주파수 자원을 능동적으로 인지하고 기존의 무선 서비스 사용자에게 간섭을 주지 않으면서 이를 이용하는 기술을 말한다.

인지무선(CR) 기술의 용어정의에 대한 의견은 분분하지만 일반적으로는 주변 환경에 따라 통신파라미터(변조방식, 주파수, 출력, 프로토콜 등)을 적응시켜 통신하는 방식을 의미한다. 1999년 Joseph Mitola III는 IEEE(미국전기전자공학회)에서, 주파수가 할당되어 있지만 실제로 사용되지 않고 비어 있는 주파수를 감지해서 이를 효율적으로 공유하여 사용할 수 있는 인지무선(CR) 개념을 제시하였다.[263] 인지무선(CR)은 주파수를 공동사용하는 모든 무선기기에 허가권자 혹은 상호간 간섭을 주지 않기 위해 반드시 필요한 기술이다.

ITU-R 스터디그룹은 인지무선(CR)을 "동작하는 환경을 찾아 인식하고 무선 동작 파라미터를 변경할 수 있는 무선기술 또는 시스템"으로 정의하고 있고,[264] IEEE는 인지무선(CR)을 "허가받은 이용자의 통신에 간섭을 발생시키지 않도록 주파수대역이 현재 사용 중인지 여부를 지능적으로 감지하고 현재 이용되지 않고 있는 대역으로 매우 신속하게 옮길 수 있는 송수신기기"로 정의하고 있다.[265] 실제 현실에서는 할당된 주파수도 시간 또는 공간에 따라 사용하지 않는 경우가 매우 빈번하게 발생한다는 측면에서 인지무선(CR)의 개념이 탄생한 것이다. 미국연방통신위원회(FCC)에서 주파수의 실제 사용률에 대한 연구를 진행하여, 일시적으로나 지역적으로 변화하는 평균 주파수사용률을 조사해 본 결과 이용효율이 평균 30% 이하로 나타나고 있다고 한다.[266]

인지무선(CR) 무선기기는 주기적으로 외부환경을 센싱하고 여기에서 얻은 정보를 분석하여 비어있는 주파수를 이용함으로 출력이나 전송방식 등 기술적 파라미터 등을 주변의 환경정보를 이용하여 스스로 제어하고, 학습알고리즘을 통하여 주변의 상황정보나 기술적 파라미터 등을 스스로 업데이트하여 계속되는 통신에 있어 적응력을 스스로 향상시킬 수 있다.

인지무선(CR) 개념은 기존의 주파수 면허를 가지고 있는 1차 사용자(PU : Primary User)가 해당 대역을 사용하지 않는 동안 2차 사용자(SU : Secondary User)가 대역을 공동사용하는 기술로서, 이러한 기술의 발전에 따라 1차 사용자들을 보호하면서 인지무선(CR) 시스템 사용자들의 서비스 품질도 보장할 수 있을 것으로 기대한다. 인지무선(CR) 기술의 발전으로 인해 주파수에 의해서만 용

---

263) Joseph Mitola III, "Cognitive Radio for Flexible Mobile Multimedia Communications", IEEE Mobile Multimedia Conference. [Online]. Available: http://ieeexplore.ieee.org/stamp/stamp.jsp?tp=&arnumber=819467

264) Radiocommunication Study Groups, "WORKING DOCUMENT TOWARDS A PRELIMINARY DRAFT NEW REPORT: SOFTWARE DEFINED RADIO IN LAND MOBILE SERVICES (Question 230-1/8)," International Telecommunications Union Document 8A/121-E, 15 September 2004.

265) IEEE-USA Board of Directors, "Improving Spectrum Usage Through Cognitive Radio Technology," vol. 2006: IEEE, 2003.

266) FCC, Spectrum Policy Task Force, "Technology Advisory Council(TAC) Briefing", December 2002

도 및 이용자가 구분되는 현행의 할당체계에서 출력, 시간, 공간 등의 다양한 축으로 전파자원을 구분하여 이용할 수 있게 된 것이다.

(2) 국제기구 및 주요국 동향

(가) 국제전기통신연합(ITU)

국제전기통신연합의 무선통신 부분인 ITU-R에서도 인지무선(CR) 기술에 대한 연구를 진행해 왔다. ITU-R 내의 인지무선(CR) 연구는 규제적인 측면과 기술적인 측면으로 분류된다.

규제정책에 대한 연구를 위해 ITU는 2007년 11월, WRC(World Radio-communication Conference)-07회의에서 WRC-12 의제(Agenda Item) 1.19을 채택하여 "SDR(Software Defined Radio)과 인지무선(CR) 기술적용을 위한 규제수단" 연구를 2011년까지 진행하기로 결정하였다(결의 956). 결의 956(Resolution 956)에서는 CR 시스템기술의 적용에 관한 규제수단의 필요성, SDR 적용에 관한 규제수단의 필요성, WRC-12에서 상기의 연구결과를 바탕으로 적절한 조치사항을 취할 것을 내용으로 하고 있다.

WRC-12에서는 오랜 토론 후 결의 58이 채택되었으며, 이에 의하면 규제수단에 대한 연구는 ITU-R의 결의와 무관하게 결정되어야 한다고 한다. 즉, 규제적인 측면에서는 별다른 진전이 없었던 것으로 보인다. 기술적인 측면에서, ITU-R에서의 이동통신업무는 IMT 시스템을 위한 인지무선(CR) 기술 연구와 IMT 시스템을 제외한 이동 업무를 위한 인지무선(CR) 기술 연구가 각각 진행되었다. IMT시스템을 위해서는 WP5D(Working Party 5D)에서, IMT 시스템을 제외한 이동 업무에서의 인지무선(CR) 기술 연구는 WP8A(Working Party 8A)에서 진행하고 있다. WRC-12 결의 58에서는 무선인지 시스템의 도입과 사용에 대한 연구를 계속 진행하기로 하는 등의 내용을 담고 있다.

(나) 미 국

인지무선(CR) 기술은 개념적으로 주파수 대역에 무관하게 적용 가능하지만 현재에는 TV방송 대역의 유휴대역(TV White Space) 대역이 인지무선(CR) 기술 적용이 현실적으로 가장 적합한 것으로 판단됨에 따라, 미국은 인지무선(CR) 기술의 개발 및 표준화를 가장 적극적으로 추진하고 있다. 2003년 12월 주파수공유가능성에 대해 처음으로 발표하였고, 2004년 5월 사용하지 않는 TV대역을 주파수 공유기술을 활용하여 비면허광대역서비스대역으로 활용할 것을 제안하였다. 2004년 12월 IEEE는 802.22 WG(Working Group)을 신설하고 인지무선(CR)을 이용한 TV 대역의 고정무선통신망인 WRAN(Wireless Regional Area Network) 표준제정을 시작하였고, 2006년 10월 미국 연방통신위원회(FCC)는 TV 방송 대역 중 지역적, 시간적으로 비어있는 주파수(White Space)에 대해 인지무선(CR) 기술 등을 적용은 고정(fixed) 비면허무선기기의 사용을 허용하기로 하였다. 이에 의하면 인지무선(CR) 기술 적용은 기존의 서비스를 제공하던 기기들에 대해 간섭을 발생시키지 않는 조건 하에서 사용이 가능하도록 하였고, TV 디지털전환이 완료되는 2009년 2월 17일 이후부터 허용되었다. 우선적으로 고정형 소출력 무선기기에 대해서만 사용을 허가하고 개인용 및 이동형 소출력기기 사용 허용에 대한 연구를 진행하고 있다.

미국연방통신위원회는 상업용으로 경매를 시행한 디지털TV 전환에 따른 여유대역(채널52~69, 698~806MHz)에 대한 사용은 허가하지 않고 디지털TV로 사용되는 대역에 대해서만 허용하였다. 전파천문(radio astronomy)와 무선측정(wireless telemetry service)용으로 이용 중인 채널 37번에 대한 사용도 불허하였다. 또한 13개 도시에서 공공안전용(public safety service)으로 사용 중인 채널 14~20번에 대해서는, 고정형의 경우 연구를 진행하기로 하였으나 개인용 및 이동형 기기사용은 불허하였다. 미국전기전자공학회(IEEE : Institute of Electrical and Electronics Engineers)는 인지무선(CR) 기술 기반의 TV유휴대역 이용을 802.22 실무반(Working Group)을 구성하여 WRAN(Wireless Rural Area Network) 기술 표준 등의 연구를 진행하여 왔다.

최근 과학기술에 대한 미국 대통령자문위원회는 대통령에 보고한 리포트[267]를 통해 연방정부가 갖고 있는 주파수를 즉각적으로 민간과 공동사용할 것을 제안하고 있다.

(다) CR 기술의 표준화 동향

IEEE 802.22 실무반(WG)은 미국, 캐나다, 브라질 등과 같이 광활한 시골 지역에서 무선 인터넷 접속이 가능하게 하기 위하여 VHF와 UHF 대역의 TV 중

---

267) http://www.whitehouse.gov/sites/default/files/microsites/ostp/pcast_spectrum_report_final_july_20_2012.pdf

사용되지 않는 채널을 활용하여 ADSL이나 케이블 모뎀과 동급의 서비스를 제공할 수 있는 표준을 제정하는 것으로 목표로 하여 2004년 11월에 결성되었다. 다년간의 연구와 기업들의 참여로 마침내 2011년 7월, 고정형인 WRAN에 대한 표준화를 완료하여 공표하기에 이르렀다. 미국연방통신위원회가 2008년 11월 고정형과 이동형 단말에 대한 TV 유휴대역를 허용하면서 이동형 단말의 표준화에도 노력하고 있다.

ECMA(European Computer Manufacturers' Association)는 TC-48 TG1에서, TV 유휴대역을 이용하여 인터넷 접속 및 고화질의 멀티미디어를 전송할 수 있는 무선 표준을 연구해 왔다. 2009년말 Physical(PHY)와 Medium Access Control(MAC)에 인지 무선망에 대한 표준화를 완료하였다.

나. 주파수 공유기술 적용을 위한 전파관리정책

전파관리정책은 주파수의 확보라는 전파자원탐색의 과정에서부터 어떤 방식으로 누가 이용할 것인지를 결정해 주는 전파자원의 분배 및 할당과, 이용자가 할당받은 주파수를 잘 이용할 수 있도록 지원해 주고 불법 이용이 발생하지 않도록 보호해주는 사후 관리의 전 과정을 도괄하고 있는 개념이다. 또한, 전파를 보다 효율적으로 이용할 수 있는 신기술을 개발하고 전파를 이용하는 산업의 진흥을 도모하는 것도 포함한다. 과거 전파자원에 대한 상업적 수요가 크지 않던 시기에 정부의 전파관리정책의 초점은 일차적인 혼신의 관리에 있었고, 주파수 공유 정책을 검토함에 있어서도 혼신의 관리가 주요한 내용이 될 것으로 보인다.

(1) 전파관리 모형의 기본 유형 및 이론적 배경[268)]

무선통신시장과 기술의 발전으로 주파수에 대한 초과 수요가 발생하면서 주파수 할당을 포함한 전파관리정책체계의 다양한 모델이 서로 경쟁하기 시작하였다. 명령과 통제(Command & Control)로도 일컬어지는 행정 모델(Administrative Model)은 전통적인 전파관리모형으로 정부주도의 분배 및 할당 결정이 이루어

268) 주파수 공유기술 적용을 위한 전파관리 모형 연구, 정보통신정책연구원, 기본연구 09-10, page 52 이하 참조. 새로운 전파관리 체계에 대해서는 이승훈(전파관리체계에 대한 다양한 모색, 전파방송통신저널 제3호, 2008년 7월)에 다양한 견해가 소개 되어 있다.

지며 분배, 할당, 이용권의 범위를 정부가 결정하고 2차 시장은 재산권 설정이 불가능하므로 존재하지 않는다. 시장기반(Market Based) 모델은 시장경제원리에 기반을 둔 주파수할당이 이루어지며 기술과 용도변경까지 허용될 경우에는 분배까지도 사실상 시장에서 결정이 가능하다. 공유형(Commons) 모델은 다수의 이용자가 주파수를 공동 이용하는 모형으로 명령과 통제 방식 대비 혼신 보호에 한계가 있다.

명령과 통제 방식은 과거 대다수 국가에서 정부 규제기관의 주도하에 전파를 관리하던 모형으로 정부의 통제 및 의사결정 하에서 주파수를 관리하는 체제를 의미한다. 즉, 정부가 주파수 이용용도 및 이용자를 결정하고, 이용자의 기술방식 및 출력수준을 상세하게 제한한다. 또한 주파수 이용권의 범위를 제한하여 단순 이용 이외에 처분권에 해당되는 임대・양도 등은 이용권에 포함시키지 않는다. 만일 주파수 이용이 당초 계획대로 원활히 이루어지지 않는 경우에는 적극적으로 회수재배치를 통해 이용권의 재부여를 시도하게 된다. 이러한 방식은 정부가 시장의 정보를 시장의 참여자보다 잘 알고 있고 보다 정확한 판단을 한다는 가정 하에서는 원활히 작동될 수 있다. 혼신 및 간섭 배제가 용이하기 때문에 시장의 발전을 정확히 예측 할 수 있다면 가장 효율적인 방식이라고 볼 수 있는 것이다. 그러나 주파수를 이용한 서비스 및 산업의 시장 규모가 방대해지고 복잡성이 높아짐에 따라 정부가 정확한 판단을 한다는 것이 점점 어려워지고 있다. 시장의 기업들이 정부보다 정확한 정보를 갖추는 정보의 비대칭성이 나타나게 되면 효율성이 낮아질 수밖에 없다. 주파수 이용을 통해 얻을 수 있는 경제적 가치가 상승하고 일부 대역에 대한 초과수요가 발생하면서 정부가 명령과 통제 방식으로만 주파수를 관리하는 것은 비효율성이 나타나기 시작하였다. 예를 들어 초과 수요가 발생한 대역에 대해 가장 효율적 인 이용자를 선택하는데 있어 명령과 통제 방식 하에서는 일반적으로 비교심사를 통해 높은 점수를 받는 이용자를 선택하게 되는데 만일 주파수 이용 기술 및 서비스의 발전 등 시장의 정보를 정부가 정확히 판단하지 못하면 심사의 공정성 시비 등이 나타나게 되고 할당 받기로 결정된 이용자가 최적의 선택이었는지에 대한 신뢰성이 낮아지게 된다. 정부가 시장 참여자보다 시장 전망을 잘 할 수 없다는 가정이 내재되게 되면 명령과 통제 방식은 비효율적이 될 수밖에 없는 것이다.

이에 대한 대안으로 등장한 체계가 시장기반(Market Based) 방식으로 이는

표 3-9 전파관리모형의 유형 비교

방 식	주요 내용	장점	단점
명령과 통제 (Command & ontrol)	정부주도의 분배 및 할당	혼신 및 간섭배제 용이	시장정보 반영 미흡
시장기반모형 (Market Based)	시장경제원리에 기반한 주파수 분배 및 할당	시장수요 기반 대가 산정	높은 비용으로 신규 사업자 진입장벽 우려
공유모형 (Commons)	다수의 이용자가 주파수를 공동 이용	신속한 서비스 개시 및 혁신적 주파수 사용	서비스 품질 보장 곤란

주파수 자원을 다른 자원과 마찬가지로 시장에 의해 가격 및 이용자가 선택될 스 있도록 하자는 시장경제원리에 기반을 둔 관리체계로서 가장 많은 금액을 지불하는 이용자가 가장 주파수를 효율적으로 사용할 유인이 높은 자라는 가정에서 출발한다. 또한 주파수 이용자의 효율적 이용을 담보하기 위해서는 용도 및 기술 중립적인 접근이 필요하며 주파수 이용의 처분권에 대한 폭 넓은 권한을 가져야 한다. 시장기반 체제에서 정부는 사후적인 전파관리에 중심을 두고 규제를 하게 된다. 시장기반 방식은 최적의 주파수 이용자를 선택할 수 있다는 장점이 있는 반면 의도적인 희소성이 부과되어 주파수의 가격이 지나치게 상승할 우려가 있고 자금력이 풍부한 사업자에게 주파수의 쏠림현상이 발생할 수 있는 등의 단점이 존재한다.

이를 보완하기 위해 제안된 방식이 주파수 공유(Commons) 방식이다. 주파수 공유방식은 주파수 공유기술의 발전을 기반으로 제기될 수 있는 방식으로서 WiFi로 통칭되는 무선랜(WLAN)의 활성화에 의해 힘입은 바가 크다 할 수 있다. 즉, 주파수 경매를 통해 사업자가 결정되는 방식을 벗어나 주파수 이용을 원하는 모든 이용자가 주파수를 함께 사용하는 것이 효율적인 주파수 이용을 담보한다는 전제이나 아직까지 기술의 발전이 완전하지 않아 혼신보호에 한계가 있는 것으로 볼 수 있어 각국에서는 명령과 통제 방식이나 시장기반 방식의 보조 역할로 활용하고 있다.

각국은 전파이용의 효율성을 높이기 위해 자국의 실정에 맞는 전파관리 체계를 마련하고 있다. 이상에서 설명한 3개 전파관리체계는 단일 방식이 최적인 것은 아니며 대역별 이용목적 등에 따라 상호 공존하는 체계로 정착될 전망이다. 즉, 명령과 통제는 공공, 안전 등 신뢰성이 요구되는 대역, 시장기반은 경쟁적 수요가 높은 대역, 공유형은 서비스 및 기술혁신을 유도하는 대역에 각각 적용되는 것이 적절할 것으로 판단된다.

이러한 세 가지 모델의 경쟁과정에서, 시장기반 모델은 대부분의 선진국이 채택하는 주요 모델로 자리 잡고 있다. 즉, 주파수에 대한 수요급증으로 전파자원의 경제적 가치가 인식되기 시작하고 정보 비대칭성 문제의 해결 수단으로 경매방식이 주목을 끌면서 전파관리의 주요 이슈가 주파수의 경제적 가치를 크게 중시하는 방향으로 변화한 것으로 볼 수 있다.

최근에는 전파관리에 시장기구적 접근이 강화됨과 동시에 공유형모델에 대한 관심도 증대하고 있으며, UWB, 인지무선(CR) 등 공유기술의 발전에 따라 최근 미국, 영국 등에서는 비면허대역의 확장을 통하여 신기술개발, 전파 간섭 해결을 도모하고 있다. 공유형 모델은 전통적인 비면허 전파관리체계와 관련이 있으며, 이 경우도 특정 주파수 대역에 대하여 다수의 사용자가 이용하며, 전파사용료 및 주파수 할당대가 등 전파이용에 대한 별도의 비용 부담 없이 운영되었다. 비면허 주파수 대역의 경우 이용자 간 간섭 또는 혼신을 유발하지 않고 이용하기 위해서는 지속적인 기술개발이 필요하며, 주파수 부족현상이 발생하는 상황에서는 더욱 기술개발의 유인이 제공된다고 하겠다. 주파수 공유 기술의 발전에 따라 비면허 주파수 대역 뿐 아니라 허가 또는 면허가 필요한 주파수 대역에서도 주파수 공동사용의 가능성이 제기되고 있다.

국내에서는 명령과 통제 모델을 기반으로, 전파정책의 변화추세에 맞추어 시장기반 모델 및 공유형 모델을 혼합한 방식을 활용하여 왔다. 2000년에 주파수의 경제적 가치에 기반을 둔 대가할당 제도, 2005년에 주파수이용의 유연성 제고를 위한 거래, 임대 제도, 2011년 마침내 경매제를 도입하기에 이르렀고, 이는 초과 수요가 발생하는 주파수에 대하여 주파수의 이용자와 가치를 결정하는 시장기반의 모델에 힘을 실어 준 것으로 보인다. 그러나, 아직까지도 우리나라의 할당제도는 대가 할당과 심사 할당 등 주파수 할당을 통해 기간통신사업 허가를 부여하는 형태이며 단순 등록 수준의 light licensing 등 공유형 면허 관리체계는 마련되어 있지는 않다. 2006년에 민간의 자발적인 신규서비스 개발 촉진을 위해 60GHz대역을 용도 미지정 대역(FACS)으로 분배한 것을 진일보한 사례로 들 수 있다. 산업계와 학계에서 인지무선(CR) 등 공유기술 개발이 활발히 이루어지고 있으며 1.8GHz 대역과 TA(Talk Around: 무전기 간 직접통화), TV 유휴대역 등에 대한 공동사용 검토가 이루어지고 있다.

현재의 전파법에서는 대가할당 받은 사람의 배타적 이용권을 인정하고 있어 대가 할당 받은 주파수에 대해서는 공동사용이 불가하다. 배타적 이용권을 가진 사업자가 공유 기술을 도입할 의무도 없으며, 현재로서는 이에 대한 유인책도 부족한 실정이다. 다만, 현재의 인지무선(CR) 기술의 발전으로 주파수의 간섭 문제가 어느 정도 해결되고 주파수 거래, 임대가 실질적으로 활성화 된다면 주파수 공동사용도 활성화될 수 있을 것이다. 이에 따라, 기존의 비면허 대역에서의 공유방식뿐 아니라, 면허대역에서의 공동사용과 관련해서도 공유방식과 시장기반방식, 명령과 통제 방식을 혼합한 모형이 활용될 것으로 보인다.

(2) 주파수 공동사용 관련 정책

(가) 주파수 공동사용의 유형

주파수 공동사용을 단순히 Underlay와 Overlay 방식만을 의미하는 좁은 의미가 아니라 다수의 사용자가 동일한 주파수를 사용할 수 있는 방식으로 넓게 본다면 다양한 공동사용 유형을 고려해볼 수 있다.269) 먼저, 주파수 공동사용에서는 간섭 유발 가능성이 높아 간섭 회피가 필수적으로 수반되어야 하는데, 이러한 기술적 측면에서의 간섭 회피 방식에 따라 공동사용 방식을 공존(coexistence)과 협력(cooperation)으로 구분할 수 있다. 또한 주파수를 사용함에 있어 사용 용도에 따라(또는 면허 여부에 따라) 공동사용 주체와 대상이 가질 수 있는 지위가 다를 수 있다. 따라서 해당 대역에서 수행하는 업무가 동일업무인지 1차, 2차로 구분할 수 있는지 여부에 따라 동등 공동사용(sharing among equals)와 1차-2차 공동사용(primary-secondary sharing)으로 구분할 수 있다.

먼저, 협력 방식에서는 별도의 프로토콜이 존재해 사용자 전체의 유기적 협력을 통한 자원할당 및 간섭회피를 수행한다. 자원할당 및 간섭회피는 기지국 등을 통해 중앙 집중적으로 이루어질 수도 있으며, 각 사용자 상호 간에 분산적으로 이루어질 수도 있다. 전자에 해당하는 예로서 CDMA/TDMA 방식 등의 이동통신 시스템을 들 수 있으며, 후자에 해당하는 예로서 ad-hoc 시스템을 들

269) 이하, Jon M. Peha, "Sharing Spectrum Through Spectrum Policy Reform and Cognitive Radio", IEEE Vol. 97, No. 4, April 2009의 내용 재정리.

수 있다. 반면에 이러한 공통의 프로토콜에 의한 자원할당 없이 사용자 각자가 간섭 회피를 수행하는 경우가 공존 방식이라 할 수 있다. 공존 방식으로서 현재 상용화 된 기술르 무선 LAN, 코드리스 폰 등을 들 수 있다. 전파 관리 당국 입장에서 두 가지 방식을 비교하면, 기술적 측면에서 협력 방식이 공존 방식에 비해 자원할당 및 간섭통제에 좀 더 적극적으로 개입하므로, 간섭 유발의 가능성이 비교적 높다고 볼 수 있는 협력 방식이 정책적 이슈가 더 많다고 볼 수 있다. 그러나 협력 방식도 공존 방식에서의 이슈뿐만 아니라, 현재와 같이 단일 사업자의 단일 시스템 내, 복수 사업자의 단일 시스템 및 단일 사업자의 복수 시스템 등 다른 다양한 방식으로 발전할 수 있으므로 이에 대한 정책 및 제도적 차원에서의 대비가 필요하다.

주파수를 공동사용함에 있어 공동사용 주체와 공동사용 대상이 가질 수 있는 지위(1차 업무, 2차 업무)가 달라질 수 있다. 즉, 동등한 1차 업무 간 또는 2차 업무 간의 공동사용이 있을 수 있으며, 1차-2차 업무 간 공동사용이 있을 수 있

표 3-10 주파수 공동사용 방식의 유형[270]

공동사용주체 공동사용방법	동등 공동사용 (sharing among equals)	1-2차 업무 간 공동사용 (primary-secondary sharing)
공 존 (coexistence)	• 동등한 지위의 다수 사용자에 의한 주파수 공동사용 • 간섭에 취약하므로 소출력 근거리 서비스에 적합 • QoS보장 어려움 • 예) WLAN, 코드리스 폰, 위성 및 이동통신 간 공동사용	• 기존의 분배 할당 체계의 변경 필요 없음 • 기존 1차 사용자에 대한 간섭보호가 필요(Geolocation 등) • QoS보장 어려움 • 예) White Space, UWB
협 력 (cooperation)	• 동등한 지위의 사용자간 협력을 통한 주파수 자원 할당 및 간섭회피 수행 • 중앙집중 및 분산적 협력 • QoS보장 가능 • 예) TRS, Ad-hoc 네트워크	• 1차 사용자와 2차 사용자 간의 협력을 통한 주파수 자원할당 • 주파수 임대, 경매 등 2차 시장 활성화 필요 • QoS보장 가능 • 예) 실시간 주파수 임대

270) 이상윤, 주파수공유정책도입 동향, 전파방송통신저널, 2010년 2월호.

다. 한편, 동등 공동사용이라 하더라도 면허 소유권자 간 공동사용이 있을 수 있으며, 비면허권자 간의 공동사용이 가능하다. 또한 1차-2차 업무 간 공동사용에서 2차 업무의 사용자가 면허권자이거나 비면허권자일 수가 있다. 예를 들어, WLAN 의 경우 동등한 일차 업무의 비면허 사용자 간에 공동사용이 이루어지는 반면, TV 유휴대역과 같이 주파수 공동사용을 통해 1차 업무 사용자에 간섭을 주지 않는 조건으로 비면허로 통신 서비스를 제공하는 방식에서는 '1차-2차 공동사용' 및 비면허 기기 간의 '동등 공동사용'가 동시에 이루어진다고 볼 수 있다.

(나) 동등한 기기 간의 공동사용

이 방식에서는 주파수 사용에 있어 우선권을 부여 받지 못하고 동등한 지위를 갖는 다수의 사용자가 주파수를 공동사용한다. 이러한 공동사용은 상호 간섭에 취약할 수 있으므로 비면허 소출력 기기가 이러한 모델에 적합하다고 할 수 있다. 공존모델을 근거로 한 주파수 공동사용은 이미 WiFi와 코드리스 전화기의 인기가 증명하듯 오늘날 많은 나라에서 존재하며 기술진보와 생산성에 기여하여 왔다.

이 유형에서는 주파수 자원할당 및 간섭 회피를 사용자 스스로 수행하므로 일부 이기적인 사용자의 경우 주파수 자원을 독점 하려는 경향을 보일 수 있어 '공유지의 비극'이 초래될 가능성이 있다. 따라서 규제 당국은 소수 사용자의 공동사용 자원의 독점을 막기 위한 기술 기준을 정해야 하는데, 이와 같은 규칙을 '에티켓(etiquette)'이라 칭한다. 예를 들어, 간섭 범위를 줄이기 위해 최대 출력을 제한하거나, 신호전송 시 의무적으로 휴지 기간을 갖게 함으로써 다른 사용자가 주파수를 이용할 수 있는 여지를 두게 할 수 있다.

협력모델을 근거로 한 동등한 기기 간의 주파수 공동사용은 정책당국이 모든 기기가 통신과 협력하도록 명한다. 최소한 기기들은 전파를 보내는데 서로 협상할 수 있다. 이를 바탕으로 네트웍에서 자동으로 설정하여 데이터를 보낼 수 있다. 혜택이 많은 만큼 또한 기술과 정책면에서 풀어야 할 것이 많이 있어 보인다. 모든 기기들은 구체적인 통신 프로토콜을 교환하여야 하며. 누가 이 프로토콜을 정하고 진화하는 기술에 맞추어 변경할 것이냐가 문제시 된다.

(다) 1차-2차 사용자 간 공동사용

공존형 1차-2차 사용자 간 주파수 공동사용은, 2차 사용자가 1차 사용자에게는 보이지 않는다. 즉, 기존에 1차 업무로서 사용되고 있는 대역을 공동사용하여 기존 사용자에게 간섭을 주지 않는 조건으로 사용할 수 있도록 하는 유형이다. 따라서, 모든 공동사용의 복잡성은 2차 사용자에게만 문제된다. 이는 기존 1차 사용자에게는 장점이며 1차 사용자 보호를 위한 방안이 있음을 전제로 한다. 낮은 전력을 사용하는 UWB가 이에 유사해 보인다.

협력형 1차-2차 사용자 공동사용은, 1차 사용자가 2차 사용자의 존재를 인식하지 못하는 '공존'방식과 달리, 1차 사용자와 2차 사용자가 적극적으로 협력한다. 예를 들어, 2차 사용자가 1차 사용자로부터 주파수 사용권을 획득하여 통신하는 방식을 고려할 수 있다. 1차 사용자로부터 주파수의 사용이 허가되어 간섭 우려가 없으므로 QoS가 보장된 서비스 제공이 가능하다. 또한 1차 사용자 입장에서는 이를 통한 수익을 기대할 수 있으므로 일종의 2차 시장이 형성 된다 볼 수 있다. 만약 실시간 과금이 가능하다면, 수 분, 수 초 단위의 실시간 주파수 임대 및 경매도 가능하다. 통신사업자 입장에서는 유휴 주파수를 효율적으로 사용할 수 있는 사업모델로 될 가능성이 있으며, 이러한 방식이 활성화될 경우, 주파수 면허권자와 사용자 간의 실시간 임대, 경매 업무 등을 전담하는 '밴드 매니저(Band Manager)'가 등장할 수 있다. 이러한 협력 모델은 평상시에는 주파수를 거의 사용하지 않으면서도 1차 사용자의 QoS를 보장할 수 있는 재난시를 대비한 공공안전재난구조용(PPDR) 또는 군사용과 같은 시스템과 주파수에 적용될 수 있어 보인다.

(라) 동등한 2차 사용자 간 공동사용

1차 사용자와 마찬가지로 2차 사용자도 사용권을 부여받거나(licensed) 또는 사용권이 없을 수도(unlicensed) 있다. 두 경우 모두 1차 사용자에 간섭을 일으켜서는 안 된다. 단, 사용권이 있는 2차 사용자는 다른 2차 사용자의 간섭에 방해받지 않는다. TV 유휴대역에서 2차 사용자가 사용권(면허)을 부여 받아야 하는지 여부에 대한 논의가 아직 논의되고 있는 중이다. IEEE 802.11 등에서도 2차 사용자 간의 협력 모델을 고민하여 왔다. 그럼에도 기술적인 측면과는 별개로 2차 사용자 간의 협력은 정책적인 측면에서 많은 변화를 요한다고 하겠다.

다. 주파수 공동사용의 법적 성질

(1) 주파수 이용권

주파수자원의 법적 성질에 대한 명시적 규정이 없음에도 불구하고, 우리나라에서는 대체적으로 주파수자원이 국가관리 또는 국가소유를 전제로 하고 있다. 전파법에서도 제14조는 주파수자원의 이용권에 대해 규정하고, 제10조 내지 제12조는 주파수이용권을 국가가 민간에 할당할 수 있도록 하고 있다.

전파법 상에서 보장되는 주파수 이용권은 주파수를 할당 받은 자가 해당 주파수를 배타적으로 이용할 수 있는 권리를 의미하며 대가할당으로 할당받은 자에게만 부여된다. 주파수 이용권의 재산권성에 대한 논의와 전파자원의 재산권성의 문제는 구별된다. 부연하면, 주파수이용권의 재산권성의 문제가 주파수 자체를 본질로 하는 것인지, 즉 주파수 자체를 재산권으로 보장함으로써 소유의 결과로서 주파수 이용권이 인정되는 것인지 아니면 주파수 자체에 대한 재산권의 보장이 아니라 주파수를 할당받아 배타적으로 이용할 수 있는 지위 그 자체가 재산권의 대상인지 구분되어야 하고, 주파수 할당이 특정인에게 특정주파수를 이용할 권리를 부여하는 것이기 때문에, 주파수 할당에 의해 취득되는 권리는 주파수 자체에 대한 소유권이나 그 밖의 사법상 물권과는 다르며, 주파수라는 공물을 이용할 권리에 지나지 않는다는 것이 주파수 이용권에 대한 다수의 견해이다. 다만 일반인에게는 허용되지 아니하는 특별한 공물사용이라는 점에서 특허사용에 해당한다, 즉, 대가할당에 의허 취득하는 주파수 이용권은 기본적으로 공물의 특허사용에 해당한다는 것이다.

한편, 전파법은 주파수의 대가 할당 규정을 두고 대가할당방식에 의하여 주파수 할당을 받은 자는 당해 주파수를 배타적으로 사용할 수 있는 권리, 즉 "주파수 이용권"을 취득한다고 규정하고 있다. 따라서 특정의 주파수 대역을 이용할 수 있는 이익은 독점적 이익이므로 법률상 이익 내지 재산권으로 이해할 수 있다. 또한 전파법은 주파수의 양도 및 임대를 할 수 있도록 하고 있고 경매제를 도입하여 주파수 이용권의 재산권으로서의 성격은 더욱 강화되는 추세라 할 수 있을 것이다.

(2) 주파수 공동사용의 법적 성질

전파법 제6조 제4호는 전파자원의 공평하고 효율적인 이용을 촉진하기 위하여 필요한 경우 시행할 수 있는 조치로서 주파수의 공동사용을 규정하고 있다. 이 조항이 주파수 공동사용에 관한 유일한 근거 조항이며, 이는 전파법 제48조 이하의 무선설비의 효율적 이용이나 자연환경 보호 등을 위한 무선국이나 무선설비의 공동사용과는 명확히 구분된다. 전파법 상의 정의에서 보듯 무선국이나 무선설비는 시설이나 사람을 의미하므로 이를 주파수도 포함하는 것으로 해석하는 것은 지나친 확장해석으로 해석의 범위를 벗어난다고 보아야 할 것이다. 한편, 전기통신사업법 제33조의7은 전기통신사업의 효율성과 이용자 보호를 위해 기간통신사업자 간 무선통신시설의 공동이용을 할 수 있다고 하고 있는 바, 이 조항이 주파수의 공동사용을 예정하고 제정된 것이라고 보기도 어렵다. 위 규정은 중복투자 방지를 위한 기지국의 공동이용과 같은 경우를 상정한 것이라고 보아야 할 것이다.

주파수 이용권이 공물로서의 주파수를 전제로 재산권으로서의 성질이 인정되므로 사법 상의 규정이 주파수 공동사용에도 적용될 여지가 있다. 즉, 전파법 상 대가할당에 의한 주파수이용권은 그 자체로서 완전한 재산권에는 이르지 못했지만 상당히 재산권에 근접하고 있다고 할 수 있다. 현재 진행 중인 주파수경매의 실시로 주파수할당대가가 높아진 점, 그리고 향후 정부의 최소한의 형식적인 개입만으로 주파수거래가 원활하게 이루어질 수 있게 되는 경우 주파수 이용권은 보다 완전한 재산권에 가깝다고 할 수 있다.

주파수의 공동사용 또는 공동이용도 재산권적 성질은 갖고 있으므로 사법상 재산권 규정의 적용이 검토될 수 있다. 우리 민법은 하나의 물건을 2인 이상이 소유하는 것을 공동소유라고 하는데, 공유, 합유, 총유의 세 가지 형태의 공동소유를 인정한다. 소유권 이외의 재산권을 수인이 가지는 경우를 준공동소유라 하고 이에 관해서는 공동소유에 관한 규정을 준용한다(민법 제278조). 여기에도 그 수인의 인적결합의 정도에 따라 준공유·준합유·준총유의 세 가지가 있다. 준공동소유의 대상이 되는 것은 소유권 이외의 재산권이다. 물권과 그에 준하는 것 및 각종 무체재산권이 이에 속한다. 준공동소유에 관해서는 해당 공동소유에 관한 규정이 준용된다. 다만 다른 법률에서 특별히 정하고 있는 때에는 그에 의한다(민법 제278조).

따라서, 주파수 공동사용이 준공유, 준합유, 준총유 중 어느 것이 준용될 수 있을 것인지는 실제 현실에서 나타날 시나리오에 따라 다를 것으로 보인다. 다만 이러한 재산권으로의 성격도 공물로서의 규제가 부가되어 있는 체계로 인식하여야 할 것이다.

(3) 주파수 공동사용 정책과 시사점

주파수 면허권자가 자신의 망에서 이용효율을 높이기 위해서 인지무선(CR) 기술을 내부적으로 채택하는 경우 주파수의 효율을 높여 가입자의 수용 용량을 증대시키는 효과를 이룰 수 있고, 주파수 이용권의 배타성에 영향을 미치지는 않는다.

이와 달리, 인지무선(CR) 기술을 이용하여 전파간섭의 우려를 최소화 하되 주파수 면허권자와 제3자의 자율적 협약에 의하는 경우가 있을 수 있다. 이 경우 주파수 양도 및 임대와 유사하게, 주파수 면허권자와 제3자 간의 자율적인 협약의 내용에 따라 규율되며, 민법상 일반 원칙인 사적자치가 적용될 수 있다. 전면적인 주파수이용권의 이전(양도 또는 임대)이 아니라 인지무선(CR) 기술을 이용해 동일 주파수 대역에서 둘 이상의 주파수이용자가 있는 것이다. 이 경우 1차 면허권자가 있다는 점에서 민법상 공유나 준공유의 법리가 적용될 가능성과 함께 주파수 임대의 법적 성질이 적용될 수 있을 것으로 보인다.

주파수를 국가 소유 내지 국가에서 관리하는 것으로 보는 일반론에서 볼 때, 혼신은 국내의 주파수 사용자 뿐 아니라 국제적으로 정치, 경제, 국방, 과학 등 각 분야에서 막대한 피해를 입힐 것이다. 따라서, 당사자 간의 자율로 주파수를 공동사용할 것을 약정하여도, 1차 면허권자와 1차 면허권자로부터 공동으로 이용할 권리를 취득한 자 모두에 대하여 국가는 간섭할 필요가 있다. 부연하면, 주파수 양도, 임대와 유사하게 1차 면허권자와 이의 공동사용자가 자율적인 계약으로 주파수 공동사용을 하도록 하되, 심사를 통해 당사자 간의 계약이 기술적인 측면에서 사용자 보호에 적절한 지 여부를 판단하여 그 계약을 허가해야 할 것이다.

인지무선(CR) 기술을 이용하여 동일 주파수에 대한 면허권을 다수의 주파수 이용권에게 부여하는 경우가 있을 수 있다. 주파수 이용 빈도가 아주 낮은 것으로 예상되거나 경험치가 있는 경우 1차 면허권자와 제3의 주파수 공동사용자

간의 협의가 아닌 국가가 개입하여 2차 면허권을 창설하는 경우도 가능할 것으로 보인다.[271] 이 경우 2차 면허권자에게도 주파수를 경매하거나 대가할당의 경우도 상정할 수 있어 보인다. 2차 면허권자에게도 제3자에 대해서는 배타적인 이용권을 부여하는 것이다. 이는 주파수 공동사용이 기술적으로 1차 면허권자의 이용에 방해가 되지 않는 전제 하에 이루어지며, 1차 면허권자에 우선 사용권이 부여되어야 한다는 점에서 법적인 의미의 준공동소유의 법리가 적용될 여지는 없어 보이며, 주파수 이용권자가 인지무선(CR) 기술을 이용해 자발적으로 여분의 주파수를 공동사용하는 임대와 유사한 경우와는 구분된다. 따라서, 규제당국의 입장에서는 동일한 주파수이용권의 특허사용에 해당하며 주파수이용권을 복수로 부여한 것이다. 기술적인 측면에서 이 경우에도 1차 면허권자와 2차 면허권자의 기술적 제어를 위한 상호 협의가 필요한 부분이 있을 수 있어 보인다. 규제적 측면에서는 1차 면허와 별도의 2차 면허를 주면서 계약을 강제하거나 주파수 공동사용을 1차 면허의 조건으로 할 수 있어 보인다.

주파수 이용권을 보유한 사업자가 사용하지 않는 시간 또는 공간에서 비면허 장비의 작동 등을 통한 제3자가 주파수 이용을 허용하는 경우가 있을 수 있다. 이 경우 TV 유휴대역에서도 2차 사용자가 면허가 있어야 하는지 여부가 논란이 되어 왔다. 2차 사용자가 면허가 있어야 한다면 이 또한 주파수 이용권의 창설로 보아야 하며, 따라서 다른 2차 사용자와의 관계에 있어서 배타적 이용이 인정된다 하겠다. 주파수 면허가 없는 2차 사용자 간에는 민법상 준공유의 법리의 적용 여부가 문제될 수 있어 보인다.

라. 주파수 공동사용을 위한 법제도 개선 사항

주파수 공동사용은, 주파수의 배타적 이용권이 이용권자의 자율성을 제한하고 있음에도 불구하고, 배타적 이용권과 상치되는 개념이다. 즉, 우리나라의 경우 할당대가로 받은 주파수 대역에 대해 주파수 공동사용을 의무화하는 것은 법의 해석 범위를 넘어서며 구체적인 입법이 필요한 사안이다. 그러나 법 개정

271) 이에 대해서는 유럽(ETSI, CEPT 등)을 중심으로 미국, 중국 등에서 ASA(Authorized Shared Access)라는 개념으로 기술적, 정책적 측면의 논의가 활발히 진행되고 있어 왔고, 최근 유럽에서는 이를 LSA(Licensed Shared Access)라는 개념으로 발전시키고 있다. RSPG11-392, Report on Collective Use of Spectrum and other spectrum sharing approach, page 18 참조.

을 추진하는데 있어서도 근본적으로 이용권을 제한하는 행위이기 때문에 많은 논란이 예상된다.

이용권 제한이 가능하다는 주장의 근거는 흔히 로밍이라고 불리우는 무선통신시설의 공동이용의 법적 취지를 든다. 무선 설비가 필수 설비로 인정받지는 못하고 있으나 공정경쟁을 위해서 국내 전기통신사업법은 무선통신시설의 공동이용을 의무화하고 있는 바 같은 취지로서 주파수의 공동사용도 의무화 할 수 있다는 주장이다. 반면 이에 대한 반론은 무선통신시설의 공동이용의 경우 동일역무를 제공하는 사업자간에 경쟁 상황의 악화에 따라 정부가 강제화 하는 것이지만 주파수 공동사용은 진입 확대의 차원에서 진행하는 것이므로 진입수단이 존재하는 상황에서 추가적인 규제는 불필요하고 대가를 지불한 사업자 입장에서는 불공평하다는 주장이다.

그러나, 경쟁 상황을 고려한 진입규제의 완화라는 측면에서도 배타적 이용권이 존재하는 주파수 대역에 대해 공동사용을 의무화하는 것은 효용성만 인정된다면 정부가 법제화하는 것이 가능하다고 판단된다. 공동사용의 의무화의 경우 주파수 가치가 재산정 되어야 하며, 이는 공동사용 되는 주파수를 사용하는 2차 면허권자 등에게서 그 대가를 받는 것도 가능함을 의미한다 하겠다. 이를 위해 전파법 제6조 제4호의 주파수 공동사용과는 별개의 주파수 공동사용만을 위한 조항을 신설하여 정의, 승인절차, 기술개발 및 주무관청의 책무 등에 대한 명확한 법률적 근거가 필요하다고 하겠다.

4. 전파이용체계 개선방안

가. 전파활용을 위한 규범적 계층구조

전파는 유한한 자원으로서 가장 효율적인 방법으로 활용되어야 한다. 인위적으로 확장할 수 없는 유한한 희소자원을 누구나 자유롭게 이용하게 하면 무질서를 야기하여 자원의 효율적인 배분은 달성될 수 없다. 따라서 사회구성원 중 특정 주체가 전파를 최종적으로 이용하기 위해서는 엄격한 절차를 거쳐야 함은 의문의 여지가 없다. 그리고 이러한 엄격한 절차는 법규에 의하여 적법하게 이루어져야 한다.

(1) 상위 계층으로서 주파수의 용도 결정

전파활용을 위한 엄격한 절차의 가장 상위의 단계는 전파를 어떠한 용도로 사용할 것인지를 주파수를 기준으로 나누는 규범적 절차가 요구된다. 이를 전파법에서는 제2조 제2호에서 "'주파수 분배'란 특정한 주파수의 용도를 정하는 것"이라고 명확히 개념정의 하고 있다. 주파수 분배에 대해서는 전파법 제9조 제1항에서 구체적인 고려사항을 정하고 있고, 주파수 분배가 이루어지고 나면 이를 고시하도록 의무화 하고 있다. 즉 주파수 분배라 함은 유한한 자원인 전파를 효율적으로 활용하기 위해서 특정한 주파수 대역의 사회적 용도를 사전에 결정하는 절차이며, 모든 주체는 이러한 주파수 분배에서 정한 용도에 구속되어 이에 부합하도록 활용하여야만 한다. 이러한 점에서 전파활용을 위한 규범적 계층구조의 가장 상위에 놓이는 절차가 주파수 분배라고 할 것이다.

이러한 주파수 분배는 국내 법규에서 구체화되지만, 국제적인 주파수 분배의 구체적 결정이 매우 중요한 전제가 된다. 즉 ITU-RR(International Telecommunication Union-Radio Regulation)의 주파수 분배가 완전히 그대로는 아닐지라도 우리나라의 주파수 분배에 실질적으로 지대한 영향을 주게 된다.

(2) 중간계층으로서 주파수 이용 주체 결정

특정한 주파수 대역의 업무와 용도가 주파수 분배에 의해 이루어지고 나면, 그 용도에 맞게 주파수 대역을 이용할 주체를 결정하여야 한다. 용도에 맞게 이용할 주체를 결정한다고 해서 반드시 특정한 주파수 대역을 특정한 주체에게 배타적으로 이용할 수 있게 하는 것만을 의미하는 것은 아니다. 주파수 대역의 과학기술적 특성이나 분배된 업무와 용도에 따라서는 특정 주체를 유일한 이용주체로 결정할 수도 있는 반면, 모든 사회구성원이 이용주체가 될 수 있도록 개방적으로 결정할 수도 있는 것이다. 전자에 해당되는 경우가 이동통신사업을 하는 기간통신사업자에게 특정 주파수 대역을 이용할 수 있게 하는 것이라면, 후자에 해당되는 경우는 ISM(industrial scientific and medical equipment)대역으로 모든 사람이 자유롭게 이용할 수 있도록 하는 것이다.

특정 주파수 대역을 이용할 주체를 결정하는 절차에 대해서 전파법은 제2조 제3호에서 "'주파수 할당'이란 특정한 주파수를 이용할 수 있는 권리를 특정인에게 주는 것"이라고 개념정의하고 있다. 이 주파수 할당이 전파법이 정하고 있는 이용주체의 결정의 대표적인 예라고 할 것이다. 그 외에 전파법 제19조 제5항에서 "'주파수 사용승인'을 받은 자"라고 규정하여, 논쟁의 여지는 있지만, '주파수 사용승인'도 특정 주파수 대역을 이용할 수 있는 지위를 부여하는 또 다른 절차로 이해될 수 있다. 다만 주파수 사용승인에 대해서는 제2조의 개념정의 조항에서 명확한 개념정의가 존재하지 아니하므로, 이것이 주파수 할당과 같이 특정한 주파수의 이용주체를 결정하는 것인지 아니면 후술하는 무선국 설치에 관한 결정인지가 법문에서 확연히 드러나는 것은 아니다.

(3) 하위계층으로서 무선국이 이용할 특정 주파수 결정

특정 주파수 대역을 이용할 주체가 결정되면 그 이용주체가 보유하고 있는 무선국 마다 이용할 특정한 주파수를 결정하여야 현실적인 전파활용이 가능하게 된다. 즉 주파수 대역이라는 넓은 범위에서 각 무선국이 사용할 하나의 주파수를 결정하여야만 무선국들이 혼신없이 원활하게 전파를 활용할 수 있다. 하나의 이용주체가 하나 또는 그 이상의 다수의 무선국을 보유하는 것이 일반적이므로 특정 주파수 대역의 이용주체가 보유하는 다수의 무선국 마다 각기 상이한 주파수를 정하여 주는 과정이 필요하게 된다. 이 과정이 전파활용의 상하계층구조에서 하위계층에 속하는 단계라고 할 수 있다.

전파법은 무선국이 이용할 특정 주파수를 결정하는 하위계층에 대해서, 전파법 제2조 제4호에서 "'주파수 지정'이란 허가나 신고로 개설하는 무선국에서 이용할 특정한 주파수를 지정하는 것"이라고 개념정의 한다. 법문 표현이 동어반복이라는 점에서 매끄럽지는 않지만, 특정 무선국이 이용할 특정 주파수를 정하는 행위가 주파수 지정이라고 이해하는데 무리가 없다. 따라서 무선국 개설허가를 위한 심사사항 중에 가장 첫 번째 사항으로 전파법 제21조 제2항 제1호에서 "주파수 지정이 가능한지의 여부"를 규정하고 있다. 또한 전파법 제34조 제1항에서 방송국 개설허가를 위한 심사사항에도 이를 준용하고 있다.

이와 같이 주파수 지정은 특정 무선국이나 방송국이 이용할 특정 주파수를 정하는 행위로 전파활용의 상하계층구조에서 하위의 계층을 형성하고 있음을 전파법에서도 찾아볼 수 있다. 다만 허가를 받아 설치하는 무선국과 방송국에서만 주파수를 지정하는 절차가 있을 뿐 신고로 설치하는 무선국의 경우에는 주파수 지정의 개념정의에는 포함되어 있으나 그 구체적인 지정 절차가 전파법에

서 규정되어 있지 아니하다.

주파수 지정은 다음과 같은 점에서 주파수 할당과 매우 유사한 기능을 하므로 혼란을 야기하고 있다. 우선 주파수 할당을 통해서 특정 주체에게 주파수 이용에 대한 지위를 부여한 이후에 다시 그 특정 주체가 개설하고자 하는 무선국이 이용할 특정 주파수를 정하는 것이므로 무선국의 관점에서 보면 절차의 중복이 된다. 둘째로 전파법 제11조의 의미에서의 주파수 할당을 받는 기간통신사업자 등은 신고를 통해 무선국을 개설하게 되고 그 무선국이 할당받은 주파수 범위 내라면 실질적으로 무선국이 이용할 주파수를 지정하는 것은 극히 형식적인 것이고 무의미하다. 셋째로 주파수 지정은 주파수 할당을 받지 아니하고 허가를 통해 개설하는 무선국이 이용할 주파수를 결정하는 경우에 큰 의미를 갖기 때문에 특정 주체가 주파수 이용에 관한 지위를 부여하는 기능을 하고 이는 실질적으로 주파수 할당이 수행할 역할이다. 이러한 점에서 주파수 지정은 실질적으로는 개별적인 무선국에 대한 주파수 할당과 같은 기능을 하면서도, 무선국 개설절차에서 다루어지는 체계적 혼란을 야기하고 있다.

(4) 최하위 계층의 무선국 설치 자체에 대한 통제

주파수자원을 직접 활용하는 무선국은 그 사회적 기능과 역할 때문에 누구나 자유롭게 개설하도록 방임하여서는 아니 된다. 따라서 무선국을 개설할 수 있는지의 판단은 국가의 독점적인 권력 하에 두어야 한다. 그러므로 무선국을 개설하기 위해서는 국가의 허가를 받도록 규제하여야 하며, 전파법 제19조도 이와 같이 무선국 개설에서 허가주의를 원칙으로 채택하고 있다. 다만 주파수 또

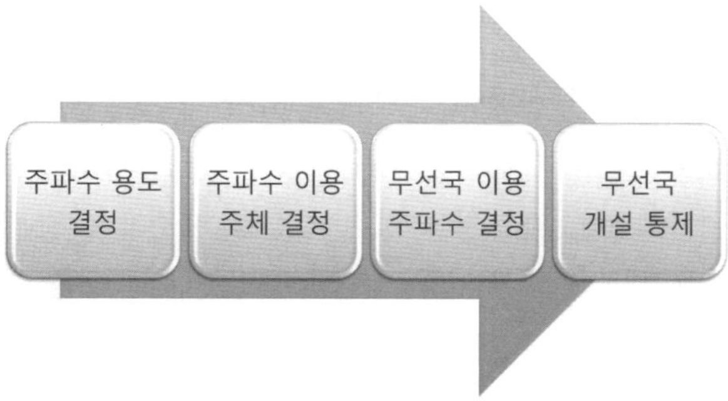

그림 3-2 전파이용의 규범적 계층구조

는 공중선 전력을 제한할 필요가 없거나 인명 안전 등을 목적으로 개설하는 것이 아닌 무선국으로서 전파법 제19조의2에서 정하는 무선국은 신고를 통해서 개설할 수 있도록 규제를 완화하고 있다. 나아가 전파법 제19조의2 제2항에서 정하는 바와 같이 미약 전파 무선국 중 ISM대역의 기기는 아예 허가나 신고 없이 자유롭게 개설할 수 있도록 하고 있다. 이와 같이 특정 주파수 대역을 이용할 무선국을 개설하도록 해주는 절차가 가장 하위의 계층을 형성하는 것이다.

나. 전파 활용 체계의 지향점

(1) 전파 자원의 효율 극대화

전파자원은 부존량을 인위적으로 증대시킬 수 없는 유한한 자원이므로 늘어나는 전파수요를 감당하기 위해서는 가용한 전파자원을 확장시키는 것이 매우 중요하다. 가용한 전파자원의 절대적인 양적 확대를 위해서는 기술혁신을 통해 밀리미터파(30-300GHz) 이상의 높은 대역을 다양한 용도로 널리 활용할 수 있도록 개발하는 것이 유일한 해법이 될 것이지만, 이는 그 주파수대역의 특성에 따라 본질적으로 극복할 수 없는 한계를 가질 수밖에 없다. 따라서 다음과 같이 기존의 전파자원의 이용 효율성을 고도화하여 질적 확대를 꾀하는 것이 중요한 지향점이 될 것이다.

(가) 주파수 공동사용

유한한 자원인 전파의 이용효율성을 고도화하기 위해서 동일한 주파수 대역을 복수의 용도 또는 복수의 이용자가 사용할 수 있도록 하는 것을 주파수 공동사용이라 한다. 21세기 들어 전파에 대한 수요가 급격히 증가하므로 이에 부응하여 적절히 주파수를 공급하는 것이 한계에 달하는 상황에서 이를 해결하기 위한 방법으로 주파수 공동사용이 고안되고 있다. 현재와 같이 단일 용도로 단일 이용자가 사용하는 주파수대역을 복수의 용도 또는 복수의 이용자가 사용할 수 있다면 실질적으로는 전파자원의 양적 확장을 가져오는 것과 동일한 효과를 가져올 수 있을 것이다. 다만 복수의 주체가 동일한 주파수를 이용함에 따라 우려되는 간섭현상을 여하히 잘 회피할 것인가가 기술적으로는 가장 중요한 관건이며, 규범적으로는 복수의 주체에 대한 상하계층구조를 여하히 적절히 구성할 것인가 그리고 공동사용을 촉진하기 위한 구체적 정책수단의 고안이 핵심적인 문제가 될 것이다.

(나) 주파수 이용제한 완화

주파수의 용도를 결정하는 주파수 분배가 이루어지게 되면 모든 주체는 이에 구속되게 된다. 그러나 전파응용기술은 매우 빠른 속도로 발전하게 되어 새로운 기술방식과 응용상품이 개발되어 보편화되는데 그리 오랜 시간이 필요한 것은 아니다. 따라서 과거에 결정된 주파수의 용도가 경우에 따라서는 시대에 뒤쳐져 현재의 전파수요에 부합하지 아니하는 현상도 발생된다. 예를 들어 Wibro용으로 사용가치가 높은 주파수 대역을 분배하였으나 시장에서 Wibro의 이용이 극도로 저조한 상황으로 진행되고 이와 경쟁적 관계에 있는 LTE(Long Term Evolution)에 대한 수요는 폭발하고 있으나 그 수요에 부합하는 주파수 자원이 확보되어 있지 아니한 경우를 생각해 볼 수 있다. 이러한 경우에 주파수의 용도를 시장이 결정할 수 있도록 어느 정도 융통성을 부여한다면, 전파자원의 효율적 활용에 큰 도움이 될 것이다. 즉 양적 확대나 질적 고양이 아니라 시장이 요구하는 용도로의 신축적 전환을 통해 전파자원의 효율성을 극대화하는 것으로, 기술적인 관점에서의 문제가 전혀 존재하지 아니하고 규범적인 장애만을 제거하는 것으로 충분하기 때문에 가장 경제적인 효율화방법이라고 할 수 있을 것이다.

물론 주파수 용도제한을 완화한다 하더라도 그 한계가 있을 것이므로, 예를 들어 방송업무로 분배된 주파수를 이동통신 용도로 사용하는 것과 같은 무제한 용도자유화는 허용될 수 없는 것이다. 그러나 특정 주파수 대역에서 사용할 기술을 세부적으로 경직적으로 규정하여 이를 강제하지 아니하고 기술적 발전을 능동적으로 수용하여 전파자원의 효율성을 고도화하는 '주파수의 기술자유화' 수준의 기술방식 자율화는 적극적으로 추진되어야 할 것이다. 전파법에서도 제5조에서 주파수의 이용효율 향상을 위한 시책을 마련하여야 하는 법적 책무를 규정하고 있으므로 주파수 이용제한 완화는 전파활용체계의 지향점 중의 중요한 하나가 될 것이다.

(2) 시장기반 전파 활용 체계

(가) 전파 이용 지위의 정비

2000년 전파법 개정으로 주파수의 분배, 할당, 지정 등의 개념이 도입되고 주파수 할당의 방법 및 절차 등을 정한 규정을 마련하여, 그간 할당 절차 없이 기간통신사업을 허가받아 왔던 사업자에게 주파수를 묵시적으로 이용할 지위를 부여함에 따른 권리관계의 불명확성을 해소하였다. 그러나 주파수 할당과 지정과의 관계가 체계적으로 구성되어 있지 아니하여, 무선국 개설을 위해서 주파수 할당을 받고 또 주파수 지정을 받는 경우와 할당없이 주파수 지정만을 받는 경우가 혼재되어 있고, 주파수 지정이 아예 필요하지 않은 주파수 사용승인제도도 병렬적으로 존재하므로 전파를 이용하는 지위에 대한 체계가 매우 혼란스러운 상태이다. 또한 주파수 이용에 대한 통제와 무선국 설치에 대한 통제가 분화되어 있으나, 주파수 지정이나 주파수 사용승인이 어느 통제절차에 해당되는 것인지도 전파법상 명확하지는 않다.

시장기반 전파 활용 체계를 수립하기 위해서는 전파이용지위에 대한 명확한 체계가 수립되어야 시장원리에 따른 전파활용이 가능하게 된다. 이는 시장기반 전파 관리를 위한 규범적 선행조건이라고 할 수 있다. 또한 주파수 이용지위를 부여하는 전파법 체계와 개별 무선국 설치어 대한 전파법상 규제체계를 명확히 체계하여야 전파이용지위에 대한 시장시스템에 의한 효용극대화가 가능하게 될 수 있을 것이다. 따라서 현재 제한적으로 시행되고 있는 주파수 할당의 보편화, 이용지위가 명확치 않은 사용승인제도의 지양, 무선국 설치통제 절차에서 반영되고 있는 사실상 할당의 기능을 하는 주파수 지정 등에 대한 명확한 규범체계 질서수립이 요구된다고 할 것이다.

(나) 주파수 이용권의 체계화

전파법은 제14조에서 주파수 이용권을 규정하면서 대가할당을 받은 자에게만 해당 주파수를 배타적으로 이용할 수 있는 권리인 주파수 이용권을 부여하며, 대가할당을 받은 자는 이 주파수 이용권을 양도하거나 임대할 수 있도록 허용하고 있다. 그러나 전파법 제12조에 의해 심사할당을 받은 주체나 제19조 제5항이 규정하는 주파수 사용승인을 받은 주체 또는 주파수 지정을 받은 자는 주파수 이용에 대해 어떠한 지위에 있는 것인지 명확하지 못하다. 즉 심사할당이나 사용승인 또는 지정의 경우에는 주파수 이용권은 있으나 비배타적인 것인지, 아니면 아예 주파수 이용권이 인정되지 않는 것인지, 만약 주파수 이용권이 없다면 구체적으로 어떠한 지위에서 주파수를 이용하는 것인지에 대한 체계적인 질서가 존재하지 않는다. 전파이용지위에 대한 시장시스템에 의한 효용극대화를 위해서는 거래 대상이 되는 주파수 이용권의 구체적인 체계 수립과 더불어 각 주체별로 어떠한 법적 지위를 확보하는 것인지를 명확하게 하여야만 할 것이다.

(다) 주파수 이용권의 거래질서

전파법 제14조 제2항 이하는 단지 주파수 이용권의 양도 또는 임대의 가능성만을 선언하고 있을 뿐 실질적인 거래를 촉발하기에는 지나치게 완고한 규정들로 구성되어 있다. 특히 일정한 기간제한을 두고 있다거나(전파법 제14조 제2항) 혹은 방송통신위원회의 승인을 요하는 절차를 두고 있다거나(동조 3항) 승인을 하면서도 조건을 붙일 수 있는(동조 4항) 등의 추가적인 규제절차가 규정되어 있어서 주파수 이용권의 거래가 현실적으로 활성화되기에는 장애물이 많은 상태이다. 시장원리에 의한 효용극대화를 위해서는 주파수 이용권의 거래에 대한 완화와 더불어 이를 촉진시킬 수 있는 질서확립이 매우 중요하다고 할 것이다.

(3) 주파수 활용의 규제 체계 매트릭스

(가) 방통융합시대에 부합하는 전파자원의 수평적 규제체계

통신과 미디어의 발전을 위해서는 현재와 같은 산업별 수직적 규제체계를 벗어나 콘텐츠, 플랫폼, 네트워크, 디바이스가 유기적으로 연계되는 수평적 규제체계로의 전환이 필요하다고 할 것이다. 따라서 전파자원에 대한 주파수 분배와 할당, 무선국이나 방송국 개설 및 각종 인증 및 감시도 통신과 방송을 구분하는 수직적 규제체계를 지양하고 수평적 규제체계로 재편성되어야 할 필요가 있다고 생각된다. 따라서 어떠한 산업이나 서비스라도 전파이용에 대한 지위를 획득하는 절차를 통일적으로 구성하고, 또 무선국의 개설 절차와 각종 행정적 규제 역시 수평적으로 계층 특성에 맞도록 구성하는 노력이 요구된다고 할 것이다.

(나) 전파관리와 전파사업의 법제 분리

전파법은 전파자원에 관한 관리체계와 더불어 무선국 설치 및 운영에 관한 체계가 복합적으로 혼재되어 있다. 향후 전파활용이 더욱 활성화되게 되면 전파

를 이용하는 서비스와 사업자가 증가하게 되고 이에 대한 규율도 매우 중요하게 된다. 그러나 전파자원에 대한 규제체계와 전파응용사업에 대한 규제체계는 상이한 원리에 의해 다루어져야 하므로, 이 규범을 분리하는 방향도 모색되어야 할 것이다. 즉 전파자원에 대한 관리는 전파법에 남겨두고, 전파응용사업에 대해서는 전파서비스사업에 관한 법률로 분리하여 두 개의 개별 법률로 구분하는 것이 바람직 할 것이다.

다. 현행 전파 이용 체계의 문제점

(1) 주파수 할당의 불완전성

전파법 제2조의 개념정의에 따르면 주파수 할당은 "특정한 주파수를 이용할 수 있는 권리를 특정인에게 주는 것"으로 매우 포괄적으로 규정되어 있다. 즉 개념정의에 따르면 주파수 할당이 주파수를 이용할 지위를 부여하는 일반적인 제도로 마련되어 있는 것처럼 규정하고 있으며, 이는 우리나라 주파수 분배표에서도 찾아볼 수 있다. 즉 주파수 분배표 설명에서 '할당'이라는 용어를 기간통신사업과 전혀 관계없는 항공국간의 통신이나 항공기지구국의 통신 등에서 특정한 주파수대역을 이용하는 것에도 그대로 사용하고 있다. 그러므로 일반적으로 할당이라는 용어는 매우 폭넓게 주파수를 이용할 지위를 부여하는 의미로 사용된다.

그러나 주파수 할당을 규정하고 있는 전파법 제10조에 따르면 기간통신사업자 등에게만 주파수를 할당하고 있다. 따라서 실제로 적용되는 범위는 기간통신사업자 등으로 매우 협소하다. 일반적으로 군이 사용하는 주파수는 할당받는 것이 아니라 사용승인을 받는 것이고, 방송국이 사용하는 주파수는 할당받는 것이 아니라 주파수를 지정받는 것이라는 혼란스러운 체계는 극소수의 전파법에 전문적인 지식을 갖고 있는 사람이 아니라면 도저히 이해하기 어려운 것이다. 이와 같이 개념정의와 실제 적용범위의 극단적인 괴리현상으로 인해 주파수 할당에 대한 수범자인 국민의 이해는 매우 혼란스러울 수밖에 없다. 이 주파수 할당의 불완전성으로 인해 전파법의 체계적 혼란이 야기되는 것이라고 생각된다.

(2) 주파수 지정의 기능과 역할의 혼란

전파법상의 개념정의에 따르면 주파수 할당은 "특정한 주파수를 이용할 수 있는 권리를 특정인에게 주는 것"이고, 주파수 지정은 "허가 또는 신고를 통해 개설하는 무선국에서 이용할 특정할 주파수를 지정하는 것"이다. 즉 주파수 할당은 주파수를 이용할 지위를 특정인에게 부여하는 것이고, 주파수 지정은 특정 무선국 개설을 위한 절차로 구분할 수 있다. 따라서 주파수 할당을 통해 특정 주체가 특정 주파수를 이용할 지위를 획득한 후에 그 특정 주체가 개설하는 무선국이 사용할 특정 주파수를 결정하는 단계적인 것으로 이해된다.

주의해야 할 것은 주파수 할당과 주파수 지정이 위와 같이 항상 체계화되어 있는 것은 아니다. 예를 들어 주파수 할당을 받아서 신고를 통한 무선국을 개설하는 경우에도 주파수 지정의 대상이 된다. 그러므로 이 경우에는 주파수 할당을 받더라도 또 주파수 지정절차를 중복적으로 받아야 하는 것이다.

그러나 주파수 지정을 위해서 반드시 주파수 할당 절차가 전제되는 것은 아니다. 왜냐하면 할당 대상이 아닌 주파수에 허가를 받아 개설하는 무선국의 경우에는 주파수 할당 절차 없이 주파수 지정만을 받아 무선국을 개설하기 때문이다. 즉 주파수 할당 없이 주파수를 지정하는 것만으로 주파수를 이용할 지위를 획득하게 된다. 따라서 어떠한 경우에는 주파수 할당을 받은 후에 다시 주파수 지정을 받는 경우가 있고, 또 어떠한 경우에는 주파수 할당 없이 주파수 지정만을 받는 경우도 있을 수 있다. 주파수 지정은 허가 또는 신고를 통해 개설하는 무선국에서 이용할 특정한 주파수를 결정하는 것이기 때문에, 주파수 할당을 받아서 신고를 통해 개설하는 무선국은 두 절차가 중복되고 할당받지 아니하고 허가를 통해 개설하는 무선국은 주파수 지정만을 받게 된다.

실질적으로 살펴보면, 오히려 주파수를 할당하지 않은 경우에 주파수 지정이 큰 의미를 갖는다. 왜냐하면 주파수를 할당받는 기간통신사업자 등은 전파법 제19조의2 제1항 제3호에 따라 신고를 통한 무선국 개설을 하게 되고, 신고로 개설하는 무선국에 대해서도 주파수 지정을 하도록 되어 있으나 실제로 특별한 의미없이 형식적으로 운영되고 있기 때문이다. 따라서 오히려 주파수 할당을 받지 아니하는 주파수 대역에서 허가를 통해 개설하는 무선국의 경우에 주파수 지정이 대단히 큰 의미를 갖게 된다. 결국 이 경우 주파수 지정이 실질적으로는 주파수 할당과 같이 특정인이나 특정 무선국이 특정 주파수를 이용할 지위를 부여하는 기능과 역할을 담당하는 것이다.

특히 방송국이 사용하는 주파수는 할당이 아닌 지정을 통해 이용하는 것으로 되어 있으나, 주파수 지정은 방송 뿐 아니라 모든 "허가 또는 신고를 통해 개설하는 무선국에서 이용할 특정할 주파수를 지정하는 것"으로 무선국 개설 절차에서 논의될 사항이라고 할 것이다. 그렇다면 방송사업자가 사용하는 주파수 대역에 대해 주파수 이용에 대한 지위를 설정하는 절차는 전혀 존재하지 않는다는 것이 된다.

결국 주파수를 이용하는 지위를 부여하는 절차가 주파수 할당과 주파수 지정으로 사실상 이원화되어 있음에도 불구하고 전파법 체계에서는 주파수 할당은 주파수를 이용하는 지위를 부여하는 절차에서 그리고 주파수 지정은 무선국 개설을 규제하는 절차에서 각각 다루고 있어서 체계적 혼란을 가중시키고 있다. 특히 주파수 할당과 주파수 지정을 중복적으로 적용받는 경우와 주파수 지정만을 받는 경우로 이원화되어 있어 이해가 용이하지 아니하다.

(3) 주파수 이용지위의 비체계성

주파수 할당과 비교되는 제도가 주파수 사용승인제도이다. 일반적으로 군이 사용하는 주파수는 할당이 아닌 사용승인의 대상이라고 언급되고 있으나 주파수 사용승인에 대해서는 전파법 제19조 5항에서 "대통령령으로 정하는 바에 따라 방송통신위원회로부터 주파수 사용승인을 받은 자는 무선국을 개설할 수 있다"라고 규정할 뿐이고 전파법 제2조에서 아예 개념정의 조차 하고 있지 아니하다. 그렇다면 주파수 사용승인은 주파수를 이용할 지위를 부여하는 절차인지 아니면 무선국 개설을 규제하는 절차인지 애매모호한 상황이다. 즉 주파수 사용승인제도가 주파수 할당과 동일한 체계적 지위를 갖는 절차인지 아니면 무선국 허가와 동일한 체계적 지위를 갖는 것인지 명확하지 않다.

전파법 시행령 제23조에서는 "법 제19조 제5항에 따라 주파수 사용승인을 받아 개설할 수 있는 무선국은 다음 각 호의 어느 하나에 해당하는 무선국으로 한다"라고 규정하고 있으므로, 무선국 설치에 필요한 허가와 동등한 체계적 지위로 이해될 수 있지만 일반적으로 '사용승인 대상 주파수'라는 표현이 관행적으로 사용되는 것을 고려하면 주파수 이용에 대한 포괄적 지위를 부여하는 의미로도 사용되는 혼란이 존재한다.

(4) 주파수 이용 체계와 무선국 개설 규제의 혼란

전파법 조문의 비체계성은 최종적으로 주파수 이용 체계와 무선국 개설 규제의 큰 틀에서의 혼란으로 귀결되게 된다. 분명 주파수 분배와 주파수 할당으로 대표되는 주파수 이용 체계는 개별적인 무선국 개설과는 구별되어 이에 선행되는 전파 이용 체계라고 관념적으로 구분할 수 있다. 즉 이용주체 없는 무선국이나 주파수를 이용하지 않는 무선국은 존재할 수 없으므로 우선적으로 이용주체가 특정한 주파수를 이용할 지위를 획득하고 난 이후에야 그 특정한 주파수를 이용할 무선국을 개설하는 절차를 밟는 것이 순서일 것이다. 그러나 전파법 체계는 주파수 할당, 주파수 사용승인, 주파수 지정이 서로 얽혀서 이러한 체계적 질서가 극도로 혼란스러운 상황으로 얽혀있다.

따라서 주파수 이용 체계와 무선국 개설 규제를 엄격히 구분하고 주파수 이용 체계에 따라 주파수를 이용할 지위를 부여 받은 이후에 이를 전제로 무선국을 개설하는 절차를 진행하도록 명확한 체계를 수립하여야 할 것이다.

(5) 전파법 법조문의 불완전성

전파법 규정들을 살펴보면 몇 가지 불완전한 내용을 살펴볼 수 있다. 우선 주파수 사용승인에 대한 규정이 매우 간략히 되어 있어서 그 체계적 지위가 매우 불투명하다. 특히 주파수 사용승인에 대해서는 전파법 제2조의 개념정의에 포함되어 있지 아니하므로 구체적으로 그 의미를 명확히 알 수 없다. 그럼에도 불구하고 전파법 제19조 제5항에서 “주파수 사용승인을 받은 자는 무선국을 개설할 수 있다”라고만 규정하여 무선국 개설의 원칙인 허가제의 중대한 예외를 두고 있을 뿐이다.

한편 주파수 지정은 전파법 제2조의 개념정의를 두고 있으나, 주파수 지정과 관련된 규정은 제21조의 무선국 개설허가를 위한 심사사항으로 “주파수 지정이 가능한지의 여부”만을 규정하고 있을 뿐 구체적으로 주파수 지정에 관한 절차나 세부 사항은 전혀 규율하고 있지 아니하다. 따라서 주파수 지정의 체계적 지위에 대해서는 그 불완전성이 빈번히 지적되고 있다.

(6) 전파법에 대한 낮은 대국민 이해도

전파법은 극히 기술적인 성격을 띠는 법률이라 기술적인 소양이 없는 일반인은 이해가 쉽지 않을 뿐만 아니라 여러 차례 행해진 크고 작은 법률 개정을 통하여 법체계뿐만 아니라 개별 조문도 매우 혼란스럽게 되어 있다. 따라서 수범자인 국민 중 대부분은 전파기술에 대한 지식이 매우 부족한 상태이므로 전파법만을 보아서는 전혀 전파이용에 대한 법질서를 이해할 수 없는 상태이다. 나아가 법률전문가들도 전파법 조문만을 보고는 전파이용체계와 무선국 개설 통제에 대한 규범을 쉽게 이해할 수 없는 상황이라고 할 수 있다. 갈수록 증가하는 무선통신에 대한 범국민적 수요와 관심을 고려하면 누구나 알기 쉽게 이해할 수 있도록 쉽고 명확한 법체계를 수립할 필요가 있다.

라. 주파수 이용체계 개선방안

(1) 할당과 비할당으로 단순화

전파법 체계에서의 가장 큰 문제점은 특정 주체가 주파수 대역을 이용하는 것에 대한 절차와 특정 무선국이 이용할 특정 주파수를 부여하는 절차가 매우 혼란스럽게 규율되어있는 것이다. 전술한 바와 같이 주파수 할당의 법적 정의와 실제로 이루어지는 주파수 할당의 괴리현상을 지적할 수 있다. 그 해결방법으로 주파수 대역을 이용할 수 있는 지위를 부여하는 것을 할당과 비할당으로 단순하게 이원화하여 분류하는 안을 제안한다.

전파법상의 할당의 개념은 "특정한 주파수를 이용할 수 있는 권리를 특정인에게 주는 것"이라고 매우 일반적이고 포괄적으로 정의되고 있음에도 불구하고, 실제로 전파법 제10조의 주파수 할당은 이동통신사업을 하는 기간통신사업자 등을 대상으로 극히 제한적으로 이루어지고 있어서, 개념과 실제가 크게 괴리되는 현상이 벌어지고 있다. 이러한 문제점은 우리나라 '주파수 분배표'에 명시되어 있는 주파수 분배표 설명에서 '할당'이라는 용어를 기간통신사업과 전혀 관계없는 항공국간의 통신이나 항공기지구국의 통신 등에서 특정한 주파수대역을 이용하는 것에도 혼용하여 사용하는 점에서도 찾아볼 수 있다. 주파수 분배표의 '할당'의 의미는 전파법 제10조의 주파수 할당과는 완전히 다른 것으로서, 특정한 주파수를 이용할 수 있는 지위를 특정인에게 주는 것에 불과하다. 이러한 개념과 실제의 혼란을 해결하기 위해서는 전파법 제10조의 주파수 할당을 전파법 제2조의 개념정의에 맞도록 일반화시키는 방법이 가장 적절하다고 생각된다.

또한 전파법상의 할당과 유사한 개념이 다수 존재하여 더욱 혼란을 가중시킨다. 전파법 제19조 제5항에서 규정하고 있는 '주파수 사용승인'은 전파법 제2조의 개념정의 규정에도 누락되어 있을 뿐만 아니라 그 대상과 절차 등의 모든 실질적 내용이 전파법 시행령에서 규정되어 있어서 그 실체가 매우 모호하여, 이것이 할당과 같이 주파수를 이용할 지위를 부여하는 것인지 아니면 특정한 무선국에서 사용할 주파수를 결정하는 것인지 조차도 명확하지 않다. 또한 할당되지 않는 주파수 대역에서는 주파수 지정이 주파수 할당과 같은 기능과 역할을 하게 되어, 주파수 이용에 대한 지위와 무선국 설치에 대한 규제가 서로 혼란에 빠지게 된다. 따라서 전파법 제10조의 기간통신사업자 등에 대한 주파수 할당과 주파수 사용승인 그리고 주파수 지정을 모두 통합하여 주파수 할당으로 통합하는 것을 해법으로 제안한다. 다만 주파수를 이용하는 양태와 목적 등이 매우 다양하므로 주파수 할당으로 통합을 하되 후술하는 바와 같이 주파수 할당의 종류를 크게 4가지로 나누어 다양한 양상에 적합하게 대응할 수 있도록 하여야 할 것이다.

정리하면 주파수 분배를 통해서 주파수의 업무와 용도를 결정하고 다시 이를 '특정한 주체가 일정한 주파수 대역에서 무선국을 설치할 수 있도록 사전에 주파수를 이용할 수 있는 지위를 부여하는 것'인 주파수 할당을 하여야 한다. 그러나 특정한 주파수 대역은 사전에 특정인에게 주파수를 할당하지 아니한 채 불특정 다수인이 자유롭게 무선국을 자유롭게 설치하거나, 또는 신고로 개설하는 무선국에서 무선국 설치 신고 만으로 주파수를 이용할 수 있도록 하는 비할당 주파수 대역도 필요하다. 따라서 주파수 분배과정에서 할당 대상인 주파수 대역과 비할당 대상인 주파수 대역을 결정하는 과정이 반드시 필요할 것이다.

위와 같은 개선방안을 구체화하기 위해서는 주파수 할당에 대한 개념정의를 하고 있는 전파법 제2조와 주파수 할당을 규율하고 있는 전파법 제10조를 개정하여야 할 것이다.

(2) 주파수 사용승인 제도 폐지

주파수 사용승인은 전술한 바와 같이 주파수 할당과 같은 체계적 지위를 갖는 주파수 이용에 대한 지위를 부여하는 절차인지 아니면 무선국 지정과 같은 체계적 지위를 갖는 무선국이 이용할 주파수를 결정하는 절차인지 애매모호하다. 전파법에서는 사용승인에 대해 무선국의 허가에 관한 제10조 제5호에서 단지 “제1항에도 불구하고 대통령령으로 정하는 바에 따라 방송통신위원회로부터 주파수 사용승인을 받은 자는 무선국을 개설할 수 있다”라고 규정하고 있고, 전파법 시행령 제23조에서는 “법 제19조 제5항에 따라 주파수 사용승인을 받아 개설할 수 있는 무선국은 다음 각 호의 어느 하나에 해당하는 무선국으로 한다”라고 규정하고 있으므로, 조문의 위치를 놓고 보면 무선국 설치에 필요한 허가와 동등한 체계적 지위에 있는 무선국 개설에 관한 규제라고 보아야 한다. 그러나 실질적으로 주파수 사용승인은 포괄적으로 일정한 주파수 대역을 특정한 주체에게 이용할 지위를 부여하는 것으로 운영되고 있음에도 불구하고, 개념정의가 없는 것은 물론 주파수 할당과 관련한 규정 어디에도 사용승인과 관련된 어떠한 실체적인 규정도 존재하지 않는다. 따라서 개념정의나 실체적인 규정이 전파법에 존재하지 않는 사용승인제도를 별도로 둘 실익을 인정하기 어려우므로 할당의 체계에 포함시켜 통일적으로 규율하는 것이 바람직 할 것이다.

주파수 사용승인에 관한 규정인 전파법 시행령 제23조를 살펴보면 무선국 운용의 기간에 따라 크게 2가지 유형으로 나누어 볼 수 있다. 전파법 시행령 제23조 제1호의 ‘군용전기통신법 제3조에 따라 국방부 장관이 관리・운용하는 무선국’과 동조 제3호의 ‘주한 외국 공관이 대한민국에서 해당 국가의 외교 및 영사업무를 위하여 외교통상부장관의 요청에 따라 개설하는 무선국’ 그리고 동조 제5호의 ‘대한민국과 아메리카합중국간의 상호방위조약 제4조에 따른 시설과 구역 및 대한민국에서의 합중국군대의 지위에 관한 협정에 따라 아메리카합중국 군대가 관리・운용하는 무선국 중 같은 협정 제3조 제2호에 따른 약정의 적용을 받는 무선국’과 동조 제6호의 ‘국가 안전보장과 관련된 정보 및 보안업무를 관장하는 기관의 장이 그 업무를 위하여 관리・운용하는 무선국’은 장기적으로 특정 주파수를 이용하여야 한다. 반면에 전파법 시행령 제23조 제2호의 ‘외국의 국가원수 등이 대한민국을 방문하는 중에 의전・경호 등의 목적으로 사용하기 위하여 외교통상부장관의 요청에 따라 개설하는 무선국’과 동조 제4호의 ‘국내에서 열리는 국제적 또는 국가적 행사를 위하여 관계 국가기관의 장의 요청에 따라 외국인이 그 행사기간 중에 개설하는 무선국’은 상대적으로 일시적으로 특정 주파수를 단기간 이용하는 것이다. 따라서 양자를 각각 특별할당과 일시할당으로 구별하여 기간별 특성에 맞게 규율하는 것이 바람직할 것이다.

(3) 주파수 지정을 개별할당으로 전환

전파법 제2조는 주파수 지정을 “허가나 신고로 개설하는 무선국에서 이용할 특정한 주파수를 지정하는 것”이라고 개념정의하고 있다. 주파수 지정은 주파수 할당과 달리 무선국이 이용할 주파수를 결정해주는 무선국 설치에 관한 규율이다. 또 무선국 지정은 주파수 할당과는 분리된 것으로서 주파수를 할당받은 주체라도 그에 따른 무선국을 개설하기 위해서는 별도로 무선국의 주파수를 지정받는 과정을 추가적으로 요구하고 있다. 다만 전파법은 주파수 할당은 기간통신사업자 등에 국한되어 있고, 전파법 제19조의2 제1항 제3호에 따라 주파수를 할당받은 주체는 신고를 통한 무선국 개설이 가능하므로 무선국의 주파수 지정은 극히 형식적인 것에 그치게 된다. 오히려 주파수 할당을 받지 아니한 채 허가를 받아 개설하는 무선국의 경우에 주로 주파수 지정을 하게 되어 실질적으로는 주파수 이용에 대한 지위를 부여를 받는 역할을 하게 된다.

전파법 제21조 제2항에 따르면 허가를 받아 개설하는 무선국의 경우에 허가신청이 있으면 제일 우선적으로 “주파수 지정이 가능한지의 여부”를 심사하도록 되어 있다. 이 과정은 무선국이 특정 주파수를 이용할 수 있는가의 여부를 판단하는 것이며, 이 절차 외에는 무선국 개설에 있어서 주파수 이용에 관한 별도의 어떠한 절차도 존재하지 않는다. 그러므로 무선국 개설에 관한 통제를 통해 주파수 이용에 대한 지위를 부여하는 체계적인 혼란이 발생한다. 이와 대조적으로 주파수 할당을 받는 주체는 주파수 이용에 관한 지위를 부여받은 이후에 비록 형식적일지라도 다시 주파수 지정 절차를 추가로 받아야 하는 이중의 절차를 밟아야 한다. 이러한 혼란을 방지하기 위해서는 무선국 개설과정의 주파수 지정절차를 폐지하고 허가로 개설하는 모든 무선국에 사전에 주파수 ‘개별할당’을 받는 절차를 밟도록 일원화하는 것을 고려해 볼 필요가 있다.

특히 방송국의 경우에는 주파수 이용에 대한 지위를 부여하는 절차가 어떠한 것도 존재하지 아니하고 단순히 방송국 개설에 대하여 개별적으로 주파수 지정하는 절차만 마련되어 있을 뿐이다. 이는 주파수 이용에 대한 지위를 할당의 형식으로 받는 기간통신사업자 등과 주파수 사용승인의 형식으로 받는 군용무선국과 비교하여 형식적인 혼란의 야기 뿐만 아니라 전파법 전체의 균형잡힌 체계와는 거리가 멀다고 할 것이다. 따라서 허가로 개설하는 무선국에서 사용할 주파수의 이용 지위를 부여하는 절차를 할당의 개념에 포섭하되, 다른 할당과 구별하기 위해서 세부적으로 하위개념인 '개별할당'으로 명명할 수 있을 것이다. 또한 '개별할당'은 필요에 따라서는 유상으로 할당할 수 있게 하여 주파수 자원의 효율적 배분의 목적을 달성할 수 있도록 하여야 할 것이다.

(4) 할당의 유형 정리

우선 주파수 할당의 개념을 "특정한 주체가 일정한 주파수 대역에서 무선국을 설치할 수 있도록 사전에 특정 주파수를 이용할 수 있는 지위를 부여하는 것"으로 정의하여, 전파법의 할당 개념을 폭넓게 전향적으로 정비한다. 전파법의 주파수 할당 개념정의에서는 전술한 바와 같이 특정한 주파수를 이용할 '권리'를 특정인에게 주는 것으로 명시하고 있어서, 법교의학적으로 체계화 되어 있는 권리개념이 도입될 수밖에 없고 이는 뜻하지 않은 다양한 부작용과 법질서상의 혼란을 가져오는 원인이 된다. 따라서 우선 '권리'라는 경직적인 법개념을 지양하고 "특정한 주파수를 이용할 수 있는 '지위'"로 유연한 용어를 채택할 필요가 있다. 또한 주파수 할당을 특정한 주체나 특정 무선국이 이용할 주파수에 대한 지위를 부여하는 것으로서, 무선국 설치 이전에 선행되어야 할 절차로 체계화하여 무선국을 설치하기 위해서는 사전에 주파수 할당을 받는 것으로 원칙으로 하되, ISM 대역처럼 특정한 주체나 특정한 무선국에 주파수를 이용할 지위를 별도로 부여할 필요가 없는 경우 등에만 비할당 주파수 대역으로 사전에 주파수 분배에서 정하여 주파수 할당 절차 없이 무선국을 개설할 수 있도록 예외를 두어야 할 것이다.

위와 같은 주파수 할당은 크게 4가지로 구분할 수 있다. 그 하나는 '경쟁할당'으로서 전파법 제11조의 경매에 의한 대가할당과 동일한 것이다. 이러한 경쟁할당을 주파수 할당의 원칙적인 모습으로 설정하여 시장기반의 주파수 정책을 구현한다. 또한 경쟁할당으로 주파수의 이용지위를 확보한 사람에 대해서는 현재와 같이 주파수 이용권을 부여하여 주파수 이용권의 거래가 원활히 이루어질 수 있도록 법적으로 지원을 한다.

둘째로는 '특별할당'으로서 전파법 시행령 제23조 제1호의 군용주파수, 동조 제3호의 외교용 주파수, 동조 제5호의 미군용 주파수 그리고 동조 제6호의 국가안보용 주파수에 대한 주파수 사용승인이 이에 해당된다. 따라서 이들도 무선국 설치에 앞서 사전에 특별할당을 통해서 주파수 이용에 대한 지위를 부여받는 절차를 선행토록 하고 이에 대해서 전파법에서 명확한 규정을 두어야 할 것이다.

셋째로 '일시할당'으로서 전파법 시행령 제23조 제2호의 국빈방문용 주파수 그리고 동조 제4호의 국가행사용 주파수의 사용승인이 이에 해당된다. 이는 특별할당과 달리 일시적으로 주파수를 이용하는 것이므로 그 특성에 맞는 전파법의 규율을 신설하여야 할 것이다.

끝으로 '개별할당'으로서 이는 허가를 받아 설치하는 무선국에게 그 주파수에 대해 이용할 지위를 사전에 부여하는 절차로서 현행 주파수 지정과 실질적으로 동일하다. 다만 전파법의 주파수 지정은 신고를 통해 개설하는 무선국에도 지정하는 것으로 되어 있으나, 신고로 개설하는 무선국의 주파수 지정은 극히 형식적으로 행하여지고 있으며 신고로 개설하는 무선국 자체가 예외적인 것이므로 허가를 받아 개설하는 무선국에게만 개별할당을 하는 것으로 규율하여야 할 것이다. 이러한 개별할당은 무선국의 성격에 따라서 유상으로 할당할 수도 있고 무상으로 할당할 수도 있도록 하여 구체적 합리성을 확보할 수 있도록 하여야 할 것이다. 따라서 현행 방송국은 무선국에 대한 주파수 지정만으로 주파수 이용에 대한 지위를 묵시적으로 확보하였지만, 제시된 개선방안에 따르면 주파수 이용에 대한 지위를 확보하는 절차인 개별할당을 받고 난 이후에 다시 무선국 개설에 관한 절차로서 무선국 개설 허가를 받는 것으로 체계화할 수 있다. 특히 개별할당의 경우에는 주파수 이용에 대한 지위에 대해 시장기반의 주파수 관리원칙을 적용하지 아니하여, 주파수 이용권을 부여하지 아니하고 따라서 주파수 이용권의 거래도 당연히 불가능한 것으로 규율하여야 할 것이다.

주파수 이용체계에 대한 개선방안을 그림으로 나타내면 다음과 같다.

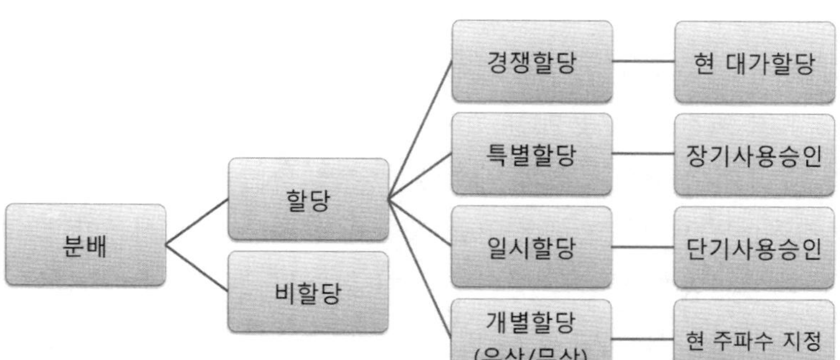

그림 3-3 주파수 이용체계 정비방안

마. 무선국 개설체계 개선방안

(1) 주파수 이용지위와 무선국 개설 규제의 분리

전파법의 가장 큰 체계적인 문제점은 주파수 이용에 대한 지위를 부여하는 것과 무선국 개설을 위한 규제가 개념정의와 법조문 체계에서는 분리되어 있음에도 불구하고 실제로는 혼재되어 구분하기 어렵다는 점이다. 그러므로 특정인이나 특정 무선국이 이용할 주파수에 대한 지위를 부여하는 것과 그 주파수를 이용하여 개설하고자 하는 무선국의 설치에 대한 규제를 체계적으로 명확히 구분하는 것이 필요하다. 특정인이나 특정 무선국이 주파수를 이용할 지위를 부여하는 것은 무선국 개설을 위해서는 반드시 필요한 것이므로 이를 무선국 개설을 위한 선행절차로 설정하여야 할 것이고 이에 대해서는 앞서 살펴본 바와 같다. 무선국 개설을 위해서는 무선국이 이용할 주파수를 결정하는 것 외에도 상당히 많은 고려사항 들이 존재한다. 따라서 주파수 이용에 대한 지위를 제외한 다른 요소들을 가지고 무선국 개설을 허가할 것인지를 판단하는 절차도 반드시 필요하다. 예를 들어 무선설비가 기술기준에 적합한지나 무선종사자의 배치계획의 적합성 그리고 무선국 개설조건 등의 심사도 필요하다. 그러므로 무선국이 이용할 주파수의 결정을 제외한 다른 요소들만으로 무선국 개설에 관한 규제를 시행하는 것도 필수적이다.

즉 무선국이 이용할 주파수를 결정하는 절차는 모두 주파수 할당에서 이루어지도록 하고, 무선국 개설과 관련된 규제에서 주파수 결정은 완전히 배제하고 다른 요소만으로 개설을 허가할 것인가를 심사하도록 고려되어야 할 것이다.

(2) 허가, 신고, 자유개설의 규제 정비

전파법은 무선국 개설에 관한 규제를 제4장 제1절 무선국의 허가 및 운용과 제2절 방송국의 허가 및 운용에서 상세히 규율하고 있다. 요약하여 살펴보면 무선국 개설은 허가를 통한 무선국 개설을 원칙으로 하되, 전파법 제19조의2에서 규정하는 경우에만 예외적으로 신고를 통한 무선국 개설을 허용한다. 그 중에서도 특히 전파가 미약한 무선국 등으로서 대통령령으로 정하는 무선국은 신고조차 필요 없이 자유롭게 개설할 수 있다. 이와 같은 허가, 신고, 자유개설이라는 무선국 개설에 관한 그대로 유지하되, 다만 그 과정에서 무선국이 이용할 주파수를 결정하는 것은 선행절차로 앞세워 더 이상 고려하지 않도록 체계화 하는 것이 필요하다.

(3) 주파수 사용승인 폐지

주파수 사용승인 제도는 전파법에서의 조문의 위치를 고려하거나 전파법 시행령 제23조의 법문 표현을 살펴보면, 무선국 허가와 체계적 지위를 같이 하는 무선국 개설에 관한 규제로 이해될 수 있다. 그러나 실질적으로 주파수 사용승인은 군이나 외국공관이 일정한 주파수 대역을 이용할 지위를 포괄적으로 부여받아 이를 근거로 그 대역 내에서는 사실상 자유롭게 무선국을 개설하는 것이기 때문에, 효과상으로는 주파수 할당과 같은 기능을 하는 것이다.

따라서 주파수 사용승인 제도를 아예 폐지하고 이러한 기능을 주파수 할당에서 특별할당과 일시할당으로 체계화하여 통일성을 확보하는 것이 더욱 바람직 할 것이다. 특히 주파수 사용승인이 갖는 국가안보나 외교 등의 국가적 특수한 목적달성을 위해서는 다른 주파수 대역과 달리 규율되어야 할 특수성이 있으므로, 특별할당이나 일시할당으로 다른 일반적인 할당제도와는 차별화하여 규율할 수 있는 법적 기반을 마련함으로써 그 특수성이 충분히 구현될 수 있을 것이다.

구체적으로는 전파법 시행령 제23조에 따라 주파수 사용승인을 받아 개설하는 무선국 중에서 군용으로 사용되는 무선국에 대한 제1호와 주한 외국공관이 외교목적으로 사용하는 제3호 및 주한미군이 사용하는 제5호 그리고 국가안보를 위한 정보 및 보안업무를 위한 제6호는 장기간 특정 주파수 대역을 사용하여야 하는 것이므로 이는 '특별할당'으로 설정하여 그 특성에 맞는 규율을 하여야 할 것이다. 반면에 국가원수 등의 방문 중 의전·경호의 목적으로 사용하는 제2호와 국제행사를 위해 사용되는 제4호는 일시적으로 특정 주파수 대역을 임시적으로 사용하는 것이므로 이를 구별하여 '일시할당'으로 규율한다. 이러한 '특별할당'과 '일시할당'을 받은 주체는 그 주파수 내에서 자유롭게 무선국을 개설하여 이용할 수 있도록 무선국 자유개설을 허용한다.

(4) 주파수 지정을 할당으로 체계화

전파법 제2조에서 주파수 지정이란 허가나 신고로 개설하는 무선국에서 이용할 특정한 주파수를 지정하는 것으로 개념정의 되어 있다. '주파수 지정'의 개념정의를 "… 주파수를 지정하는 것"이라고 하여 용어 그 자체를 개념정의에서 동어 반복하는 것도 문제지만, 주파수 지정은 무선국을 개설하기 위한 하나의 절차로 다루어지고 있음에도 불구하고 이것이 마치 특정한 주파수를 이용할 수 있는 지위를 특정인에게 부여하는 것과 같은 기능을 하고 있다. 특히 방송국의 경우에는 주파수 할당 없이 무선국 개설시 주파수 지정으로 주파수를 이용할 지위의 부여와 동시에 무선국 개설 규제가 동시에 이루어지고 있다.

주파수를 이용할 지위와 무선국 개설 규제를 엄격히 구분하여 체계화하기 위해서는 이를 명확히 구분하여, 주파수 할당과 유사한 기능을 하는 주파수 지정을 폐지하고 이를 주파수 할당에 통합시켜 체계화하여야 할 것이다. 다만 주파수 지정은 매우 폭넓게 행하여져 왔으므로 이를 주파수 할당 중 '개별할당'으로 분류하여 그 특수한 성격을 충분히 구현할 수 있게 하여야 할 것이다.

주파수 지정을 '개별할당'으로 변경하는 것은 주파수 이용체계를 체계적으로 정비하는 것뿐만 아니라, 주파수 '개별할당'을 다시 유상으로 할당하는 것과 무상으로 할당하는 것을 구분하여 주파수 자원의 효율적 분배가 이루어질 수 있도록 하는 의미도 갖는다. 또 주파수 지정은 허가를 통해 개설하는 무선국과 신고를 통해 개설하는 무선국 모두에 행하도록 전파법은 규정하고 있으므로, 개선방안에서는 주파수 개별할당은 허가를 통해 개설하는 무선국과 더불어 신고를 통해 개설하는 무선국도 사전에 주파수 개별할당을 받은 후에 비로소 무선국 개설허가 신청을 하거나 또는 무선국 개설신고를 하도록 하여 주파수 이용에 관한 지위 부여와 무선국 개설에 관한 규제 절차를 명확히 정비하고자 한다.

바. 무선국 개설의 절차 체계 정비

무선국 개설을 위해서는 상당히 많은 절차를 진행해야 하는데, 이러한 절차에 대해서 전파법의 규정만을 접해서는 쉽게 이해할 수 없는 것이 현실이다. 이는 절차가 부존재하기 때문이거나 또는 절차상의 불완전성으로 인한 것이 아니라, 전파법에서 무선국 개설 절차에 대한 법체계가 질서정연하게 정리되어 있지 아니하기 때문이라고 할 수 있다. 따라서 무선국을 개설하는 절차를 주파수 이용에 대한 지위를 부여하는 체계와 무선국 개설을 규제하는 체계의 정비와 더

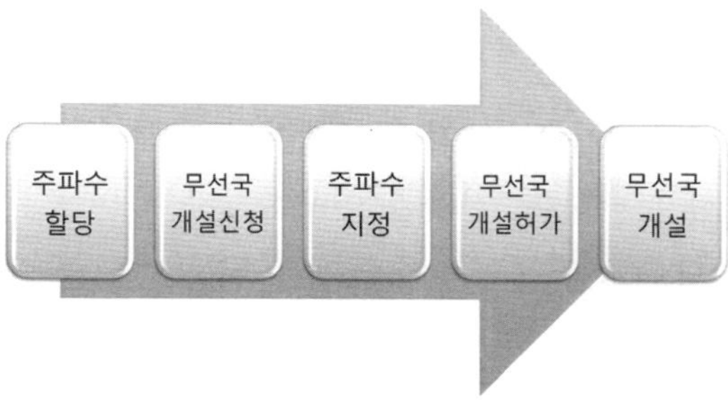

그림 3-4 허가를 통해 개설하는 무선국 개설 절차 정비

불어 이러한 체계에 따른 절차를 명확히 질서 있게 수립할 필요가 있다.

우선 주파수 이용에 대한 지위를 부여하는 것을 모두 할당으로 일원화하였으므로 주파수 할당으로부터 출발하여 허가를 통해 개설하는 무선국과 신고를 통해 개설하는 무선국을 구분하여 각각 무선국 개설의 흐름을 정리한다.

먼저 허가를 통해 개설하는 무선국은 무선국을 개설하고자 하는 자가 '주파수 할당'을 받은 이후 '무선국 개설신청'을 하면 방송통신위원회가 그 무선국이 이용할 '주파수 지정'을 하고 심사사항을 검토하여 '무선국 개설 허가'를 하면, 최종적으로 무선국을 개설하게 된다. 이를 그림으로 나타내면 [그림 3-4]와 같다.

신고를 통해 개설하는 무선국은 무선국을 개설하고자 하는 자가 '주파수 할당'을 받은 이후 '무선국 개설신고'를 하면 방송통신위원회가 그 무선국이 이용할 '주파수 지정'을 하고 이를 신고자가 통보받아서 추가적인 절차 없이 지정받은 주파수를 이용하는 무선국을 개설하게 된다. 이를 그림으로 나타내면 다음과 같다.

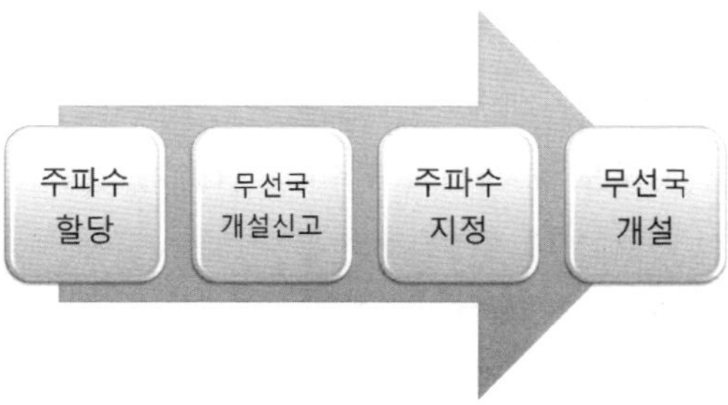

그림 3-5 신고를 통해 개설하는 무선국 개설 절차 정비

사. 제 안

주파수 이용에 대한 지위를 부여하는 체계와 무선국 개설을 규제하는 체계를 위와 같이 완전히 분리하여, 전파를 이용하고자 하는 모든 주체나 무선국은 사전에 주파수를 할당받도록 통일적인 체계를 두는 것이 바람직하다. 다만 현재의 ISM대역과 같이 예외적인 경우에는 일정한 대역의 주파수를 비할당 주파수로 두어 할당받지 아니하고 자유롭게 무선국을 개설할 수 있도록 하며, 이는 주파수 분배에서 할당할 주파수인지 비할당으로 자유롭게 이용할 주파수 인지를 사전에 결정하도록 한다.

그리고 주파수 할당은 '경쟁할당', '특별할당', '일시할당', '개별할당'으로 세분화하여, 전파법상의 대가할당, 심사할당, 주파수 사용승인, 주파수 지정을 모두 할당의 체계에 포섭시켜 주파수 이용에 대한 지위를 부여하는 것으로 통합하여 체계화한다. 이 중 '경쟁할당'은 완전히 시장기반의 전파활용이라는 목적을 달성할 수 있도록 자유로운 주파수 활용을 어느 정도 보장한다. '특별할당'과 '일시할당'은 현행 주파수 사용승인제도를 할당체계에 편입시켜 주파수 이용 체계를 통일적으로 정리하는 의미가 있으며, 할당제도 속에서 일관된 규율이 가능하도록 단순화 한다. 그리고 끝으로 '개별할당' 제도를 도입하여 전파법의 주파수 지정이 하는 기능을 수행하되, 이를 무선국 개설절차가 아닌 주파수 이용 지위 부여 절차에서 포섭하여 체계를 명확히 한다. 나아가 개별할당도 유상할당과 무상할당으로 구분하여 효율적인 주파수 이용이 극대화 될 수 있도록 유도한다.

무선국 개설 규제는 현재와 같은 허가, 신고, 자유개설을 그대로 유지하되, 주파수 사용승인제도와 주파수 지정제도는 폐지하여 이를 주파수 할당에서 흡수하여 체계를 명확히 한다. 그리고 허가과정에서 주파수 이용의 지위를 심사하는 것이 아니라 기술적 기준과 같은 그 외의 요건만을 심사하고, 주파수 이용의 지위는 사전에 할당절차를 통해서 확보한 이후에만 무선국 개설 허가 신청 또는 무선국 개설 신고를 하도록 체계를 정비할 필요가 있다. 이로서 주파수 이용에 관한 체계와 무선국 개설에 관한 체계를 명확히 구분하여 현재의 혼란스러운 전파활용체계를 정비할 수 있을 것이다. 이러한 정비방안을 도식화 하면 다음의 그림과 같다.

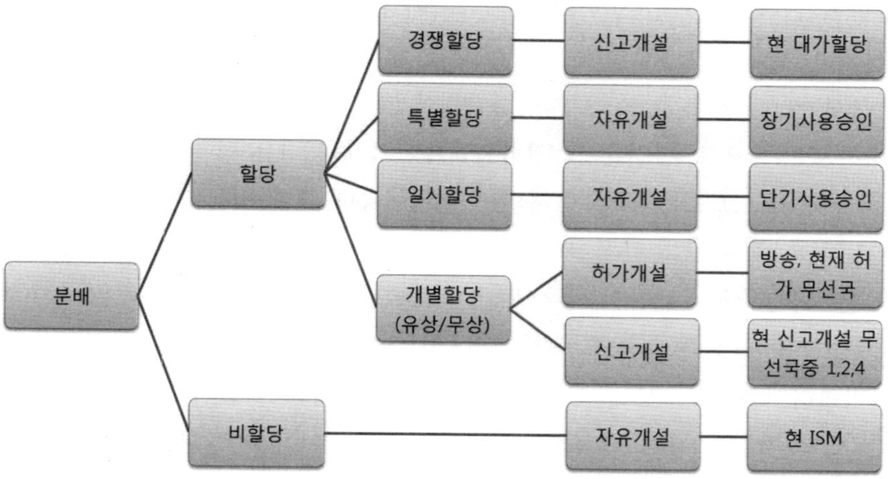

그림 3-6 주파수 이용과 무선국 체계 정비방안

Ⅳ. 전파이용권의 보호

1. 전파이용권의 공법적 보호

가. 공법상 전파이용권의 의의

앞의 여러 부분에서 지적되었듯이, 20세기 초 사인의 전파이용에 대한 국가의 간섭이 이루어지게 된 주된 이유는 전파의 이용을 위해서는 혼신방지가 필수적이었기 때문이었다. 그러나 이후 전파이용기술의 발전으로 전파의 용도가 다양해지고 수요가 점점 더 빠른 속도로 증가함에 따라 정부의 기능은 '희소한 자원의 분배'로 초점이 이동하게 되었다. 각종 스마트 기기의 출현으로 전파의 수요가 폭증하고 있는 오늘날 정부의 분배기능은 현존자원의 공정한 배분을 넘어 전파자원을 추가 확보하고 이용효율의 증대와 주파수접근기회의 저변확대를 모색해야 하는 상황이 되고 있다. 이렇게 전파이용규제의 목표가 변화함에 따라, 무상의 무선국허가제에서 대가에 의한 주파수할당제로, 정부의 일방적 판단에 의한 할당에서 주파수경매와 거래제로의 주파수분배방식의 변화가 이루어지고, 나아가 비면허대역 · TV 유휴대역의 이용활성화 등 다양한 주파수공유제가 모색되고 있다.

현재까지는 전파의 성질 및 희소가치에 기초하여 이렇게 국가가 전파이용을 관리하고 있으므로, 사인은 그 전파관리제도가 허용하는 범위 내에서 전파를 이용할 수 있다. 그 제도 속에서 사인이 전파이용에 대해 갖는 '법적 지위'는 국가가 '전파'에 대해 갖는 규율권한에 기초하여 헌법, 법률, 명령 등에 의해 정해진다. '법적 지위'에는 전파의 자유로운 이용을 침해 또는 방해하는 행위에 대해서는 사법작용 등을 통해 이를 배제할 수 있는 전형적인 의미의 '권리'도 포함되지만, 비면허대역에서 신고만으로 또는 신고를 할 필요도 없이 전파를 이용할 수 있는 법적 지위와 같이 전형적인 '권리'로 인정하기는 부족해보이는 법적 지위도 존재한다(이는 공물로서의 '도로'의 이용에 관해 '보통사용'과 '인접주민의 고양된 보통사용', '허가사용', '특허사용' 등 다양한 사인의 법적 지위가 설정될 수 있는 것과 유사하다.). 따라서 공법상 법률관계에 해당하는 '공법상 전파이용권'을 '사인이 국가와의 관계에서 적법하게 전파를 (송수신하는 등) 이용할 수 있는 모든 유형의 지위'와 같이 광의로 정의하면, 전파법상 주파수할당의 경우는 물론 무선국허가, 주파수분배고시상 비면허대역의 지정 등에 근거하여 전파를 적법하게 이용할 수 있는 모든 지위-비록 그 지위에 대한 법적 보호의 강도나 방식은 다양하더라도-를 포함할 수 있다. 이에 비해 '공법상 전파이용권'을 '국가와의 관계에서 적법하게 전파를 이용할 수 있는 지위로서 司法的으로 국가등에 의한 침해의 배제를 청구할 수 있는 지위'만을 의미하는 것으로 좁게 정의하면, '공법상 전파이용권'이 인정되는 범위 역시 좁아질 수밖에 없다. 향후 기술 발전에 의해 전파관리방식의 혁신적 변화가 오기 전까지는 전파의 성질과 용도를 고려할 때 전파의 원활한 이용을 위해서는 국가가 전파관리제도를 운영할 수 밖에 없다. 또한 '공법상 전파이용권'의 개념을 통해 논의하고자 하는 궁극적인 내용은 '국가와의 관계에서 사인이 얼마나 자유롭게 전파를 이용할 수 있는가?' 하는 것과, '국가에 대해 자신의 전파이용이 다른 사인들에 의해 침해당하지 않도록 제도적으로 보장해 줄 것을 어느 정도로 요구할 수 있는가?' 하는 문제이다. 그렇다면 이러한 전파관리제도 하에서 그 보호의 강약을 불문하고 전파를 이용할 수 있는 다양한 법적 지위에 대해 고찰할 필요가 있고, 따라서 '공법상 전파이용권'은 일단 광의로 파악하는 것이 적절하다고 생각된다. 광의의 '공법상 전파이용권'으로는 무선국허가에 따른 주파수지정, 주파수의 할당, 사용승인 등에 의해 전파를 이용하는 지위 및 비면허대역, TV 유휴대역에서 전파를 이용하는 지위 등이 포함된다. 현행 전파법에 기초하여 이들 각각의 구체적인 내용과 상호관계를 비교해 보고, 그 법적 지위를 보호하기 위한 공법적 수단을 살펴보기로 한다. 현행법 하에서 전파이용자의 다양한 법적 지위를 파악하면서 동시에 유념해야 할 것은 전파이용기술의 발달에 따라 전파관리제도가 변경될 수 있고, 그에 따라 법적 지위도 재편될 가능성이 있다는 점이다. 이는 또한 국가에게 기존의 전파이용권을 재편할 권한을 인정해 주어야 함을 의미한다.

한편, 국가는 국민의 생명 또는 안전, 재산의 보호, 국가안전보장, 질서유지, 공공복리의 보호 등을 위해 전파를 직접 이용하는 경우도 많다. 이 때 국가기관들이 실제로 전파를 이용하는 주체가 되는데, 이러한 국가 또는 국가기관들의 이용에 대해서는 어떤 공법적 규제 내지 보호가 이루어지는가에 대해서도 검토할 필요가 있다. 예컨대 '군이 이용하는 주파수에 대해 회수·재배치가 필요한 경우 군에 대해 전파법 제6조의2 및 제7조에 의한 손실보상을 할 수 있는가? 또는 하여야 하는가?' 등의 문제가 제기될 수 있다.

나. 전파법상 '공법상 전파이용권'의 유형

전파법상 전파이용권이 성립되는 다양한 방식에 대해서는 앞 단원에서 이미 설명되었으므로, 이들 각각의 방식에 의해 성립된 '공법상 전파이용권' 의 내용 및 그 보호방식을 간략히 개관하기로 한다. 무선국허가, 주파수의 할당, 사용승인 등에 의해 성립되는 '공법상 전파이용권'은 모두 현행법 및 그에 근거한 행정처분에 의해 정해지는 주파수 등의 범위에서 적법하게 전파를 이용할 수 있는 지위를 내용으로 한다. 그러나 그 권리의 양도가능성 등은 전파이용권이 성립하는 방식에 따라 다르게 정해진다. 각각의 경우 형성되는 전파이용권의 성질과 내용, 한계 등을 검토해 보면 다음과 같다.

(1) 무선국개설과 주파수지정

전파법 '제4장 전파자원의 이용' '제1절 무선국의 허가 및 운용'에서는 무선국 개설의 방식으로 허가를 통한 경우, 신고를 통한 경우, 그리고 신고를 요하지 않는 경우의 3가지를 정하고 있다.

(가) 허가에 의한 무선국개설과 전파이용권

무선국허가는 전파이용권을 성립시키는 고전적인 방식이다. 무선국허가를 통해 시설자, 무선설비의 설치장소, 전파의 형식·점유주파수대폭 및 주파수, 무선국의 종별, 명칭 및 목적, 통신의 상대방 및 통신사항, 허가의 유효기간, 호출부호 또는 호출명칭, 공중선전력, 공중선의 형식·구성 및 이득, 운용허용시간, 무선종사자의 자격 및 정원 등으로 전파이용권의 내용이 정해진다. 무선국허가를 통해 설정되는 전파이용권의 특징은 특정 주파수대역 전체에 대한 포괄적인 이용권이 설정되는 것이 아니라 각 무선국별로 주파수, 전파의 형식, 설치장소 등 매우 구체적인 내용으로 제한되는 이용권만을 설정해 준다는 점이다. 예컨대, KBS 방송국의 경우 전국에 있는 모든 방송국에 대해 각각 별도의 무선국허가를 얻어야 한다. 따라서 전국적인 이동통신사업 등을 하기 위한 전파이용권 설정 등을 위해서는 무선국허가제도가 비효율적인 점이 있는 것으로 생각되며, 주파수할당제도는 이러한 경우에 적절한 전파이용권설정제도가 될 수 있다.

무선국허가는 전파이용권을 설정하는 '특허'적 성격을 갖는 행정행위로서, 행정소송법상 항고소송의 대상이 된다. 무선극의 허가 또는 그 거부, 재허가 또는 그 거부, 허가나 재허가의 취소나 철회 등에 위법이 있는 경우에는 항고소송으로 이를 다툴 수 있다. 무선국허가 또는 그 거부의 경우 전파법상 무선국 개설의 결격사유(제20조), 무선국의 개설조건(제20조의2), 무선국개설허가를 위한 심사기준(제21조 제2항)등이 위법성 판단의 근거가 될 것이다. 이 중 특히 법 제21조 제2항의 무선국개설허가심사 시 심사사항을 보면, 상당히 구체적이지만 판단여지가 인정될 여지가 있는 불확정개념에 해당하는 요건도 존재한다(예: 개설목적의 달성에 필요한 최소한의 주파수 및 공중선전력을 사용할 것, 인명 · 재산 및 항공의 안전에 지장을 주지 아니하는 장소 등).

[무선국허가의 '특허'로서의 성질]

허가, 특허, 신고와 같은 사전규제제도 하에서 행정청(국가)이 사인의 행위에 대해 어떠한 규제권한을 부여받고 있는지, 그리고 사인은 어떠한 권리와 의무를 갖게 되는지는 실정법상 사용된 용어에 얽매이지 않고 규율대상의 성질, 그 대상에 대한 규율의 전체적인 성질 등을 고려해서 판단된다. (행정법상 허가와 특허의 구분, 기속행위와 재량행위의 구분 등에 사용되는 판례상 기준 등이 이러한 판단에 사용되는 기준이다.) 일반적으로, '허가'제에 의한 규율은 자연적 자유로서 타인에 대한 위해의 예방 등을 위해 일반적 · 상대적 금지가 이루어진 상태에서 (법령에 달리 규정되어 있지 않으면) 그러한 위해의 예방을 위해 필요한 요건을 충족하면 원칙적으로 그 금지를 해제해 주어야 하는 기속행위로 해석된다. 이에 비해 '특허'제에 의한 규율은 국가가 그 대상에 대한 독점적 관리권한을 행사하여 사인에게 비로소 권리나 능력을 창설해 주는 것으로서 (법령에 달리 규정되어 있지 않으면) 그 부여 여부 및 그 권리나 능력의 행사에 수반되는 특별한 의무나 조건을 부과할 수 있는 상대적으로 넓은 재량권을 갖는다고 해석된다. 다시 말해 허가제는 누구에게나 허용될 수 있는 행위이지만 그 행위에 수반되는 공공의 안녕과 질서에 위해를 끼칠 위험을 방지하기 위해 규제하는 경우인데 비해, 특허제는 그 행위를 할 수 있는 기회 자체를 국가가 독점하고 이를 일정한 기준에 따라 분배해주는 데 그 본질이 있다고 할 수 있다. 현대 행정국가에서 이러한 허가제와 특허제는 엄밀히 각각의 특징을 유지하며 사용되기보다는 관련되는 기본권의 성격이나 규율의 목적인 공익의 성질과 중대성, 효과적인 규율방식 등을 고려하여 입법과 해석을 통해 다양하게 설계되어 사용된다 (허가와 특허의 상대화).

그러한 맥락에서 전파법상 무선국 허가는 통상 '특허'로서의 법적 성질을 갖는다고 파악된다. 무선국 허가를 '특허'로 파악할 수 있는 1차적 단서는 전파법 제21조 제2항에서 무선국 개설허가신청을 받은 방송통신위원회가 허가 여부를 결정하기 위해 심사하여야 할 첫 번째 사항이 "1. 주파수지정이 가능한지의 여부"라고 한데서 찾아볼 수 있다. 즉, 전파의 경우는 그 성질상 혼신을 피해야 누구든 효과적으로 이용할 수 있고, 따라서 이용가능성 자체가 제한되어 희소성이 인정되므로, 국가가 분배기능을 해 주어야 할 필요가 있다. 분배권한의 개념적 전제로서 국가의 독점적 권한을 상정할 수 있고 (이러한 권한을 '소유권'에 기초하여 설명할 것인지, '관리권'에 기초하여 설명할 것인지는 앞서 여러 곳에서 설명된 것처럼 논쟁의 대상이 되고 있다), 국가는 그러한 권한을 행사하여 사인에게 전파를 이용할 권리를 창설하여 준다고 보는 '특허제'의 관점이 전파이용을 규율하는데 적절하다고 볼 수 있다. 그러나 '특허제'에 의해 규율되는 대상이라 하더라도, 사인이 전파법상 무선국을 개설하여 전파를 이용할 권리가 헌법상 다양한 기본권으로 보호될 수 있음이 부인되는 것은 아니며, 기본권적 내용과 규제필요성의 조화를 통해 '공법상 전파이용권'의 구체적인 내용과 한계가 결정될 것이다. 예컨대, 미래에 전파이용기술의 발전으로 혼신의 가능성을 피할 수 있게 된다면, 전파이용규제는 특허제에서 허가제에 접근하는 방향으로 발전할 수도 있는 것이다.

전파이용권의 내용 중 핵심적인 사항은 이용가능한 '주파수' 이다. 무선국개설의 허가 시 당해 무선국에서 사용할 주파수의 지정을 통해 당해 무선국에서 특정 주파수대역의 전파를 이용할 권리가 설정된다. 전파법 제2조 용어의 정의에서는 '주파수지정'이 "허가나 신고로 개설하는 무선국에서 이용할 특정한 주파수를 지정하는 것"이라고 명시하고 있다. 그러나 '주파수지정'의 구체적인 형식이나 절차 등에 대해 달리 규정된 바는 없고, 전파법 시행령 제33조에서 무선국허가장에 포함될 내용 중에 '점유주파수대폭 및 주파수'가 규정되어 있을 뿐이다. 이러한 '주파수지정'을 무선국허가와 동시에 이루어지지만 무선국허가와는 별개의 독자적인 행정처분으로 볼 것인지, 아니면 무선국허가의 내용 중 일부를 지칭하는데 불과하다고 볼 것인지는 공법상 구제수단의 이용과 관련하여 검토해 볼 필요가 있다. '주파수지정'을 무선국허가의 그 밖의 내용과 분리하여 별개의 행정처분으로 볼 근거로는 전파법상 별도의 개념으로 규정되어 있는 점 외에, 주파수는 전파자원의 핵심적인 내용으로서 전파법상 "주파수회수 · 재배치"의 개념 정의에는 무선국허가가 아닌 '주파수지정'의 전부 또는 일부의 철회와 이를 대체한 주파수지정이 포함되어 있다는 점도 있다. 주파수회수 · 재배치의 결정을 별도의 처분으로 본다면, 주파수지정도 별도의 처분으로 보아야한다는 의미이다. 이렇게 본다면, 무선국개설허가의 다른 내용들에 대해 다툴 경우에는 무선국개설허가처분을 대상으로 항고소송을 제기하고, 주파수지정에 대해서만 다툴 경우에는 이를 별도의 처분으로 항고소송 등을 제기할 수 있다(만약 주파수지정이 별도의 처분이 될 수 없다고 본다면, 주파수지정에 대해서만 다투는 경우에도 무선국허가처분을 대상으로 일부취소를 구하여야 할 것이다.). 주파수에 대한 사항이 변경되었을 경우 무선국허가의 나머지 내용을 별도의 처분으로 효력을 유지하는 것이 의미가 있는 경우에 이러한 구별의 실질적 의미가 더 커질 것이다.

(나) 신고에 의한 무선국개설과 전파이용권

허가를 받지 않고 신고에 의해 무선국을 개설하는 경우, 우선 그 신고의 법적 성질은 무엇인가? 행정법이론 상 '신고'는 그 실질에 따라 '자족적 신고'와 '수리를 요하는 신고'와 같은 대표적 유형으로 구분된다. 전파법 제22조의2에 따르면, 무선국 개설 또는 변경을 신고하려는 자는 무선국을 개설 또는 변경하기 전까지 방송통신위원회에 신고하여야 하고, 방송통신위원회는 개설신고 또는 변경신고를 받은 경우에는 무선국 신고증명서를 발급하여야 한다. 방송통신위원회는 신고증명서를 발급할 때 '신고수리'에 해당하는 심사권한을 행사하는가? 우선 허가가 아니라 신고를 통해 개설할 수 있는 경우는 전파법 제19조의2에서 정하고 있는 일정한 요건들이 충족되어야 한다. 예컨대, "발사하는 전파가 미약한 무선국"으로서 "국가간, 지역간 전파혼신 방지 등을 위하여 주파수 또는 공중선전력을 제한할 필요가 없다고 인정"되는 경우에 해당하는지 등이 그것이다. 또한 신고에 의한 경우 전파법 제20조의 무선국 개설의 결격사유는 명시적으로 적용이 배제되지만, 제20조의2의 무선국의 개설조건은 문언 상 그 적용이 배제되지 않는다. 만약 이러한 요건들이 매우 구체적인 기준으로 제시되어 기계적인 판단이 가능하고 누구나 그 해당 여부를 명백히 알 수 있다면 그 기준은 자족적 신고 (및 무선국폐쇄명령권한) 절차를 통해서도 집행이 가능할 것이다. 그러나 이들 요건에 관해 실질적 심사가 필요한 경우도 있다면, 이를 자족적 신고로 해석하여서는 규제의 취지대로 집행할 수 없을 것이므로, '수리를 요하는 신고'로 봄이 적절할 것이다. 또한 전파법 제2조 제4호에서 '주파수지정'에는 "신고로 개설하는 무선국에서 이용할 특정한 주파수를 지정하는 것"도 포함되는데, 만약 신고를 '자족적 신고'로 해석한다면 행정청이 주파수지정을 할 계기를 특정하기가 어렵다. 무선국허가와 주파수지정을 각각 별개의 행정처분으로 본 것처럼 자족적 신고와 주파수지정처분을 별개의 행위로 볼 수도 있겠지만, 이용이 허용되는 주파수 지정도 이루어지지 않은 상태에서 신고만으로 전파이용권이 발생하였다고 보는 것은 매우 부자연스럽다. 다만, "국가간, 지역간 전파혼신 방지 등을 위하여 주파수를 제한할 필요가 없다고 인정되는 경우" 등에는 별도의 주파수지정이 필요치 않을 수도 있다. 이상을 고려하면, 무선국허가는 일단 일종의 '수리를 요하는 신고'로 보는 것이 적절하지 않을까 생각된다. 다만, 수리를 위한 심사의 강도는 신고의 요건에 따라 달라질 것이다. 그렇다면 무선국개설신고에 대한 반려행위나 신고증명서 발급거부행위에 대해서는 이를 별도의 '거부처분'으로 항고소송의 대상으로 삼을 수 있다. 한편, 신고를 통해 무선국을 개설하려는 자도 무선설비가 준공된 경우 방송통신위원회에 준공신고를 하고 준공검사를 받아야 한다.

(2) 주파수할당에 의한 전파이용권

전파법 제10조는 "1. 전기통신사업법 제5조제2항에 따른 기간통신사업, 2. 방송법 제2조제2호나목에 따른 종합유선방송사업이나 같은 조 제13호에 따른 전송망사업"의 경우에 '주파수할당'을 통해 그 사업을 위하여 직접 사용할 수 있는 '주파수'를 할당하는 방식으로 전파이용권을 설정하도록 하고 있다. 이 경우 당해 주파수를 이용하기 위해 다수의 무선국을 개설하여야 할 것인데, 그러한 무선국개설은 신고에 의해 하도록 한다.

이러한 주파수할당의 법적 성질은 '특허'로 보아야 할 것이다. 특히 법 제10조 제1항 후문에서 "방송통신위원회는 해당 주파수할당이 기간통신사업 등에 미치는 영향을 고려하여 할당을 신청할 수 있는 자의 범위와 할당하는 주파수의 용도 및 기술방식 등 대통령령으로 정하는 사항을 공고하여야 한다." 고 규정하는 것이나, 동조 제3항에서 "주파수할당을 받을 자 및 그와 대통령령으로 정하는 특수관계에 있는 자에 의한 전파자원의 독과점을 방지하고 적정한 수준의 경쟁을 촉진하기 위하여 대통령령으로 정하는 바에 따라 조건을 붙일 수 있다"고 규정한 것은 공익성이 강한 전파의 이용에 대해 그 수를 제한하는 대신 특별한 의무를 부과하는 등 고전적인 특허사업자로 취급함을 의미한다. 따라서 주파수할당을 받은 자는 특허에 의한 법적 브호를 강하게 받는 '전파이용권'을 부여받지만, 동시에 상당히 강한 공익상 제약과 의무를 부과받을 것이다.

주파수할당은 대가에 의한 주파수할당과 심사에 의한 주파수할당의 2가지 유형이 있고, 전파법 제14조는 그 중 대가에 의한 주파수할당을 받은 자는 "해당 주파수를 배타적으로 이용할 수 있는 권리"를 가지며, 이를 "주파수이용권"이라고 약칭한다. 무선국허가에 의해서도 지정된 주파수를 이용할 권리가 설정되고 그 범위 안에서는 혼신방지 등을 위해 허가자 이외의 자의 사용이 금지되므로,[272] 이 역시 일반적 의미에서 '배타적'인 '주파수이용권'이 설정된다고 할 수 있다. 그렇다면 대가할당의 경우에만 특별히 명문으로 '주파수이용권'을 규정한 것은 무선국허가에 의한 전파이용권에도 인정되는 일반적 이용권과 차별되는 특별한 지위를 추가로 인정하기 위해서라고 짐작할 수 있다. 전파법상 대가할당된 '주파수이용권'을 무선국허가에 의해 설정되는 전파이용권과 비교해 보면 다음과 같은 차이가 있다. 첫째, 무선국허가에서는 주파수뿐만 아니라 그 주파수를 이용하기 위해 무선설비의 유형, 설치할 장소, 시간, 기술 등에 관한 구체적 내용을 허가의 대상으로 한다. 달리 말하면, 국가가 사인의 전파이용을 규제함에 있어서 개별 무선국 단위별로 그 구체적인 위치, 기술, 설비 등에 대해서까지 개입하는 방식임을 의미한다. 이에 비해 주파수할당은 무선국을 매개로 하지 않고 오직 '주파수'만을 대상으로 규율하므로 더 포괄적인 방식의 규율이

272) 전파법 제84조에서는 무선국을 허가나 신고를 등하지 않고 개설하거나 운용한 자 등에 대해 3년이하의 징역 또는 2천만원 이하의 벌금을 예정하고 있다.

라 할 수 있다. 둘째, 무선국 단위별로 허가를 하는 경우에는 혼신을 피할 수 있다면 같은 주파수에 대해 다른 무선국허가도 가능함에 반해, 주파수할당은 보다 포괄적으로 당해 주파수에 대한 이용권을 설정해 준다는 점에서 특히 해당 주파수를 “배타적으로 이용할 수 있는 권리”가 인정된다는 의미일 수 있다. 이는 주파수할당의 대상이 되는 사업의 성격상 일정한 범위에 한하지 않고 전국적으로 해당 주파수를 이용하여야 서비스가 가능하기 때문일 수 있다. 셋째, 대가할당된 주파수이용권의 가장 큰 특징은 전파법 제14조 제2항에 의해 당해 주파수이용권을 양도하거나 임대할 수 있는 권한을 가진다는 점이다. 국가가 자원을 관리하면서 허가제 등을 통한 명령통제식 규제체계에서 시장에 기반한 관리체계로 이행하는 과정에서, 자원의 이용권은 시장에서 거래가 가능하도록 하기 위해 점점 강화된다. 이를 공법상 권리가 점차 사권화(재산권화)되는 과정으로 볼 수 있다. 대가할당은 곧 전파이용권의 최초 분배에 있어서 경제적 가치를 반영하여 시장메카니즘을 구현하는 수단이므로, 이를 통해 분배된 전파이용권을 효용 또는 효율이 보다 크게 사용할 자에게 처분할 수 있도록 한 것이다. 사인 상호간에 주파수이용권을 거래하도록 하려면 그 권리 자체가 안정화되어 있어야 하므로 대가할당된 주파수에 대해 특히 ‘(배타적) 주파수이용권’을 인정함을 명시한 것으로 볼 수 있다. 그러나 대가할당에 의한 주파수이용권이 전파법상 명시된 차이나 주파수할당이 이루어지는 대상사업의 성격상 명백히 인정되는 차이를 넘어 어떠한 구체적 내용을 갖게 될 것인지는 향후 사회적 합의가 필요하다.

주파수할당 또는 그 거부는 행정처분이므로 항고소송의 대상이 된다. 대가할당을 주파수경매로 하는 경우 당해 경매절차에 위법사유가 있다면 이를 최종적인 대가할당처분에 대한 항고소송에서 실체상, 절차상 위법사유로 주장할 수 있을 것이다. 다만, 경매절차의 특수성 상 이에 대한 적절한 이의신청절차를 두는 것을 검토해 볼 필요가 있다. 주파수할당으로 인해 설정된 ‘주파수이용권’의 법적 효과는 해당 주파수를 이용할 수 있는 권리에 한하고, 이 주파수를 이용하기 위해 무선국을 개설할 수 있는 지위는 부여되지 않는다. 무선국개설은 별도의 신고를 통해 허용된다.

주파수이용권의 양도, 임대계약은 그 자체로서는 사법상 계약이겠으나, 전파법 제14조 제3항은 주파수이용권을 양수하거나 임차하려는 자는 미리 방송통신위원회의 승인을 받아야 한다. 방송통신위원회는 승인 여부를 결정하는 경우에는 심사할당을 할 경우에 고려하는 사항을 고려하여야 하며, 전파자원의 효율적이고 공평한 이용을 위하여 필요한 조건을 붙일 수 있도록 하고 있으므로, 이는 사법상 계약만으로 완결될 수 있는 행위는 아니다. 따라서 그 '승인'의 법적 성격은 주파수이용권의 양도계약 또는 임차계약을 보충하여 그 법률적 효력을 완성시키는 강학상 '인가'에 해당된다. 다만, 강학상 인가에 대한 일반적 이론과 판례가 적용될 것인가에 대해서는 구체적인 경우에 대한 타당성 검토가 선행되어야 할 것이다. 이 경우 방송통신위원회가 주파수이용권의 양수 또는 임차 승인신청에 대해 그 승인을 거부하거나 위법한 조건을 붙이고자 하는 경우에는 항고소송으로 당해 주파수이용권양수승인거부처분의 취소소송을 제기하거나 주파수이용권양수승인처분의 부관에 대해 다투는 소송을 제기하여야 할 것이다.

[무선국허가와 주파수할당의 비교]

무선국허가와 주파수할당이 모두 '특허'에 해당된다 하더라도, 규율대상에 따라 국가의 권한과 사인의 지위에 있어서는 상대적 차이가 인정될 수 있다. 즉, 전파법 제19조에 근거하여 무선국허가 및 주파수지정으로 전파이용권이 설정되는 경우와 제11조 또는 제12조에 근거하여 기간통신사업이나 종합유선방송사업 또는 전송망사업을 하기 위해 주파수할당을 받아 전파이용권이 설정되는 경우는 양자 모두 성질상 '특허'라 볼 수 있지만, 중요한 방송·통신사업에 관해서는 주파수를 할당받을 수 있는 자의 수는 통상 매우 제한되고, 대규모의 설비투자가 필요한 만큼 그 주파수이용권을 더 강하게 보장해 주어야 할 필요가 있는 동시에 당해 주파수이용권자에게 특별한 공익상 의무를 부과해야 할 필요도 클 것이다. 그렇다면, 같은 '특허'라 하더라도 기간통신사업자에 대한 주파수할당이 그 밖의 일반적 용도의 무선국허가의 경우보다 '특허제'의 특징을 더 강하게 가질 것이고, 일반적 용도의 무선국허가를 신청하는 자는 상대적으로 이용가능한 주파수가 있는 한 '허가제'에 가까운 보호를 받을 수 있을 것이다. 여기에서 '허가제'에 가까운 특징이라 함은 예컨대, 다른 전파이용자에게 방해가 되지 않는 범위 내에서는 정해진 기술표준을 준수한다면 누구나 전파를 이용한 기기를 사용할 수 있다거나 하는 경우를 의미한다.

(3) 주파수사용승인에 의한 전파이용권

전파법 제19조 제5항은 방송통신위원회로부터 무선국의 '허가'가 아니라 '주파수 사용승인'을 받아 전파를 이용할 수 있는 경우를 정하고 있다. 무선국의 허가가 구체적인 설비와 장소 등을 특정하여 전파이용을 규율하는데 비해, '주파수 사용승인'은 '주파수할당'과 유사하게 특정 '주파수'의 이용만을 규율대상으로 한다는 점이 다르다. 한편, '주파수할당'을 받은 자가 구체적으로 무선국을 개설할 때에는 신고가 필요한데 비해, '주파수사용승인'의 경우에는 사용승인의 법적 효과가 '무선국의 개설'이므로 추가적인 신고를 요하지 않는다. 방송통신위원회는 주파수에 대해서만 규율을 할 권한을 갖고, 그 주파수를 이용하기 위해 구체적으로 무선국을 개설하는 데 대해서는 신고제에 의한 규율권한조차 갖지 않음을 의미한다. 이는 주파수 사용승인의 대상이 되는 국방부장관이 관리·운용하는 무선국이나 주한 외국공관이 해당국가의 외교 및 영사업무를 위하여 개설하는 무선국, 국가안전보장과 관련된 정보 및 보안업무를 관장하는 기관의 장이 그 업무를 위하여 관리·운용하는 무선국 등의 경우에는 고도의 공익성과 보안성, 외국의 주권에 대한 존중 등을 위해 방송통신위원회의 규제권한을 제한할 필요가 인정되기 때문일 것이다.

사용승인을 받은 주체가 국방부장관인 경우 사용승인을 처분이라 할 수 있는가? 또한 전파법상 주파수사용승인을 받은 경우에도 주파수 회수·재배치의 대상이 된다고 명시되어 있는데, 이에 대해 전파법상 손실보상이 허용되는가 등에 대해 논란이 있다. 국방상의 필요성과 전파이용의 합리성 제고라는 두 가지 상충하는 가치를 조화시키기 위해서는 국가기관이라 하더라도 사인과 같이 처분성을 인정하고, 전파법상 손실보상의 대상으로 취급하는 것이 제도적으로 바람직한 측면이 있다. 그러나 공적 목적의 특수성을 고려하여 이러한 공공주파수에 대해서는 합리적 의사결정을 위해 별도의 가버넌스 구조를 만드는 것도 검토해 볼 필요가 있다.

(4) 비신고대역 등에서의 전파이용

전파법 제19조의2 제2항에서는 전파가 미약한 무선국 등으로서 대통령령으로 정하는 무선국은 신고도 하지 않고 개설할 수 있도록 하고 있다. 이는 도로의 보통사용의 경우처럼 타인의 전파이용에 영향을 주지 않는 범위 내에서 방송통신위원회가 정한 요건만 충족하면 누구나 이용할 수 있는 권리가 인정되는 경우이다. 도로의 보통사용이란 그 이용은 자유롭게 할 수 있지만, 그 불제공이나 폐지 등에 대해서 보호를 주장할 청구권은 인정되지 않는 법적 지위를 의미한다. 이와 마찬가지로 비신고대역에서의 전파이용에 대해서도 그 이용권은 인정되지만, 방송통신위원회가 주파수분배변경 등으로 비신고대역을 변경하는 경우 등에 있어서 원칙적으로 보호를 주장할 법적 지위는 인정되지 않을 것이다. 다만, 신뢰보호원칙에 위반한 비신고대역의 변경 등으로 인하여 불측의 손실을 입은 경우 등에는 직접적으로 그 법적 효과를 발생시킨 주파수분배고시에 대해 항고소송을 제기하거나 국가배상청구를 검토해 볼 수 있을 것이다.

다. 관련 쟁점

(1) 전파이용권의 유효기간과 그 갱신

무선국허가, 주파수할당, 주파수사용승인은 모두 일정한 유효기간을 갖는다. 이를 통해 설정되는 권리(전파이용권)는 원칙적으로 당해 유효기간 동안 처분 시 정해진 조건대로 전파를 이용할 권리를 의미한다. 따라서 유효기간의 만료로 당해 허가 등으로 인해 창설된 권리는 원칙적으로 종료된다. 이 유효기간이 만료될 때까지의 이용권은 보호되므로, 유효기간 만료 전에 허가를 취소 또는 철회하는 것은 신뢰보호원칙에 의해 제한된다. 주파수회수는 무선국허가에 수반되는 주파수지정, 주파수할당, 주파수사용승인의 '철회'라 정의되고, 통상 '철회'는 처분의 효력이 유지되는 중에 이루어지는 것이므로, 이는 유효기간 중의 철회를 의미하는 것으로 볼 수 있다. 따라서 주파수회수제도는 법률상 철회권의 근거를 명시해 둔 것이라 할 수 있다. 철회권의 행사에 있어서도 신뢰보호를 위해 일정한 보상을 하는 것이 곧 전파법상 주파수 회수·재배치에 대한 손실보상의 취지라 하겠다(이러한 의미에서 전파법상 주파수 회수·재배치에 수반되는 손실보상은 헌법 제23조 제3항의 재산권의 수용에 대한 정당한 보상이 아니라 행정처분의 존속에 대한 신뢰의 보상보호로 볼 수도 있다. 다단, 공법상 권리에 대한 신뢰보호의 강화는 곧 그 공법상 권리의 재산권적 성격의 획득 또는 강화를 의미하는 것일 수 있다.).

전파법에서는 이들 3가지 경우에 대해 모두 재허가, 재할당, 재승인 제도를 두고 있다. 그렇다면, 허가권자의 재허가에 대한 기대는 법적으로 보호되는 것인가? 즉, 재허가신청에 대한 거부처분을 받은 자는 항고소송을 통해 그 위법성 심사를 요구할 수 있는 법률상 이익이 인정되고, 처분의 실체적, 절차적 적법성에 대한 사법심사를 받을 수 있는가? 무선국을 개설하면 무선설비와 설치장소의 확보 등을 위해 일정한 투자가 이루어지고 전파를 이용한 영업활동 등을 하고 있었다면 재허가신청자로서는 재허가를 통해 전파이용권을 계속 확보함에 대해 일정한 사익이 인정된다. 전파법 제22조 제1항은 무선국개설허가의 유효기간이 끝나면 "재허가나 재승인을 할 수 있다"고 규정하여 재허가제도를 마련하는 동시에 방송통신위원회에 재허가 등 여부에 관해 재량권을 부여하고 있다. 그러나 재량권 행사에 대한 신뢰보호 원칙 등 적법성판단기준이 적용됨은 물론 전파법 시행령 제38조는 무선국 개설재허가신청이 무선국개설허가시 심사사항과 같은 요건을 충족하면 "방송통신위원회는 … 재허가를 한다"고 규정함으로써 재허가의 실체적 기준을 정하고 있다. 이러한 규정은 재허가에 관한 사익을 보호하기 위한 것으로 해석될 수 있고, 동 규정상 실체적 · 절차적 기준은 재허가거부처분의 적법성 판단기준이 될 수 있다.

전파법상 유효기간의 상한은 대가할당의 경우가 가장 길고, 심사할당, 주파수사용승인, 무선국허가의 순으로 길다. 또한 전파법 시행령에서는 무선국의 유형을 세분하여 개설허가의 유효기간을 달리 정하고 있다. 유효기간의 길이는 당해 전파이용권을 획득하거나 또는 이용하는데 투하되는 비용의 크기, 당해 전파이용목적의 공공성의 정도 등에 비례하는 것으로 보인다. 이러한 요소는 재허가 등의 경우에도 고려될 것이다.

(2) 전파이용권과 헌법상 재산권

전파법에 근거하여 위와 같이 법령 또는 다양한 행정처분으로 성립되는 전파이용권이 헌법상 재산권에 해당하는가? 경제적 가치있는 공법상 권리도 헌법상 재산권에 포함될 수 있지만, 무선국허가 또는 주파수할당을 통해 얻는 공법상의 지위(전파이용권)가 과연 헌법상 재산권으로 보호할 법적 지위인가에 대해서는 향후 좀 더 검토가 필요하다. 광업권이나 어업권과 달리 입법적으로 그 물권성에 대한 명시적인 선언이 없다는 점, 전파이용기술의 급격한 변화로 전파의 희소성이 급격히 높아지면서 전파자원의 확보와 분배 등에 관한 국가의 관리권 행사의 필요성이 높아지는 시점에서 입법적인 구체화없이 헌법상 재산권에 관한 일반 법리를 적용하는 경우 전파자원관리제도를 왜곡할 수 있다는 우려도 고려되어야 할 것이다.

다른 관점으로, 이를 일종의 헌법상 재산권으로 보더라도, 그 재산권의 내용과 한계를 법률로 정하는 것이므로, 전파이용권의 내용과 한계 역시 헌법상의 재산권 규정에 의해 획정되는 것이 아니라 전파법령의 구체적 내용에 의해 획정되는 것이라고 볼 수 있다. 전파법 제7조에서 주파수의 회수 · 재배치의 경우에도 "정당한 보상"이 아니라 "통상적으로 발생하는 손실을 보상"하는 것이 헌법 제23조 제3항의 정당보상원칙에 위반되는 것으로 볼 수도 있지만, 반면 전파이용권은 개인의 노동과 비용에 의해 획득되는 것이 아니라 국가의 자원분배권한의 행사로 부여되는 공법상 지위로서, 허가권한에 수반되는 적법한 공익상 철회권의 행사를 일반적인 재산권의 수용과 같이 평가할 수는 없고, 따라서 이는 헌법 제23조 제1항에 의해 재산권의 내용과 한계를 법률로 정한 것으로 보아 정당하다고 볼 수도 있다. 달리 말해, 법률이 철회가능성이 유보되어 있는 공법상 권리를 설정하는 것으로 볼 수 있기 때문이다.

마지막으로, 무선국허가와 주파수지정, 주파수사용승인, 심사할당의 경우를 제외하고 대가할당에 의해 취득한 '주파수이용권'은 대가를 지불하고 취득하는 것이며, 그 양도 · 임대 등 처분권이 인정된다는 점에서 헌법상 재산권에 더 가깝다고 볼 수도 있겠으나, 이 역시 전파관리제도 전체의 관점에서 문제가 없는지에 대해 좀더 논의가 필요하다.

라. 전파이용권의 공법적 보호수단

전파이용권의 공법적 보호는 위에서 살펴본 바와 같이 주로 전파법상 전파이용권의 성립, 변경, 소멸의 법률효과를 가져오는 행정처분에 대한 항고소송을 통해 이루어질 것이다.

또다른 공법적 보호수단으로 손해전보제도를 생각할 수 있는데, 국가배상법에 의한 손해배상제도와 손실보상제도이다. 특히 전파법상 주파수회수 · 재배치의 경우는 전파법상 손실보상에 관한 특별한 규정을 두고 있는데, 다만, 위에서 본 바와 같이 이 때 손실보상이 반드시 헌법 제23조 제3항의 손실보상으로 볼 수 있는지는 향후 더 논의가 필요하다.

2. 전파이용권의 민사법적 보호

가. 전파장애를 둘러싼 법적 분쟁과 전파와 전파이용권의 보호

구체적 전파를 물건으로 인정하는 경우에 이를 어떻게 민사법적으로 규율할 것인가는 현재로서는 거의 논의가 전무한 상황이다. 구체적 전파를 물건으로 인정한다면 소유자는 누가 되어야 하는가, 생성된 구체적 전파에 대해서는 소유권에 기한 물권적인 보호가 가능한 것인지, 가능하다면 기존의 유체물에 비추어 어느 정도까지 가능한 것인지를 살펴볼 필요가 있다. 전형적인 예를 들자면 갑이 무선공유기 AP(Access Point)를 구입하여 자택 거실에 설치하자, 인접한 주택에 사는 을이 갑의 AP에서 발생한 WiFi 신호에 동의 없이 접속하여 인터넷을 이용하는 경우에, 을은 갑에게 침해행위를 한 것이라고 인정할 수 있는지, 그리고 침해행위를 인정한다면 피침해법익은 무엇인지를 규명하는 것이 필요할 것이다.

현재까지 이러한 문제에 대한 법적 접근은 찾아보기 어렵지만, 그와 어느 정도 유사하다고 할 수 있는 사안은 합법적인 건물을 신축하여 환경변화를 야기하여 텔레비전 방송국이 송출하는 전파의 송출에 지장을 주는 경우에 어떻게 법적으로 처리할 것인가의 문제라고 할 수 있다. 이에 대해서는 대법원 판례(대법원 2003. 11. 28, 2003다43322 판결)와 고등법원 판례(서울고법 1998. 7. 1, 98나13701 판결)를 찾아볼 수 있다. 무선통신과 공중파방송은 둘 다 전파를 활용하는 점에서는 공통적이므로 위의 판례를 통해 현재 우리 법원이 구체적 전파의 보호에 대해 어떠한 관점에서 접근하는 지를 간접적으로 파악할 수 있을 것이다. 다만 방송의 고유한 특성으로 인해 이러한 관점을 통신에도 그대로 기계적으로 적용할 수는 없으므로 그러한 한도에서는 통신을 위한 구체적 전파에 대해서 별도의 특성을 고려하여 살펴보아야 한다.

따라서 방송 전파의 장애에 대한 기존의 판례를 살펴보고 평가하여 현재 우리 대법원의 법적 관점을 비판적으로 검토하고, 특정주파수를 이용하기 위해서는 주파수를 할당받아야 하며 또 무선국 개설을 위해서는 국가의 허가를 받아야 하므로 구체적 전파의 생성을 위한 전제조건으로서의 전파이용권의 법적 성격과 보호에 대해서 고찰한다. 그리고 전파이용권의 토대 위에서 생성되는 구체적 전파의 법체계적 지위를 규명한다. 끝으로 구체적 전파를 불법행위에 따른 손해배상으로 보호하는 방법과 소유권에 기해 물권적으로 보호하는 방법을 둘 다 고찰하고, 현실적으로 구체적 전파를 보호하는 데 어떠한 접근방법이 법이론적으로 가장 적절한가에 대해서 정리하고자 한다. 특히 방송용 전파신호에 대해서는 이미 전파법에서 명확한 해결방안을 입법적으로 정리하고 있음에 반하여, 무선통신에 활용되는 전파에 대해서는 어떠한 규정도 마련되어 있지 않으므로 이러한 이론적 고찰은 현실적으로 유용할 것이다.

나. 방송 전파 장애에 대한 대법원 판례

(1) 사실관계

대법원 판례(대법원 2003. 11. 28, 2003다43322 판결)의 사실관계는 다음과 같다. 피고 A는 서울 영등포구 여의도동 55-1에 연면적 23,393평의 주상복합아파트를 건설하기 위하여 피고 건설회사와 도급계약을 체결하여 1999년 7월 공사에 착공하여 2002년 10월 완공예정이었다. 원고 방송국은 서울 영등포구 여의도동 31에 위치한 본사건물을 시점으로 관악산, 남산, 용문산 등에 위치하는 송신소를 중계수단으로 하여 전국에 각종 방송 전파를 송신하고 있는데, 이 사건 아파트는 원고의 본사 건물과 관악산 중계소를 잇는 일직선상의 원고 본사 건물 기점으로부터 약 822미터 떨어진 곳에 건축되고 있어, 위 아파트가 완공될 경우 원고의 본사건물에서 관악산 중계소로 송신되는 방송전파빔이 위 아파트 건물의 108미터 지점에서 차단된다.

원고는 소외 전문가에게 전파장애에 관한 분석 및 장애 해소방법에 관한 용역을 의뢰하여 정상적인 방송송신이 어렵게 되는 문제를 해결하는 가장 유효적절한 방법으로 여의도 본사건물에서 남산중계소를 거쳐 관악산중계소로 우회하는 전송로를 구축하는 것이라는 점을 확인하고, 이를 위해서는 약 13억원에 달하는 비용이 소요될 것임을 알게 되었다. 따라서 피고 A는 아파트의 소유자로서, 피고 건설회사는 건축공사 시행자로서 전파법 제36조 제1항의 방송수신에 장애를 일으키는 건축물 소유자에게 수신장어를 제거할 의무를 지고 있으므로 원고 방송국에게 그 비용을 지급할 의무가 있다고 주장한 사건이다.

(2) 원심판결

원심판결(서울고법 2003. 7. 10, 2002나67224 판결)은 다음과 같은 근거를 들어 원고의 주장을 이유없다고 배척하였다.

우선 건축물 소유자가 적법하게 건축허가를 받아 그 건물을 건축하였다면 특별한 사정이 없는 한 그로 말미암아 원고의 방송송신에 어떠한 장애가 발생한다고 하더라도 피고들이 원고에게 방송송신의 장애를 제거할 일반적인 의무가 있다고 하기 어렵다고 판시하였다.

그리고 전파법 제36조 제1항은 '수신'장애를 제거할 의무이지 '송신'장애를 규정하고 있는 것은 아니므로 송신자인 방송국은 전파법 제36조 1항을 주장할 수 없다고 판단하였다. 즉 송신과 수신을 엄격하게 구분하는 것은 가능하며, 이 전파법 규정은 방송의 수신권을 보호하기 위하여 소유자에게 일정한 의무를 부과하는 권리제한적 규정이므로 확대해석하면 아니된다고 하였다.

끝으로 전파법 시행령 제39조 제2항에서 방송국시설자가 무선국 개설에 소요되는 비용을 소유자에게 부담하게 할 수 있다고 규정하고 있으나, 이는 방송국이 적극적인 행위를 하되 다만 비용만을 소유자에게 부담시킬 수 있다는 것이지 소유자에게 적극적으로 그의 비용으로 수신장애 상태의 제거에 필요한 조치를 요구할 권리를 부여한 것은 아니라고 하였다.

(3) 판 결

대법원도 규범적 보호대상으로서의 방송의 송신과 수신은 구별되는 것이고, 민간 지상파방송 사업자의 방송을 위한 전파송신은 수익사업으로 헌법상 방송의 자유나 독립과는 별개의 문제이며, 토지소유자가 적법한 건축허가를 받아 건축하는 행위는 전파송신에 영향을 미치더라도 불법행위가 성립된다고 볼 수 없다고 판시하였다. 그리고 그 해법으로 방송사업자가 그 비용부담 하에 인접토지에 건축된 건축물에 방송송신에 필요한 시설을 설치할 수 있고, 인접토지소유자는 민법 제219조의 상린관계의 규정에 따라 이를 인용할 의무가 있다고 제시하였다. 즉 건축물 소유자가 아닌 전파송출자의 부담으로 방송송신에 필요한 시설을 설치할 수 있다는 전파법 제36조와는 정반대의 해결방안을 제시하였다.

나아가 전파법 제36조는 지역주민이 가지는 방송수신권을 보호하기 위한 조항이며, 건축물소유자에게는 그 비용부담하에 그 수신장애를 제거하는 데 필요한 시설에 대한 설치 및 유지·관리를 할 의무를 부여하고, 방송국시설자에게는 수신장애 제거를 위한 무선국 허가신청 등의 필요한 조치를 취하도록 하는 규정이라고 판단하였다. 위와 같은 이유에서 원심판결을 지지하고 상고를 기각하였다.

(4) 비교법적 검토[273)]

영국의 경우에 Bridlington Relay Ltd. v. yorkshire Electricity Board(1964)

273) 서태환, "인근 건축물의 건축으로 인한 방송 송수신장해에 따른 법률관계(2003. 11. 28. 선고 2003다43322 판결 : 공2004상, 53)", 『대법원판례해설』(제46호), 법원도서관, 59~81면.

사건에서 고압송전선에 의한 TV방송의 송ᆞ수신장해에 대해 송신장해가 고압송전선이 새로운 것이어서 야기하는 것이고 단기간 송전후에 해소되든가 감소가 예측되는 점, TV방송프로그램이 대부분 오락적 성격이 강하고 감수성이 높은 것인 점 등을 들어 원고의 청구를 기각한 바 있다.

미국의 경우에는 시카고의 Sears Tower가 완공되면 이에 의해 TV전파의 반사 또는 차폐현상에 의해 주변 지역의 TV수신장해가 예측되었기 때문에, Sears Tower의 공사중지신청을 FCC에 신청한 바 있었다. 그러나 FCC는 건축공사를 중지하게 할 권한이 없다는 취지에서 이를 수용하지 아니하였다. 다만 수신장해에 대비하여 Sears Tower측의 비용부담으로 Sears Tower 최상층부에 송신장치를 설치하는 등의 대책을 강구하는 합의가 이루어졌다.

프랑스에서는 1974년 방송법 제23조에서 건축물에 의한 TV수신장해에 대해 원인자 책임주의를 채용하였고, 독일에서는 각주의 상린관계법에서 이를 규정하기도 하지만 그 내용은 각 주마다 상이하여 일관된 어떠한 태도를 취한다고 볼 수는 없는 상태이다.

일본에서는 전파법에서 중요무선통신의 전파방해에 대해서는 규정하고 있으나 TV방송의 수신장해를 규정하지는 않고 있어서 우리 전파법과는 오히려 정반대의 태도를 취하고 있다. 일본의 방송법 역시 이에 대해서 아무런 규정도 두고 있지 않다. 학설로서는 대체로 상린관계의 법리에 의해 전파통행도 우리나라 민법 제219조의 주위토지통행권에 해당되는 '위요지통행권'(圍繞地通行權)[274]에 관한 규정을 준용하여 해결하는 방법이 고려되고 있다.

(5) 판례의 검토

(가) 송신과 수신의 구별

판례는 전파의 송신과 수신을 엄격히 구분하는 태도를 취하고 있다. 기술적으로도 송신과 수신은 구별되는 것이 당연하고 송신의 주체와 수신의 주체가 구별되는 것도 자명하다. 그러나 판례가 장애라는 사태유형에서 진정하게 양자를 엄격히 구분하고 있는가는 의문이다. 송신장애인가 수신장애인가는 결국 송신과 수신의 경계선상을 어디까지로 볼 것인가의 문제와 직결된다. 구체적으로는 송신 안테나에서 구체적 전파가 벗어나는 시점에 송신이 이루어졌다고 보면

274) 이는 우리 민법 제219조의 주위토지통행권에 준하는 것이다.

송신안테나를 벗어난 무선구간은 모두 수신의 영역이라고 할 수 있지만, 수신안테나에 구체적 전파가 입력되는 시점에 수신이 이루어진다고 보면 수신안테나까지의 모든 무선구간은 송신의 영역이라고 보아야 할 것이다. 그 중간에 건축물로 인해 구체적 전파가 차단되는 경우에 전자의 입장에서는 수신과정에서 문제가 발생한 것이고 후자의 입장에서는 송신과정에서 문제가 발생한 것이라고 할 것이다. 그러나 판례는 위와 같은 엄밀한 판단없이 방송국 본사에서 중계소 이르는 과정에서 생긴 장애는 송신장애라고 단정 짓고 있다.

생각해보면 방송국본사에서 중계소에 이르는 과정이 송신과정이라 할지라도 이에 장애가 생기면 그 결과는 수신장애로 이어지게 되고 남산중계소로부터 방송전파를 수신하는 모든 지역주민은 결국 방송수신이 불가능하게 된다. 즉 신축건물로 인해 주민이 텔레비전 방송을 시청할 수 없다는 결과를 주민의 입장에서 보면 수신장애이지만, 동시에 방송국의 입장에서 파악하면 송신장애가 되는 것이므로 동전의 양면과 같은 것이다. 그럼에도 불구하고 이를 방송국이 주장하였다고 해서 송신장애에 불과하므로 법이 보호할 수 없다고 한다면, 만약 동일한 사건을 지역주민이 원고가 되어 소송을 제기한 것이라면, 전파법 제36조에 따라 피고가 비용을 부담하여 수신장애를 해소하여야 한다고 판단하여야만 하는데 이는 지나친 관념적인 법적용이 아닐 수 없다.

전파법 제36조를 살펴보면 권리주체를 명확히 규정하고 있는 것도 아니고 구성요건적으로 "통상적으로 수신이 가능한 방송이 수신에 장애를 일으키는 건축물"이라고 규정하고 있을 뿐이지 법문 어디에서도 "방송의 수신자는"이라는 문구가 명시되어 있는 것은 아니다. 전파법 시행령 제38조 제1항은 "수신장애를 받는 지역의 주민은 당해 건축물의 허가기관의 장에게 수신장애 발생사실을 신고할 수 있다"라고 규정하고 있으나, 이것을 지역주민만이 권리자라는 해석의 근거로 제시하는 판례의 태도는 수긍하기 어렵다. 따라서 구체적으로 수신자에게만 권리가 주어진다고 해석해서는 곤란하다. 즉 결과적으로 수신에 장애가 생기는 경우에 건축주가 이를 해소하는 비용을 부담하는 것을 규정하는 것이지, 오로지 지역주민만이 청구권자이고 송신자인 방송국에게는 어떠한 권리도 인정하지 않겠다는 취지의 규정으로 해석되어서는 곤란하다. 그러므로 수신장애가 생기면 방송에 이해관계가 있는 자는 건축물의 소유자에게 해당 수신장애를 제거하기 위하여 필요한 조치를 하도록 요구할 수 있다고 해석하는 것이 옳다고 할 것이다.

(나) 상린관계의 적용

법원은 민법 제219조의 주위토지통행권을 원용하여 송신자와 수신자 사이에 상린관계를 적용하고 있다. 상린관계는 인접한 토지 사이의 소유권의 제한에 관한 법리이므로, 사안에서 원고와 피고의 토지가 인접하여 있다는 점에서 구체적 전파가 아닌 토지소유권의 측면에서 법논리를 형성한 것이다. 방송국의 토지로부터 중계소까지 전파를 송출하는 경로가 마치 그 토지를 이용하기 위하여 사람이 출입하는 것과 마찬가지의 통행에 준하는 것이라고 확장해석 할 여지가 없는 것은 아니다.

그러나 전파는 물과 같이 부동산의 일부도 아니고, 구체적 전파의 송신경로가 사람의 출입을 위한 통로와 같은 것도 아니므로 제219조를 적용하는 것은 구체적 전파를 실체가 있는 존재로 전혀 고려하지 아니하는 태도이다. 즉 구체적 전파의 존재에 대한 논의 없이 인접해 있는 부동산의 이용에 따른 조절을 분쟁해결의 법리로 채택하는 것은 바람직하지 않다.

(다) 전파의 법적 실체에 대한 판단

문제가 된 사안은 분명히 방송전파의 송신장애에 관한 것임에도 불구하고 전파 자체에 법적 고려는 전혀 존재하지 않는다. 방송사업자와 인접 토지의 건축물 소유자의 상린관계나 아니면 방송을 수신하는 지역주민이 가지는 방송을 통하여 얻는 생활상의 이익을 방송수신권으로 다룰 뿐이다. 즉 구체적 전파를 발생시킨 자의 그 구체적 전파에 대한 재산적 이익은 고려대상이 아니고 오로지 전파를 수신하는 자의 생활상의 이익만을 고려하는 것이다.

구체적 전파는 인위적인 생성과정을 거쳐 발생된 특정한 주파수 대역의 전파라는 자연력이므로 물건으로서의 성격을 인정할 수 있다. 그러나 법원은 "방송을 위한 전파송신은 특별한 사정이 없는 한 … 법률에 의하여 당연히 보호되는 이익이라고 볼 수 없으며"라고 판시하여, 구체적 전파를 물건으로 보지도 않을 뿐 더러 구체적 전파를 생성시킨 자의 이익범위 내로 보고 있는 것도 아니다. 이러한 태도는 전파를 토지 이용의 부산물로 좁게 파악하는 것이며 전파의 중요성에 대한 인식이 없던 시절의 판례로서는 이해할 수 없는 것은 아니지만, 최근의 급격한 사회환경변화에 잘 부응하는 것이라고 볼 수는 없다. 따라서 보다 전향적인 구체적 전파에 대한 법적 관점과 법리구성이 필요하다고 생각된다.

(라) 통신의 전파장애

전통적으로 방송은 일반적으로 일방향적인 성격을 가지고 있으므로 방송사업에서 시청자에게 일방향으로 전달되는 구체적 전파이지만, 통신은 본질적으로 쌍방향적인 성격을 갖고 있으므로 송신자와 수신자가 호환적인 특성을 갖는다. 또 방송은 고유한 헌법적 가치가 높게 인정되지만 통신은 상대적으로 헌법적 가치가 낮게 형성되므로, 방송신호의 보호는 생활상 이익으로서의 가치가 높게 평가되지만 통신신호의 보호는 그보다는 저평가될 수밖에 없다.

전파법 제36조는 이러한 방송전파의 중요성을 감안하여 규정된 것이므로, 통신을 위한 전파의 경우에는 이와 동등한 보호규정이 존재하지 않는다. 따라서 새로운 건물이 건축되어 이동통신을 위한 3G네트워크의 음영구역이 생긴다 하더라도, 전파법 제36조가 적용되지 않음은 물론이고 이와 유사한 특별규정의 적용도 기대할 수 없다. 게다가 통신사업자의 토지와 음영구역을 만드는 건축물의 거리가 인접하여 있지 아니하다면 민법의 상린관계 규정의 원용도 근본적으로 불가능하다. 이러한 경우에 어떻게 구체적 전파 발생자에게 구체적 전파에 대한 보호를 부여할 수 있을 것인지는 매우 어려운 문제가 아닐 수 없다.

다. 전파이용권의 사법적 보호

(1) 전파이용권의 법적 성질

(가) 면허대역의 전파이용권

전파법 제10조는 주파수의 특정한 대역을 어떠한 용도로 활용할 것인지에 대해 주파수 분배를 실시하고 이를 고시하도록 의무화 하고 있다. 또 전파법 제19조에 의해 무선국의 설치는 원칙적으로 허가를 받도록 되어 있다. 다만 일상생활의 편의를 위해 하나의 기지국에 해당되는 이동통신 가입자의 휴대전화는 허가를 받은 것으로 간주해주기도 한다. 따라서 이와 같은 일반적인 전파활용을 위한 주파수 대역을 면허대역이라고 할 수 있다.

전파법은 유한한 희소자원인 전파의 효율적 이용을 위해 주파수 할당제도를 두고 있다. 전파법 제11조는 대가를 납부하고 주파수를 할당받은 사업자는 전파법 제14조에 따라 배타적인 성격의 전파이용권을 부여받아 특정한 대역의 주파수를 이용하여 전파를 발생시킬 수 있게 되고, 부여받은 전파이용권을 양도하거나 임대할 수도 있다.

전파법 제14조의 전파이용권의 법적 성격에 대해서는 학설 대립이 존재한다. 우선 전파이용권이 국가에 대한 채권적 권리라는 견해[275]와 전파이용권을 극가에 대한 공권으로서 공물의 특허사용권으로 보는 견해[276] 그리고 특정주파수 대역에 대한 용익권으로서 사권으로 파악하는 견해[277]로 나누어 볼 수 있다. 전파이용권의 성격을 구체적으로 무엇으로 보는가와 관계없이 전파이용권을 가지는 경우에만 그 주파수 대역의 구체적 전파를 발생시킬 수 있는 것이다. 따라서 정상적인 경우라면 특정 주파수 대역의 구체적 전파는 이러한 전파이용권을 전제로 하는 것이므로, 구체적 전파와 전파이용권은 긴밀한 법적 연관관계에 있다. 따라서 전파이용권 없이 그 특정 주파수 대역의 구체적 전파를 발생시키면, 구체적 전파가 아닌 전파이용권의 침해가 성립된다.

(나) 비면허대역의 전파이용

ISM(Industrial Scientific Medical) 대역이라 함은 특정한 주파수 대역을 산업, 과학, 의료용으로 분배하여 비면허로 일정한 출력의 규제만 지키면 자유롭게 사용할 수 있도록 개방하는 주파수 대역이다. 따라서 특정한 주체에게 주파수를 할당하는 것이 아니라 누구나 일정한 기술적 제약조건하에서 자유롭게 구체적 전파를 발생하고 이용할 수 있게 개방한 것이다. 다만 동일대역을 다양한 무선기기들이 이용하는 것이므로 동종(同種)기기간 간섭문제는 크지 않지만, 이종(異種)기기간의 전파간섭 및 혼신문제는 시스템의 안정성을 열화시킬 수 있는 요인이 되므로 ISM 주파수 이용과 관련하여 동일 대역을 사용하는 기기는 상호간에 해로운 간섭을 유발해서는 안되고 간섭으로부터 보호받을 수 없다는 기본규칙이 정해져 있다.[278] 따라서 비면허대역의 경우에는 논리적으로 아예 전파이용권을 인정할 여지가 없다.

---

275) 계경문, “주파수거래제의 활성화를 위한 법・제드적 제언”, 『전파자원관리』, 2009, 61면.

276) 박종수, “주파수이용의 효율성 제고를 위한 전다법제의 개선방안”, 『공법연구』(제36집 제3호), 2006, 432면.

277) 손창완, “전파이용권 양도・임대의 법률관계”, 『법학연구』(제21권 1호), 연세대학교 법학연구원, 2009, 76면.

278) 오병철 외, 『Ubiquitous환경에서 소출력 전파이용증가에 따른 전파방송통신 관련 법적 규율방안 재정립 연구<연구보고서 KORPA지정2009-3>』, 한국전파진흥원, 2010, 28면.

일상생활에서 흔히 볼 수 있는 ISM기기로는 전자레인지, 고주파 조명기기, 컴퓨터의 무선 키보드나 무선 마우스, 블루투스를 이용한 리모컨, 자동차 타이어 공기압력 측정 센서, WiFi 등을 들 수 있다. 최근에는 ISM 대역을 통신주파수 대역으로 사용하여 자유롭게 통신기기를 사용하는 경향으로 발전하고 있으며, 그 대표적인 것이 WiFi 구체적 전파를 통한 인터넷 접속이다.

이 ISM 대역의 구체적 전파는 기본적으로 기술적 제한을 준수하는 한 누구나 자유롭게 구체적 전파를 발생시켜서 활용할 수 있으므로, 구체적 전파의 기저에 반드시 전파이용권이 존재하는 것은 아니다. 따라서 ISM 대역의 구체적 전파를 임의로 발생시켜서 기존의 구체적 전파에 장애를 일으킨다고 해서 타인의 전파이용권을 침해한 것이 되지 않는다. 결국 ISM 대역에서는 보호대상은 전파이용권이 아닌 오로지 구체적 전파 뿐이다. 이점에서 면허대역의 구체적 전파와 비면허대역의 구체적 전파는 차별성을 인정할 수 있다.

(2) 전파이용권의 침해와 구제

전파법 제14조의 배타적 전파이용권은 그것을 사권으로 파악하든 아니면 공권으로 파악하든 간에 재산적 가치 있는 권리이므로 재산권의 침해로서 불법행위의 성립이 가능할 것이다. 특히 전파법이 명시적으로 배타성을 인정하고 있으므로, 타인이 대가할당 받은 주파수 대역을 이용하여 전파를 발생시키는 것은 배타성 있는 권리침해로서 불법행위의 위법성을 인정하는 것이 매우 용이하다고 할 것이다. 따라서 민법 제750조에 의한 불법행위가 성립하고 만약 그로 인해 배타적 전파이용권자에게 손해가 발생한 경우에는 그 손해를 배상할 책임이 있다고 할 것이다.

문제는 전파법 제12조에 의해 심사할당 받은 주체도 전파이용권을 갖는가의 문제이다. 전파법은 제14조에서 대가할당 받은 주체에 국한하여 배타적 전파이용권을 인정하고 있을 뿐이다. 그렇다면 심사할당 받은 주체는 비배타적인 전파이용권을 갖는 것인지 아니면 아예 전파이용권 자체가 없는 것인지 명확하지 아니하다. 생각해보건대 심사할당을 받은 주체는 공법상으로 허가를 받은 지위로서 공법적 권리를 인정할 수 있는가의 문제와 별도로 사법상으로는 전파이용권을 인정하기는 어려울 것으로 생각된다. 따라서 타인이 심사할당 받은 주파수 대역의 전파를 임의로 발생시키는 경우에 형사책임이나 행정벌을 부과하는 것은 가능할지라도 민법상의 불법행위가 그 자체로 곧바로 성립한다고 보기는 어려울 것 같다. 다만 심사할당을 기반으로 영업활동을 하는 경우에는, 전파이용권이 아닌 영업권의 침해를 이유로 한 불법행위의 성립은 생각해 볼 수 있을 것이다. 특히 경쟁자가 상당한 노력과 투자에 의하여 구축한 성과물을 상도덕이나 공정한 경쟁질서에 반하여 자신의 영업을 위하여 무단으로 이용함으로써 경쟁자의 노력과 투자에 편승하여 부당하게 이익을 침해하는 행위는 부정한 경쟁행위로서 민법상 불법행위에 해당한다고 판시한 바 있으며,[279] 이 결정에서는 나아가 불법행위의 구제수단으로서 불법행위의 금지 또는 예방청구를 허용한 바 있다. 따라서 타인이 심사할당을 받아 영업활동을 하고 있음에도 불구하고 그 주파수 대역을 이용하여 전파를 발생시켜 영업을 하는 경우라면 전파이용권의 침해가 아닌 영업권의 침해로서 불법행위의 성립을 인정할 수는 있을 것이다.

전파이용권의 침해에 대한 법적 처리는 위와 같은 사법적인 구제수단과 더불어 전파법 제84조에 따라 3년 이하의 징역 또는 2천만원 이하의 벌금에 처하는 형사처벌도 가능하게 된다.

라. 구체적 전파의 사법적 보호

(1) 물권적 청구권에 의한 보호

구체적 전파에 소유권을 인정하게 되면 물권법상의 소유권에 따른 법적 보호가 가능하게 될 것이다. 소유권에 의한 보호로는 가장 중요한 것이 물권적 청구권을 생각할 수 있다. 먼저 민법 제213조의 소유물반환청구권은 구체적 전파의 경우에는 성질상 아무런 의미가 없을 것으로 생각된다. 구체적 전파의 특성상 반환이라고 하는 것은 아무런 의미가 없다고 할 것이므로 설령 구체적 전파를 타인이 임의로 잡아서 접속하더라도 이미 이용한 구체적 전파를 다시 돌려주는 것은 현실적으로 불가능하다. 따라서 민법 제213조의 소유물반환청구권은 구체적 전파에 대해서는 적용이 없다.

민법 제214조의 소유물방해제거청구권은 구체적 전파에서 가장 중요한 물권적 청구권이라고 할 수 있다. 구체적 전파에 대한 침해는 그 구체적 전파에 대한 방해행위로 구성된다. 구체적 전파에 부정하게 접속하거나 구체적 전파에 전

279) 대법원 2010. 8. 25. 자 2008마1541 결정.

파방해를 가하거나 또는 구체적 전파의 송신 또는 수신에 지장을 주는 행위들이 방해행위에 해당될 것이다. 타인의 AP로 생성시켜 인증절차를 거치게 만든 WiFi신호를 해킹해서 불법으로 접속하는 행위도 구체적 전파의 방해행위에 해당된다고 할 것이다. 이 경우 구체적 전파를 발생시킨 자는 소유권자로서 소유물방해제거청구권을 침해자에게 행사할 수 있다. 이러한 물권적 청구권을 발생시키는 방해행위는 침해행위자의 귀책사유와 관계없이 인정됨은 물론이다.

민법 제214조 후단에 의한 소유물방해예방청구권도 구체적 전파에 인정된다고 할 것이다. 소유물방해예방청구권도 구체적 전파를 발생시킨 자에게 소유권자로서 인정되며, 방해의 예상이 객관적으로 근거가 있는 상당한 개연성을 갖는 경우에 가능하며 관념적인 가능성만으로는 허용될 수 없을 것이다.[280] 앞서 살펴본 대상 판결의 경우도 이러한 논리를 적용하면 방송사업자가 건축물 소유자를 상대로 소유물방해예방청구권을 행사할 수 있는 여지도 충분히 있다고 할 것이다.

물권적 청구권을 인정하는 경우에 가장 복잡하고 미묘한 문제는 소유권에 기한 방해제거청구권이나 방해예방청구권에서 그러한 방해행위에 위법성이 인정되는가의 문제이고 보다 구체적으로는 주변의 여건이나 침해의 정도를 고려하여 수인한도를 넘어 위법성이 있다고 판단되는 경우에만 방해행위로서 인정할 것인가의 문제이다.[281] 생각해보건대 동산으로서의 구체적 전파에 대한 소유권에 대한 방해행위는 그 자체로 위법성이 인정된다고 할 것이므로, 민법 제217조 제2항의 인접한 부동산 사이의 상린관계에 관해 수인한도를 넘는가의 문제를 여기에 엄격하게 적용하여 다룰 이유는 없다고 볼 것이다. 다만 신의칙에 반하는 정도로 경미한 방해행위에 대해 소유권에 기한 방해제거청구권이나 방해예방청구권을 행사하는 것은 권리남용으로 다루어져야 할 문제라고 보아야 할 것이다.

특히 물권적 청구권에 의한 보호와는 달리 불법행위가 성립하기 위해서는 반드시 구체적인 손해가 발생하여야 하므로, 현실적으로 피해자에게 구체적인 손해가 발생하지 않는다면 불법행위에 기한 손해배상청구권에 의한 보호는 불

280) 대법원 1995. 7. 14. 선고 94다50533 판결.

281) 지원림, 『민법강의』(제7판), 홍문사, 2009, 606면은 수인한도를 넘는 경우에만 방해가 성립한다고 주장한다.

가능하게 된다. 예를 들어 AP보유자가 인증절차에 의해 보호되는 WiFi신호를 발생시킨 경우에, 제3자가 이에 대해 정당한 권원없이 접속한 경우에 만약 AP 보유자가 그 WiFi신호를 사용하지 않고 있는 도중이거나 혹은 AP보유자가 WiFi신호를 정상적으로 사용하는데 아무런 지장을 주지 않는 여분의 전파 신호였다면 제3자의 정당한 권원없이 접속한 것이 구체적인 손해를 가져왔다고 보기는 어렵다. 왜냐하면 AP 보유자로서는 어떠한 불이익이나 가치의 감소도 현실적으로 입은 바 없기 때문이다. 이러한 경우에 AP보유자의 구체적 전파를 보호하기 위해서는 불법행위에 기한 손해배상청구권은 무용지물이고 구체적 전파를 생성한 자에게 구체적 전파의 소유권을 인정하고 이를 기반으로 물권적 청구권을 인정해야만 할 것이다. 이에 물권적 청구권에 의한 보호를 내세운 이론구성의 유용성이 존재한다.

(2) 불법행위에 기한 손해배상청구권에 의한 보호

구체적 전파에 대한 침해가 불법행위에 기한 손해배상청구권을 발생시키는가는 매우 어려운 문제이다. 불법행위는 물권적 청구권과 달리 귀책사유와 위법성을 엄격하게 요구한다는 점에서 그 성립을 인정하는 것은 매우 어려운 일이다.

불법행위의 성립요건을 하나씩 살펴보면, 먼저 손해가 인정되는가를 살펴보면 정상적인 구체적 전파에 장애가 생겨서 구체적 전파의 완전성이 훼손되면 손해를 인정하는 것은 매우 용이한 일이다. 그리고 위법성을 살펴보면 완전물권인 소유권에 대한 침해는 원칙적으로 위법성이 인정된다는 것이 통설이다. 또 소유권 침해행위가 관청의 허가를 받았는지 여부는 위법성 배제의 유일한 판단요소가 되지 못한다는 것이 판례의 태도이다. 예를 들어 어떠한 건물신축이 건축당시의 공법적 규제에 형식적으로 적합하다고 하더라도 현실적인 일조방해의 정도가 현저하게 커서 사회통념상 수인한도를 넘은 경우에는 위법행위로 평가될 수 있다는 판례를 찾아볼 수 있다.[282] 따라서 구체적 전파에 장애를 주는 행위가 관청의 허가를 받은 건물 신축 등의 행위라 할지라도 위법성을 인정하는데 아무런 영향이 없다.

불법행위의 성립에서 가장 중요한 문제는 사회통념상 수인한도를 넘는 경우에만 위법성이 인정되고 불법행위가 성립될 수 있다는 점이다. 우선 ISM 대역

282) 대법원 2002. 12. 10. 선고 2000다72213 판결.

에서는 상호간에 간섭을 예상하고 구체적 전파를 발생시키는 것이므로 먼저 생성된 구체적 전파가 뒤에 생성된 구체적 전파의 간섭을 받는다고 해서 불법행위가 성립될 수 없다. 예를 들어 강남역 일대와 같이 번화한 지역에서는 수많은 AP가 존재하므로 서로 간섭을 일으켜 어느 것도 정상적으로 사용할 수 없는 환경으로 전락한다고 하더라도, 먼저 설치된 AP 소유자가 나중에 설치된 AP 소유자를 상대로 불법행위를 주장하는 것은 불가능하다고 할 것이다. 또 휴대전화를 위한 이동통신용 3G네트워크가 신축건물로 인해 일부 음영지역이 생기거나 신호의 세기가 약화된다고 하더라도 이것이 곧 불법행위를 구성한다고 단정할 수 없을 것이다. 그러나 아파트 지하주차장에 전자파를 우려하여 이동통신사의 3G네트워크를 차단하는 설비를 마련하여 아예 전파를 차단하는 경우에는 사회통념상 수인한도를 넘는 경우라고 판단할 수 있을 것이다.

끝으로 불법행위 성립요건으로서 고의 또는 과실이라는 귀책사유는 심도있게 살펴볼 요건은 아니라고 생각된다. 구체적 전파에 대한 침해는 대부분 고의에 의한 것이 일반적이라고 할 것이기 때문이다. 드물게는 자신도 모르는 사이에 타인의 구체적 전파에 간섭을 일으키는 경우도 있을 수 있지만, 이는 매우 이례적인 현상으로 생각되기 때문이다.

(3) 상린관계에 의한 보호

일본의 학설이나 대상 판결에서 취하는 이론은 구체적 전파의 송신자와 송신장애를 일으키는 건축물 소유자와의 법률관계를 상린관계를 준용하여 해결하는 것이다. 상린관계이론을 적용하는 것의 가장 큰 한계점은 구체적 전파의 실체를 인정하고 이를 기반으로 해서 구체적 전파를 보호하는 것이 아니라, 구체적 전파를 송출하는 부동산과 인접 부동산 사이의 이용관계의 조절을 통해서 송신장애를 해결하는 것이다. 구체적 전파를 송출하기 위해서는 일반적으로 토지나 건물이라는 부동산에 설치된 송신 안테나가 필요하므로, 구체적 전파 그 자체가 아니라 구체적 전파를 송출하기 위한 물적 설비의 이용에 대해서 상린관계이론을 적용하는 것이다.

상린관계에 의한 보호는 현행 법체계와 이론을 십분 활용하여 송신장애 문제를 해결할 수 있다는 장점은 분명히 있으므로 학설과 판례에 의해 지지되는 태도를 이해할 수 없는 것은 아니다. 그러나 구체적 전파의 물성을 긍정하고 그 실체를 기반으로 해서 보호를 하고자 하는 새로운 방향에 큰 도움이 되는 것은 아니다. 만약 구체적 전파의 송신자의 토지나 건물과 장애를 일으키는 건축물의 거리가 꽤 멀리 이격된 경우나 타인의 건물에 기지국을 설치한 정도에 불과한 경우에도 송신자와 장애 건물소유자와의 관계에서 상린관계이론을 적용하는 것은 조금 부자연스러운 일이다. 또한 신축건물로 인한 송신장애의 경우라면 부동산 소유권에 기반을 둔 상린관계이론이 유용할 수 있으나, 특정 주파수 대역의 전파를 차단하거나 방해하는 전파를 송출하는 재밍(jamming)의 경우에는 단순한 상린관계만으로 보호하는 것은 적절하지 않다는 한계가 존재한다. 즉 상린관계가 아닌 구체적 전파 그 자체에 대한 보호가 필요한 경우도 예상할 수 있으므로, 상린관계를 통한 보호만으로 구체적 전파의 보호가 충분한 것은 아니다.

(4) 구체적 전파의 침해와 전파이용권의 침해

면허대역의 전파신호라면 전파신호를 발생시킨 자에게 전파신호에 대한 소유권으로서의 권리 더불어 주파수 이용권도 등시에 인정할 수 있다. 현실생활에서 기술적으로 실현가능성은 매우 낮겠지만, 만약 SK텔레콤이 허가를 받아 유상으로 서비스를 제공하고 있는 주파수대역의 전파신호와 동일한 전파신호를 누군가가 생성시켜 무허가 통신서비스를 제공한다면 SK텔레콤의 전파신호 자체에 대한 침해는 없지만 SK텔레콤의 주파수 이용권을 침해한 것으로 이론구성 할 수 있다. 또 주파수 이용권을 보유하여 생성시킨 전파신호에 대해 전파방해(jamming)를 하면, 전파신호에 대한 소유권 침해와 더불어 주파수 이용권에 대한 침해 둘 다 성립된다고 할 수 있다.

제4장

전파법의 실효성 확보

제4장 전파법의 실효성 확보

Ⅰ. 전파이용질서의 유지

1. 전파환경측정

방송통신위원회는 전파환경의 측정 등 전파환경을 보호하기 위하여 필요한 조치를 하여야 하고, 전파환경의 측정 등에 필요한 사항을 고시(전파환경 측정 등에 관한 규정)로 정하고 있다(전파법 제55조).

전파환경이라 함은 일정한 장소에 존재하는 전파의 세기·잡음 등 전파의 분포현상을 말한다. 전파자원은 과학기술 개발을 통하여 인류문명 발전을 뒷받침하는 핵심자원에 해당하나 지속적으로 발굴이 필요한 유한 자원이다. 따라서 새롭고 다양한 전파자원의 발굴을 통하여 신규 및 미래 서비스를 지속적으로 개발, 제공하기 위해서는 전파자원이 존재하는 전파환경 자체의 보호가 불가피하며, 그 일환으로 전파환경의 측정이 반드시 필요하다. 또한, 전파가 인체에 미치는 영향이 있는지, 전파간에 발생할 수 있는 혼신을 어떻게 할 것인지 등에 관하여도 논의가 진행되고 있는 만큼 그 전제로서 전파환경을 정확히 측정하는 것이 필요하다.

이와 같은 관점에서 전파법은 방송통신위원회에게 전파환경을 보호할 의무를 부과하고 있으나, 전파환경을 보호하기 위하여 필요한 범위 내에서만 전파환경 측정 등 조치를 취할 수 있도록 제한하고 있고, 그 조치의 구체적인 방식이나 절차 등에 대해서도 고시에 정한 바에 따르도록 함으로써 임의적인 전파환경 측정 등의 조치를 취하는 것을 금지하고 있다.

전파환경 측정의 종류에는 전파환경 조사, 전자파차폐성능측정, 시험장적합성측정, 전자파흡수율측정이 있다. 그 중 전자파차폐성능측정은 전자파를 차단할 수 있는 구조물이나 특정 물질이 전자파를 차단하는 성능을 측정하는 것을 말하고, 시험장적합성측정은 전자파장해 및 전자파내성을 측정하는 시험장에 대하여 신청인이 제시한 기준에 적합한지를 측정하는 것을 말하며, 전자파흡수율측정은 생체조직의 단위 질량당 흡수되는 에너지의 비율을 측정하는 것을 말한다.

전파환경의 측정은 전파환경의 보호를 위하여 필요한 것이고, 그 결과에 따라 전파자원의 효율적인 이용방법 등이 결정되는 것이므로 그 측정 방법의 정확성을 제고하는 노력을 지속적으로 기울일 필요가 있다.

2. 전파감시

방송통신위원회는 전파의 효율적 이용을 촉진하고 혼신의 신속한 제거 등 전파이용질서의 유지 및 보호를 위하여 전파감시업무를 수행하여야 한다(전파법 제49조).

전파법 제49조에는 전파감시업무의 목적 및 내용이 추상적이고 총론적으로 기술되어 있지 않고 명확하게 구체적으로 명시되어 있음으로 인하여 국민들에게 보다 효과적으로 전파감시업무를 홍보할 수 있는 기회가 되었다. 전파감시업무의 목적이 결코 사생활 침해가 아니라 혼신제거 및 불법전파사용자 확인 그리고 합법적인 전파사용자에게 양질의 통신품질을 제공하기 위함임을 전파법을 통하여 정확하게 전달하고 있다. 전파감시는 전파의 효율적 이용을 저해하는 요소를 사전에 탐지하여 억제하기 위한 것으로 전파이용질서의 확립에 주요한 역할을 하고 있다. 전파를 허가없이 아무나 사용할 경우에는 전파방해로 인하여 어느 누구도 사용할 수 없게 되며, 따라서 전파사용의 공정성과 효율성을 달성하기 위해서 감시체제의 구축은 필수적이다. 전파감시가 반대의견이나 여론을 규제하는 수단으로 이용되는 것이 아니라 전파의 효율적 이용을 돕는 보완방법으로 활용되어야 한다는 점이다. 전파감시 업므는 ① 운용감시, ② 품질감시, ③ 혼신조사, ④ 불법전파탐사, ⑤ 방향탐지, ⑥ 이동감시, ⑦ 국제전파감시, ⑧ 외래전파에 관한 자료조사로 분류된다.

가. 운용감시

전파의 운용감시는 전파의 사용방법이 조약 및 법령에 적합한지 여부를 명확히 하는 것이다. 사용방법에 관한 규정은 모든 무선국에 적용되는 것으로 전파의 효율적 사용의 관점에서 정해진 것이다. 무선국의 운용은 전파법 규정에 따라 허가서에 기재된 사항대로 운용하도록 규정하고 전파법령에서 무선통신의 원칙과 통신방법 등을 구체적으로 정하여 무선국을 운용하도록 규정하고 있으므로 그 적법여부를 감시확인하며 무선국의 운용사항 등의 현지확인 및 감독을 행한다. 감시결과 법령에 위반될 경우에는 전파품질감시의 경우와 마찬가지로 전파사용자에게 통지하여 필요한 조치를 강구하거나 전파사용자가 조치결과에 대해 회보할 것을 요구하고 있다. 또한 운용감시에 관계되는 위반행위에 대해서는 위반사항을 단순히 제거하는 데 그치지 않고 예방적, 제재적 관점에서 통지외에 면접에 의한 조사를 행하고 그 결과에 따라 행정지도(구두 또는 문서로 주의) 또는 행정처분(무선국의 운용중지 또는 제한 등)을 행한다. 형사처벌 등 사법상 조치가 필요한 것으로 인정되는 경우에는 고발한다.

나. 품질감시

무선국에서 발사하는 전파가 주파수의 편차(지정된 주파수와 실제로 발사된 주파수간의 상이점)와 점유주파수의 대역폭(반송파 및 상하측파대의 폭), 신호의 강도, 스퓨리어스 발사강도(전파발사에 있어서 필요없는 전파 성분) 등이 규정에 따라 적합하게 발사되는지 여부를 측정하여 관계규정을 위반하고 있을때에는 즉시 시정조치하며 계속하여 위반하였을 경우에는 전파발사 정지 또는 제한을 명하여 다른 무선통신에 혼신방해를 주지 않도록 조치한다.

다. 혼신조사

전파설비, 고압송전선 기타 전기적 설비에 의한 혼신 또는 전자파방해가 있다고 인정될 때 혼신조사를 실시한다. 혼신이 명백하고 계속적이며 중대한 장해로 인정되는 경우에는 신속히 조사하여 제거하도록 한다. 다만 혼신의 유무판별이 곤란하거나 계속적인 장해로 인정되지 아니한 경우에는 충분한 자료의 보완 또는 검토후 재조사를 한다. 혼신이 확인된 때에는 그 설비의 시설자 또는 운용

책임자의 확인서를 제출받고 혼신원인을 제거하도록 조치한다. 허가를 요하지 아니하는 무선국의 무선설비에서 발사된 전파나 수신설비 또는 고주파 전류에 의하여 부차적으로 발사되는 전파가 다른 무선설비의 기능에 혼신을 주는 경우에는 그 설비를 사용할 수 없도록 봉인 등의 필요한 조치를 취하고 30일 이내의 기간을 정하여 시정하도록 하고 2회에 걸친 시정지시에도 불구하고 시정을 하지 않는 경우에는 규정에 의하여 과태료를 부과한다. 신고에 의하여 혼신조사를 한 경우에는 조사 및 조치결과를 신고인에게 통지하도록 되어있다.

라. 불법전파탐사

무선국을 개설하거나 고주파의 이용설비를 사용하고자 하는 자는 규정에 따라 허가를 얻어야 한다. 불법전파탐사란 전파탐지를 통하여 적발된 불법전파에 대한 방향탐지를 실시하여 그 위치를 확인 단속하고 탐문조사에 의하여 권한없이 운용되고 있는 무선국을 적발하는 것을 말한다. 불법무선국이란 허가를 받지 않고 개설 또는 운용하는 무선국을 말한다. 전파법에 의하면 “무선국을 개설하고자 하는 자는 방송통신위원회의 허가를 받도록” 규정하고 있으며, “극소 출력의 무선시설을 제외하고는 누구나 허가없이 사용할 수 없도록” 법령은 정하고 있다. 불법무선국 또는 그 시설은 법령이 정한 허가절차를 밟지 않고 무선국을 개설하였거나 고주파 이용설비를 설치 운용한 경우를 말하는 것으로서 그 무선국과 시설은 단속 대상이 되며, 불법으로 설치 운용한 사람은 전파법에 의한 제재대상이 된다. 한정된 전파를 일정한 규율에 따라 이용하는 전파의 원리를 감안한다면 불법무선국은 이 질서를 현저히 혼란시키는 것으로서 중대한 위반사례로 볼 수 있으며 전파감시에 전력을 경주하여 강력히 제재할 필요가 있다. 전파감시 또는 신고에 따라 불법무선국에 관한 정보를 입수할 경우에는 즉시 불법무선국에 대한 탐사를 실시하여 그 소재를 확인하고 위반행위자를 고발하거나 제재 또는 지도해야 한다.

마. 방향탐지

방향탐지는 수신신호의 입사방향을 탐지하는 업무로서, 방향탐지 대상이 되는 전파는 ① 조난통신, 긴급통신 등 주요통신, ② 불법전파, ③ 방해전파, ④ 혼신전파, ⑤ 국제 주파수 등록위원회 및 외국 무선주관청으로부터 조사를 의뢰받은 전파, ⑥ 기타 방위측정이 필요한 전파 등으로 구분된다. 방향탐지의 순위는 앞 내용의 순서를 원칙으로 하되, 긴급한 사항에 대하여는 우선하여 측정할 수 있으며, 방향탐지가 완료된 때에는 측정의뢰사항, 측정결과, 측정시간 및 측정자에 관한 사항을 기록, 관리하여야 한다.

바. 이동감시

이동감시는 고정감시가 어려운 지역과 고정감시에 포착된 불법무선국의 위치 확인 필요시 중요 무선통신등에 심각한 혼신이 발생되는 경우, 기타 이동운용하는 경우에 수행되는 감시 방법이다.

사. 국제전파감시

전파는 그 특성상 어느 한 국가나 일부 지역에만 영향을 미치는 것이 아니기 때문에 특별보호 수단으로 전기통신협약 무선규칙이 있으며 회원국 상호간 자국내 무선국의 운용 상태를 무선규칙이 정하는 기준에 합당하도록 감독할 것을 국제전기통신연합(ITU : International Telecommunication Union)이 규정하고 있다. 이에 따라 우리나라도 방송통신위원회가 주관청이 되어 무선국의 운용 상황과 발사전파가 협약의 기술기준에 적합한지 여부 및 타국에서 발사하는 전파가 지구국간 혼신을 발생하게 하는지를 감시한다. 위반사항이 발견될 때에는 관계주무청에 이를 통보 조정함으로써 상호 국가협약을 준수함은 물론 우리나라 전파의 권익보호 및 전파의 질 향상으로 국민복지 증진에 기여하고 있다. 인접 국가에서 발사하는 전파가 국내에 미치는 영향 등을 조사하여 그 대책을 강구하고 전파방해 행위에 대해서는 국제전기통신연합, 국제주파수 등록위원회등 국제기구에 통보하여 위반사항을 조정한다.

아. 외래전파 자료조사

국내에 침투되는 외국 방송파와 불법 외래전파의 현황을 파악하여 대응 조치를 취함으로써 국내 전파이용환경을 보호하고 경제적 활용을 도모함에 있으며, 조사방법으로는 고정조사와 이동조사, 송신원의 방향탐지로 구분되며 조사

내용은 ① 외래 방송파 침투현황, ② 외래 불법전파 침투현황, ③ 외래 방송파에 대한 국내 대응방송 효과, ④ 외래 전파에 의한 국내전파에 미치는 유해성 조사, ⑤ 외래 전파 송신원 추적, ⑥ 외래 방송파 및 불법전파 조사로 구분된다.

3. 무선방위측정장치의 보호

토지이용규제 기본법 제8조에 따라 방송통신위원회가 무선방위측정장치보호구역을 지정할 수 있고, 전파법 제52조에 따라 무선방위측정장치보호구역(방송통신위원회가 설치한 무선방위측정장치의 설치장소로부터 1킬로미터 이내의 지역을 말한다)에 전파를 방해할 우려가 있는 건축물 또는 공작물로서 대통령령이 정하는 것을 건설하고자 하는 자는 방송통신위원회의 승인을 얻어야 한다.

무선방위측정장치는 전파의 오고 가는 방향을 측정하여 그 발신이 적법한지 혼신이나 간섭이 없는지를 확인하는 장치인데 그 측정이 인근에 존재하는 유형의 물체 등으로 인해 방해받지 않도록 하고 그 측정의 정확성을 기하기 위하여 측정장치의 설치장소로부터 1킬로미터 이내의 지역을 보호구역으로 정하고 있다. 보호구역 주변의 건물, 전력선 만이 아니라 지하에 매설된 케이블 등에 의해서도 전파가 반사되어 무선방위측정장치가 전파의 도래방향을 측정하는데 장애를 가져올 우려가 있기 때문이다. 이에 전파법은 보호구역에 건축물 또는 공작물을 건설, 건축하거나 증개축을 하는 경우에 전파를 방해할 우려가 있으므로 방송통신위원회의 승인을 얻도록 하고 있는 것이다.

무선방위측정장치보호구역을 지정한 경우에 해당 지역내에서 건축물 또는 공작물의 신규 건축, 증개축 등에 제한을 받게 되므로 해당 지역의 토지 소유자, 건축물 또는 공작물 소유자의 재산권을 제한하는 결과를 야기하게 된다. 따라서 무선방위측정장치를 설치할 지역 및 그 보호구역을 선정함에 있어서는 신중하여야 하고, 해당 토지, 건축물 또는 공작물 소유자의 권리 제한을 최소화할 수 있도록 하기 위한 필요한 조치를 취할 필요가 있다. 이와 같은 소유권의 제한에 대하여 해당 토지, 건축물이나 공작물 소유자가 국가를 상대로 손실보상을 청구할 수 있는지 문제되나, 토지이용규제 기본법, 전파법에 따른 적법한 제한으로서 해당 소유자가 수용 가능한 범위내에 있다고 할 것이므로 손실보상 청구권이 발생하지 않는다고 해석하는 것이 합리적이라고 판단된다.

대통령령은 방송통신위원회의 승인을 얻어야 할 건축물 또는 공작물은 1. 무선방위측정장치의 설치장소로부터 1킬로미터 이내의 지역에 건설하려는 송신공중선과 수신공중선(방송수신용인 소형의 것과 이에 준하는 것은 제외), 가공선과 고가 케이블(전력용・통신용・전기철도용, 그 밖에 이에 준하는 것을 포함), 건물(목조・석조・콘크리트조, 그 밖에 구조의 것을 포함하되, 높이가 무선방위측정장치의 설치장소로부터 양각 3도 미만의 것을 제외), 철조・석조 또는 목조의 탑주와 이의 지지물건・연통・피뢰침(높이가 무선방위측정장치의 설치장소로부터 양각 3도 미만의 것을 제외), 철도 및 궤도, 2. 무선방위측정장치의 설치장소로부터 500미터 이내의 지역에 매설하는 수도관・가스관・전력용케이블・통신용케이블, 그밖에 이에 준하는 매설물이 해당한다고 정의하고 있다. 위 건축물 또는 공작물을 건설하려는 자는 방송통신위원회에 고층부분의 외형을 나타내는 입면도 및 평면도(축적・방위・높이 및 폭을 명시하여야 함)를 갖추어 건축물 또는 공작물 건설의 승인을 신청하여야 하고, 승인받은 사항에 대하여 변경승인을 신청하는 경우에도 동일하게 하여야 한다. 방송통신위원회는 승인의 신청이 있는 경우 전파장해 여부를 판단하기 위하여 필요하면 그 신청인에게 일정기간을 정하여 필요한 자료의 제출을 요구할 수 있다. 방송통신위원회는 그 승인 또는 변경승인의 신청을 접수한 경우에는 전파장해 여부를 검토하여 14일 이내에 신청인에게 그 승인여부를 알려야 한다.

4. 자연환경 보호

방송통신위원회는 자연환경 및 도시미관의 보호를 위하여 필요하다고 인정하는 경우에는 무선설비 시설자에게 무선국의 무선설비의 전부 또는 일부를 공동으로 사용할 것을 명하거나 자연환경에 대한 영향을 최소화하고 주변경관과 조화를 이루는 등 환경친화적으로 무선설비를 설치할 것을 명할 수 있다(전파법 제48조의2).

시설자들이 무선설비의 전부 또는 일부를 어느 장소에 설치할 것인지, 다른 시설자와 공동으로 설치하거나 사용할 것인지 여부는 해당 시설자의 자유로서 재산권, 기업경영권 등에 의하여 보호되는 영역에 속한다. 따라서 자연환경 또는 도시미관을 위하여 공동사용 명령을 내리거나 환경친화적인 설치명령을 할 때에는 해당 지역에서 자연환경을 보호할 중대한 필요가 있거나 도시미관을 갖출 것이 절실하게 요구되는 경우에 해당하여야 하고, 공동사용 명령이나 환경친화적인 설치명령 이외의 방법으로는 그와 같은 목적을 달성할 수 없는 경우에 제한하는 것이 바람직하다. 특히, 공동사용 명령의 경우에는 해당 시설자로서 무선설비의 설치 및 운용에 소요되는 비용을 절감할 수 있다는 장점이 있으나, 다른 시설자의 무선설비와는 별개의 우수한 무선설비를 구축하여 경쟁함으로써 보다 나은 서비스를 고객에게 제공하는 등의 장점이 없게 되는 문제도 있다는 점을 고려해야 할 것이다.

무선설비의 공동사용 명령과 환경친화적 설치명령의 요건은 1. 국립·공립공원지역 및 개발제한구역 등에 설치·운용하는 무선설비로서 자연환경을 훼손할 우려가 있다고 인정되는 경우, 2. 도시지역에 설치·운용하는 무선설비로서 도시미관을 해칠 우려가 있다고 인정되는 경우, 3. 건물·도로·나대지 등에 설치·운용하는 무선설비로서 도시미관 및 자연환경을 훼손할 우려가 있다고 인정되는 경우에 해당하여야 한다. 공동사용명령과 환경친화적 설치명령의 대상은 전기통신사업법에 따른 기간통신사업자가 개설·운용하는 기지국·이동중계국 및 고정국에 설치되는 무선국의 공중선주, 송신설비 및 수신설비로 하고 있다. 방송통신위원회가 공동사용명령과 환경친화적 설치명령을 하는 경우에는 전파의 혼신발생 가능 여부, 건물 또는 부지의 임차 가능 여부, 건물·옥상·철탑의 안전 여부, 전자파강도의 전자파 인체보호기준 초과 여부(무선설비의 공동사용명령의 경우), 지하·터널 또는 건물 내의 설치 가능 여부(무선설비의 환경친화적 설치명령의 경우), 그 밖에 무선설비의 효율적 운용 및 관리 등을 위하여 방송통신위원회가 필요하다고 인정하는 사항을 고려하여야 한다. 방송통신위원회가 공동사용명령과 환경친화적 설치명령을 하는 경우에는 공동 또는 환경친화적으로 사용할 무선국명, 무선설비의 설치장소, 무선설비의 설치기간을 적어 서면으로 통지하여야 한다.

Ⅱ. 방송통신기자재의 관리

1. 방송통신기자재의 적합성 평가

방송통신기자재의 적합성평가는 방송통신기자재와 전자파장해를 주거나 전자파로부터 영향을 받는 기자재(이하, "방송통신기자재")가 전파법 등 관계법령에 따른 기술기준을 준수하는지 평가하여 적합인증, 적합등록 또는 잠정인증 등을 받도록 함으로써 해당 방송통신기자재가 인체에의 위협과 통신망 등에 줄 우려가 있는 장애요인을 사전적으로 제거하기 위한 것이다.

방송통신기자재와 전자파장해를 주거나 전자파로부터 영향을 받는 기자재(이하, "방송통신기자재")를 제조 또는 판매하거나 수입하려는 자는 해당 기자재에 대하여 적합성평가기준(전파법 제37조 및 제45조에 따른 기술기준, 제47조의2에 따른 전자파 인체보호기준, 제47조의3제1항에 따른 전자파적합성기준, 방송통신발전 기본법 제28조에 따른 기술기준, 전기통신사업법 제61조·제68조·제69조에 따른 기술기준, 방송법 제79조에 따른 기술기준, 다른 법률에서 방송통신기자재등과 관련하여 방송통신위원회가 정하도록 한 기술기준이나 표준)에 따라 적합인증, 적합등록 또는 잠정인증을 받아야 한다(전파법 제58조의2).

전파환경 및 방송통신망 등에 위해를 줄 우려가 있는 기자재와 중대한 전자파장해를 주거나 전자파로부터 정상적인 동작을 방해받을 정도의 영향을 받는 기자재를 제조 또는 판매하거나 수입하려는 자는 해당 기자재에 대하여 지정시험기관의 적합성평가기준에 관한 시험을 거쳐 방송통신위원회의 적합인증을 받아야 한다.

적합인증의 대상이 아닌 방송통신기자재를 제조 또는 판매하거나 수입하려는 자는 지정시험기관의 적합성평가기준에 관한 시험을 거쳐 해당 기자재가 적합성평가기준에 적합함을 확인한 후 그 사실을 방송통신위원회에 등록하여야 한다. 다만, 불량률 등을 고려하여 대통령령으로 정하는 기자재에 대하여는 스스로 시험하거나 지정시험기관이 아닌 시험기관의 시험을 거쳐 방송통신위원회에 등록할 수 있다.

방송통신위원회는 방송통신기자재에 대한 적합성평가기준이 마련되어 있지 아니하거나 그 밖의 사유로 적합성평가가 곤란한 경우로서 1. 방송통신망의 침해를 초래하지 아니하는 등 망 이용에 피해를 주지 않는 경우, 2. 전파에 혼신을 초래하지 아니하는 등 전파이용 환경에 피해를 끼치지 않는 경우, 3. 이용자의 인명, 재산 등에 피해를 주지 아니하는 등 기자재 이용상 위해가 없는 경우에는 관련 국내외 표준, 규격 및 기술기준 등에 따른 적합성평가를 한 후 지역, 유효기간 등의 조건을 붙여 해당 기자재의 제조·수입·판매를 허용(이하 "잠정인증")할 수 있다. 잠정인증을 받은 자는 해당 기자재에 대한 적합성평가기준이 제정되거나 적합성평가가 곤란한 사유가 없어진 경우에는 일정한 기한 내에 적합성평가를 받아야 한다. 잠정인증을 받은 자가 적합성평가를 받지 아니한 경우에는 잠정인증의 효력은 소멸한다.

한편, 시험·연구, 기술개발, 전시 등을 위하여 제조하거나 수입하는 경우, 국내에서 판매하지 아니하고 수출 전용으로 제조하는 경우, 방송통신위원회가 잠정인증을 하는 때 잠정인증을 요청하는 자가 해당 기자재에 대하여 지정시험기관의 시험 결과를 제출한 경우, 산업표준화법 등에 해당하는 기자재로서 관계 법령에 따라 전자파장해 및 전자파로부터의 보호에 관한 적합성평가를 받은 경우 중 어느 하나에 해당하는 경우로서 대통령령으로 정하는 기자재에 대하여는 적합성평가의 전부 또는 일부를 면제할 수 있다(전파법 제58조의3).

방송통신위원회는 적합성평가를 받은 자가 1. 해당 방송통신기자재가 적합성평가기준에 적합하지 아니하게 된 경우, 2. 적합성평가표시를 하지 아니하거나 거짓으로 표시한 경우, 3. 적합성평가의 변경신고를 하지 아니한 경우 등에 대해서는 해당 기자재에 대한 적합성평가를 취소하거나 개선, 시정, 수거, 철거, 파기 또는 생산중지, 수입중지, 판매중지, 사용중지 등 필요한 조치를 명할 수 있다(전파법 제58조의4). 또한, 적합성평가를 받지 아니한 기자재를 판매하거나 판매할 목적으로 제조·수입한 자는 3년 이하의 징역 또는 2천만원 이하의 벌금에 처하고 있다(전파법 제84조). 애플은 아이폰4 등 제품의 주파수를 착오로 잘못 기재하여 전파 인증을 받음으로써 전파법 위반에 따른 처벌이 문제된 적이 있다.[283] 모든 무선 단말기 제조업체는 국제 주파수를 지원하도록 제품을 제조하고 있으나 애플은 국내 사업자용 주파수로 한정하여 기재된 전파 인증 신

283) 2012.11.1. '방통위, 애플 전파인증 오류 시정·주의 조치키로' 연합뉴스 보도 참조.

청서를 방송통신위원회에 제출하여 인증을 받았던 것이다. 그러나 방송통신위원회는 애플이 기술기준에 위반한 것은 아니고 고의도 인정하기 어렵다고 하여 전파법에 따른 형사처벌 대상이 아니라고 보았고, 향후 동일한 오류가 발생하는 것을 방지하기 위해 애플에게 시정·주의 조치를 하는 것으로 종결하였다.

방송통신위원회는 적합성평가를 받은 자가 거짓이나 그 밖의 부정한 방법으로 적합성평가를 받은 경우, 개선명령 등 조치명령을 이행하지 아니한 경우에는 대통령령으로 정하는 바에 따라 해당 기자재에 대한 적합성평가를 취소하여야 한다. 적합성평가의 취소처분을 받은 자는 그 취소된 날부터 1년의 범위에서 대통령령으로 정하는 기간 내에는 해당 기자재에 대하여 적합성평가를 받을 수 없다.

방송통신위원회는 적합성평가 시험에 필요한 설비 및 인력을 확보하고, 국제기준에 적합한 품질관리규정을 확보하며, 그 밖에 방송통신위원회가 시험 업무의 객관성 및 공정성을 위하여 필요하다고 인정하는 사항을 갖추고 있는 법인을 적합성평가 시험 업무를 하는 기관으로 지정할 수 있다(전파법 제58조의5).

인증제도는 위에서 본 바와 같이 해당 방송통신기자재가 인체에의 위협과 통신망, 통신장비 등에 줄 우려가 있는 장애요인을 사전적으로 제거하기 위한 것이므로 반드시 필요하다고 할 수 있다. 다만, 방송통신기자재에 대한 인증 등 적합성평가를 지나칠 정도로 엄격하게 적용한다면 방송통신, 전파의 발전에 따른 새로운 기술의 적기 도입을 저해할 우려가 있다. 단순한 설계 변경이나 부품교체 기타 하드웨어의 변경을 수반하지 않는 소프트웨어 업그레이드 등의 경우에도 엄격하게 적합성평가를 받도록 하는 것은 인체에의 위해성이나 통신망, 통신장비의 안전성을 저해하지 않아 적합성평가의 대상에서 제외하거나 적합성평가의 대상으로 볼 수 없다는 견해가 유력하게 등장하고 있다. 특히, 최근에는 방송통신 기자재 구매자가 직접 제조업체의 전산시스템에 접속하여 직접 소프트웨어를 제공받아 기능을 추가하거나 개선, 변경하는 경우가 많은데, 기술기준 등을 개정하여 일정한 요건을 갖추는 것을 전제로 적합성평가의 대상에서 제외할 필요가 있다.

2. 방송통신기자재등의 국제협력 및 사후관리

가. 국제협력

방송통신위원회는 방송통신기자재에 대한 적합성평가 결과를 상호 인정하기 위하여 외국정부와 협정(이하, "상호인정협정")을 체결할 수 있다(전파법 제58조의8). 상호인정협정의 절차와 내용 등에 관하여 필요한 사항은 대통령령으로 정한다. 방송통신위원회는 상호인정협정을 체결하였을 때에는 그 내용을 고시하여야 한다.

방송통신기자재는 국내에서만 제공되는 방송통신서비스와 달리 외국에도 수출되어 사용할 수 있는 성격의 것이므로 우리나라에서 이루어진 적합성평가 결과를 외국에서도 인정받을 필요가 있다. 즉, 우리나라에서 적합성평가를 받아 적합인증, 적합등록 또는 잠정인증 등을 받은 것이라면 외국에서도 통용될 수 있고, 외국에서 적합인증, 적합등록 또는 잠정인증 등을 받은 것이라면 우리나라에서 통용될 수 있다는 것이다. 다만, 우리가 인정할 수 있는 외국의 적합성평가의 방식이나 기준은 설득력 있는 것이어야 하므로 그 구체적인 내용은 우리나라와 외국간에 상호인정협정의 형태로 규정되어야 할 것이다.

나아가, 방송통신위원회는 전파법에 따른 적합성평가 체계가 국제기준에 적합하도록 국제적 적합성평가 체계의 구축을 의하여 노력하여야 한다(전파법 제58조의9). 방송통신위원회는 적합성평가 체계 구축을 위한 세부사항을 정하여 고시할 수 있다.

나. 사후관리

방송통신위원회는 적합성평가를 받은 방송통신기자재에 대해서도 사후적으로 관리하여 인체의 위해도 증가나 통신망에의 안전성 저해를 야기하는 것을 방지하고 있다.

누구든지 적합성평가를 받은 기자재를 복제하여서는 아니 되며, 타인의 정상적인 기자재 사용을 방해하거나 전파이용 질서를 저해할 정도로 개조・변조하여서는 아니 된다(전파법 제58조의10). 누구든지 복제・개조・변조한 기자재를 판매・대여하거나 판매・대여할 목적으로 진열・보관 또는 운송하거나 무선국・방송통신망에 설치하여서는 아니 된다.

적합성평가를 받은 자는 해당 기자재가 중대한 결함이 있음을 알게 되거나 적합성평가기준에 적합하지 아니함을 알게 되었을 때에는 지체 없이 방송통신위원회에 보고하고 스스로 시정하거나 수거하는 등 필요한 조치를 하여야 한다.

Ⅲ. 무선종사자

무선종사자라 함은 무선설비를 조작하거나 설치공사를 하는 자를 말한다. 무선종사자가 되려는 자는 국가기술자격에 관한 법령 또는 대통령령으로 정하는 바에 따라 시행하는 기술자격검정에 합격하여야 한다(전파법 제70조). 방송통신위원회는 기술자격검정에 합격한 자에게 대통령령으로 정하는 바에 따라 기술자격증을 발급한다. 무선종사자의 자격종목 및 자격종목별 종사범위는 대통령령으로 정한다. 무선국의 무선설비는 무선종사자가 아니면 이를 운용하거나 그 공사를 하여서는 아니 된다. 다만, 선박이나 항공기가 항행 중이어서 무선종사자를 보충할 수 없거나 그 밖에 대통령령으로 정하는 경우에는 그러하지 아니하다.

무선종사자에게 엄격한 자격요건을 구비하도록 요구하는 것은 무선설비의 조작에 실수, 착오가 있거나 고의에 의한 불법조작 등이 있는 경우에 전파의 발신, 수신 등에 하자를 야기함으로써 전파의 공적 이용이나 사적 이용에 중대한 장애를 가져오는 것을 방지하기 위한 것이다. 즉, 무선종사자의 자격요건을 전파법령으로 정하고 기술자격검증에 합격한 자로 국한함으로써 전파에 관한 전문적인 지식과 기능을 갖춘 자만이 무선설비를 운용하게 하여 전파의 효율적 관리를 도모하고 있다.

시설자는 대통령령으로 정하는 자격 및 정원배치기준에 따라 무선종사자를 무선국에 배치하여야 한다. 다만, 금치산자 또는 한정치산자, 형법 중 내란의 죄와 외환의 죄, 군형법 중 이적의 죄 또는 국가보안법을 위반하여 금고 이상의 형을 선고받고 그 집행이 끝나거나 집행을 받지 아니하기로 확정된 후 5년이 지나지 아니한 자 해당하는 자는 무선국에 배치하여서는 아니 된다(전파법 제71조).

방송통신위원회는 무선설비 및 고압송전선, 그 밖에 전기적 설비에 의한 혼신 또는 전자파장해가 있거나 무선설비 등에서 발생하는 전자파가 전자파 인체 보호기준을 초과한 사실을 알게 된 경우, 적합성평가를 받은 기자재가 적합성평가 기준대로 제조·수입·판매되고 있는지 확인이 필요한 경우, 전파법에 따른 무선설비 관련 규정을 위반한 자가 있다고 인정되는 경우에 소속 공무원으로 하여금 이를 조사 또는 시험하게 할 수 있다(전파법 제71조의2).

방송통신위원회는 조사 또는 시험을 위하여 필요한 경우 관련 자료 또는 해당 기자재의 제출을 요구할 수 있으며, 필요한 경우 소속 공무원으로 하여금 해당 무선설비 또는 기자재의 설치 장소, 해당 기관의 사무실, 사업장 등 그 밖에 필요한 장소에 출입하여 설비를 조사 또는 시험하게 할 수 있다. 방송통신위원회는 무선설비 또는 기자재의 설치 장소, 해당 기관의 사무실, 사업장 등 그 밖에 필요한 장소에 출입하는 경우에는 조사 7일 전까지 조사 목적, 방법, 기간 등이 포함된 조사계획을 해당 무선국 시설자 또는 출입 기관의 장에게 알려야 한다. 다만, 긴급하거나 사전에 알렸을 때 증거 인멸 등 조사의 목적을 달성할 수 없다고 인정하는 때에는 그러하지 아니하다. 조사 또는 시험을 하는 공무원은 그 권한을 표시하는 증표를 지니고 이를 관계인에게 보여주어야 한다. 방송통신위원회는 조사 또는 시험 결과 위반 사실이 확인되었을 때에는 그 시설자, 제조·수입·판매·대여하는 자, 판매·대여할 목적으로 진열·보관·운송하거나 무선국·방송통신망에 설치하는 자에게 개선·시정·수거·철거·파기 또는 생산중지·수입중지·판매중지·사용중지 등 필요한 조치를 명하거나 관계 중앙행정기관의 장에게 필요한 조치를 명하도록 요청할 수 있다. 조사·시험의 절차와 방법 등에 관하여 필요한 사항은 대통령령으로 정한다.

Ⅳ. 전파관련 규제의 실효성 확보수단

1. 무선국의 개설허가 취소

시설자가 전파법에 따라 무선국 개설 결격사유에 해당하게 되거나 주파수할당을 받은 시설자에 대하여 주파수할당이 취소되거나 재할당을 받지 못할 경우에는 무선국의 개설허가나 개설신고는 그 효력을 상실한다(전파법 제72조).

시설자가 전파법에 따른 법률적 요건을 결하여 무선국을 개설할 자격을 상실하거나 무선국을 개설할 자격의 전제요건이 되는 주파수를 이용할 권리가 없게 된 경우이므로 당연히 무선국 개설허가나 신고의 효력을 상실토록 하여 무선국을 개설, 이용하지 못하게 하고, 그 결과 전파를 공적 또는 사적으로 이용할 수 없도록 하기 위한 것이다.

방송통신위원회는 시설자가 무선국 개설의 결격사유의 어느 하나에 해당하는 경우, 거짓이나 그 밖의 부정한 방법으로 무선국의 개설허가 또는 변경허가를 받은 경우에는 무선국의 취소 또는 폐지를 명하여야 하고, 전파법에 따른 인가를 받지 않거나 신고를 하지 않은 무선국을 이용하는 경우, 전파사용료를 내지 않은 경우, 준공검사를 받지 않고 무선국을 운용한 경우 등 20여개에 가까운 위반사유 중 어느 하나에 해당하는 때에는 무선국 개설허가의 취소 또는 개설신고한 무선국의 폐지를 명하거나 6개월 이내의 기간을 정하여 무선국의 운용정지, 무선국의 운용허용시간, 주파수 또는 공중선전력의 제한을 명할 수 있다.

방송통신위원회는 시설자가 무선국 개설의 결격사유의 어느 하나에 해당하게 된 경우, 거짓이나 그 밖의 부정한 방법으로 무선국의 개설허가 또는 변경허가를 받은 경우에는 그 구체적인 사실관계나 동기, 그 정상관계를 묻지 아니하고 무선국의 취소 또는 폐지를 의무적으로 명하도록 하고 있어 경직적인 법적용을 하고 있는데, 정당한 사유가 있는 경우 등을 고려하여 무선국의 취소 또는 폐지를 재량사항으로 규정하거나 6개월 이내의 기간을 정하여 무선국의 운용정지, 무선국의 운용허용시간, 주파수 또는 공중선전력의 제한을 명할 수도 있도록 개정하는 것이 바람직하다.

아울러, 20여개에 이르는 방대한 위반사유에 대하여 무선국 개설허가의 취소 또는 개설신고한 무선국의 폐지를 명하거나 6개월 이내의 기간을 정하여 무선국의 운용정지, 무선국의 운용허용시간, 주파수 또는 공중선전력의 제한을 명할 수 있다고 규정하고 있는바, 재량사항으로 되어 있음에도 경직적으로 법운용이 이루어지는 경우를 대비하여 정당한 사유가 있는 경우에는 예외로 한다는 단서 조항을 두는 것도 고려할 필요가 있다.

한편, 방송통신위원회는 시설자가 전파법에 따른 규정을 위반하지 않은 경우에도 비상사태가 발생한 경우, 혼신을 방지하기 위하여 필요한 경우, 전파법 제6조의2에 따라 주파수회수 또는 주파수재배치를 한 경우의 어느 하나에 해당하는 경우에는 무선국 개설허가의 취소 또는 개설 신고한 무선국의 폐지를 명하거나 무선국의 변경·운용제한 또는 운용정지를 명할 수 있다. 위와 같은 경우에는 시설자의 법위반이 없다는 점에서 비상사태나 혼신 등의 사태를 해소하기 위하여 부득이한 경우에 시설자의 권리를 최소한의 범위 내에서 제한하는 방법으로 무선국 개설허가의 취소 등의 조치가 이루어져야 할 것이다.

방송통신위원회는 무선국의 결격사유가 발생하거나, 할당이 취소된 경우, 재할당을 받지 못한 경우에는 그 효력상실의 뜻을, 무선국의 폐지를 명하거나 6개월 이내의 기간을 정하여 무선국의 운용정지, 무선국의 운용허용시간, 주파수 또는 공중선전력의 제한을 명하는 처분을 한 경우에는 그 처분내용과 그 사유를 시설자에게 서면으로 알려주어야 한다.

무선국 개설허가의 취소 또는 개설신고한 무선국의 폐지 명령 등에 대한 세부적인 기준, 그 밖에 필요한 사항은 대통령령으로 정한다.

2. 과징금

과징금은 행정청이 행정법에 따른 의무를 위반하거나 이행하지 않는 자에게 부과하는 금전상의 제재를 말한다. 행정법상 과징금은 부당이득의 환수, 위반행위에 대한 징벌적 제재, 영업정지 등의 처분에 갈음하는 행정조치 등의 성격을 가진다.

이와 관련하여, 방송통신위원회는 무선국의 운용정지 또는 주파수 등의 제한을 명하여야 하는 경우에 그 정지나 제한이 해당 무선국의 이용자에게 심한 불편을 주거나 공익을 해칠 우려가 있으면 그 정지 또는 제한을 갈음하여 3천만원 이하의 과징금을 부과·징수할 수 있다(전파법 제73조).

이 경우, 이용자의 심한 불편, 공익을 해칠 우려 등의 개념이 추상적이므로 방송통신위원회가 자의적인 해석을 할 위험이 있거나 반대로 그러한 위험을 방지하고자 과징금부과처분으로의 갈음이 필요함에도 무리하게 무선국의 운용정지 등의 처분을 하게 되는 문제점이 있으므로 과징금으로 갈음할 수 있는 사유를 세분화하여 규정할 필요가 있다.

과징금을 부과하는 위반행위의 종류와 그 정도에 따른 과징금의 금액, 그 밖에 필요한 사항은 대통령령으로 정한다. 방송통신위원회는 과징금을 내야 할 자가 내지 아니하면 기간을 정하여 독촉하고, 그 지정된 기간에 과징금을 내지 아니하면 국세 체납처분의 예에 따라 징수한다.

3. 무선종사자의 기술자격 취소

방송통신위원회는 무선종사자가 거짓이나 그 밖의 부정한 방법으로 무선종사자의 기술자격을 취득한 경우에는 그 기술자격을 취소하여야 하고, 준공검사를 받지 아니하고 무선국을 운용한 경우, 허가 또는 신고 사항의 범위를 벗어나 무선국을 운용한 경우, 방송통신위원회 고시로 정하는 호출방법, 응답방법, 운용시간, 청취의무, 그 밖의 통신방법 등을 지키지 아니하고 운용한 경우 등에 해당하면 대통령령으로 정하는 바에 따라 기술자격을 취소하거나 6개월 이상 2년 이하의 기간을 정하여 업무종사의 정지를 명할 수 있다(전파법 제76조).

무선종사자의 기술자격의 취소 등에 대한 세부적인 기준, 그 밖에 필요한 사항은 대통령령으로 정한다.

4. 벌칙(행정형벌)

행정벌은 행정법상의 간접적인 의무이행 확보수단으로서 행정법상의 의무위반에 대하여 부과되는 제재로서의 처벌인데, 크게 징역형, 벌금형 등을 부과하는 행정형벌과 과태료 등을 부과하는 행정질서벌로 나눠진다. 그 중에서 법률위반의 내용이나 정도가 중한 경우에 부과되는 것이 벌칙(행정형벌)인바, 과태료 등 행정질서벌에 의해서도 충분히 행정법상의 간접적인 의무이행을 확보할 수 있는 경우에는 배제되어야 할 것이다.

벌칙(행정형벌)을 전파법 등 행정법령에 규정함으로써 수범자로 하여금 법령위반행위를 하지 않도록 하는 효과가 있음을 전적으로 배제할 수는 없으나, 실제 그 효과가 크지는 않다. 오히려 전파법 등 행정법령에서의 형벌의 과도화는 매년 많은 수의 전과자를 양산하므로 국민의 기본권 보호차원에서 바람직하지 않고, 형벌을 부과받은 자가 기업 등 법인인 경우에도 형사절차의 장기화 등으로 기업경영에 어려움을 겪을 수 있다. 시정조치나 과징금 등 행정제재나 행정질서벌로 그 목적을 달성할 수 있는 경우가 적지 않다고 할 것이므로 벌칙(행정형벌)의 입법이나 적용은 최소화하는 것이 바람직하다.

전파법은 무선설비나 전선로에 주파수가 9킬로헤르츠 이상인 전류가 흐르는 통신설비(케이블반송설비 및 평형2선식 나선반송설비를 제외한 통신설비를 말한다)를 이용하여 「대한민국헌법」 또는 「대한민국헌법」에 따라 설치된 국가기관을 폭력으로 파괴할 것을 주장하는 통신을 한 자는 3년 이상의 유기징역 또는 금고에 처한다(전파법 제80조). 조난통신 · 긴급통신 또는 안전통신을 발신하여야 할 사태에 이르렀는데도 그 선장이나 기장이 필요한 명령을 하지 아니하거나 무선통신 업무에 종사하는 자로서 그 명령을 받고 지체 없이 이를 발신하지 아니한 자, 조난통신의 조치를 방해한 자 등에 대해서는 1년 이상의 유기징역에 처한다(제81조). 전기통신, 방송업무 등에 제공되는 무선국의 무선설비를 손괴하거나 물품의 접촉, 그 밖의 방법으로 무선설비의 기능에 장해를 주어 무선통신을 방해한 자는 10년 이하의 징역 또는 5천만원 이하의 벌금에 처하고, 그 외의 무선설비에 대하여 동일한 행위를 한 자는 5년 이하의 징역 또는 3천만원 이하의 벌금에 처한다(전파법 제82조). 자기 또는 타인의 이익을 위하거나 타인에게 손해를 줄 목적으로 무선설비 또는 전선로에 주파수가 9킬로헤르츠 이상인 전류가 흐르는 통신설비(케이블반송설비 및 평형2선식 나선반송설비를 제외한 통신설비를 말한다)에 의하여 거짓으로 통신을 한 자는 3년 이하의 징역 또는 2천만원 이하의 벌금에 처한다(전파법 제83조). 선박이나 항공기의 조난이 없음에도 불구하고 무선설비로 조난통신을 한 자는 5년 이하의 징역에 처한다. 무선통신 업무에 종사하는 자가 제1항에 해당하는 행위를 하면 5년 이하의 징역 또는 2천만원 이하의 벌금에 처하고, 제2항에 따른 행위를 하면 1년 이상의 유기징역에 처한다. 허가받지 않은 무선국을 개설하거나 운용한 자 등에 해당하는 자는 3년 이하의 징역 또는 2천만원 이하의 벌금에 처한다(전파법 제84조). 무선설비 또는 전선로에 주파수가 9킬로헤르츠 이상인 전류가 흐르는 통신설비(케이블반송설비 및 평형2선식 나선반송설비를 제외한 통신설비를 말한다)로 음란한 통신을 한 자는 2년 이하의 징역 또는 1천만원 이하의 벌금에 처한다(전파법 제85조). 위 벌칙 이외에도 전파법은 그 외의 전파법 위반행위에 대해서도 다양한 징역 또는 벌금형에 처하는 규정을 두고 있다.

한편, 법인의 대표자나 법인 또는 개인의 대리인, 사용인, 그 밖의 종업원이 그 법인 또는 개인의 업무에 관하여 벌칙조항을 위반하면 그 행위자를 벌하는 외에 그 법인 또는 개인에게도 해당 조문의 벌금형을 과한다. 다만, 법인 또는 개인이 그 위반행위를 방지하기 위하여 해당 업무에 관하여 상당한 주의와 감독을 게을리 하지 아니한 경우에는 그러하지 아니하다(전파법 제88조).

양벌규정은 종업원 등의 행위에 대하여 무조건 법인 등에게 동일한 벌금형의 형사책임을 부과함으로써 책임주의 원칙 등에 반한다는 지적이 많았고 헌법재판소에서도 그와 같은 취지의 다수 결정[284]이 이루어졌는바, 전파법은 이러한 점을 고려하여 법인 등이 위반행위를 방지하기 위해 상당한 주의와 감독을 한 경우에 면책할 수 있다고 규정하고 있다. 다만, 이 경우에도 구체적으로 어떠한 주의와 감독을 하여야 면책이 되는지에 대하여 규정하지 않음으로써 수범자의 예측가능성을 저해하고 있다. 또한, 상당한 주의와 감독을 게을리 하지 않았다는 점을 해당 법인이 입증하여야 하므로 행정청이 특별한 사정이 없는 한 해당 법인을 양벌규정으로 고발하는 실무관행을 낳을 위험이 크다. 그렇다면 전파법에서는 상당한 주의와 감독의 범위와 정도에 관하여 세분화하여 직접 또는 대통령령으로 위임하여 규정할 필요가 있다.

또한, 양벌규정을 적용하기 위해서는 법인의 업무 관련성이 인정되어야 하는데, 대법원 판례는 객관적으로 법인의 업무를 위하여 하는 것으로 인정될 수 있어야 하고, 주관적으로 피용자 등이 법인의 업무를 위하여 한다는 의사를 가지고 행위할 것을 요건으로 요구하고, 그 요건에 해당하기 위해서는 법인의 적법한 업무의 범위, 피용자 등의 직책이나 직위, 위의 동기와 사후 처리, 피용자 등의 범법행위에 대한 법인의 인식 여부 또는 관여 정도, 피용자 등이 범법행위에 사용한 자금의 출처와 그로 인한 손익의 귀속 여하 등 여러 사정을 심리하여 결정하여야 한다고 판시하고 있다.

그 외에 벌칙을 적용함에 있어서 민간인이지만 형법상 공무원으로 의제되어 처벌 또는 가중처벌 되는 경우가 있다. 전파법 제58조의5 제1항에 따라 적합성

284) 헌법재판소 2010. 7. 29.선고 2009헌가18 결정에서 구 조세범처벌법(2010.1.1. 법률 제9919호로 개정되기 전의 것) 제3조 본문 중 "법인의 대리인, 사용인 기타의 종업원이 그 법인의 업무 또는 재산에 관하여 이 법에 규정하는 범칙행위를 한 때에는 행위자를 벌하는 외에 그 법인 또는 개인에 대하여도 각 본조의 벌금형에 처한다."는 부분을 위헌으로 판시하였는데, 그 이유를 종업원이 범칙행위를 하는 어떠한 경우에도 무조건 법인을 처벌하는 것은 책임주의 원칙에 반한다고 설시하였다. 그 외 2009. 7. 30.선고 2008헌가14 등 참조.

평가시험 업무를 취급하는 자 및 제78조제2항에 따라 방송통신위원회로부터 위탁받은 업무에 종사하는 자는 그 업무의 공적 성격을 보호할 필요가 있다는 점을 고려하여 형법 제129조부터 제132조까지의 규정에 따른 벌칙을 적용할 때에는 공무원으로 본다(전파법 제89조).

5. 과태료

과태료는 행정법령 위반의 정도가 경미하여 직접적으로 행정법이 보호하는 법익을 침해하는 수준에 이르지 않고 간접적으로 행정 질서에 장애를 가져올 위험이 있는 정도에 불과한 행위를 금지하고, 이를 위반한 경우에 금전 납부의무를 부과하는 행정질서벌을 의미한다. 무선국 개설허가 취소 등의 행정처분은 법률위반 행위에 대하여 특정한 작위 또는 부작위 등의 행위를 요구하는 것에 비하여 과태료는 법률위반에 대하여 일정한 금전을 납부하는 것으로 족하고 위반자에 대하여 추가적인 의무의 이행이나 행위를 요구하지 않는다는 점에서 차이가 있다. 전파법상 과징금은 금전납무의무를 부여한다는 점에서 과태료와 같으나 무선국의 운용정지 또는 주파수 등의 제한을 명하여야 하는 경우에 그 정지나 제한이 해당 무선국의 이용자에게 심한 불편을 주거나 공익을 해칠 우려가 있는 경우에 그 정지 또는 제한을 갈음하여 부과하는 것이라는 점에서 차이가 있다. 과태료 등 행정제재를 입법하는 경우에는 수범자가 동일한 행위로 과징금 등 다른 금전 제재와 중복적으로 적용되지 않도록 주의할 필요가 있다.

전파법에 따른 과태료는 대통령령으로 정하는 바에 따라 방송통신위원회가 부과・징수하는데, 무선국을 검사받지 아니하고 운용하는 자, 무선국 공동사용 명령이나 환경친화적인 설치명령을 위반한 자 등에 대하여 500만원 이하의 과태료를 부과하고(전파법 제89조의3), 무선국을 신고하지 아니하고 운용한 자, 적합성평가를 받은 사실을 표시하지 아니하고 무선설비 등을 판매・대여한 자나 판매・대여할 목적으로 진열・보관 또는 운송하거나 무선국・방송통신망에 설치한 자 등에 대하여 300만원 이하의 과태료를 부과하며(전파법 제90조), 긴급통신・안전통신 또는 비상통신에 관한 의무를 이행하지 아니한 자 등에 대하여 200만원 이하의 과태료를 부과하고(전파법 제91조), 잠정인증의 조건을 이행하지 아니한 자 등에게는 100만원 이하의 과태료를 부과한다(전파법 제92조).

제5장

전파와 관련된 새로운 쟁점

제 5 장 전파와 관련된 새로운 쟁점

Ⅰ. 전자파와 관련된 법적 쟁점

1. 전자파의 개념

전자파(電磁波; Electromagnetic waves)는 전기와 자기의 주기적인 변화에 의한 진동이 진공 혹은 물질 속을 전파해나가는 파동현상이며 공간을 이동하는 하나의 에너지이다. 전자파는 전기장(電氣場)과 자기장(磁氣場)을 통칭하는 용어이다. 전계는 전기의 힘이 미치는 공간을 말하고 자계는 자기의 힘이 미치는 공간을 말하며, 전계를 전기장이라 하며 자계를 자기장이라 한다.

서로 떨어져 있는 2개의 금속판에 1.5V짜리 건전지를 연결하면, 금속판 사이에 전기력이 발생하거나 전압의 차이에 의하여 전기장이 발생하게 된다. 전기장은 전압의 크기와 거리와의 관계로 나타내며, 전기력 또는 전압은 볼트(V)라는 단위로 표시된다. 그 결과 그 금속판들의 거리가 1미터라면, 전계 강도(E)는 1.5 V/m(미터 당 볼트)가 된다. 즉 전계의 강도는 단위 m당 V, 즉 V/m로 나타내며, 전압과는 비례하여 전압이 높을수록 전계 강도는 높아지고, 거리와는 반비례하여 거리가 짧을수록 전계 강도는 높아지게 된다.

전류가 흐르게 되면 전기장뿐만 아니라 자기장도 생성된다. 1820년 덴마크의 외르스테드(Oersted)에 의해 전류가 만드는 자기장이 발견되었다. 즉 도선에 전류가 흐를 때 오른나사의 방향으로 동심원을 그리며 자기장이 형성된다. 이것이 암페어의 법칙이다. 이 경우 발생하는 자기장의 세기는 도선으로부터의 거리의 제곱에 반비례한다. 이와 역으로 자기장을 형성하면 전류가 만들어지며, 이러한 원리는 발전기의 기본바탕이 된다.

자계는 전류가 많이 흐를수록 강한 자계가 형성되며, 도선으로부터 가까울수록 강한 자계가 형성된다. 자계의 단위는 G(Gauss)나 T(Tesla) 등의 자속밀도로 표현하지만, 너무 큰 단위이므로 일반적으로는 mG를 주로 사용한다. 자계의 강도는 거리와의 관계를 고려하여 결정하는 점을 고려하여 측정기에 따라서는 미터당 암페아(mA/m)로 표현하기도 하는데, 1mG는 80mA/m이다.

전자파는 '波'이므로 파동을 그리며 진행하며, 파동의 길이를 파장이라고 하고 1초에 진행하는 파동의 수를 주파수라고 한다. 주파수는 Hz로 표시하는데, 직류 전기의 경우에는 당연히 전류의 방향이 바뀌지 않으므로 0Hz이며, 가정용 교류전기의 경우에는 1초에 극성이 60번 바뀌는 60Hz의 주파수를 갖는다. 전자파의 주파수에 따라 다양한 스펙트럼을 형성하게 된다.

전자파는 크게 2가지 대역 즉 저주파(대략 30kHz 이하) 대역과 고주파(30kHz에서 300GHz까지) 대역으로 구분할 수 있다. 300GHz이상의 주파수는 주파수에 따라 적외선, 자외선, X-레이 그리고 감마선 등으로 구분되며 대체로 광선의 영역에 해당된다. 이러한 광선에 해당되는 전자파가 인체에 치명적인 영향을 미치는 것은 이미 잘 알려져 있다. 또한 3kHz이하는 가청주파수로서 소리의 영역에 해당된다. 따라서 여기에서 다루고자 하는 전자파라 함은 3kHz에서 300GHz에 해당하는 주파수 대역의 전자파만을 의미하며, 30kHz를 기준으로 저주파와 고주파로 나눈다.

자계 강도는 주파수에 따라 각각 측정단위가 다르다. 저주파 대역에서는 미터 당 암페어(A/m) 단위로 측정하거나 자속 밀도인 테슬러(T) 또는 가우스(G) 단위로 측정한다. 이에 반하여 고주파에서는 통상적으로 미터 당 암페어(A/m) 단위로 자기장 강도를 측정한다. 그러나 전계 강도는 저주파 대역이나 고주파 대역 모두 V/m 단위로 측정한다.

전자파는 그 파장의 길이인 주파수의 차이에 의하여 그 성격이 달라진다. 전자파는 주파수가 높을수록 파장이 짧아지고 전자파가 갖는 에너지는 증가하며, 주파수가 낮을수록 파장이 길어지며 에너지는 감소된다. 그러므로 고주파 대역에서는 짧은 파장의 큰에너지가 발생하며, 저주파 대역에서는 큰 파장의 작은 에너지가 발생한다. 실례로 전자파의 에너지를 이용하여 음식을 데우는 전자레인지에서 사용되는 전자파는 2450MHz이지만, 휴대전화기에 사용되는 전자파는 900MHz이므로 같은 마이크로웨이브파 일지라도 발열효과는 전자레인지가 훨씬 크다. 또 저주파 영역, 특히 1MHz이하에서는 발열효과가 거의 미미한 수준이 된다.

전자파는 전기에 의해서 공간에 퍼지는 전자기 에너지의 일종이므로 일단 전기가 있는 곳이면 어디서나 존재하게 된다. 전자파는 자연발생적으로 생기는 것과 인공적으로 발생되는 것으로 구별해 볼 수 있다.

먼저 자연발생적 전자파로서는 대기전기장, 낙뢰로부터 발생하는 전자기장(cloud-to-ground lighting), 태양계 밖으로부터 나오는 우주전파(cosmic radio emission), 태양으로부터 방출되는 태양전파(solar radio emission), 그리고 지구의 자장인 자기장에서 생기는 전자파가 있다. 이러한 자연발생적 전자파는 일종의 자연현상으로서 법적 관점에서 책임문제를 발생시키는 규범적 문제를 야기하지 않는다.

인공적인 전자파 역시 다양한 원인으로부터 발생한다. 전자파는 전기를 생산하고 소비하는 과정에서 필연적으로 발생하는 것이기 때문에 전기나 자기가 있는 곳이라면 어디든지 전자파는 발생한다. 먼저 무선통신이나 제어계측 시스템으로부터 전자파가 발생한다. 또 전력시스템으로부터 전자파가 발생되며, 미국의 많은 전자파 소송은 이 전력공급과정의 고압전선에서 발생한 전자파의 인

표 5-1 전자파 주파수 스펙트럼

주파수 대역	명칭	사용 용도
30Hz – 3kHz	ELF, VF	전기, 교류모터, 가전제품, 일반전화
3kHz – 300kHz	VLF, LF	해상통신, 선빈 기상통보
300kHz – 30MHz	MF, HF	AM 방송, SOS 신호, 아마추어 무선
30MHz – 3GHz	VHF, UHF	TV 방송, 이동통신, FM 방송, GPS
3GHz – 30GHz	SHF	시외 및 국제전화, 위성통신
30GHz – 3THz	밀리파	우주통신, 전파 천문학
3THz – 300THz	적외선	광섬유 통신
300THz – 3PHz	가시광선	태양광, 레이저 기술
3PHz – 300PHz	자외선	멸균, 소독
300PHz 이상	X선, 감마선	의료용, 비파괴시험, 선형 가속기

체영향을 내용으로 하는 것이다. 고주파를 이용하는 설비에서도 전자파가 발생되며 주파수가 높을수록 에너지가 커서 미치는 영향 역시 커지게 되므로 법적인 관점에서도 심각한 문제를 야기하게 된다. 컴퓨터나 모니터 등 정보기기에 의해서도 전자파가 발생하며, 자동차나 전철과 같은 수송기계류에서도 전자파가 발생하며, 헤어드라이기나 전기면도기 등 직류모터를 사용하는 경우에도 자기장이 발생한다. 끝으로 핵무기의 경우에도 강한 전자파가 발생하여 전자기 펄스가 거의 모든 전자기기의 작동을 불가능하게 한다.[285)]

2. 전자파 영향

가. 기기간 전자파 영향

기기로부터 발생한 전자파가 다른 기기에 영향을 주거나 받기도 하는데, 이러한 기기간의 전자파 영향을 전자파 적합성(EMC : electromagnetic compatibility)라고 하며, 전자파 간섭(EMI : electromagnetic interference)과 전자파 내성(EMS : electromagnetic susceptibility)으로 분류한다. EMI는 전자기기에서 방사되는 전자파에 의해서 주변에 위치한 다른 전자기기에 역기능적인 영향을 미치는 것이다. 이와 반대로 EMS의 개념은 주변에 존재하는 전자기기로부터 발생한 모든 전자파 및 노이즈(정전기, 서지 등)에 의해 동작에 영향을 받아도, 기기에 내성이 있어 정상적으로 동작하는데 문제가 없는 것을 의미한다. 이러한 EMI와 EMS에 대해서 규격에 적합하도록 승인을 받도록 의무화하고 있으며, 합격한 제품에

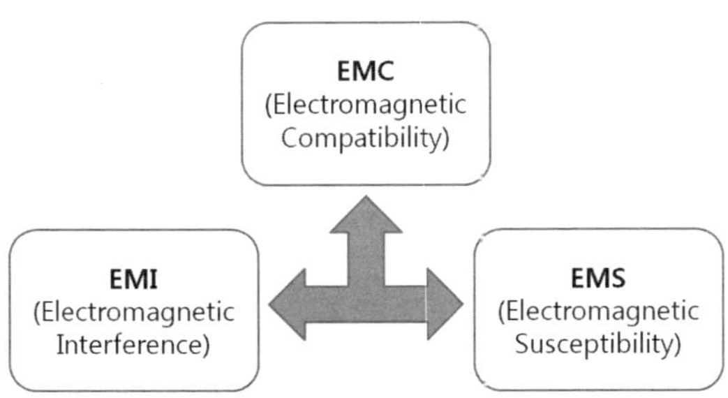

그림 5-1 EMI/EMS/EMC의 상관관계

285) 김기채 외, 「전자파환경공학」, 대영사, 2001, 3-6면.

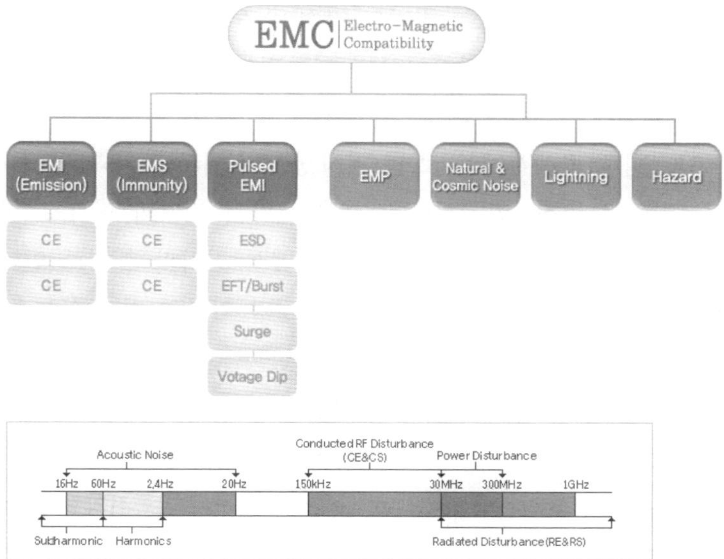

그림 5-2 EMI/EMS/EMC 분류

대해서 EMI/EMS/EMC 승인마크를 표시토록 하고 있다.

전자파 간섭은 방사(RE : Radiated Emission) 또는 전도(CE : Conducted Emission)로 나누며, 전자파가 다른 기기의 기능에 장해를 주는 것으로 회로기능을 악화시키고, 기기가 오동작을 일으킬 수 있는 불필요한 신호를 말한다. CE (Conducted Emission : 전도 방출)는 주로 30MHz 이하에서 발생하는 신호선 또는 전원선 같은 매질을 통해서 전달되는 전자파 잡음이다. 측정 장소는 전자파 무반사실(Shield room)에서 진행된다. RE(Radiated Emission : 방사 방출)는 주로 30MHz 이상에서 발생하며, 전자파가 공기 중으로 방사되어 전달되는 전자파 잡음이다. 측정 장소는 야외시험장(Open Site), 전자파 반무반사실(Semi-Anechoic chamber), 무반사실(Full-Anechoic room)로 나뉘며, 측정 거리는 3m 및 10m이다.

전자파 내성은 기기가 외부로부터 전자파 간섭을 받을 때 영향 받는 정도를 나타낸 것으로, 정확히 말하면 전자파간섭으로부터 정상적으로 동작할 수 있는 능력인 Immunity(내성)과 반대 개념이지만, 일반적으로 동일 개념으로 사용되고 있다. 이는 CS(Conducted Susceptibility/Immunity, 전도내성)과 RS(Radiated Susceptibility/Immunity, 방사내성)으로 나뉘며, CS는 외부케이블, 전력코드, I/O

상호접속 등을 통해서 들어오는 전자파 간섭에 견디는, 즉 정상적으로 작동하는 정도를 말하며, RS는 자유공간으로부터 전파되어 들어오는 전자파간섭에 견디는 정도를 말한다.

EMI/EMC 피해 발생사례를 보면, 일상생활 속에서 전자파 장해 사례로 TV 화면이 찌그러지는 현상, 인공신장을 가진 사람이 전자파 장해로 정상 동작에 방해를 받아 문제가 되는 현상, 자동화 공장에서 전자파 장해로 인한 자동제어 장치의 오작동 발생하는 현상, 일정 시간, 일정량 이상의 전자파 노출로 인한 인체 영향 발생을 들 수 있다.

이러한 기기로부터 발생하는 전자파로부터 보호할 수 있는 방안을 국가별로 특정한 기준(guidelines)을 도입하여 해당사항을 준수하고 있으며, 국제기관인 IEEE(Institute of Electrical and Electronics Engineers, 미국전기전자학회), CISPR (Comité International Spécial des Perturbations Radioélectriques, 국제무선특별위원회), IEC(International Electrotechnical Commission, 국제전기기술위원회) 등에서 기준을 제시하고 있다. 전파법 제47조3에서는 전자파적합성에 관한 규정을 두고 있다.

나. 전자파 생체영향

전자파의 생체영향은 전자파가 생체에 부정적인 영향을 주는 것이다. 전자파는 생체조직의 염색체를 비롯한 세포를 자극하여 암이나 백혈병, 유전장애 등을 야기한다고 알려지고 있다.

(1) 건강에 영향을 미치는 전자파

전자파 중 전기장은 쉽게 차폐되는 반면 자기장은 대부분의 물체를 통과하므로 인체에 미치는 영향은 자기장이 훨씬 강력하다. 또한 전자파를 전리성 전자파와 비전리성 전자파로 구별할 수 있다. 전리성 전자파는 큰 광양자 에너지를 가지고 있어 그것이 대상물질에 작용해서 대상물질을 구성하는 원자로부터 전자를 분리시켜 전하를 띤 이온을 만들게 된다. 이 전리성 전자파는 엑스선이나 감마선 그리고 자외선의 일부가 해당되는데 이 전리성 전자파가 인체에 치명적인 영향를 끼친다는 것은 이미 잘 알려져 있다.

주로 논란이 되고 있는 전자파는 비전리성 전자파로서 이온을 만드는 전리

능력이 없거나 미약하며, 적외선 보다 파장이 긴 장파, 중파, 단파 등 주파수 300GHz 이하의 전자파이다. 특히 비전리성 전자파 중에서 극저주파(ELF), 초저주파(VLF), 라디오파(RF), 마이크로웨이브파(Microwave)가 인체에 어떠한 영향을 미치는가를 주로 다루게 된다. 이 중 ELF, VLF, RF는 자계(mG) 및 전계(V/m)를 기준으로 측정하며, 마이크로웨이브파는 단위 면적당 전력인 전력밀도(mW/㎠)를 측정해서 유해정도의 기준으로 삼고 있다.

(2) 전자파의 발열효과

전자파 중 마이크로웨이브파의 발열효과는 일찍부터 문제로 지적되어 왔다. 인체가 전자파의 강한 에너지에 피폭되면 전자파의 발열효과로 인해 인체 속에서 열이 발생하는 큰 문제를 가져오게 된다. 체중 1㎏당 1W, 짧은 시간 내에는 1㎏당 4W의 전자파를 받으면 체온이 1℃ 상승한다고 하며, 체중 1㎏당 4-8W의 전자파를 받으면 어떠한 동물이든 발열로 인해 행동변화가 발생되므로 이것이 인체보호기준 중 하나로 작용한다. 일반적인 세포의 경우에는 어느 정도의 열에도 손상을 입지 않지만, 고환이나 안구와 같은 특정한 민감부위에서는 상당히 큰 손상을 가져오게 된다. 이러한 발열효과는 1MHz 이상의 고주파에 한정되어 있고, 그 중에서도 300MHz에서 300GHz의 주파수인 마이크로파가 가장 발열효과가 크다. 마이크로파가 방출되는 전형적인 장치로는 레이더나 전자레인지 그리고 휴대폰을 들 수 있다.

전자파의 발열효과 중 교류자계, 즉 변동자장이 일으키는 전자유도의 발열효과도 있다. 변동자장의 발열효과도 인체에 상당한 영향을 미친다. 교류모터는 강력한 변동자장을 발생시키며 변동자장은 몸속에서 들어와 와전류를 만들어서 나쁜 영향을 끼치게 된다. 특히 인체에서 가깝게 사용되는 전기면도기나 헤어드라이기가 변동자장을 발생시키기 때문에 심각한 문제가 된다.

(3) 전자파의 비열효과

낮은 주파수의 전자파는 발열효과가 아닌 비열효과를 발생시킨다. 특히 변조정형파나 펄스파의 경우에는 발열효과가 아닌 열 이외의 방법으로 영향을 끼치는 비열효과가 문제가 된다. 인체가 변조정형파에 노출되면 세포막의 매우 복잡한 비선형성이라는 성질에 의해 변조파로서의 초저주파 전류가 나타나게 된다. 이 초저주파 진동이 인체 고유의 전기파동특성과 비열적으로 결합하면 이상 증세가 생길 수 있다. 또 펄스파의 경우에는 순간적으로 높은 전력치를 가지고 있어서 발열효과와 동시에 비열효과가 함께 작용하는 더 심각한 문제를 가져오게 된다.

비열효과는 송전선 전자계로 인해 소아백혈병이 증가된다는 1979년 미국 월트하이머(Wertheimer)와 리퍼(Leeper)의 연구보고서로 인해 주목을 받게 되었다.[286] 비열작용은 그 영향의 확인이 매우 어려워서 정확한 인과성의 해명이 매우 어려운 문제가 있다. 대체로 알려진 바에 따르면, UHF나 VHF에 노출되면 대뇌피질의 칼슘이온이 유출되는데, 칼슘이온은 정보전달이나 면역, 세포증식의 필수요소라는 점에서 큰 영향을 끼치며 더더욱 일반 가정용 전력(50-60Hz)의 저주파에서도 칼슘이온의 유출이 일어난다는 점에서 인체에 미치는 영향은 심각하다는 우려를 야기한다.[287]

또 ELF와 VLF는 자계 또는 전계로 인하여 인체에 유도되는 전류에 의해 세포막을 이동하는 칼슘(Ca^{++}), 나트륨(Na^{+}), 염소(Cl^{-}), 칼륨(K^{+}) 등의 이온분포에 변화를 초래해서 호르몬분비에도 영향을 준다는 문제점이 부각되고 있다.[288]

3. 전자파 인체 유해성에 관한 논란

가. 인체유해성 여부의 불확실성

이동통신 산업과 전자기기의 발전으로 일상생활 속에 수많은 전자파에 노출되어 있다. 전자파의 인체영향에 대해서는 전자파의 유해성 위주로 오래 전부터 연구자들 사이에서 연구되고 있다. 지금까지의 연구결과를 보면, 강한 전자파에 노출(exposure)되는 것은 인체에 영향을 줄 수 있다는 입장이다. 하지만 현재 가장 이슈가 되는 약한 전자파에 장시간 노출될 경우 인체 영향에 대해서는 갑론을박이다. 지금까지는 전자파의 에너지가 매우 낮아 단시간 동안에는 인체 또는

286) 자세한 내용은 오기노 고야 저/강석태 역, 「당신을 위협하는 전자파」, 한승, 1997, 13면 이하 참조.
287) 이기준 편저, 「전자파의 공포」, 대학출판사, 1996, 96면.
288) 김덕원, 「전자파공해」, 수문사, 1999, 41면.

생체에 직접적인 영향이 없는 것으로 연구결과가 발표되고 있기는 하지만, 이러한 약한 전자파에 수년 또는 수십 년 이상 노출될 경우 인체 또는 생체에 어떠한 영향을 주는가에 대한 연구결과는 아무것도 도출된 것이 없다. 따라서 최근 연구들은 이러한 메커니즘을 찾는데 주력하고 있으며, 아직 규명되지 않은 전자파로부터 인체를 보호하기 위하여 IEEE, ICNIRP, CENELEC 등에서 인체보호 기준을 만들어 가이드라인을 준수하도록 권고하고 있다. 우리나라의 방송통신위원회에서도 전파법으로 규정하고 기준을 준수하도록 제정하고 있다.

2011년 5월, WHO 산하의 국제암연구소(IARC)에서 휴대전화로부터 발생하는 전자파의 발암등급을 2B(possibly carcinogenic to humans)로 발표하면서 전 세계적으로 큰 반향을 일으켰다. 이는 10년 동안 하루 평균 약 30분씩 매일 휴대전화를 사용할 경우 뇌종양의 발생률이 높아진다는 연구결과에 따른 것이다. 또한 최근 우리나라에서 발표한 연구에 따르면, 어린 아이들이 어른보다 전자파에 더 큰 영향을 받을 수 있다고 하였다. 이러한 연구 내용을 토대로 기존의 전자파 인체보호기준을 더욱 낮추는 방안을 마련하자는 의견도 제시된 상태이다. 이미 언급하였듯이 전자파의 유해성에 대해서는 아직 뚜렷한 연구결과가 발표된 것은 없다. 하지만, 아직 정확한 인과관계가 규명되지 않았으므로 사전예방주의에 따라 전자파에 노출되는 것을 사전에 조심하자는 의견이 대부분이며, 역기능적인 전자파를 오히려 순기능적으로 사용할 수 있는 방안을 마련하고자 노력하고 있다. 이러한 예로 전자파를 치료에 이용하는 방안, 약 복용 후 체내 흡수를 높이는데 이용하는 방안, 암 등을 진단하는데 이용하는 방안 등으로 연구가 활발히 진행하고 있다.

나. 전자파 인체유해성에 관한 판례

전자파 인체유해성과 관련한 미국의 판례는 최근까지 누적되어 왔다. 특히 휴대전화의 인체유해성에 관해서 적지 않은 수의 판례가 누적되어 있다.

(1) Reynard v. NEC Corp. et al.(filed in 1992)

이 소송은 휴대전화의 인체유해성을 법적으로 주장한 초기의 소송이다. 이 소송에서는 휴대전화 제조사인 NEC 뿐만 아니라 통신회사인 GTE도 공동 피고로 손해배상청구를 받고 있다는 점은 매우 주목할 만하다.

원고 Reynard는 자신의 부인의 뇌암(brain cancer)이 휴대전화의 이용에 따른 전자파의 노출에 의해 발병된 것이거나 설령 기왕의 뇌암이 있다고 하더라도 이를 악화시켰다고 주장하며 플로리다 주 과실치사법(Wrongful death statute)에 근거하여 플로리다주 법원에 소송을 제기하였다. 이에 대해 피고는 전자파 방출에 노출되는 것과 원고 부인의 뇌암 사이에 어떠한 과학적 또는 의학적 인과관계도 밝혀진 바 없으며, 휴대전화 사용이전에 이미 뇌암이 발병했다고 항변하였다.

이 소송은 인체손해에 대한 불법행위 손해배상소송의 성격을 갖고 있어서 원고(Reynard)의 인과관계의 증명이 필요하지만, 원고는 플로리다주법상의 but-for test(488 So.2d 630, 631[Fla. 4th DCA 1986])이나 Daubert 원칙(113 S.Ct.2786, 125 L.Ed.2d 469(1993)) 어느 것에도 충족하는 인과관계를 증명하지 못하였다. 보다 구체적으로는 휴대전화를 사용하지 않았다면 뇌암에도 걸리지 않았을 것이라는 점 그리고 더 오래 살았을 것이라는 점을 원고가 적절하게 증명하지 못하였다. 따라서 법원은 원고의 주장을 배척하고 피고의 기각 청구를 인용함으로써 원고가 패소하게 되었다. 이로서 휴대전화 전자파의 인체유해성에 대한 초기의 소송은 이용자의 패소로 귀결되었다.

(2) Motorola Inc. v. Ward 사건[289]

휴대전화 사용자인 Richard T. Ward가 Motorola가 만들고 Cartunes가 판매한 휴대전화를 1989년 6월부터 1990년 11월까지 한달 평균 25시간 사용하여 왔다. Ward는 오른손잡이로 그의 오른쪽 귀에 대고 전화통화를 하였다. Ward는 1991년 2월 오른쪽 귀 안의 상단부에 악성 뇌종양이 생겼다고 진단을 받은 후, 휴대전화의 전자파가 자신의 암을 발생시켰거나 혹은 한층 악화시켰다는 이유로 제조자와 판매자를 상대로 제조물책임 소송을 제기하였다.

그러나 법원은 다음과 같은 이유에서 Ward의 청구를 기각하였다. 우선 전자파가 암을 발생시켰거나 한층 악화시켰다는 결론에 어떻게 도달하였는지에 대해 전문적인 의견이 제시되지 않았고 인과관계가 입증되지 않았다는 점을 들었다. 또한 휴대폰에서 방출되는 전자파가 어떠한 종류의 손해를 야기하는가에 대해 과학적인 증거가 아직 미확인된 상태라는 점을 들었다.

---

289) Motorola, Inc. v. Ward, 478 S.E.2d 465(Ga. App.1996).

1996년 11월 이루어진 이 판결은 전자파 소송 중에 가장 유명한 것으로 특히 현대인의 필수품인 휴대전화의 전자파가 인체에 미치는 부정적 영향에 대해 유보적인 태도를 보였다는 점에서 의의를 갖는다. 이 판례와 같이 제조물책임에 있어서 인과관계에 대한 입증을 피해자가 명확히 규명하여야 한다면, 기술적인 전문지식이 필요한 전자파 관련 손해배상사건에서는 피해자가 구제받을 길은 사실상 봉쇄된 것이나 다를 바 없다. 따라서 입증책임의 곤란을 획기적으로 덜어주는 특단의 해결방법이 마련될 필요가 있다고 생각된다.

(3) Newman v. Motorola, Inc. et al.

이 소송은 신경과 의사인 Christopher Newman이 자신이 뇌암(brain tumor)에 걸리자 휴대전화 제조사인 모토롤라를 상대로 메릴랜드에 소송을 제기한 사건이다. 앞선 Reynard case와 마찬가지로 전자파에 의한 암발생을 이유로 8억불의 손해배상을 청구하는 소송이며 휴대전화 전자파와 뇌암과의 인과관계 증명이 핵심적인 쟁점이 되었다. 법원은 판결문에서 휴대전화 사용이 증가하였지만 원고와 같은 뇌암 환자의 발병건수에는 특별한 변화가 없으며, 동물실험이나 인체 발암에 대한 연관성을 원고가 증명하여야 한다고 판시하였다.

(4) Murrey et al. v. Motorola, Inc. et al.(filed in 2002)

2002년 모토롤라 직원이었던 Murrey가 자신에게 뇌암(brain cancer) 발병하자 컬럼비아 특별구 법원에 소송을 제기하였다. 원고 Murrey는 모토롤라 등의 휴대전화 회사들은 휴대전화 EMF가 발열 및 비발열 작용으로 인체에 유해하다는 점을 드러내는 연구를 잘 알고 있었으며, 휴대전화 전자파가 주는 위험을 회피할 수 있는 해결방법을 알면서도 이를 채택하지 않았고 휴대전화 전자파를 회피할 수 있는 방법인 이어폰이나 스피커폰의 사용도 고지하지 않았다. 그리고 휴대전화가 방출하는 전자파에 대한 FCC의 인체보호기준도 사실상 과도한 것이지만, 휴대전화 제조사는 휴대전화의 실제 SAR 값보다 낮게 FCC에 허위보고 하였다고 주장하였다.

대법원의 최종 판단에서 법원은 FCC가 정한 기준에 부합하는 휴대전화가 야기한 인체손해에 대한 배상책임을 주장하는 한 연방법이 우선 적용되어야 하는 것이 원칙이지만, 결과값을 조작하는 방법으로 FCC의 기준에 부합시킨 것이거나 혹은 FCC기준이 만들어지기 전에 제조된 휴대전화로부터 손해를 입었다는 사실을 원고가 증명한다면 주법이 적용되어야 한다고 판시하였다.

(5) Sara Dahlgren v. Audiovox Communication Corp. et al.

원고 Sara Dahlgren은 워싱턴 DC 대법원에 휴대전화 제조사를 상대로 소비자 기망 단체소송을 제기하였다. 원고 Sara Dahlgren은 다음과 같은 점을 들어 소비자의 권리가 침해되었다고 주장하였다. 우선 전자파의 안전성에 대해 이견이 존재하는 상태로서 안전성이 완벽히 확보된 상태가 아니라는 점을 소비자에게 공개하지 않았고, 전자파의 노출을 감소시킬 수 있는 방법(이어폰, 스피커폰 등)에 대한 충분한 정보를 제공하지 않았으며, 나아가 이러한 행동으로부터 수익을 얻고 있다는 것이다. 즉 소비자에게 충분한 정보제공의무를 다하지 않은 상태에서 이를 이용하여 수익을 거두는 것은 부당하다는 것이다.

이 소송은 2002년부터 오랜 기간 동안 소송이 진행 중이었다가 2010년 7월 원고의 청구를 기각하는 일부 판결이 행해진 바 있다. 법원은 다음과 같이 판시하였다. 우선 안전성 논란에 대한 정보 비공개 주장은 이미 주지의 사실이므로 본질적인 쟁점이 아니며, 원고는 일반대중을 위한 소송을 제기할 수 없으며 개인적인 기망에 대해서만 소송가능하다는 것이다. 또한 부정한 수익을 거두었다는 주장은 오직 원고가 구입한 휴대전화의 제조사에 대해서만 가능(모토롤라, 오디오복스)하지만, 두 회사가 진정 부정한 수익을 거두었는가의 여부에 대한 판단은 유보하였다. 그리고 공동피고로 제소된 셀룰러통신산업협회(CTIA)는 상인이 아니므로 원고가 제기한 소비자 보호 소송의 피고 적격이 없다고 판단하였다. 다만 원고가 워싱턴 DC에서 휴대전화를 구입하지 않았어도 워싱턴 DC에 살고 있으므로 소제기 가능하므로 관할권을 위반한 것은 아니라고 하였다.

(6) Walston v. Northeast Utilities 사건[290]

미국 코네티컷주의 Meadow가에서 2대째 살아오고 있었던 Walston은 자신의 집에서 가까운 전력선과 변전소로부터 방출된 전자파로 인해 Walston3세의 암이 재발되는 고통을 겪고 있다고 주장하였다. 따라서 피고인 Northeast Utilities는 엄격책임을 져야 한다고 주장하였으며, 그 주된 근거는 불공정한 거

290) Walston v. Northeast utilities Not reported in A.2d, WL 451393(Conn.Super.1993).

래행위(unfair trade practice)와 제조물책임이었다. 그러나 법원은 불공정한 거래행위가 되지 않는다고 판시하면서 또한 코네티컷주의 보통법에서는 공익사업은 엄격책임을 부담하지 않는다고 하였다. 그 외에 피고는 전기는 제조물이 아니므로 제조물책임을 부담할 이유가 없다고 항변을 하기도 하였으나 법원이 그것을 받아들이지는 않았다. 결국 이 판결에서는 제조물책임이 성립되는가에 대해 깊이 살펴볼 여지도 없이 코네티컷주의 보통법 하에서는 전기공급자에게 엄격책임을 지울 수 없다는 것으로 사건이 종료되었다. 그러므로 전자파에 의한 손해에 대한 실질적인 법원의 입장이 나타나 있지 않으므로 법원의 태도를 살펴볼 여지도 없다.

다. 전자파 인체유해성을 고려한 규제

휴대전화는 인체에 부착하여 사용하는 기기라서 휴대전화 전자파의 노출로 인하여 인체에 에너지가 흡수되면 체온이 상승하게 되는데, 이를 평가하기 위한 방법으로 전자파흡수율(SAR)을 사용한다. 우리나라를 비롯하여 전 세계적으로 판매되는 휴대전화는 모두 국가에서 정한 SAR기준을 만족하도록 강제규정하고 있으며, 기준을 만족하지 못할 경우 판매할 수 없다. 우리나라의 경우는 전파법 제47조2에서 전자파 인체영향에 대해 규정하고 있으며, 의무적으로 기준을 준수하도록 규제하고 있다. SAR은 인체 조직의 도전율(conductivity)과 조직의 밀도(density)를 이용하여 인체 조직 1g 또는 10g에 흡수되는 전기장세기의 실효치를 이용하여 계산한다. <표 5-2>는 직업인과 일반인에 대한 FCC와 CENELEC의 전자파흡수율에 대한 규정이다. 우리나라를 비롯하여, 미국, 캐나다 등의 일부 국가에서는 FCC의 규정을 따르고 있으며, 유럽을 비롯하여, 일본, 호주 등 대부분의 국가에서는 CENELEC의 규정을 따른다. 두 규정의 차이는

표 5-2 직업인과 일반인의 SAR 규정

단위 : W/kg	직업인		일반인	
	전신	국부	전신	국부
FCC (1g 평균)	0.4	8.0	0.08	1.6
CENELEC (10g 평균)	0.4	10.0	0.08	2.0

SAR 계산에 필요한 인체 조직의 크기이며, 이에 따른 일반인의 국부 노출 기준이 다르다. 따라서 국내에 시판되고 있는 휴대전화의 SAR 기준은 조직 1g 평균으로 1.6W/kg을 초과해서는 안 되며, 유럽으로 수출하는 제품은 조직 10g 평균으로 2.0W/kg을 초과해서는 안 된다.

앞서 언급하였듯이 현재까지 우리나라는 국부노출(머리)에 한정되어 1g 평균으로 일반인에 대해 1.6W/kg을 적용하여 왔고, 대상기기를 휴대전화로 한정하여 규제하여 왔다. 하지만, 작년 IARC에서 휴대전화의 발암 등급을 2B로 발표한 이후 방송통신위원회에서 공청회를 실시하고, 전자파로부터 국민들을 보호하기 위한 방안을 마련하면서 적용 대상기기를 인체에 인접하여 사용하는 모든 기기로 변경하고, 국부노출뿐만 아니라 전신노출에 대해서도 SAR 측정을 실시하기로 전파법을 개정하였다. 이는 2013년 1월 1일이후로 실시할 예정이다.

4. 휴대전화 전자파 등급제

최근 수많은 언론을 통하여 전자파 등급제를 시행한다고 보도되었다. 전자파 등급제는 2011년 5월 WHO 산하 국제암연구소(IARC : International Agency for Research on Cancer)에서 휴대전화 전자파의 발암등급을 2B(Possibly carcinogenic to humans)로 발표하면서 국제적으로 전자파에 대한 경각심을 고취하기 위하여 다양한 risk communication을 도입하는 중 국내에서는 2011년 11월 17일 총 12인의 국회의원들이 전파법 일부 개정법률안을 발의함으로써 시작되었다. 법안을 발의하게 된 주요 이유는 휴대전화가 암을 유발할 가능성이 있다는 WHO의 발표이후 방송통신위원회에 전자파 민원이 급증하는 등 국민들의 전자파 유해성에 대한 불안감이 높아지는 상황에서 방송통신위원회가 전자파강도 등급에 관한 사항을 고시하고, 사업자가 무선설비의 전자파강도 등급을 표시함으로써 국민들의 전자파에 대한 불안감을 해소할 수 있다는 것이었다. 법률안 내용은 기존의 전파법 제47조의2 제1항에 무선설비 등에서 발생하는 전자파가 인체에 미치는 영향을 고려하여 전자파 등급기준 및 등급 표시대상과 표시방법을 고시하도록 하는 내용이다. 또한, 제8항에서 무선국의 시설자나 무선설비를 제작하거나 수입한 자는 전자파 등급을 의무적으로 표시하도록 하며, 제90조 제4호에서는 이를 위반할 시 300만 원 이하의 과태료를 부과하도록 되어 있다. 위의 내용은 개정 전파법의 규정에 따라 전자파 등급기준, 등급 표시대상과 표시방법에 관한 고시 제정을 추진하였다. 이러한 개정안이 2012년 5월 국회를 통과하였고, 이에 따라 6월에 최종 고시안을 마련하였다. 최종 고시안을 위원회에 보고한 후 8월에 공청회를 개최하여, 10월에 의견 수렴을 하고, 11월에 고시안의 규제심사를 거쳐 11월 23일부터 시행할 예정이다. 실질적인 고시의 시행은 2013년 3월부터 시작될 예정이다.

휴대전화의 전자파흡수율(SAR : Specific Absorption Rate) 등급은 어린이 등의 전자파 취약계층을 고려하여 2개 등급으로 분류하였다. 이전 절에서 언급하였듯이 전자파흡수율은 휴대전화 등의 인체에 근접하여 사용하는 무선기기로부터 발생하는 전자파가 인체에 흡수되는 정도를 의미하며, 현재 국내의 전자파흡수율 기준은 조직 1g 평균으로 1.6W/kg으로 이 기준을 초과할 경우 제조 및 판매가 불가능하다. 참고로 우리나라와 동일한 기준을 적용하고 있는 국가는 미국, 캐나다, 인도 등 일부 국가에서만 따르고 있으며, 유럽, 일본, 호주를 비롯하여 대부분의 국가에서는 조직 10g 평균으로 2.0W/kg을 적용하고 있다. 따라서 시행될 전파법에서는 국내 전자파흡수율을 기준으로 0.8W/kg 이하일 경우 1등급에 해당하며, 0.8∼1.6W/kg일 경우 2등급에 해당한다.

표시 대상의 경우 무선설비 규칙에 따라 셀룰러, PCS, WCDMA, LTE 등 모든 휴대전화를 대상으로 하고 있다. 이는 전자파흡수율 측정기준 및 측정방법 고시 별표 1의 '인체의 머리에 근접하여 사용되는 휴대용 무선기기'로 한정하고 있기 때문이다. 다만, 태블릿 PC, 노트북 등의 제품이 제외 되었는데, 이는 현재 전자파흡수율 측정 대상이 아니며, 전자파등급제 도입 초기에 모든 무선기기를 대상으로 할 경우 오히려 혼란을 초래할 수 있어 우선 표시대상을 최소화하여 적용한 후 추구 지속적으로 개정하는 것이 바람직하다는 의견에 따라 적용 대상에서 제외되었다.

표시방법은 제품의 포장 상자에 의무적으로 등급을 표시하도록 되어 있으며, 소비자의 이해도를 높이기 위하여 상세정보를 찾아볼 수 있는 웹사이트 등의 설명문구를 기재하도록 하였다. 다만, 제조사의 재량권을 확대하기 위하여 전자파흡수율 값의 표시 유무를 제조사의 선택에 따르도록 하였다. 최근에 출시되는 휴대전화는 예전과 다르게 여러 통신방식(예를 들어, WCDMA와 LTE)을 동시에 만족할 수 있도록 다중모드를 사용하는 경우가 많이 있으며, 이러한 경우에는 측정값 중 최대값에 해당하는 등급을 표시하도록 제정하였다. 즉, 만약 휴대전화의 전자파흡수율 측정결과, 모드 1에서는 1등급을 받고, 모드 2에서는 2등급을 받았다면, 최종적으로 표시되는 전자파흡수율 등급은 2등급이 된다.

이번 개정안을 도입하는 과정에서 전자파흡수율 기준을 현행 1.6W/kg에서 국제적으로 통용되고 있는 기준인 2.0W/kg으로 개정하자는 의견이 있었다. 개정을 찬성하는 측에서는 국내 기준이 국제적으로 통용되고 있는 기준에 비해 보다 엄격한 수준이나, 현행 기준이 국제기준과 부합하지 않으며, 측정 시 상대적으로 측정 오차가 높다는 단점이 있다고 언급하였다. 또한, 대부분의 국가에서 2.0W/kg을 채택하고 있는 만큼, 국내 산업 발전과 불필요한 자원 낭비를 줄이기 위하여 개정 도입을 강력히 주장하였다. 이와 반대로 개정을 반대하는 측에서는 국내 업체에서는 현재 두 기준을 모두 충족하고 있으며, 엄격한 국내기준으로 낮은 전자파흡수율을 갖는 제품의 생산을 유도하여 산업 경쟁력을 높이며, 기준이 완화되는 것을 반대하는 여론이 있다고 주장하였다. 결국 전자파등급제의 도입 취지가 인체보호를 강화하자는 것이기 때문에, 취지에 적합하지 않아 현행 기준을 유지하면서, 등급제 시행 이후에 개정 의견의 재검토를 추진하자는 결론을 내렸다.

무선국의 전자파강도 등급은 이동통신기지국 등의 무선국의 전자파강도 기준에 따라 총 4개 등급으로 분류하였다. 1등급은 측정된 전자파강도가 일반인에 대한 전자파강도 기준의 50% 이하일 경우에 해당하며, 2등급은 일반인 기준 이

표 5-3 전자파강도 보고대상 무선국 구분

무선국 구분	공중선전력 기준	설치장소 기준
이동통신(셀룰러, 피씨에스, 아이엠티이천)·휴대인터넷의 기지국·이동중계국	송신장치의 공중선전력의 합이 30W를 초과하는 경우	「국토의 계획 및 이용에 관한 법률」에 따른 주거지역·상업지역·공업지역·관리지역에 설치하는 경우
무선호출·주파수공용통신·무선데이터통신·위치기반서비스의 기지국·이동중계국	송신장치의 공중선전력의 합이 60W를 초과하는 경우	
방송국·방송보조국	송신장치의 공중선전력의 합이 60W를 초과하는 경우	

내일 경우에 해당한다. 주의등급은 일반인 기준과 직업인 기준 사이에 해당하는 경우이며, 경고등급은 직업인 기준을 초과할 경우에 해당한다. 등급 표시는 무선국 시설자가 해당 무선설비, 울타리, 철조망 등 일반인이 쉽게 식별 가능한 위치에 표시해야 하며, 시설자의 편의를 고려하여 무선국의 특성에 따라 표시 위치를 선택하도록 하였다. 표시 대상이 되는 무선국은 이동통신기지국, 휴대인터넷기지국, 이동중계국, 방송국 등 전자파강도 보고 대상이 되는 모든 무선국을 대상으로 하며, 자세한 보고대상 무선국의 전파법 시행령 제65조 별표 6에서 제시하고 있는 사항을 따른다.

고시안은 제조업체 등의 준비기간을 고려하여 고시일로부터 3개월 이후부터 시행하도록 유예기간을 주었으며, 전자파흡수율은 고시 시행일 이후 인증 받는 제품부터 적용하고, 전자파강도는 고시 시행일 이후 측정 받는 무선국부터 적용한다. 하지만, 기존 제품에 대해서는 소급하여 적용하지 않기로 하였다.

Ⅱ. 주파수 이용효율 개선 및 이용현황 조사

전파법 제6조 제1항에 전파자원 이용효율을 개선하기 위한 방법으로 주파수 회수 또는 주파수 재배치를 시행할 수 있도록 명시되어 있으며, 제2항에 주파수 이용현황을 조사·확인할 수 있도록 규정되어 있다. 전파법 시행령 제4조에 주파수 이용현황 조사·확인을 위하여 무선설비의 이용실태를 조사 할 수 있도록 명시되어 있으며, 주파수 이용률을 조사하여 이용실적을 판단하기 위해서는 스펙트럼 점유율 조사가 필수적이다. 스펙트럼 점유율 측정의 신뢰성을 결정하는 중요한 요소중의 하나가 특정대역에서의 전파잡음레벨을 정확히 측정하는 것이다. 여기서는 전파자원의 이용효율을 증대시키기 위한 주파수 회수 및 재배치 방법과 이를 효과적으로 시행하는데 필요한 주파수 이용현황 조사방법 그리고 스펙트럼 점유율에 대한 쟁점을 다룬다.

1. 주파수 이용효율 개선

주파수 사용은 일반 대중에게 매우 귀중한 것이다. 정부의 주파수 사용자들,

예를 들면 법률 집행기관, 소방서 및 기타 공공 안전기관들은 명백히 사회 전반에 이익을 준다. 주파수는 이러한 기관들이 그들의 막중한 공공목적에 효과적으로 이바지할 수 있도록 보장하는데 있어 점점 더 중요한 역할을 수행한다. 과학분야의 사용자들, 예를 들면, 지질학자, 기상학자, 그리고 무선천문학자들도 또한 과학지식에 공헌함으로써 일반대중에게 이익을 주며, 의료업은 건강을 돌보는 서비스들을 제공하는 데에 있어서 다양한 주파수 기술에 의존한다. 주파수 사용에서 사회적 이익은 정부에 의해 공적으로 규정된, 비영리 사용자들의 활동에만 제한된 것은 결코 아니다. 민영방송업자들은 자국의 문화와 기업계에 중요한 공헌을 하며, 비상시에 있어서 스스로의 역할을 수행한다. 셀룰러 무선과 같은 순전히 상업적인 일반 통신 제공자들이나, 또는 사업상의 많은 주파수 사용자들을 포함하는 민간 주파수 사용자들은 많은 중요한 서비스들을 일반 대중에게 제공하며, 국내의 산업성장, 기술혁신, 그리고 국가 경쟁력에 실질적으로 기여한다. 이와 같이 국가의 경제, 사회, 문화등의 각 분야에서 주파수 이용은 매우 중요한 역할을 하고 있으나 주파수 자원은 유한하기 때문에 전파통신 기술의 발전과 무선 통신 서비스의 다양화에 대응하기 위해서는 효율적인 주파수관리 정책이 매우 중요하다. 주파수관리 및 이용기술은 서비스 이용자의 요구에 능동적으로 대처하고 이용자들간의 불필요한 충돌을 피하기 위한 장기적인 계획을 수립하는데 효율적으로 활용할 수 있도톤 국가적인 차원에서 개발되어야 한다.[291]

최근에 다양한 무선 인터넷 기반 어플리케이션의 확산으로 무선 데이터 트래픽의 폭발적인 증가가 예상되고 있는 가운데 CTIA(Cellular Telephone Industries Association)는 2020년까지 800MHz, ITU는 1,720MHz의 추가 확보가 필요할 것으로 예측하고 있으며, 영국 Ofcom도 2020년까지 주파수 부족현상은 불가피할 것으로 보고 있다. 특히, 미국은 2010년 3월에 국가광대역계획을 발표하였으며, 향후 5년 내에 300MHz, 2020년까지 총 500MHz의 주파수를 무선 모바일 광대역 서비스용으로 확보할 계획을 수립하여 추진 중에 있다.[292] 그러나 현재의 주파수관리 정책으로는 폭발적인 주파수 수요를 만족하기에는 여러 가

291) 김영수, "스펙트럼 이용효율에 관한 연구", ETRI 최종연구보고서, 1997.8 25면 참조.
292) 이상윤, "주파수 공유기술 및 TVWS 정책동향", 방송통신정책, KISDI, 2010.8 24면 참조.

지로 기술적 혹은 제도적인 한계가 있으며, 주파수 분배표상에서도 새로운 주파수 확보가 결코 용이하지 않다는 점이다.

이러한 문제를 해결하기 위하여 전파자원 이용효율을 증대시키기 위한 다양한 방법들이 고려될 수 있다. [그림 5-3]에서 보여진 바와 같이 크게 4가지 관점에서 생각해 볼 수 있다. 첫 번째는 underlay 기술 및 overlay 기술 같은 주파수 공동사용 기술, 두 번째는 스몰셀 및 디지털 협대역화 기술 등의 신기술 개발, 세 번째는 미사용 주파수 혹은 이용효율 저조대역의 회수/재배치 및 공공 주파수 재배치 등과 같은 주파수 회수 및 재배치 기술, 네 번째는 주파수 이용권의 임대 및 양도등의 제도를 통하여 이용효율을 증대시킬 수 있는 제도개선 정책 수립이다. [그림 5-4]는 주파수 회수/재배치와 스펙트럼 점유율과의 연관성을 보여준다.

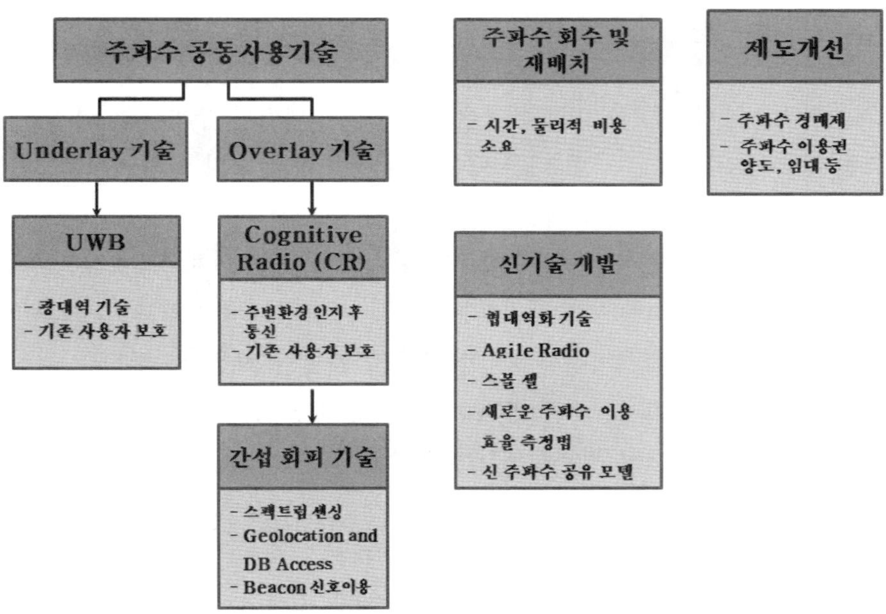

그림 5-3 주파수 이용효율 증대 기술

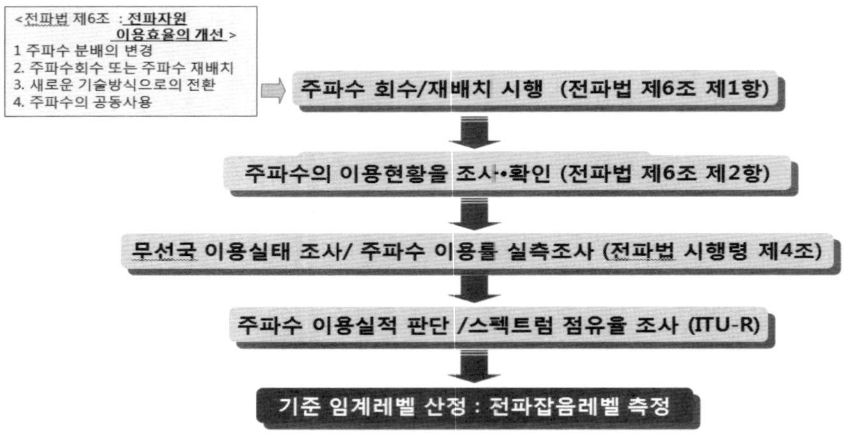

그림 5-4 주파수 회수/재배치 및 스펙트럼 점유율과의 연관성

2. 주파수 이용현황

주파수 회수·재배치의 기본개념은 할당 또는 지정된 주파수의 이용실적이 저조한 경우에 이를 회수하여 다른 용도로 사용하거나 보다 효율적으로 사용할 수 있도록 주파수 대역 및 용도를 변경하는 것이다. ITU-R SM. 1603에서는 주파수 회수 및 재배치에 대하여 "특정주파수 대역에 대해 전체 또는 일부분의 기존 주파수 할당을 취소하는 행정적, 재정적 및 기술적인 조치의 조합"으로 정의하였으며, ECC 보고서에서는 "다양한 용도와 기술이 사용가능하도록 특정 주파수 대역에 대한 주파수 규제 범위 내에서 현재와 미래의 행정적, 재정적 및 기술적 조치의 조합"으로 정의하였다. 정의에서 알 수 있듯이 주파수 회수 재배치는 단순히 기술적인 관점에서 접근하는 방식이 아니라, 종합적인 관점에서 시행되어야 하는 주파수 관리 제도로 볼 수 있다.

미국은 2003년 6월에 "Presidential Directives on Spectrum Policy"를 발표하여 2007년까지 모든 국민이 무선 광대역 서비스를 제공받을 수 있도록 하였고, 영국은 2004년 11월에 "Spectrum Framework Review"를 발표하여 비면허 주파수 대역 확대와 시장중심의 스펙트럼 관리 정책을 표방하였으며 일본은 2003년 7월에 "전파정책비전"을 발표하여 무선 IT 산업육성 및 주파수 재분배 제도를 정비하였다.

선진외국의 스펙트럼 관리정책의 공통점은 주파수 이용효율을 극대화 할 수 있는 기술을 개발하고 미이용 혹은 이용실적이 저조한 주파수 대역을 신속하게 회수 및 재배치 함으로써 주파수 관리 제도의 과학화와 현대화를 추구한다는 점이다.

국내에서도 2005년 12월에 전파법을 개정하여 주파수 이용현황조사, 세부요건 및 절차, 손실보상 산정기준 마련 등 주파수 회수/재배치를 위한 세부방침을 마련하였다. 주파수 회수 및 재배치를 시행하기 위해서는 신뢰성 있는 측정방법을 사용하여 주파수 이용률을 체계적으로 조사하는 것이 필수적이다. 본 절에서는 국내 및 외국에서의 주파수 이용현황 조사방법에 대하여 살펴보도록 한다.

가. 국내의 주파수 대역별 이용현황 및 용도

30MHz이하 대역은 주로 라디오방송, 선박 및 항공업무 등에 사용되고 있다.

표 5-4 VHF대역의 이용현황[293)]

군통신 (36.13%)	방송 (34.07%)	기타 (20.9%)	국가 (5.55%)	통신사업 (2.87%)	미사용 (0.48%)

VHF대역(30MHz~300MHz)은 군 통신, 방송업무, 해상, 항공통신 및 무선호출 사업용으로 사용하고 있으나, 신규 주파수 수요는 많지 않은 상태이다.

표 5-5 UHF대역의 이용현황

통신사업 (30.02%)	군통신 (28.77%)	기타 (16.11%)	방송 (13.59%)	미사용 (10.75%)	국가 (0.76%)

UHF대역(300MHz~3GHz)에서 이용률이 가장 높은 대역은 이동통신 및 방송 등에 주로 사용되고 있으며, 미래 이동통신 등에서의 신규 수요가 많을 것으로 예측된다.

293) 중앙전파관리소, "2008년도 주파수 이용현황 조사계획", 2008.8 12면 참조.

표 5-6 SHF대역의 이용현황

국간중계 (30.02%)	미사용 (29.78%)	통신사업 (14.9%)	군통신 (12%)	기타 (8.40%)	방송 (4.90%)

SHF대역(3GHz~30GHz)은 고정중계 및 위성용 등에 주로 사용하고 있으나, 현재 이용률은 높지 않으며 무선통신의 광대역화에 따라 수요가 증대될 것으로 예상된다.

표 5-7 EHF대역의 이용현황

미사용 (98.05%)	국간중계 (0.90%)	군통신 (0.75%)	기타 (0.30%)

EHF대역(30GHz~300GHz)은 레이더 및 위성통신 등에서 이용중이며, 대부분 미사용 주파수 대역으로 지속적인 개발이 필요하다. 최근에 이 대역에서의 기술개발에 따라 차량충돌방지 시스템, 이미지 스캐닝 시스템, 57 - 64 GHz대역의 근거리 무선통신망(WPAN), 도심지 무선인터넷망 구축을 위한 점대점 통신, 무선 모바일 백홀(Backhaul) 등에 활용되고 있다.

주파수 대역 별로 전파의 특징이 있으며 그에 따른 대표적인 용도가 <표 5-8>에 주어져 있다.

또한 용도별 대 분류 및 세부용도를 <표 5-9>에 표시함으로서 보다 세부적인 용도를 파악할 수 있도록 하였다.

표 5-8 주파수 대역별 용도 및 특징

<table>
<tr><th>주파수</th><th>명칭</th><th>대표적 용도</th><th>전파의
특징</th><th>비 고</th></tr>
<tr><td>3kHz ~
30kHz</td><td>초장파
(밀리어미터파)</td><td>선박 등이 자기의 위치를 아는
항법(무선항행)</td><td rowspan="9">지표파

장거리
통신
(협대역)

↑
낮음

직진성
흡수성
산란성
감쇄성

높음
↓

단거리
통신
(광대역)</td><td rowspan="5">수요가
비교적
밀집된
대역</td></tr>
<tr><td>30kHz ~
300kHz</td><td>장파
(킬로미터파)</td><td>선박 항공기용 비콘
데카(무선항행)</td></tr>
<tr><td>300kHz ~
3MHz</td><td>중파
(헥터미터파)</td><td>선박, 항공 비콘(무선항행)
AM라디오방송, 선박통신
아마추어무선</td></tr>
<tr><td>3MHz ~
30MHz</td><td>단파
(데카미터파)</td><td>선박, 항공통신
단파방송, 국제방송
아마추어무선</td></tr>
<tr><td>30MHz ~
300MHz</td><td>초단파
(미터파)</td><td>업무용무선, TRS
아마추어무선, 간이무선
무선호출, FM방송, TV방송
소출력 통신(음성,데이터)
항공위치정보(무선항행)</td></tr>
<tr><td>300MHz ~
3GHz</td><td>극초단파
(데시미터파)</td><td>방송위성, 저궤도위성
항공용 레이더
PCS, IMT2000
TRS, 무선데이터 통신
업무용 무선, 간이무선
아마추어 무선, 무선호출
항공위치정보(무선항행)
소전력 무선(영상, 데이터)</td><td>수요가
가장
밀집된
대역</td></tr>
<tr><td>3GHz ~
30GHz</td><td>마이크로파
(센티미터파)</td><td>전파천문, 우주연구
위성통신, 위성방송
무선 CATV 전송망
마이크로파 중계
각종 레이더통신
방송프로그램 중계
무선 LAN</td><td>수요가
증가될
대역</td></tr>
<tr><td>30GHz ~
300GHz</td><td>밀리파
(밀리미터파)</td><td>전파천문, 각종 레이더
각종 위성통신
공중업무용 밀리파 중계
간이형 지상통신</td><td rowspan="2">미개발
대역</td></tr>
<tr><td>300GHz ~
3,000GHz</td><td>데시
밀리미터파</td><td>원격감지(Remote Sensing)
레이저통신</td></tr>
</table>

표 5-9 용도별 대분류 및 세부 용도[294)]

구 분	용 도
전기통신사업용	개인휴대전화(PCS)용, 공항무선통신용, 광대역(26GHz대)가입자회선(B-WLL)용, 글로벌스타 위성휴대전화용, 도서통신업무용, 무선데이터통신 서비스용, 무선호출 사업용, 양방향 무선호출 서비스용, 위치기반서비스(LBS) 제공용, 이동전화용, 이동통신(IMT-2000)용, 주파수공용통신(TRS) 사업용 휴대인터넷(WiBro)용 (13종)
방송업무용	국제방송용, 무선 CATV 전송용, 방송보조 무선국용, 위성DMB 위성망 임대용, 중파방송용, FM방송용, TV방송용 (7종)
공공업무용	공공업무용(고속도로유지보수업무), 공공업무용(금융업무), 공공업무용(농지관리업무), 공공업무용(전력관리업무), 공공업무용(지하철관리업무), 공공업무용(측량업무), 기상원조업무용, 산림보호업무용, 상/하수도업무용, 소방업무용, 재난구조용, 지하철 무선영상전송장치용, 철도업무용, 표준주파수및시보용, 행정업무용(검찰수사), 행정업무용(교정관리), 행정업무용(세관통관), 행정업무용(전파 및 우정사업) 행정업무용(해상치안), 행정업무용(행정지원), 홍수예방 및 수위관측용 (21종)
해상항공	라디오부이용, 비상위치지시용 무선표지설비 선박레이더 및 레이더비이콘용, 여객선 안전관리용, 연안선박 자동전화용, 유람선 및 소형보트용, 인마세트 등 이동지구국용, 초단파대 해상통신용(선상통신국), 항공기 안전운항을 위한 시설관리 및 유지보수용 항공기용 기상레이더, 항공기용 전파고도계, 항공무선표지(ILS/VOR등)용, 항공통신용(관제용 및 공항감시용 레이다), 항공통신용(단파대), 항공통신용(초단파대), 해상교통관제(VTS)용, 해상통신용(27MHz대), 해상통신용(단파대), 해상통신용(중단파대), 해상통신용(중파대), 해상통신용(초단파대) (21종)
일반업무용	간이무선국용, 경비업무용, 고층건물관리용, 국간중계(M/W)용, 도시가스업무용, 무선데이터 전송용, 무선마이크용, 무선조정업무용, 무선측위업무용, 무선표지 및 위치측정용, 무선호출국용, 산업통신용, 신문/통신사용, 실용화시험국용,

294) 한국방송통신전파진흥원, "2008년 KORPA 이용현황보고서 체제", 2008.12 32면 참조.

	실험국용, 야생동물 밀렵.밀거래 감시용, 운송업무용, 위치측정 및 측량업무용, 육상이동(충북내륙) 업무용, 응급의료 및 교통사고처리용, 자동차 운전면허 기능시험용, 적십자 업무용, 전기통신시설 설치 및 유지보수용 전파응용설비용, 주파수공용통신(TRS) 일반용, 콜택시 배차업무용 (26종)
위성업무용	무궁화위성을 이용한 전기통신역무용, 우주업무용, 우주연구용 (3종)
아마추어국용	아마추어국용(1종)
기타업무용	용도미지정(1종)
계	93종

나. 국내의 주파수 이용현황 조사

주파수 이용현황 조사의 목적은 전파자원을 공평하고 효율적으로 사용하고 이용을 촉진시키기 위하여 시행하는 제도이며, 더 나아가 주파수 이용현황을 체계적이고 종합적으로 조사함으로서, 전파자원의 재분배 및 이용정책 시행을 위한 기반을 마련하고 전파이용자에게 유용한 주파수 이용정보를 제공하는데 있다.

전파법 제6조 제2항의 규정에 따라 전파자원의 효율적인 이용을 촉진하기 위하여 전파법 시행령 제4조에서 규정한 사항을 대상으로 주파수 이용현황 조사를 매년 실시하기로 되어있다. 조사 대상주파수 대역은 275GHz까지이며 국내에서는 2007년부터 조사를 실시하였다. 조사 방법은 크게 기본조사와 보조조사 2가지로 분류된다. 기본조사에는 전파방송종합정보시스템(RBMIS : Radio Broadcasting Management Integrated Information System)을 활용하여 모든 주파수 대역의 이용현황을 조사하는 전파관리 DB 조사, 정보통신 통계포털 및 간행물을 활용하는 통계조사, 그리고 이슈대역을 대상으로 스펙트럼 점유율을 측정하는 전파측정 조사가 속하며, 보조조사는 기본조사에서 조사하기 곤란하거나 면담을 통해서만 가능한 사항을 전파이용자를 대상으로 설문 및 자료요청 또는 방문하는 조사를 의미한다. [그림 5-5]는 주파수 이용현황조사의 종류를 보여준다. 전파법 제60조에는 주파수 이용현황 공개의 범위·절차 등에 따라 주파수 이용현황 조사·확인 결과 보고서를 작성하여 방송통신위원회 및 연구기관 등에 열람용으로 제공하고 인터넷을 활용하여 공표하기로 규정되어 있다. 측정방법은 측정데이터의 통계적 신뢰성을 높이기 위하여 ITU-R에서 권고한 사항을 준수하여,

한 장소에서 1일 20시간 이상씩 7일간 측정한다.295)

<표 5-10>과 <표 5-11>은 각각 이용현황 조사내용과 이용현황 조사방법을 보여준다.

표 5-10 조사사항 및 조사내용

조사 사항	주요 조사 내용
주파수 분배·할당·지정·사용승인 현황	• 주파수 분배, 지정 할당 등 • 무선국수, 시설자, 장치수, 증감추이
주파수이용과 관련된 사회·경제적 지표	• 서비스별 가입자 및 매출액 • 주파수 이용시간 및 활용정도 • 전파사용료
주파수 이용기술개발 및 관련 산업 동향	• 주파수 이용 관련산업 규모 • 연구개발 및 시설투자 규모 • 이용기술 동향 및 전망
무선설비의 이용 및 운영실태	• 이용자 수와 할당대역폭 비율 • 채널점유율 및 대역점유율

표 5-11 주파수 이용현황 조사 방법

구 분		조사방법
기본 조사	전파관리DB조사	• 전파방송종합정보시스템(RBMIIS)의 데이터베이스를 기초로 주파수 지정·할당 및 사용승인현황 등을 조사
	전파측정 조사	• 국제적으로 정한 측정장비 및 측정기준에 따라 특정 주파수대역의 점유율을 측정
보조 조사	설문조사	• 무선국 시설자를 대상으로 무선국 이용행태, 3G주파수 수요 등의 사항을 설문

295) 중앙전파관리소, "주파수 이용현황 조사·확인 보고서", 2007.12. 38면 참조.

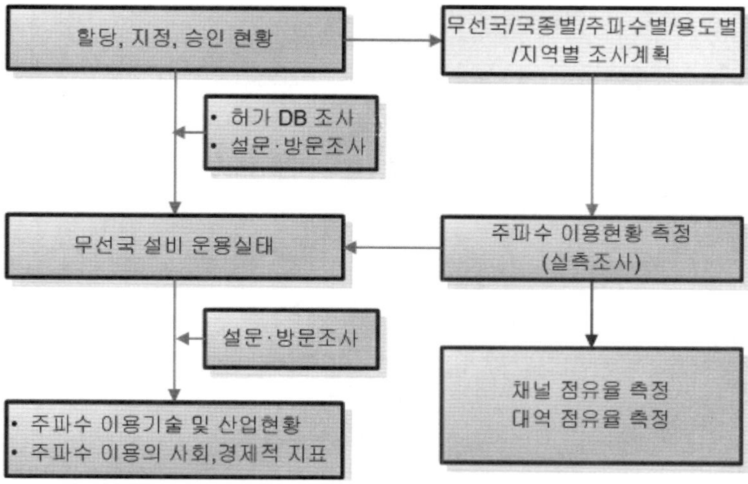

그림 5-5 주파수 이용현황 조사의 종류

다. 미국의 주파수 이용현황 조사

미국은 이용현황 조사에 대한 법적규정은 없으나, 국가의 주요행사시 또는 신규 주파수 할당시 사전에 주파수 이용현황 조사를 시행하여 이용현황을 조사 분석한 결과는 주파수 회수/재배치, 주파수 공유, 신기술 배분등 전파관리 정책 수립시 기초자료로 활용된다.

미국은 이미 할당된 채널의 사용현황을 파악하고 신규 주파수 할당을 위하여 가용성에 대한 사전분석 등을 목적으로 육상 이동국이 사용하는 채널에 대한 채널 이용률을 측정한다. 특히 1996년 애틀란타 올림픽 행사 시점을 중심으로 육상 이동국 채널(138~940MHz)의 이용량을 측정하여 채널 이용량의 변화추이를 분석하여 이용빈도가 높은 대역에 대해서는 추가할당까지도 고려하였다.

측정대상 지역으로 RSMS(Radio Spectrum Measurement System) 이동차량을 보내어 1회 측정에 8시간 정도를 소요하며 약 2주간 연속적으로 반복 측정을 수행한다. 모든 세부측정 대역을 균등하게 순차적으로 측정하되 각 세부 측정대역마다 우선 순위를 설정하여 우선 순위가 높은 대역(예 : 주파수 추가 할당 고려대역)은 여러번 측정을 수행한다. 채널이 속해 있는 측정대역에서 스위프(sweep)

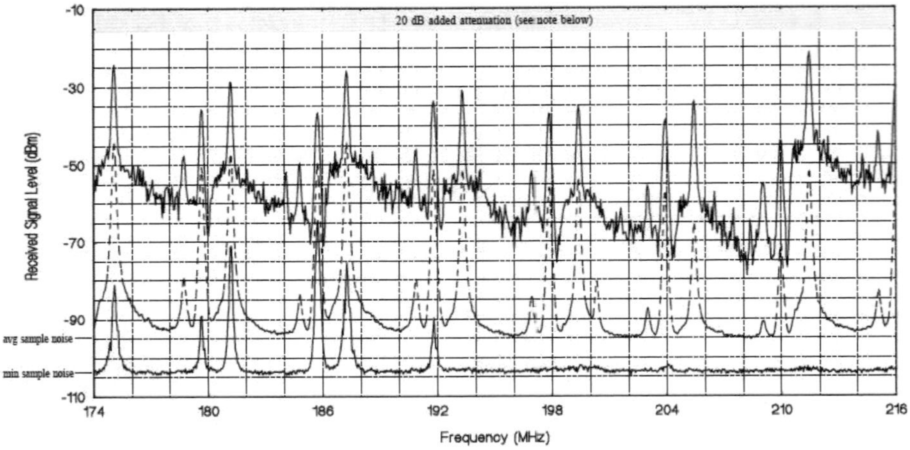

출처: NTIA 보고서 97-336.

그림 5-6 주파수 범위 174~216 MHz 대상으로 LA에서 측정한 Max/Min/Mean 값을 나타낸 스펙트럼 그래프

횟수에 대한 각 채널의 신호가 일정 수신 임계레벨을 초과하는 백분율(%)로 해당채널의 이용량을 산출한다. 이때 수신레벨은 다중임계값을 적용하여 산출된다. 전체 관심 대역을 여러개의 측정 부대역(subband)으로 나누며, 각 측정부대역을 스캔(scan)하되, 스캔하는 범위는 분해능 대역폭(RBW : Resolution Bandwidth)과 주파수 범위를 비교하여 결정된다. 이때 최소한 1001개의 포인트를 확보하도록 되어 있다. 측정 수신기에서 사용되는 측정 알고리즘의 하나로 swept/m3 알고리즘과 결합하여(Min, Max, Mean) 세 개의 직선값을 저장하는 것외에 임계값을 넘어서는 회수를 함께 저장하여 전체 스위프 회수로 나누어 점유율(Spectrum Occupancy)을 계산한다. [그림 5-6]은 1995년에 Los Angeles에서 주파수 범위 174~216MHz를 대상으로 swept/m3 알고리즘을 적용하여 측정한 Max/Min/Mean 값을 나타낸 그래프이다.

라. 일본의 주파수 이용현황 조사

무선데이터 트래픽의 폭발적인 증가와 급변하는 통신기술 발전에 대응하고, 주파수의 효율적인 이용을 위한 주파수 회수 및 재배치 자료로 활용하기 위하

표 5-12 일본의 주파수대별 주요용도

주파수	용도
3.4GHz 초과	전파의 특성상 전파지향성 및 직진성이 강하고, 주로 이용형태는 고정업무, 위성통신, 레이더 등에 상용되고 있음. 고정국 등의 무선국당 주파수가 많은 국이 다수를 차지하고 있음
770MHz 초과 3.4GHz 이하	• 휴대전화 등 이동업무에 주로이용 하는 주파수대 • 전기통신사업자 등 비교적 대규모 면허인의 무선국이 다수 차지하고 있음
770MHz 이하	전파의 특성상 산이나 건물이 있는 곳에 있어서 정도까지 전파의 회절로 도달이 가능한 전파특성을 가지고 있음, 아마추어, 간이무선 등 주파수를 공용하고있는 무선국이 다수를 차지하고 있음

여 일본은 3년 마다 주파수 이용현황을 조사·공표하고 국민의 의견을 반영하여 전파 유효이용 정도를 평가하는 제도를 2002년에 마련하였다. 전파법 제26조의 2항을 근거로 전파 이용상황조사 등에 관한 성령을 공표하였고, 전파유효이용정도의 평가에 관한 기본방침을 고시 제604호에 고시하였다. 주파수 이용현황 조사 대상은 전국에 있는 모든 무선국이며, 정부, 지방공공단체, 민간 등이 개설하고 있는 면허무선국 및 비면허 무선국을 포함하고 있다. 조사대상 주파수대역을 <표 5-12>와 같이 3개 대역으로 나누어 매년 각 주파수 대역을 대상으로 이용현황을 조사하여 3년을 주기로 이용현황 조사를 완수한다.

조사방법은 조사대상무선국을 전국 11개 종합통신국 등 관할지역마다 조사하며, 면허정보를 관리하는 종합무선국 관리시스템 DB의 정보를 기초하여 조사하는 DB 조사와 면허인에게 조사요구서를 송부하여 그 답변 보고를 근거로 조사하는 설문조사로 구성되어 있다. 설문조사에서는 주로 점유주파수대의 대역폭 이용률을 질문하며, 주요 질문내용은 면허인 수, 무선국 수, 통신량, 광케이블로 대체 가능성 등이며 그 이외의 주요 조사항목은 ① 무선설비의 사용년수, ② 예비전원의 운용가능시간, ③ 무선국 관리체제, ④ 무선국의 구체적인 사용실태, ⑤ 전송거리, ⑥ 회선 수용률, ⑦ 통신량의 관리의 유무 및 통신량, ⑧ 다른 전기통신수단으로의 대체 가능성, ⑨ 전파 유효이용계획 등이 있다.

비면허무선국인 경우에는 등록증명기관 등으로부터 증명대수, 출하대수에 관한 정보를 기초로 통계에 활용한다. 면허정보를 관할하는 종합무선국관리시스템 DB 및 면허인으로 부터 수집한 각각의 무선국에 관한 조사결과를 각 전파이용시스템 마다 분류하고, 전국 및 11개 종합통신국 등 관내의 지역마다 조사결과를 정리한다. 전파유효이용 정도를 평가하는 경우에는 전파이용현황조사결과를 근거로 주파수 할당계획 작성 또는 변경에 활용한다.

3. 무선국 실태조사

가. 배 경

2003년 미국 부시대통령이 전파는 21세기의 중요한 천연자원 중의 하나로 천명하고 특별관리 하겠다고 발표하였으며 선진국들은 이미 전파 이용효율을 극대화하고 그에 따른 부작용을 최소화하기 위한 다양한 정책적 방안을 마련하고 있다.

최근에 스마트폰 출현에 따른 무선 데이터 트래픽의 증가로 전파수요가 폭발적으로 증가함에 따라 한정된 전파자원의 효율적 활용에 대한 연구가 진행중이다. 전파자원의 효율적 이용을 위한 기술중의 하나로 각국에서 주파수 공유기술을 도입하고자 하며, 이를 위해서는 전파자원 관리를 과학화하여 무선국에 대한 보다 정확하고 정밀한 정보를 관리할 필요가 있다. 그러나 그동안 정부는 주파수 분배 및 이용을 특정인에게 배타적으로 허가하였기 때문에 무선국관리도 주소, 명목상 출력 등 허가 무선국간의 혼신방지에 초점을 두어 최소한의 필요정보만 관리해왔다. 그리하여 기존 무선국 허가자료는 급속하게 발전하는 통신기술과 이로 인해 발생하는 복잡한 현상을 종합적으로 파악하는데 활용하기에는 매우 제한적으로 한계점을 나타내었다.

정부에서는 2009년과 2010년에 고정형 무선국을 대상으로 운영실태를 정확히 조사하여 무선국의 GPS 좌표, 안테나 상세정보 등 실측 위주의 세분화된 정보데이터로 기존 허가자료를 현대화 하였으며, 선진화된 전파정책 및 제도 수립의 기초자료로 활용하는 근간을 마련하였다.[296]

296) 한국방송통신전파진흥원, “2010년도 전파자원 총 조사 사업 무선국실태조사 결과보고서”, 2010.12 193면.

나. 조사대상 및 항목

방송통신위원회는 허가받은 무선국중에서 도서지역을 제외한 전국의 고정형 무선국을 대상으로 조사하였으며, 시설자의 편의를 위하여 아마추어국과 보안상 또는 안전상의 이유로 조사가 곤란한 무선국은 조사대상에서 제외하였다.297)

그리하여 전국에 있는 총 33만국의 고정국 중에서 주파수 혼·간섭 분석에 활용도가 클것으로 예상되는 7만여국과 통신사업자용 무선국 7천국, 그리고 전파밀집도가 높은 중소도시 중심으로 5천국 등 총 8만 2천국을 조사대상으로 선정하였다.

무선국이 밀집되어 있는 상황에서 정확한 전파 혼·간섭분석 및 친환경 네트워크 구축을 위해서는 기존 무선국 허가자료를 정밀화 하고 주파수 자원분석 시스템의 신뢰성을 높이기 위한 신규조사항목이 필요하다. 예컨대, 무선국허가시 위치좌표를 위도/경도로 표시하고 있으나, 기존 허가지료에는 동경지계와 세계측지계의 2가지 측량기준이 혼재되어 있어서, 설치장소와 허가 좌표간에 오차가 발생하고 있다. 따라서 이와 같은 위치좌표에 대한 오차해소를 위하여 세계측지계로 통일시켜 조사하는 등 공중선 전력, 송신주파수, 공중선형식, 높이(지상고, 해발고, 공중선 높이) 등이 조사항목에 포함되어 있다.

다. 무선국 설치현황 및 조사결과

한국방송통신전파진흥원은 2년간에 걸쳐 조사한 무선국을 용도 지역별로 분류하여, 지역별 설치현황, 시설자별 현황, 시도별 현황, 무선국 밀집도를 통계적으로 분석하였다.298)

전체 조사대상 무선국의 56.8%는 주거지역에 설치되어 있고, 관리지역에 16.5%, 기타지역 13.3%, 상업지역 11.1%, 공업지역에 1.8%가 위치하고 있었다. 용도지역별 「무선국 밀집도」는 상업지역이 70.8국/km^2, 주거지역 17.0국/km^2, 공업지역 3.7국/km^2, 관리지역 0.3국/km^2, 기타지역 0.1국/km^2 순으로 분석되었으며, 상업지역이 주거지역보다는 약 4배, 관리지역보다는 230배 이상 밀집되어

297) 한국방송통신전파진흥원, 위의 글, 74면.
298) 한국방송통신전파진흥원, 위의 글, 190-191면.

있음이 확인되었다.

조사대상 무선국의 98.8%는 공용이거나 환경 친화형으로, 설치되어 있었으며, 세부적으로 전체의 66%는 공용화 무선국으로 전체의 75.4%는 환경 친화형 무선국으로 설치되어 있었다. 인구밀도와 무선국 밀집도가 높고 다양한 통신서비스를 이용하는 도심의 주거와 상업지역에 설치되는 무선국일수록 도시 미관이나 전자파 민원 등을 고려하여 환경친화 설치 비율이 높음을 나타내었다.

무선국 실태조사는 전파자원의 활용도를 높이고 주파수관리의 효율화 및 친환경 네트워크 구축의 필요성이 절실히 요구되는 시점에서 수행됨으로서 무선국의 위치인 GPS 좌표 및 안테나 높이 등 실측자료를 DB 내용 정밀화에 활용할 수 있게 됨으로서 무선국 운용실태를 정확히 파악할 수 있는 계기를 마련하였다. 더구나 전국의 모든 고정형 무선국을 대상으로 운용실태를 체계적으로 조사한 최초의 실측 성과라는 점에서 큰 의의를 들 수 있다.

4. 스펙트럼 점유율(Spectrum occupancy)

가. 개 요

전파감시의 목적은 일반적으로 스펙트럼 관리당국을 지원하기 위한 것이며 특히 주파수 할당 및 주파수 이용계획을 수행하는데 매우 중요한 역할을 한다.

특히, 어떤 특정한 지역에서의 스펙트럼 이용 현황을 조사하고 무선국간의 간섭문제를 효율적으로 해결하기 위한 방법으로 감시의 신속성을 기할 수 있는 이동감시 시스템을 구축하는 것이 매우 중요하다.

이동 무선스펙트럼 감시/측정 시스템의 기능으로는 전계강도측정, 불법무선국 위치탐색, 발사체 신호특성 조사, 간섭문제 해결 및 스펙트럼 점유 측정을 들 수 있다. 이러한 다양한 기능중에서 스펙트럼 이용을 검증하여 스펙트럼 이용효율을 증대시키기 위한 방법으로는 스펙트럼 점유 측정을 들 수 있다. 예를 들면, 사용빈도수가 적거나 또는 소수의 지역에서만 사용되거나, 활동이 없는 주파수들을 확인하여, 이러한 주파수들이 다른 예비 사용자에 의해 사용될 수 있도록 하는 것은 스펙트럼 관리의 가장 중요한 역할에 속한다.

할당된 주파수가 본질적으로 중단됨이 없이 사용된다면, 주파수 할당자료는 스펙트럼 사용을 충분히 적절하게 표시할 수 있다. 그러나 할당된 주파수가 비활동적이거나, 단지 간헐적으로 사용될 때, 자료는 실제 스펙트럼 사용을 잘못 표시하게 되는데, 대부분의 경우, 할당은 지속적 운영을 전제로 인가하기 때문이다. 주파수 할당자료와 함께 사용될 때, 감시는 주파수 할당이 실제로 사용되고 있는 정도를 결정하는 하나의 수단을 제공한다. 감시 시스템들은 인근 송신기로부터의 신호를 탐지하여 개별 채널의 사용에 관한 통계값을 산출한다. 미국에서는 현재 무선스펙트럼 측정시스템(RSMS : Radio Spectrum Measurement System)을 운영하고 있는데, 이는 스펙트럼 사용을 계량화하는 것과 더불어 몇몇 다른 응용에도 사용된다.

밴(Van) 자동차에 장착된 무선 스펙트럼 측정 시스템이 운영되고 있는데, 이것은 i) 연방 정부에 의해서 운영되는 무선 설비들이 인가된 주파수들을 사용하며, 규정에 따라서 운영되는지를 결정하고, ii) 추가 사용이 어떤 특별한 주파수 대역, 어떤 특별한 위치에서 이루어질 수 있는지 결정하는 것을 돕기 위한 정보를 제공하고, 그리고 iii) 둘 이상의 사용자 사이에 간섭을 막거나 또는 해결하기 위한 정보를 제공한다.

일본에서는 전파 스펙트럼 자동기록시스템(광대역 수신기 및 스펙트럼 분석기, 기록장치)를 이용하여 지역별, 시간별, 주파수대 별로 전파이용 및 분포상황을 파악하여 주파수 할당 및 무선국 면허 방침에 활용하고 있으며, 캐나다에서도 이동 측정차량을 특정지역에 보내어 1주일에서 10일간 스펙트럼 점유율을 측정하여 측정데이터를 중앙본부에서 처리분석하고 그 결과를 주파수 관리 정책에 반영하고 있다.

엄밀히 말하자면, 감시는 장기간에 걸쳐 수행해야 하며, 감시국과 어느 기지국간의 거리가 멀거나, 또는 장애물이 있는 등, 사용자들을 탐지하는 것을 방해할 요인들을 고려해야 한다. 활동이 없는 주파수 할당과 사용빈도수가 적은 주파수 할당을 확인하는 하나의 실제적인 방법은 어떤 적재된 지역에 수주 또는 수개월 기간동안 몇 개의 무인감시국을 설치하는 것이다. 여러 곳에서 측정하면 사용자들을 탐지하지 못할 가능성을 감소시킬수 있기 때문이다. 측정 이후에, 장비를 또 다른 적체 지역으로 옮겨진다. 이러한 방법으로 스펙트럼 점유는 여러 개의 적체 지역에서 정기적으로 측정될 수 있다. 이와 같은 스펙트럼 점유를 정기적으로 측정함으로써 주파수 분포상황에 대한 자료수집 및 분석이 가능하고, 인가/비인가 주파수 자원의 이용실태를 분석할 수 있다. 더 나아가 할당된 주파수 자원의 미사용 혹은 휴지(休止)에 대한 이용상황을 파악 할 수도 있다.

나. 정의 및 측정방법

ITU-R 보고서에 의하면 스펙트럼 점유율은 채널 점유율과 대역 점유율로 구분된다. 채널 점유율(Channel occupancy)은 어떤 측정 채널을 여러번 측정하였을 때, 측정된 신호레벨이 임계레벨(미리 설정된 값) 이상으로 측정된 횟수를 전체 측정회수로 나눈 비율로 정의된다. 채널 점유율은 각 채널의 대역폭에 따라 스캔하여 점유율을 측정하고, 고속 스캐닝 수신기로 주파수 대역을 스캐닝하며, 채널 스캔모드를 이용하여 측정된다. 대역 점유율(Frequency band occupancy)은 주파수 대역을 등간격으로 분할하여 각 작은 대역구간을 여러번 측정(스캔)하여 측정된 신호레벨이 임계레벨 이상으로 측정된 횟수를 측정회수로 나눈 비율로

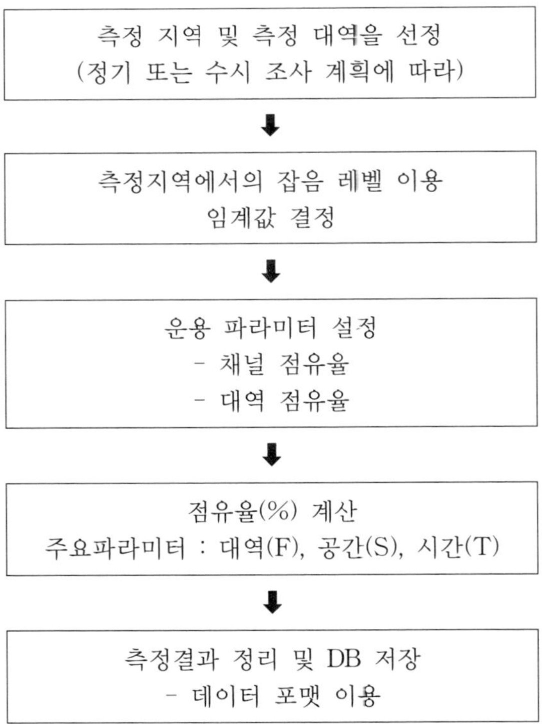

그림 5-7 스펙트럼 점유율 측정과정

정의된다. 대역 점유율은 주파수 분배/할당된 주파수 대역의 간섭여부 및 스펙트럼홀(미사용 주파수) 등을 파악하기 위하여 측정되며, 고속 수신기에서는 대역 스캔모드를 이용하여 측정된다. 임계레벨 설정에 따라 점유율 값이 변하므로, 임계레벨을 설정하는 방법이 점유율 산출에서 매우 중요한 요인이 된다. 실제적인 측정환경에서 임계레벨은 배경잡음의 전력레벨을 의미하며, 잡음전력레벨을 산출하는 방법 또한 ITU-R에서 제기하고 있는 주요 의제 중의 하나이다. 일반적으로 응용에 따라 다소 차이가 있겠지만, 다중 임계레벨을 설정하여 각각의 임계레벨에 대한 점유율 측정값을 산출하기도 한다.

임계레벨은 잡음레벨로서 잡음레벨의 측정은 미사용 주파수 대역별로 일정기간 최소 24시간 이상 시간대별 누적 측정하여 최대, 최소, 평균값을 측정한다. 미사용 주파수 대역을 모르는 경우에는, 대상 주파수 대역에서 측정레벨이 가장 낮은 주파수 대역을 선정한다.

측정신호의 임계값 설정에 따라 주파수 점유율 측정값이 다르며 정확한 주파수 점유율 측정을 위하여, 기준 임계값 적용외에 다양한 값(3dB, 6dB, 9dB)의 마진을 두고 다중 임계값을 적용하여 측정한다.

다. 전파잡음 측정

미사용 주파수 및 이용률 저조대역 검출시 스펙트럼 점유율 측정은 매우 중요하며, 전파잡음레벨 측정은 점유율 판단에 필요한 주요 파라미터로 사용된다. 더구나 전파잡음이 높게 나타나는 지역에 대하여 잡음요인을 찾아내서 제거 혹은 완화시키는 전파관리 정책에도 활용이 가능하다. 예를 들면, 전파잡음레벨이 높게 나타남으로 인하여, 주파수 공유 혹은 주파수 할당에서 제외되는 채널이 존재할 수 있으므로, 이러한 잡음 요인을 제거 혹은 완화시켜 사용가능한 채널로 활용한다면, 경제적 이익효과도 기대할 수 있다.

국내 전파잡음 측정은 주로 중앙전파관리소에서 주관하고 있으며, 수행업무 중 하나인 점유율 측정활동의 일환으로 매년 정기적으로 전파잡음을 측정하여 데이터를 보관하고 있다. 연중 매달 2일을 할당하여 우수시와 기수시의 12시간 데이터를 측정하여 총 24시간 데이터를 저장한다. 또한 각 고정국소에서의 이와 같은 고정조사활동 이외에도 매년 정기 이동조사를 시행하는데 주로 1주일 이상의 주파수 이용현황 조사(점유율 측정)에 앞서 전파 잡음조사도 함께 수행된다. 통상적으로 만 24시간의 데이터를 측정하여 주야간의 변화를 포함할 수 있도록 하고 있다. 한국방송통신전파진흥원이 전국을 대상으로 2년여에 걸쳐 국내 전파잡음 총조사 사업을 실시하였으며, 지금까지 중앙전파관리소의 주기적인 측정에 의지하였던 것에 비춰볼 때 매우 획기적이고 고무적인 일이 아닐 수 없다.

무선기기 설계시 전파환경의 잡음 내성을 고려한 설계가 필요하며, 잡음내성을 고려한 주파수 송수신 감도를 결정하기 위하여 전파잡음결과는 잡음레벨 및 간섭량 데이터로 활용할 수 있다. 또한 UWB 기기는 주변의 점유신호전력, 잡음레벨 등을 고려하여 송신전력을 결정하므로 전파잡음 측정결과는 매우 중요한 파라미터로 작용한다. 다양한 분야에서 전파잡음 측정 결과를 지속적으로 유용하게 활용하고, 전파환경 변화에 유연하게 대처하기 위해서는 정부의 지속적인 지원을 통하여 2~3년 주기로 전파잡음 측정이 수행되어야 하며, 이는 방송구역 전계강도 기준 고시를 현실화 하는데도 크게 기여할 것이다.

Ⅲ. 새로운 전파응용기술

1901년 마르코니의 대륙 간 무선통신 성공을 시작으로, 전파를 활용한 기술은 지속적으로 발전해왔다. 초기 라디오 방송 등에 집중되어있던 전파응용기술은 제 2차 세계대전을 거치면서 비약적인 발전을 이루게 되며, 각종 통신 및 탐지 레이다 등, 보다 전파의 응용범위가 다양화 된다. 그러나 당시에는 전파라는 자원을 활용하는 집단이 정부, 군 등으로 다소 제한적이었다. 오늘날과 같이 누구나 실생활에서 전파를 이용할 수 있게 된 것은 불과 수십 년 이내라 할 수 있다. 전파라는 자원이 오늘날처럼 우리의 일상에 깊숙이 자리 잡게 되는 것을 가능케 한 일등공신은 역시 '이동통신'이라 할 수 있을 것이다. 1980년대 아날로그 방식으로 시작된 이동통신기술은 2012년에 들어 상용화가 시작된 4세대 방식에 이르기까지 꾸준한 발전을 이루며 현대인의 삶을 완전히 변화시켰다. 근래에 들어서는 이동통신 외에도 전파가 일상에 활용되는 분야가 무척이나 다양해졌다. 기존의 군용 및 방송, 통신의 범위를 넘어서 의료, 보안, 에너지 분야에 이르기까지, 이제는 전파가 활용되지 않는 분야를 찾아보기 힘들 정도로 전파라는 자원은 여러 곳에서 우리의 삶을 개선시키는데 쓰이고 있다.

이와 같이 전파가 우리의 삶에 보다 넓고 깊게 응용됨에 따라, 전파기술의 발전 초기와 대비하여 크게 두 가지 범주의 전파자원 활용관련 이슈가 대두되었다. 첫째는 자연적 전파환경이 여러 전파시스템에 주는 영향으로, 자연계에 존재하는 다양한 전파 발생원이 방송, 통신 등 전파시스템에 일으키는 간섭 및 장애에 관한 것이다. 대표적인 예로 우주전파환경에서의 지자기 폭풍, 전리층 교란 등을 들 수 있다. 전파 시스템 및 전자기기들은 모두 태양활동에 민감하게 반응하므로 태양흑점을 포함한 자기장, 전리층과 같은 우주전파환경에 대한 연구 및 관리가 중요하다. 우주전파환경에 의한 교란은 각 주파수별로 그 영향이 다르기 때문에, 각 주파수에 끼치는 영향에 대한 분석 및 꾸준한 모니터링, 그리고 대응책에 대한 연구가 지속되어야 한다. 주파수 대역에 따른 우주전파환경 교란의 영향을 간략히 살펴보면 다음과 같다. 흔히 장파라고 불리는 150~300 kHz 대역을 이용하여 장거리 통신을 할 경우, 이온층의 가장 하부 지역이 교란되었을 때 신호가 감쇄되는 영향을 받는다. 2,300~26,100kHz 단파 대역 역시 우주전파환경 교란에 의해 영향을 많이 받는다. 예를 들어, 태양 플레어가 일어난 직후에 낮 지역에서 큰 통신교란이 일어나게 되는데, 이는 이온층의 하부층인 D층이 태양 플레어에 의해 증가된 X선 및 자외선에 의해 이온화되기 때문이다. 이렇게 이온화된 D층은 단파를 흡수하게 되는데 이러한 현상을 '단파감쇄'라 하며 보통 수 분에서 수 시간동안 현상이 지속된다. 태양 교란이 일어난 후 수 시간에서 수 일이 지나면 태양 프로톤이 극지방으로 침투하여 통신을 완전히 단절시키기도 한다. 이러한 현상을 '극관흡수현상'이라 부르며, 플레어의 규모에 따라 수 일간 지속되기도 한다. 이온층의 폭풍 역시 태양 교란과 관련하여 일어나는데, 이러한 폭풍은 지역과 시간에 따라 이온화된 층의 밀도를 증가/감소시켜 통신 장애를 일으키기도 한다. 이처럼 우주전파환경은 지상의 전파 시스템에 지대한 영향을 끼치기 때문에 우주전파환경 교란에 대한 꾸준한 관측 및 대처방안에 대한 연구가 지속되어야 한다. 현재 이러한 우주전파환경에 대한 관측업무를 수행하는 기관으로는 대표적으로 국립전파연구원과 한국천문연구원이 있다. 국립전파연구원의 우주전파센터에서는 우주전파환경에 대한 예보 모델링 기술을 개발하고, 이러한 기술과 관측 인프라를 바탕으로 우주전파환경에 대한 예경보 서비스를 제공하고 있다. 한국천문연구원 역시 태양 및 우주환경에 대한 연구를 지속적으로 수행 중이며, 이를 바탕으로 우주환경예보시스템을 구축하여 실시간으로 우주환경에 대한 예보를 하기 위해 관측 및 예보시스템을 개발하고 있다.

전파자원 활용과 관련한 두 번째 이슈는, 앞서 언급한 것과 같이 전파기술의 응용분야가 다양해짐에 따라 전파를 이용한 제품과 서비스를 개발하고 활용하는 주체가 다양해지게 되었고, 이로 인해 보다 효율적이고 엄격한 전파자원의 관리가 요구된다는 점이다. 앞서 언급했다시피, 오늘날 우리의 실생활에 사용되는 전파기술은 전통적인 방송과 통신의 범위를 넘어 실로 다양해지고 있으며, 이제 전파는 현대인의 삶의 질을 개선시키는 첨단 핵심기술 자원으로 자리를 잡아가고 있다. 예를 들면, 국방분야에 태생을 두고 있는 레이다 기술은 기상관측과 같은 분야 뿐 아니라 차량충돌 방지와 같은 새로운 분야에도 활용이 되고 있다. 의료분야에서는 전파를 이용한 진단, 그리고 한걸음 더 나아가 전파 에너지를 이용한 치료기술이 연구, 개발되고 있다. 최근 이슈가 되고 있는 에너지 문제와 관련하여, 도처에 산재하고 있는 전자파에너지를 수집하여 활용하는 에너지 하베스팅(Energy Harvesting), 전력공급선을 사용하지 않고 무선으로 전력을 공급하는 무선전력전송 기술 등이 부각되고 있으며, 이미 상용화에 성공한 몇몇 제품이 선을 보이기도 했다. 마이크로파 대역에 집중되어 있던 전파기술은 이제 밀리미터파 및 테라헤르츠라는 새로운 주파수 대역으로 눈을 돌려 보안분야 등에 응용시키고자 하는 노력이 이루어지고 있으며, 국방분야에서도 전통적인 통신, 탐지를 넘어서, 전파 에너지 자체를 활용한 무기체계의 개발 등이 이루어지고 있다.

본 절에서는 이와 같이 다양한 최근 전파응용기술 동향에 대해 알아봄으로써, 오늘날 우리의 삶과 전파의 밀접한 관계에 대한 이해 및 이를 바탕으로 전파 자원의 합리적인 관리를 실현하는데 도움을 주고자 한다.

1. 기상관측 레이다 기술

최근 지구 온난화 등의 영향으로 예상치 못한 기후변화로 인한 피해가 전세계적으로 반복되고 있다. 도시에 기록적인 집중호우가 쏟아지거나 폭설이 내리는 등, 다양한 피해 사례가 빈발하고 있기 때문에 기상학계에서는 강수의 강도, 속도, 분포를 효율적으로 감시하고 예측하는데 기상레이더의 역할이 매우 중요하다는 인식이 더욱 고조되고 있다.

기상레이더는 제 1세대 정규레이더, 제 2세대 도플러레이더, 제 3세대 편파레이더로 발전해왔으며, 최근 제 3세대로써 이중편파 레이더가 각광받고 있다. 이중편파 레이더는 전자파를 수평과 수직으로 교대로 발사하고 이 두 가지 수신신호의 차이를 분석하여 대기 중의 기상현상의 특징을 정확하게 파악할 수 있는 레이더로써 강수측정, 바람 관측, 대기수상(수증기의 응결·승화로 생기는 것 -안개·비·싸락눈 등)의 위상, 모양, 크기뿐 만 아니라 곤충, 새 등을 구별할 수 있는 기능을 가지고 있다. 또한 거리 10~25m, 고도 40km의 고해상도를 갖춰 좁은 지역에서 돌발적으로 발생하는 호우를 정확히 예측할 수 있다. 해상도가 높아서 대형 레이더로는 관측할 수 없는 국지적 위험기상 요소를 탐지할 수 있고, 탐지 사각지대를 해소할 수 있다. 미국은 2003년부터 학계와 정부가 공동으로 투자금 1억 달러 규모의 소형 기상레이더를 개발 중이다. 우리나라도 정부 예산과 민간부담금을 합쳐 약 104억원을 투입하여 이중편파 레이더 개발을 착수하여 개발이 진행 중이다.[299)]

기상레이더에서 주로 사용하는 주파수 대역은 S-밴드(2~4GHz), C-밴드(4~8GHz) 및 X-밴드(8~12GHz)이며, 각 대역별로 강우에 의한 감쇄 정도에 있어서 차이를 가진다. 강우 관측의 측면에서는 S-밴드가 가장 감쇄가 적다. 항공기나 위성탑재 레이더의 경우 Ku-밴드(12~18GHz), 또는 Ka-밴드(26.5~40GHz)를 통상적으로 사용한다.

2. 차량충돌방지 레이다 기술

차량충돌방지기술이란 전자파를 이용하여 위험상황을 미리 감지하여 운전자에게 알려주거나 위급한 상황에서 적절한 제동 장치를 작동시키기 위한 기술이다. 전 세계적으로 차량의 급격한 증가로 인하여 차량에 의한 사고가 증가하고 있는 상황에서 차량충돌방지 레이다 기술은 인간의 안전은 물론 사고로 인

---

299) http://www.asiae.co.kr/news/view.htm?idxno=2011090111504949105 (2012년 11월 20일 방문)

한 교통체증을 해결할 수 있는 수단으로서 활발한 연구가 이루어지고 있다. 미국의 통계에 의하면 고속도로에서의 충돌사고는 6번째로 높은 사망률을 기록하고 있으며, 고속도로 충돌사고의 60%는 0.5초의 사전경보만 있으면 예방할 수 있는 것으로 보고되어 있다. 전자파를 이용한 충돌방지 레이다는 1970년대 초부터 개발이 시작되었으며 1980년대 초에 일본에서 레이저를 이용한 레이다의 사용화가 먼저 이루어졌으나 레이저 레이다가 비, 눈, 안개 등의 환경에서 성능이 저하되며 흙, 먼지 등의 오염에 대해 취약한 특성을 가지고 있어 이를 보완하기 위해 1980년대 후반부터 밀리미터파를 이용한 레이다 개발이 미국, 유럽 및 일본을 중심으로 야간 장애물 감시 시스템, 측/후방 감시 시스템 및 지능형 자동주행 장치 등의 분야에서 활발한 연구가 진행되고 있다.[300)]

최근 자동차 레이더 시스템 개발은 짧은 거리를 감지하는 단거리 레이다와 장거리 레이다로 구분되어 진행되고 있다. 단거리 레이다는 24GHz 대역과 79GHz 대역의 초광대역 방식을 사용하였고 장거리 레이다는 77GHz 대역의 주파수 변조 연속파(Frequency Modulated Continuous Wave, FMCW) 방식을 사용해 왔으나 향후 단거리 레이다와 장거리 레이다를 통합한 하나의 레이다 시스템으로 구현되어 주파수 변조 연속파 방식이 널리 사용될 전망이다. 실제로 유럽연합에서는 기존 자동차 레이더 주파수인 24GHz 대역이 통신 장비와의 혼선이 있음을 감지하고 2013년 이후 77GHz로의 이동을 추진하고 있는 실정이다.

차량충돌방지용 레이다 외에도 지능형 교통체계(Intelligent Transport System, ITS) 서비스를 제공하기 위한 단거리 전용 통신(Dedicated Short Range Communication, DSRC) 시스템 역시 활발히 연구가 진행되고 있다. 단거리 전용 통신 시스템은 도로변에 위치하는 기지국과 차량 단갈로 구성되는 통신 시스템으로 차량 통행료 자동징수, 노변 검색, 교통정보 수집 및 제공, 교통신호 전달 등의 텔레매틱스 서비스와의 관계 및 활용에 적합한 통신 방식이다. 현재는 사용자들에게 교통 정보 제공이라는 편의를 가져다주는 것뿐만 아니라 스스로 차량 제어 및 교통 흐름 제어 등의 능동적인 역할을 수행하는 방향으로 연구 중에 있다.

300) 이상주, 박공만, "자동차 충돌방지용 밀리미터파 리이다 기술동향", 전자공학회지, 제 26권, 제 10호, 1999. 32면.

3. 의료분야의 전파기술 응용

최근 사회가 발전하고 삶의 질이 높아지면서 생명과 건강 유지, 미용에 대한 사람들의 관심이 점점 높아지고 있다. 따라서 미래에 다가올 바이오 경제 시대를 대비하기 위해 현재 최첨단 정보통신 기술을 바이오 분야에 적용시키는 연구가 활발히 진행되고 있다. 특히 전자파를 이용하여 질병에 대한 진단 및 치료 등에 활용하고, 인체의 몸 상태에 대한 관리 등에도 전파응용기술 분야가 많이 연구되고 있으며, 전자파가 인체에 유해하다는 일반의 인식과는 달리 인체 진단, 치료 및 관리 분야에서 순기능 측면으로 오랜 기간 동안 연구되어 오고 있다.

전자파를 이용한 진단기술은 기존 인체 영상 진단 기술과 비교하여 역 산란 연산 복원을 하는 토모그래피 기술로, 인체의 유전율과 전도율을 측정하여 물질의 유전율과 전도율 특징을 이용한 진단 영상을 제공하는 것에서 차이가 있다. 국내의 경우 유방암 진단기술연구 등이 한국전자통신연구원 등을 중심으로 진행되고 있다. 이러한 영상 기술에는 레이다 기반 마이크로파 영상 기술과 마이크로파 토모그래피 기술을 주로 이용한다. 레이다 기반의 마이크로파 영상의 경우 종양의 위치를 찾기 위해서 신체로부터 반사되는 신호에 집중하는 기술이다. 진단을 위한 마이크로파 주파수로는 주로 1GHz에서 10GHz까지 광범위하게 사용되고 있다. 마이크로파 토모그래피 기술은 영상 목표로부터 회절을 포함한 모든 산란 신호 정보를 얻고, 이 정보를 역 연산하여 목표의 유전율과 전도율 영상을 만드는 역 산란 기술을 이용한다. 마이크로파 토모그래피 영상은 조직 내부의 물질 특성에 대한 영상 정보를 제공하는데 이러한 특징은 단순히 신호 감쇄로부터 조직 내부 물질 분포에 따른 명암 정보를 제공하는 기존의 기술과는 차이가 있어 기존 기술을 보완하는 기술로 사용할 수 있다. 유방암 진단 마이크로파 토모그래피 기술로는 500MHz에서 3GHz까지의 마이크로파 신호를 사용하여 연구되고 있다. 이 기술은 미약한 전파를 사용하여 영상을 복원할 수 있어 방사선이나 강 자계를 이용하는 인체 영상 기술과 비교하여 인체에 무해하다는 장점과, 성능 대비 비용이 경제적이면서도 기존 장비의 기능을 제공한다는 장점이 있다.

전자파를 이용한 치료의 경우, 전자파 온열 치료(Hyperthermia)가 대표적으로 연구되고 있다. 주파수 대역으로는 의료용으로 할당되어 있는 ISM(Industrial, Scientific, and Medical)대역인 433MHz, 2.45GHz와 5.8GHz의 3가지가 일반적으로 이용된다. 온열 치료는 오래전부터 근육통 해소와 피로 회복 등의 분야에서 적용되어 왔는데, 최근 새로운 기반 및 응용 기술들이 연구되면서 국내 의학계에서는 위암 환자의 방사선 치료 전후에 실시하는 국소 온열 치료가 암 치료에 매우 효과적인 결과를 보여주고 있다고 보고된 바 있다. 고온 온열 치료는 조직 내에 전자파를 집중 조사하여 45℃ 이상의 고은 열을 발생시켜 종양을 파괴하는 보다 적극적인 치료 기술로, 45℃ 이상의 온도를 유지하면 종양 세포만 죽이고 정상 세포는 살릴 수 있다는 원리를 이용한 것이다. 최근 피부와 피부 근처에서 발생하는 표재성 암을 치료하기 위한 고온 온열 치료의 경우 가온의 집중 및 조향이 가능한 전자기파를 이용한 국부 가온 치료가 많이 활용 되고 있으며, 표재성 뿐만 아니라 심재성 암치료를 위한 다양한 형태의 전자기파 방사체가 연구되어지고 있다.

마지막으로 전자파를 이용한 질병 및 인체의 몸 상태에 대한 관리는 사람이 착용하는 옷이나 인체 내부, 혹은 외부에 있는 여러 의료관련 장비들을 무선통신을 통해 상호 연결함으로써, 지속적인 의료차원의 관리가 가능하도록 한다. 이를 위한 핵심 전파통신기술은 근거리 무선통신 기술의 일종인 무선인체영역통신(Wireless Body Area Network, WBAN)이다. 무선인체영역통신기술은 혈당이나 심전도 등, 생체신호를 측정하여 무선으로 전송하거나 인체 내 장치들을 구동시키는데 활용된다. 이러한 WBAN 기술은 인체 내, 외부에서의 생체신호를 측정하여 무선으로 전송이 가능하게 함으로써 실시간 의료관리가 가능하게 하며, 따라서 기존의 의료 서비스의 질과 영역을 확장시킬 수 있는 기술이다.

이와 같이 전자파를 이용한 인체 진단, 치료 및 관리기술은 기존 의료장비 및 시스템의 단점을 보완해 주는 주요 기술로 각광을 받고 있다. 뿐만 아니라 이러한 기술의 연구개발 및 상용화를 통해 기존의 전자파가 인체에 유해하다는 부정적인 인식이 개선될 것으로 기대된다.

4. 에너지분야의 전파기술 응용

2007년 메사추세츠 공과대학교에서 제시되었던 자기공명방식의 무선 에너지 전송기술은 많은 업체가 전시를 통해 선보이고 있으나, 아직은 시장에 진입하지는 못한 체, 기초기술 단계에 머물고 있다. 하지만 학계와 산업계를 중심으로 연구가 활발하게 진행되고 있기에 곧 광범위한 분야에 응용될 것이 기대되는 분야이기도 하다.

방송통신기술과 전자파에너지 전송기술의 차이점을 한마디로 표현한다면 방송통신기술은 정보를 전송하는 것이 목적이고, 전자파에너지 전송기술은 에너지를 전송하는 것을 목적으로 한다. 정보를 전송하는 방송통신 기술은 데이터 속도를 빠르게 보내야 하고 보다 많은 정보 용량을 전송하기 위해 광대역 신호를 전송하는 방향으로 진화해 가고 있다. 하지만 전자파에너지 전송기술은 에너지만을 전송하는 것이 목적이므로 협대역 신호를 활용하는 기술이라고 볼 수가 있다. 전자는 간섭 및 휴대 등을 고려하여 될 수 있으면 저전력 전송기술에 대한 기술 개발에 집중하고 있는 반면, 후자는 전파환경이 허락하는 한 보다 큰 전력을 전송하는 기술 개발에 집중할 것으로 보인다. 정보통신기술은 주로 원역장(Far-field)을 이용하는 기술이라고 한다면 전자파에너지 전송기술은 근역장(Near-field)도 함께 활용하는 기술이다. 원역장과 근역장이란 안테나와 같은 방사체에서 방사되는 전자기장을 방사체로부터의 거리에 따라 분류하는 개념이다. 일반적으로 안테나로부터 가까운 거리(수cm~수m 이내)에서의 전자기장은 근역장으로 분류되며, 그 이상의 거리에서는 원역장으로 분류된다. 근역장은 원역장에 비해 공간상으로 전파가 잘 되지 않는 특성을 가진다. 따라서 멀리 전파를 전송할 필요가 있는 방송, 통신의 경우에는 원역장이 활용되지만, 전자파에너지 전송기술에서는 전송 거리에 따라 근역장, 원역장이 모두 활용된다. 따라서 이러한 전자파에너지 전송기술의 특징을 볼 때, 지금까지 원역장에 대한 전파관리에 익숙했던 전파정책에 변화가 요구될 것으로 보인다. 즉, 근역장은 비복사 특성을 가지므로 원역장에서 사용하는 방식으로는 전파를 관리할 수 없기 때문이다. 현재 50, 60Hz 전기 주파수 대역에 대한 연구만 집중적으로 진행되었으나 3kHz~수십MHz 대역까지 연구가 확산되어야 할 것이다. 일반 기기들이 놓이는 환경의 경우 전기장이 수십V/m인 반면에 전자파에너지 전송기술에서는 이들 보다 높고 인체영향에서 제한하는 기준레벨보다 낮은 전파환경에서 기기의 오동작이 발생하지 않도록 하기 위한 기준을 세워야 하기 때문이다. 전파환경기술은 모든 기기들이 함께 안전하게 동작할 수 있음을 보장하기 위해 필요한 조치이기 때문에 새로운 기술에 대비해야 할 것이다.

전자파에너지 전송기술은 전송방식에 따라 크게 3가지로 구분할 수가 있다. 자기유도방식, 자기공명, 그리고 안테나를 활용한 산란방식이 있다. 3가지는 모두 장단점이 있으나 산란방식은 원역장을 활용하는 기술이며, 전자의 2가지 방식은 근역장을 활용하는 기술이다. 산란기술은 주로 중거리 전송에서는 저전력 전송에 활용되고 장거리 전송에서는 고전력 전송에 활용하고 있다. 중거리 전송에서 대표적인 응용은 RFID와 센서통신 분야어 응용되고 있다. 또한 최근의 기술이 스마트폰의 시장 출시에 따른 센서 통신 분야의 활성화가 기대되고 있다. 따라서 중거리 전송 분야에서 특히 센서를 통한 정보통신 기술 구현 분야에 응용력이 높을 것으로 보인다. 그러나 이러한 분야는 수신범위 내에서 생명체 전파 영향에 대한 문제와 안전성 보장이 선행되지 않고는 실용이 어려운 분야이기도하다. 전파환경과 전파간섭에 대한 문제점이 제거된다면 그 활용도가 매우 높은 분야이기도 하다

근역장을 활용하는 자기유도방식은 초단거티인 수cm 이하에 위치한 코일을 이용한 분야로서 상용화가 가장 많이 이루어진 분야이다. 전기칫솔, 휴대폰 무선충전장치, 무선 전기자동차 등의 분야에서 활용도가 매우 높은 분야이기도 하다. 이러한 분야는 매우 가까운 거리에서의 전력전송을 목적으로 하기 때문에 인체영향 방호기술을 적용하기 용이하여 더욱더 응용력이 높다고 볼 수 있다.

표 5-13 산란방식, 자기유도방식과 자기공명방식의 비교

	산란방식		자기유도방식	자기공명방식
	중거리	장거리		
전송거리	수m ~ 10m	수km 이상	수mm ~ 수cm	수m
사용주파수	수 MHz	2.45GHz, 5.8GHz	수십kHz ~ 수십MHz	
사용안테나 / 송수신기	전방향성 안테나	지향성 array 안테나	비공진 코일	헬리컬 공진기 등
특성	효율이 낮음	생명체에 치명적	가장 많은 상용화	개발 초기단계
응용분야	센서, RFID, 의료기기 등	전파 등대, 비행체로의 전력전송 등	모바일 장치, 전기자동차 등	가전, 조명, 모바일, 전기자동차 등

자기공명방식은 자기공진주파수를 가지는 공진기 등을 활용하는 기술로, 헬리컬 공진기 등이 주로 사용된다. 이러한 기술의 전송거리는 수 m 단위까지 구현 가능할 것으로 보이나, 실질적으로는 1~2m 이내에서 응용될 것으로 예상된다. 이 방식은 조명, 컴퓨터 및 주변기기, 모바일 장치, 로봇, 전기자동차 분야 등에 가장 폭넓게 적용될 수 있을 것으로 기대되나, 이를 위해서는 먼저 전파환경과 전파간섭에 대한 문제가 해결되어야 한다.

5. 밀리미터파 및 테라헤르츠 기술

통신에 사용되는 무선 주파수 자원이 점점 고갈되는 전 세계적 상황에서, 60GHz 기반의 밀리미터파 대역(57~66GHz)이 우리나라를 비롯해 일본, 미국, 캐나다, 유럽에서 비허가 대역으로 할당되면서 그 활용에 대한 관심이 집중되고 있다. 다른 무선 통신 시스템과의 간섭 없이 전 세계 공통으로 사용할 수 있다는 장점 외에도, 최소 7GHz의 연속된 주파수 대역을 사용함으로써 낮은 주파수 효율을 갖는 통신 기술로도 손쉽게 기가급 무선 시스템(MGWS : Multiple Gigabit Wireless Systems)을 구축할 수 있다. 60GHz 기반 기가급 무선 시스템은 기가급 전송 속도의 이점을 통해 가정용 영상 기기 분야의 각종유선 케이블들을 무선으로 대체할 수 있을 것으로 예상되며, 특히 고화질 무압축 동영상을 기기 간 연결하는 고선명 멀티미디어 인터페이스(HDMI : High-Definition Multimedia Interface)도 무선으로 제공할 수 있다. 또한 저전력 구현을 통해 스마트폰과 같은 휴대용 장치에도 탑재되어 장치 간 대용량 무선데이터 전송 서비스도 제공할 수 있다. 기가급 무선 시스템의 통신, 방송, 가전 전반에 걸친 무한한 활용을 기대하는 세계적 대기업들은 표준 기술 주도권을 확보하기 위해 국제표준화기

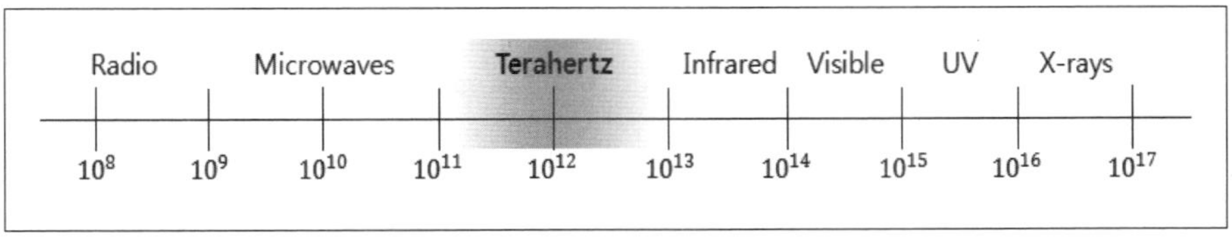

그림 5-8 테라헤르츠 영역

구들에서 60GHz 기반 기가급 무선 시스템 표준 제정에 대한 경쟁 및 협력을 벌이고 있다. 60GHz 무선 전송 기술은 향후 근거리 무선네트워크 서비스를 고도화할 수 있는 차세대 무선 전송 표준기술이라는 점에서 더욱 중요한 위치를 차지한다고 판단된다.

0.3~10THz 대역의 전자파인 테라헤르츠파는 적외선과 통신용 전파의 중간 주파수 영역에 위치한다. 테라헤르츠파는 전기적 측면에서 보면 물질투과성을 갖는 최단파장 대역에 있고, 실용적 측면에서 보면 적용 가능한 공간 분해능을 활용하여 물질의 투시 영상을 얻는 데 이용 가능하다. 또한 빛과 똑같은 방식으로 취급하기 쉬운 이점도 있어서 광학렌즈와 반사경 등의 광학부품을 사용하여 광학계를 구축하든지, 공간 내의 일정거리를 점프하여 이동시키는 것도 가능하다. 최근에는 분광 진단응용 및 이미지 진단응용을 시작으로 하여, 다양한 응용 가능성이 제안되고 있다. 또한 우편물 속에 들어 있는 불법 약물 검출에도 응용이 가능하다. 그 뿐만 아니라 21세기에 들어와서 생체고분자를 중심으로 한 분자의 특징적인 흡수 스펙트럼이 많은 결정에서 발견되어, 이 구조를 이용한 물질 판별 등의 응용도 제안되고 있다.

6. 전자파 무기체계 기술

과거 전자전의 범위는 전자파에 대한 정보수집과 그 정보가 가지고 있는 내용의 판독 등이 전부였다. 그러나 오늘날 전자전의 개념은 재밍 신호를 이용하여 적군의 통신체계를 교란하거나, 전자파 에너지를 사용하여 적군의 시설 등을 직접 타격하는 등 과거의 개념보다 확장되고 있다. 이와 같은 전자파를 이용한 전자전의 전자공격 방식은 크게 4가지로 나누어 볼 수 있다.

첫째 전자방해 기술이다. 전자방해는 수신자의 수신율을 저하 또는 방해하기 위하여 고의적으로 전자파를 방사 또는 재방사하여 적 전자장비에 원하지 않는 전자신호의 수신을 강요하는 활동이다. 수행방법에 따라 능동적으로 방해전자파를 방사하는 전자적 방해와 피동적이며 기계적으로 적을 교란시키는 기계적 방해가 있으며, 전자방해의 성공여부는 방해기의 출력, 표적과의 거리, 지형, 안테나의 형태에 따라 영향을 받는다.

둘째 전자기만 기술이다. 전자기만은 또 모방 전자기만과 조작 전자기만으로 나눌 수 있는데, 모방 전자기만이란 적으로 위장하여 적 통신망에 직접 개입하여 허위첩보를 제공하는 형태이며 조작 전자기만은 적으로 하여금 틀린 정보를 맞는 것으로 믿게 만들어 중대한 전술적 과오를 범하게 하거나, 전자방사 자산을 허비하도록 유도하는 형태이다.

셋째 대방사 미사일이다. 대방사 미사일은 적 레이더에서 방사되는 전파신호를 탐지하고, 해당 레이더를 추적하여 파괴하는 미사일이다.

넷째 지향성 에너지이다. 지향성 에너지는 전자기 에너지를 집속하여 표적에 방사함으로서 표적을 파괴, 무력화, 또는 기능을 저하시키는 무기체계이며, 이 중 대표적인 것으로는 전자기펄스를 들 수 있다. 이러한 무기는 재래식 무기체계와 같이 인명살상이나 건물을 물리적으로 파괴시키기 위해 사용되는 시스템이 아니므로 비살상 무기로 분류되기도 한다. 반대로 이런 전자공격에 대비할 수 있는 방호대책에 대한 개발 또한 진행되고 있으며, 이 외에도 다양한 분야에 대해 각 국에서 전자전을 대비한 미래 무기 개발 연구를 활발히 하고 있다. 미국의 경우 항공기, 무인기 및 인공위성에 탑재하는 다양한 체계를 개발하여 이미 운용 중에 있다. 또한 미국은 향후에도 광역 전자전 능력 확충을 위하여 필요한 핵심기술로 능동 전자빔 조향 재밍 장치 구현을 위한 안테나 배열 및 빔 합성기술을 지속적으로 연구하고 있다.

7. 물류/운송 분야의 전파기술 응용

기존의 물류 시스템에서는 실물 흐름과 정보 흐름의 불일치로 공급자와 수요자간의 제품 이동시 실시간 추적 및 정확한 물량 파악이 어려워 물적·인적

표 5-14 RFID 주파수대역현황

주파수 구분	저주파(LF)대역	고주파(HF)대역	극초단파(UHF) 대역		마이크로파대역
	135kHz 이하	13.56MHz	433MHz	860~960MHz	2.45GHz
적용 분야	출입 통제 동물 식별 재고 관리	출입 통제 스마트 카드	컨테이너 관리 실시간 위치추적	유통,물류 분야	자동차운행흐름 모니터링 톨게이트시스템

자원 낭비를 초래해 왔다. 그러나 눈부신 기술의 변화로 점점 유비쿼터스 시대의 핵심 기술인 RFID 기술은 물류현장에 많이 응용되고 있다.

물류/운송 분야는 RFID 시스템이 가장 활발하게 적용되는 분야다. 물류운송 시 배송정보를 저장한 태그를 부착해 물건의 도착과 선적 사항을 최신 정보로 바꾸어준다. 또한 창고관리 영역에서는 창고의 입고에서 출고까지 전 과정은 물론 제품의 정보 및 위치까지 실시간 전송이 가능하며, 창고 내의 재고 파악이나 사람의 손이 미치지 않거나 시야에 보이지 않는 물품도 확인이 가능하다. 매장과 유통센터를 중심으로 다양한 제품을 대상으로 RFID 태깅이 진행되고 있으며, 아이템 단위 RFID 태깅이 늘어나면서 제조 시점부터 밸류 체인 전반에 걸쳐 RFID 태깅이 본격화될 것으로 보인다.

RFID를 도입하는 가장 큰 목적이 실시간 정보 관리를 통해 업무 처리 효율을 높이고 비용을 절감하는데 있는 만큼, 물류, 유통, 농업, 의료, 군수물자 관리 등 다양한 사업 분야에서 RFID 기술을 적용하는 사례가 증가하고 있다. 미국 월마트는 미국의 8개 주에서 물류센터와 소매상 사이의 이동하는 상자에 RFID 태그를 부착해 선적함으로써 수작업 없이 물건의 이동에 따라 자동적으로 재고를 파악할 수 있게 됐다. 일본은 전자공항 전략에 따라 나리타 국제공항 수하물 관리시스템은 RFID를 적용했다. 이에 따라 수하물 체크인 카운터에서 RFID 태그를 발급해 부착하고, 수하물 이동 컨베이어에서 이를 판독해 탑승절차를 간소화하고 수하물을 효율적으로 관리할 수 있도록 했다. 미국 달라스에 위치한 데이지 브랜드(Daisy Brand)는 산패유의 유통 과정에 RFID 기술을 박스와 파렛트에 적용해 차량 적재시 내부의 청결도 및 온도를 컴퓨터에 기록해 관리하는 시스템을 도입함으로써 평균작업 시간을 1시간에서 20분으로 단축시켰다. 애보트 연구소(Abbott Lab.)은 온도관리가 필수적인 의약품을 대상으로 온도 태그를 통해 제작부터 해외 유통 공급망까지의 체계적인 관리를 시도 중이다.

국내 역시 지식경제부가 RFID 수요 활성화를 위해 국방부의 탄약관리, 수출입 물류관리시스템, 공항의 항공 수하물 추적통제시스템, 국립수의과학 검역원의 수입 쇠고기 서비스 체계 등에 RFID를 적용했다. 조달청의 경우 컴퓨터, 복사기 등 취득 단가가 50만원 이상인 주요 정부 물품에 RFID 태그를 부착해, 조달청에 납품된 물품에 대한 취득·보관·이동·처분 작업을 RFID 기술로 자동화하는 정부 물품 RFID 시범사업을 추진했다. 국립수의과학 검역원은 수입 쇠고기에 RFID 태그를 부착해, 쇠고기의 수입 통관 시점부터 가공 · 유통 · 판매에 이르는 과정을 추적하고 관리하는 프로젝트를 실시함으로써 수입 쇠고기의 원산지 및 검역 정보에 대한 관리를 보다 효율적으로 할 수 있게 됐다.

8. 향후 전망

지금까지 전파기술의 발전에 따른 다양한 전파자원 활용분야를 소개하였다. 자연계에 존재하는 전파발생원, 대표적으로 우주전파환경에 따른 전파시스템의 영향과 이를 분석, 대처하기 위한 노력들에 대해 알아보았으며, 전파기술의 발전에 따라 다양해진 전파응용분야를 살펴보았다. 전통적인 국방분야에서도 기존의 통신, 탐지 이외에 전파 자체를 활용한 무기체계의 개발이 이루어지고 있으며, 다양한 레이더 기술은 차량충돌방지, 기상관측 등의 분야에 활용되고 있다. 에너지 전송과 관련한 무선전력전송 기술, 전파를 이용해 인체의 질병을 진단하거나 치료, 관리를 수행하는 기술 등이 새로운 전파응용분야로 대두되고 있으며, 또한 밀리미터파 및 테라헤르츠라는 새로운 주파수 대역의 전파자원이 각종 응용분야에 활용되고 있다. 여기에 언급된 것은 오늘날 전파기술응용 분야의 일부만을 제시한 것이며, 현재 학계 및 산업계에서는 다방면으로 전파자원을 활용한 새로운 응용분야에 대해 연구, 개발을 지속하고 있다. 다양한 주파수 대역의 특성에 대한 연구, 이러한 특성을 이용한 응용기술의 개발, 원하는 주파수 대역의 전파를 발생할 수 있는 전원부 및 각종 소자에 대한 연구, 개발이 활발히 이루어지고 있다. 따라서 미래의 전파환경은 보다 다양한 사용자가 보다 많은 주파수 대역을 활용함에 따라 한층 복잡한 환경이 될 것으로 예상되며, 이러한 전파응용기술에 대한 이해를 바탕으로 보다 전파자원을 효율적으로 관리하기 위한 법적 체계가 갖추어져야 할 것이다.

저자약력

계경문(Kyoung Moon Kye)
한국외국어대학교 대학원(법학박사), 사법연수원 제18기
법무법인 대종 구성원 변호사
KAIST 초빙교수
현, 한국외국어대학교 법학전문대학원 교수

고환경(Hwan Kyoung Ko)
고려대학교(법학사), 사법연수원 제31기
미국 Georgetown University, Law Center(LL.M)
미국 뉴욕주 변호사
현, 법무법인 광장 파트너변호사

김 남(Nam Kim)
연세대학교 대학원(공학박사)
미국 Stanford대학교, Caltech 방문교수
현, (사) 전파통신과 법 포럼 의장
현, 충북대학교 정보통신공학부 교수

김영수(Young Soo Kim)
미국 Arizona State University, Electrical & Computer Engineering(공학박사)
Signal & System Technology Co., U.S.A., Consultant
한국전자통신연구원 전파응용연구실 실장
현, 경희대학교 전자전파공학과 교수

류동근(Dong Keun Ryou)
미국 위스콘신 주립 대학교(LL.M)
미국 뉴욕주 변호사
KTF, SK Teletech, Pantech 근무
현, 한국퀄컴(주) 대외협력담당

박종수(Jong Su Park)
독일 Regensburg 대학교(Dr. jur.)
중앙행정심판위원회 비상임위원
국무총리 조세심판원 비상임심판관
현, 고려대학교 법학전문대학원 교수

오병철(Byoung Cheol Oh)
연세대학교 대학원(법학박사), 충북대학교 대학원(공학박사 수료)
독일 Mannheim 대학교, 미국 University of Washington 객원학자
경상대학교 법과대학 교수
현, 연세대학교 법학전문대학원 교수

유현용(Hyeon Yong Yu)
한국외국어대학교 대학원(법학박사)
법무법인 서현 사무장
한국전파진흥협회 과장
현, 동반성장위원회 전문위원

윤영중(Young Joong Yoon)
미국 Georgia Inst. Tech.(Ph.D.)
한국전자파학회 명예회장
국립전파연구원 방송통신표준심의회 위원장
현, 연세대학교 전기전자공학부 교수

이상직(Sang Jik Lee)
고려대학교(법학사), 사법연수원 제26기
정보통신부 통신위원회 재정과장
(주)케이티 윤리경영실 법무센터장, 전무
현, 법무법인(유한) 태평양 방송통신(IT)팀장, 파트너변호사

이숙연(Sook Yeon Lee)
고려대학교 대학원(법학석사), 정보경영공학전문대학원(공학박사), 사법연수원 제26기
미국 Northwestern 대학교, School of Law, Visiting Scholar
법원행정처 정보화심의관
현, 서울고등법원 판사, 저작권위원회 위원

이희정(Hee Jung Lee)
서울대학교 대학원(법학박사)
방송통신위원회 방송평가위원회 위원
국민권익위원회 비상임위원
현, 고려대학교 법학전문대학원 부교수

정필운(Pil Woon Jung)
연세대학교 대학원(법학박사)
미국 UC Berkeley, School of Law, Visiting Researcher
한국전산원·한국방송통신전파진흥원 선임연구원
현, 한국교원대학교 일반사회교육과 조교수

전파법연구

2013년 3월 10일 초판 인쇄
2013년 3월 15일 초판 1쇄발행

저 자 김 남 외 12인
발행인 배 효 선
발행처 도서출판 法 文 社
주 소 413-756 경기도 파주시 문발동 526-3
등 록 1957년 12월 12일 제2-76호(윤)
전 화 031-955-6500~6, 팩스 031-955-6525
e-mail (영업) : bms@bobmunsa.co.kr
(편집) : edit66@bobmunsa.co.kr
홈페이지 http : //www.bobmunsa.co.kr
조 판 광 암 문 화 사

정가 30,000원 ISBN 978-89-18-08931-7